DEUTSCHE DEMOKRATISCHE REPUBLIK
DEUTSCHE AKADEMIE DER LANDWIRTSCHAFTSWISSENSCHAFTEN ZU BERLIN
INSTITUT FÜR INFORMATION UND DOKUMENTATION

Landwirtschaftliches Zentralblatt

ABTEILUNG III

TIERZUCHT · TIERERNÄHRUNG FISCHEREI

8. JAHRGANG

1963

AKADEMIE-VERLAG · BERLIN

LZ. III TIERZUCHT · TIERERNÄHRUNG · FISCHEREI · JG. 1963 · NR. 3 · SEITE 441—664 · BERLIN MÄRZ 1963

LANDWIRTSCHAFTLICHES ZENTRALBLATT

ABTEILUNG TIERZUCHT · TIERERNÄHRUNG · FISCHEREI

INHALTSVERZEICHNIS

NAMENVERZEICHNIS

Seitenzahl in [Klammern] bedeutet Bibliographie, mit Stern * bedeutet Buchbesprechung

LANDWIRTSCHAFTLICHES ZENTRALBLATT
ABT. TIERZUCHT·TIERERNÄHRUNG·FISCHEREI

1963 NR. 3 MÄRZ

ALLGEMEINES

A. GESCHICHTE, FORSCHUNG, UNTERRICHT

Berge, S.; Vollebekk, Norwegen, Agric. Coll. of Norway. **Die geschichtliche Entwicklung der Tierzüchtung.** Schriftenr. Max-Planck-Inst. Tierzucht Tierernähr., Vortr. II. int. Ferienkurses junge Tierzuchtwissenschaftler in Mariensee, Sonderband **1961** S. 127–148.

Als ältestes Lehrbuch der Haustierzucht gilt der ca. um 1350 v. u. Z. in Kleinasien in hettitischer Sprache geschriebene Kikkuli-Text über Pferdezucht und -haltung. Angaben über die Tierzucht im alten Griechenland und Rom findet man bei Aristoteles, Plinius, Tacitus, Homer u. a. Der Untergang dieser Epoche führte auch einen Verfall der Haustierzucht herbei. Nur die arabische Pferdezucht macht in dieser Zeit eine Ausnahme. In der Hausväter-Literatur des 16. und 17. Jh. findet man fast nichts über Haustierzucht, lediglich Anweisungen über Haltung und Pflege. Einfuhr und Verbreitung orientalischer Pferde und arabischer Zuchtprinzipien sowie deren Übertragung auf andere Haustiere zeitigten große Fortschritte für die englische Haustierzucht. Die individuelle Leistung als Grundlage der Selektion gewann neben der Reinzucht an Bedeutung. Für die erste Hälfte des 19. Jh. ist die Konstanztheorie kennzeichnend, abgelöst durch die Lehre von der Individualpotenz und den Mendelismus. Bessere Haltung und Fütterung sowie die Einführung der Leistungsprüfungen erbrachten den wirklichen Fortschritt in der Zeit von 1900–1930. Durch die Einführung der KB um 1930 eröffnen sich neue Möglichkeiten, Zuchtpläne systematisch durchzuführen. Durch zahlreiche Arbeiten der letzten Jahre auf dem Gebiet der Populationsgenetik wurden die genetischen Grundlagen verschiedener Leistungseigenschaften geklärt. Außerdem eröffnet die Blutgruppenforschung neue Möglichkeiten. Da physiol. Merkmale in hohem Maße erblich zu sein scheinen, dürften weiterführende Arbeiten auf diesem Gebiet für den Fortschritt in der Haustierzucht von Bedeutung sein. E. Kieslinger. 30.

Hähnel, Brigitte; Berlin, Dtsch. Akad. der Landwirtsch.-Wiss. **Aufgaben der Tierzuchtforschung zur weiteren Entwicklung der Viehwirtschaft.** Tierzucht **16** (1962) Nr. 8. S. 355–357. — Lit.

Am 30. 3. 1962 bestätigte der Ministerrat der DDR das „Arbeitsprogramm der Agrarwissenschaft in der DDR“, das neue „Statut der Deutschen Akademie der Landwirtschaftswissenschaften zu Berlin“ sowie das „Programm über die Aufgaben der Tierzuchtforschung zur weiteren Entwicklung der Viehwirtschaft“. In Durchführung dieser Aufgaben wurde in einem vom Präsidium der DAL bestätigten Maßnahmeplan der Sektion Tierzucht, Tierernährung und Fischerei die Bildung von Arbeitsgemeinschaften für Rinder-, Schweine-, Geflügel-, Schaf-, Pferde- und Kleintierzucht, für Besamung, Erbwertermittlung, Tierernährung und Futterwirtschaft sowie für Fischerei beschlossen. Die Hauptaufgaben der Tierzuchtforschung sind die Schaffung der wiss. Grundlagen zur weiteren Vermehrung der Tierbestände, zur Steigerung ihrer Produktivität und zur Festigung und Entwicklung der sozialistischen Landwirtschaftsbetriebe und dabei die gesamte Tierzuchtforschung auf die volkswirtschaftlichen Schwerpunktaufgaben auszurichten. Aus dem

Programm werden die für die Tierzuchtforschung bis 1965 festgelegten Forschungsschwerpunkte angeführt und die zukünftigen Aufgaben der einzelnen Institute bes. der zur Koordinierung und Anleitung der Forschungsarbeiten festgelegten Leitinstitute behandelt. E. Semisch. 40.

Gravert. **Forschung auf dem Gebiet der Rinderzucht.** Tierzüchter **14** (1962) Nr. 10. S. 355. 358–359. — 10 Abb.
Die Lösung techn. Einzelheiten der Rinderhaltung in der Gegenwart und die Schaffung der theoretischen Grundlagen für die weitere Zuchtarbeit bestimmen die Forschungsarbeiten der Tierzuchtinstitute in Deutschland. Vf. bespricht übersichtsmäßig die Hauptforschungsthemen und -ergebnisse der verschiedenen Inst., wobei er bes. herausstellt: Zucht auf Milchleistung und Euterform, Heilung durch Milch (künstl. Abwehrreaktion durch Einspritzen von Krankheitsstoffen in das Euter = sog. Antikörper in der Milch), Fleischerzeugung (mit weniger Tieren mehr Fleisch), künstliche Auslösung von Zwillingsgeburten, Futterzusätze für die Kälbermast, Rindermast mit Antibiotica, Nachkommenschaftsprüfungen und Vergleich deutscher Zweinutzungsrassen mit ausländischen Mastrassen. W. Fleischmann. 40.

Trnka, Miloslav. **Landwirtschaftliches Schulwesen und Forschung in der Tschechoslowakei.** (Aufgaben, Organisation, Struktur, Ergebnisse und Perspektiven). Prag: 1961. (86 S. m. 68 Abb.) 8°. (1962 A 1129)

Ukraïnśkyj naukovo-doslidnyj instytut ptachivnyctva. (Das Ukrainische Forschungs-Institut für Geflügelzucht). Hrsg.: Ukraïnśka akad. śil'śkogospodarśkych nauk. Kyïv: Vyd. UASGN. 1961. (81 S.; ukrain.) 4°. (1962 B 22)

Literatur über die Land- und Forstwirtschaft in Finnland und Schweden. Hrsg. Instn.: Universitätsbibliothek, Leipzig. (Titelanzahl: 83. Ber.-Zeit: 1955–1961. Nur Zeitschriftenaufsätze.)

B. GRUNDLAGENWISSENSCHAFTEN UND METHODIK

Sinjakov, V. S. (Sinjakow, W. S.); Moskau, Inst. für Normale und Pathol. Physiol. der Akad. der Med. Wiss. der UdSSR, Lab. für die Ausarb. Biophys. Forsch.-Methoden. Ul'trazvukovoj pribor dlja opredelenija razmerov otdel'nych organov živogo organizma. **(Ultraschallgerät für die Bestimmung der Ausmaße einzelner Organe lebender Organismen.)** Bjulleteń ėksperimental'noj biologii mediciny, Moskva **53(27)** (1962) Nr. 5. S. 132–134. — 2 Abb., 1 Lit. Zus. in Engl.
Zur Beurteilung der Funktionstätigkeit einzelner Organe im lebenden Organismus ist es von Interesse, die linearen Abmessungen und deren Änderung, bezogen auf die Zeit, zu kennen. Das vom Vf. geschaffene Gerät baut auf der Durchlaufszeitmessung eines Ultraschallimpulses von einer Seite des untersuchten Organes zur anderen auf. Als Meßgerät sind auf der entgegengesetzten Seite elektrische Druckwertgeber angebracht. Abhängig von der gewählten Frequenz begrenzt sich der Meßbereich und kann entspr. einreguliert werden. Die zum Gerät gehörende Meßapparatur ist in 2 Blöcken zusammengefaßt: Der Übertragungsblock und der Empfänger-Indikatorblock. Die Aufzeichnung des Meßwertes erfolgt ununterbrochen. Es werden die Ergebnisse eines Meßversuches an der Aorta eines Versuchstieres beschrieben. M. Achmedowa. 120.

Thoma, John A.; Indianapolis, Univ., School of Med., Dep. of Chem.; Dep. of Biochem., Simple and rapid method for the coding of punched cards. **(Einfaches und schnelles Verfahren für das Kodieren von Lochkarten.)** Science [Washington] **137** (1962) Nr. 3526. S. 278–279. — 1 Abb., 1 Tab., 4 Lit.
Beschreibung eines neuen Verfahrens zum Kodieren von Randlochkarten für die manuelle Auswahl. Die Grundlage bildet die Verwendung eines phonetischen Alphabetes (bei dem z. B. die Buchstaben D und T oder S und

Z zusammengefaßt sind), das die Aufteilung sämtlicher Buchstaben auf die 10 möglichen Ziffern gestattet. – Das Verfahren ermöglicht das Erfassen von chem. Summenformeln und das Fixieren „längerer "Texte. Hierbei muß jedoch berücksichtigt werden, daß derartige Texte niemals isoliert erscheinen, sondern unter einem Oberbegriff stehen. – Es ist möglich, 2–3 Wörter/Min. zu kodieren; das Selektieren aus 1000 Karten erfordert 2–3 Min./Wort. F. Lüpnitz. 170.

ALLGEMEINE TIERZUCHT

A. ENTWICKLUNGSLEHRE

Nursall, J. R.; Edmonton, Univ. of Alberta, Dep. of Zool. On the origins of the major groups of animals. **(Über die Entstehung der großen Tiergruppen.)** Evolution [Lancaster] **16** (1962) Nr. 1. S. 118–123.

In den letzten Jahren ist das Problem der Entstehung des Lebens mit zunehmendem Interesse diskutiert worden. Die entwickelten Vorstellungen lassen die Annahme zu, daß ausgehend von einer Vielzahl chem. Verbindungen eine präbiotische Evolution stattgefunden hat, die zur Ausbildung nicht klassifizierbarer Eobionten führte. Aus diesen dürften sich protozoische Einzeller entwickelt haben. Vf. nimmt nun an, daß die großen Tiergruppen in einer weiten Periode von Zeit und Raum aus protozoischen Eobionten hervorgegangen sind, der Zeitpunkt der Differenzierung also sehr weit zurückliegt. H. Fischer. 1020.

Howard, Margaret M.; London. The early domestication of cattle and the determination of their remains. **(Die frühe Domestikation des Rindes und die Identifizierung von Skelettresten.)** Z. Tierzücht. Züchtungsbiol. **76** (1962) Nr. 2/3. S. 252–264. – 6 Abb., 4 Tab., 19 Lit. Zus. in Dtsch.

Vf. analysierte Knochenfunde aus dem Neolithikum und entspr. Knochen heutiger Rassen. Indici für die Messung der Schädel und Metapodien wurden aufgestellt und daraus Berechnungstabellen für die Messungen an frühen oder späteren Rindern zusammengestellt. Geschlechtsunterschiede sind in allen Maßen der untersuchten Rassen, unabhängig von deren Größe, vorhanden. Die im Verlaufe der Domestikation aufgetretenen Veränderungen sind deutlich zu erkennen. K. Damm. 1030.

Isaac, Erich. On the domestication of cattle. **(Die Domestikation von Rindern.)** Science [Washington] **137** (1962) Nr. 3525. S. 195–204. – 11 Abb., 59 Lit.

Auf Grund der umfangreichen prähistorischen Funde (Knochenmaterial, Geräte, Gefäße u. a. Gegenstände mit bildlichen Darst.) sowie der geschichtlichen Überlieferungen ist Vf. der Ansicht, daß die Ursprünge der Haustierentwicklung durch den Menschen nicht auf wirtschaftlichem bzw. arbeitstechnischem Gebiete lagen, sondern daß Kult-Vorstellungen und Riten zur Schaffung von Haustieren führten. – Es werden umfangreiche Untersuchungen angeführt, die als Beweis für diese Ansicht gelten können und auch darauf hinweisen, daß der vorderasiatische Raum der Ausgangspunkt für diese Entwicklung ist. – Die bisherigen mehr oder weniger spekulativen Theorien können durch Ansichten ersetzt werden, die auf modernen biol. bzw. physiol. Untersuchungen beruhen (Verhaltensforschung, verfeinerte Untersuchungsverfahren auf dem Gebiete der Hämatologie und Cytologie). F. Lüpnitz. 1030.

Unter d. Red. v. *Turbin, N. V.* **Geterosiz. Teorija i metody praktičeskogo ispol'zovanija. (Heterosis. Theorie und Methoden der praktischen Anwendung.)** Hrsg.: Inst. biologii Akad. nauk Beloruss. SSR. Minsk: Izd. Akad. nauk Belorussk. SSR. 1961. (264 S.) 8°, (1962 A 352)

B. ORGANE DES TIERKÖRPERS

Dimopoullos, George T.; Baton Rouge, Louisiana State Univ., Agric. Exp. Stat., Dep. of Veterin. Sci. Polysaccharide and protein relationships of normal bovine serum. **(Das Verhältnis von Polysacchariden und Protein im Serum normaler Rinder.)** Amer. J. veterin. Res. **22** (1961) Nr. 91. S. 986 bis 989. — 1 Tab., 25 Lit. Zus. in Interlingua.
Insgesamt wurden 215 klinisch gesunde weibl. Rinder im Alter von unter 3 bis über 84 Mon. auf Gesamtserumeiweiß (I) (Biuret-Methode) und gebundene Gesamtserumpolysaccharide (II) (Tryptophan-Reaktion nach Shetlar) untersucht. Die Werte von I und II zeigten mit zunehmendem Alter einen signifikanten Anstieg, das Verhältnis von II:I blieb in der gleichen Zeit annähernd gleich. Der Korrelationskoeff. zwischen II und I betrug +0,52. Bei Krankheiten steigt die Fähigkeit des Serumproteins, Polysaccharide zu binden, das II:I-Verhältnis wird größer. B. Busch. 1120.

Carlström, G.; Skara, Sweden, Veterin. Inst., Res. Stat. Phosphorus, magnesium, and pH in bovine blood serum normally, after parturition, and in parturient paresis. **(Phosphor, Magnesium und pH im Blutserum normaler, abgekalbter und an Gebärparese erkrankter Rinder.)** Acta veterin. scand. **2** (1961) Nr. 4. S. 350–356. — 3 Tab., 8 Lit.
An insgesamt 167 in die genannten Gruppen eingeteilten Rindern wurde ermittelt, daß durch die Geburt eine Abnahme sowohl des anorg. als auch des org. gebundenen P eintritt. Bei an Parese erkrankten Rindern war der Abfall des anorg. P stärker. Der Mg-Gehalt sowie der pH-Wert des Blutserums zeigten keine signifikanten Abweichungen zwischen den Gruppen. Mit steigendem Alter zeigte bei normal kalbenden Kühen der anorg. Blutserum-P eine fallende Tendenz. J. Bergfeld. 1120.

Žerebcov, P. I., Burčenko, E. V. und Poletaeva, N. S. (Sherebzow, P. I., Burtschenko, Je. W. und Poletajewa, N. S.) Izmenenie morfologičeskich i nekotorych fizičeskich pokazatelej krovi u teljat černo-pestroj porody v ontogeneze. **(Die Veränderung morphologischer und einiger physikalischer Blutwerte bei Kälbern der Schwarzbunten Rasse in der Ontogenese.)** Izvestija Timirjazevskoj sel'skochozjajstvennoj akademii, Moskva **1961** Nr. 4. S. 209–214. — 5 Abb., 1 Tab., 15 Lit.
13 Färsen- und 5 Bullenkälber wurden innerhalb der ersten 24 Std. nach der Geburt, am 15. Lebenstag und dann in monatlichen Abständen bis zum Alter von 1 Jahr untersucht. Das spez. Gew. des Blutes lag nach der Geburt bei 1,050, sank dann auf 1,044 ab, um nach dem 2. Lebensmonat wieder anzusteigen (1,046–1,048). Das Hb lag nach der Geburt bei 11,2 g% und sank dann auf 9,2 g%. Nach dem 2. Lebensmonat setzte ein Anstieg ein, die Werte lagen dann jeweils zwischen 10,2 und 11,5 g%. Die Erythrocytenwerte fielen nach der Geburt leicht ab, stiegen noch innerhalb des 1. Lebensmonats wieder an, erreichten ein Maximum im 4. Mon., um dann allmählich wieder abzufallen. Auch die Leukocyten fielen nach der Geburt, blieben dann auf gleicher Höhe; vom 2. Monat an setzte ein Anstieg ein, vom 8. Mon. ein Abfall. Der Lymphocytenanteil stieg nach der Geburt an, erreichte im 2. Mon. ein Maximum mit 71% und blieb dann zwischen 60 und 70%. Die Neutrophilen verhielten sich genau umgekehrt, sie sanken unmittelbar nach der Geburt ab und blieben vom 2. Lebensmonat an zwischen 20 und 30%. B. Busch. 1120.

Day, B. N., Lasley, J. L., Addleman, H. E. und Tribble, L. F.; Columbia, Univ. of Missouri, Coll. of Agric., Agric. Exp. Stat. The leucocytic response of swine to stilbestrol and a progesterone-estradiol combination. **(Die Leukocytenreaktion auf Stilboestrol und eine Progesteron-Oestradiol-Kombination beim Schwein.)** Univ. Missouri, Coll. Agric., agric. Exp. Stat., Res. Bull. **1961** Nr. 775. S. 1–15. — 11 Tab., 6 Lit.

Von 110 Schweinen mit Marktgewicht wurde in Blutproben die Anzahl der zirkulierenden Leukocyten ohne (a) und mit Hormonbehandlung (b) bestimmt. Im a-Blut waren durchschn. 19 051 Leukocyten/mm³ vorhanden; $^2/_3$ davon waren Lymphocyten, $^1/_4$ Neutrophile, 4–5% Eosinophile, 2–3% Monocyten und weniger als 1% Basophile. Geschlechtsbedingte Unterschiede waren nur bei den Lymphocyten signifikant: Eber hatten mehr Lymphocyten als kastrierte Eber, Sauen oder kastrierte Sauen. Die Zugabe von Geschlechtshormonen hatte nur wenig Einfluß auf die obigen Zahlen, mit 2 Ausnahmen: Hohe Progesteron- und Oestradiolbenzoat-Gaben riefen bei kastrierten Ebern eine Erhöhung der Eosinophilen hervor. Stilboestrol veränderte bei den Tieren die Reaktion auf mechanische Stress-Einwirkung. Das Vorhandensein einer evtl. Beziehung zwischen verschiedenen Blutkomponenten und den ökonomischen Merkmalen des Tieres wurde ebenfalls untersucht. Dabei ergaben sich signifikante Korrelationen zwischen Eosinophilen-Prozentsatz und der Stärke des Rückenspecks in einer Untersuchungsphase. Korrelationen zwischen Leukocytenkonzentration und Fleischanteil des Schlachtkörpers scheinen ebenfalls signifikant zu sein. M. Metze. 1120.

Milošvić, Z.; Zagreb, Veterin. Fak., Inst. za Pathol. i Terapiju. Rendgensko prikazivanje suzovoda u domaćih životinja. **(Zur Darstellung des Tränennasenganges der Haustiere durch Röntgenstrahlen.)** Veterin. Arh. [Zagreb] **31** (1961) Nr. 9/10. S. 246–250. — 5 Abb., 7 Lit. Zus. in Engl., Dtsch.
Nach Anästhesierung des Tränennasenganges (TNG) läßt sich die Kanüle oral leicht einführen. Zur Kontrastfüllung werden bei den einzelnen Tierarten folgende Mengen benötigt: Pferd 3,5–4, Rind 2–2,5, Schaf 0,5–0,7 Schwein 0,4–0,5, Hund 0,3–0,4 cm³. Bei Schwein, Schaf und Hund läßt sich der TNG nur teilweise darstellen. Mit der beschriebenen Methode assen sich Veränderungen in der Beschaffenheit der TNG im Röntgenbild feststellen. P. Schmidt. 1165.

Kummer, B. **Funktioneller Bau und funktionelle Anpassung des Knochens.** Anatom. Anz. **111** (1962) Nr. 4. S. 261–293. — 24 Abb., 25 Lit.
Die Funktion des Knochens besteht offenbar in einer Widerstandsleistung gegenüber mechanischer Beanspruchung. Gleichgroße Kräfte können bei unterschiedlicher Angriffsweise verschiedenartige Beanspruchungen zur Folge haben. Grundsätzlich können axial oder zentrisch angreifende, in der Säulenachse wirkende Kräfte von exzentrischen Kräften unterschieden werden. Während zentrische Kräfte je nach ihrer Richtung entweder eine reine Druck- oder Zugbeanspruchung erzeugen, bedingen exzentrische Kräfte Biege-, Abscherungs- und Torsionsbeanspruchung. An Hand einiger ausgewählter Beispiele wird aufgezeigt, daß sowohl die Gestalt als auch die Struktur des Knochens jeweils für die bes. Funktion techn. zweckmäßig ausgebildet sind. Das bedeutet, daß das zur Verfügung stehende Material derart eingesetzt ist, daß mit ihm die größtmögliche mechanische Leistung erreicht werden kann. Die entspr. Formgestaltung wird — offenbar auf Grund einer ererbten Reaktionsweise des Knochens auf mechanische Reize — durch „funktionelle Anpassung" nach Art eines Regelvorganges erreicht.
A. Smollich. 1310.

Calkin, V. I. (Zalkin, W. I.) Izmenčivost' metapodij u ovec. **(Die Veränderlichkeit der Metapodien bei Schafen.)** Bjulleteń Moskovskogo obščestva ispytatelej prirody [N. S.] **132** (1961) Otdel biologičeskij **66** Nr. 5. S. 115–132. — 2 Abb., 10 Tab. 15 Lit. Zus. in Engl.
Vergleichend-osteologische Untersuchungen an mehreren Wildschafformen (*Ovis ammon armeniana, O. a. cycloceros, Ovis canadensis lydekkeri*) sowie einer Reihe markanter Hausschafrassen (Karakul, Lincoln, Hampshire u.a) unter statistischer Auswertung der Maßtabellen. Sexualdimorphismus ist nur gering ausgeprägt, männl. Metapodien sind nur etwas kräftiger. Die

individuelle Variation ist sehr groß, dsgl. die des Verhältnisses Metapodienlänge: Widerristhöhe. Es wird ein Index eruiert, der die Errechnung der Widerristhöhe aus Metapodien-Knochen ermöglicht. Zusätzliche Berücksichtigung erfahren Fossilien der Eisen-, Bronze- und Steinzeit.
G. Petzold. 1310.

Bligh, J. Possible temperature-sensitive elements in or near the Vena cava of sheep. **(Möglicherweise vorhandene temperaturempfindliche Elemente in oder nahe der V. cava bei Schafen.)** J. Physiol. [London] **159** (1961) Nr. 2. S. 85P–86P. — 3 Lit.
Hohe Luftfeuchtigkeit und hohe Temperatur lassen die Atemfrequenz beim unbetäubten Schaf beträchtlich ansteigen. Wird diese Möglichkeit der Wärmeabgabe drastisch eingeschränkt, steigt auch die Körperinnentemperatur an. Im Experiment wurde kalte Salzlösung in solcher Menge in die V. cava infundiert, daß eine Bluttemperaturerhöhung des Hirnblutes in den ersten 20 Min. der starken Flüssigkeitseinwirkung unterbunden war. In einzelnen Fällen kam es zu einer Erhöhung der Atemfrequenz. Häufig war diese jedoch während der Infusion anhaltend vermindert, und es trat erst nach deren Beendigung ein unmittelbarer Anstieg der Atemfrequenz ein. Die Verminderung der Atemzüge wird auf die kühle Temperatur des Infusates zurückgeführt. Anscheinend sind temperaturempfindliche Elemente zwischen der Infusionsstelle in der V. cava und der linken Herzseite vorhanden. Diese Befunde werden durch die Feststellungen beim Hund bestätigt, wo nach kalter, venöser Infusion in die Hintergliedmaße Schüttelfrost eintrat, ohne daß eine Änderung der Hirntemperatur vorlag. H. Busse. 1350.

Andersen, Harald T., Andersson, Bengt und Gale, Charles. Central control of cold defense mechanisms and the release of „endopyrogen" in the goat. **(Die zentrale Kontrolle des Kälte-Abwehr-Mechanismus und die Freisetzung von „Endopyrogen" bei der Ziege.)** Acta physiol. scand. **54** (1962) Nr. 2. S. 159–174. — 7 Abb., 18 Lit.
An Ziegen wurde die thermoregulatorische Reaktion nach Kältereiz des Gehirns untersucht. Die Thermode wurde in den Bereich des 3. Ventrikels, des Chiasma opticum und der Massa intermedia eingeführt. Neben dieser Reizung wurde die Umgebungstemperatur einmal stark erniedrigt (unter 18 °C), zum anderen erhöht. Daneben wurden auch noch Reizungen der peripheren Kälterezeptoren durchgeführt. Aus den Ergebnissen konnte geschlußfolgert werden, daß es bei diesen Unterkühlungsversuchen zur Freisetzung von sog. „Endopyrogen" kommt. Des weiteren wurde festgestellt, daß in dem oben erwähnten Hirngebiet zentrale Kälterezeptoren anzunehmen sind. Auf die Wechselbeziehungen zwischen den zentralen Kälte- und Wärmerezeptoren wird eingegangen. W. Richter/Kleinmachow. 1350.

Larson, Alvin L. und Ederstrom, H. E.; Garnd Forks, Univ. of North Dakota, Schoolof Med., Dep. of Physiol. and Pharmacol. Blood glucose changes induced by cold, epinephrine, and norepinephrine in dogs of various ages. **(Durch Kälte, Epinephrin und Norepinephrin bei Hunden verschiedenen Alters hervorgerufene Veränderungen der Blutglucose.)** Proc. Soc. exp. Biol. Med. **110** (1962) Nr. 1. S. 131–134.
Bastardhunde beiderlei Geschlechts wurden im klimatisierten Zwinger bei 22 °C gehalten. Von Zeit zu Zeit wurden Blutproben entnommen, nach deren Entnahme sofort die Rectaltemperatur gemessen wurde. Nach i. m. Injektion einer a) Salzlösung (0,2 ml/kg), b) Epinephrin (0,2 mg/kg) und c) Norepinephrin (0,2 mg/kg) wurden die Tiere einer Lufttemperatur von 25 °C (± 2) oder 4 °C (± 2°) 1 Std. lang ausgesetzt, nach dieser Zeit wieder eine Probe entnommen und die Rectaltemperatur bestimmt. Als Ergebnis wurde folgendes festgestellt: Neugeborene Tiere im Alter bis zu 5 Tagen zeigten keine hyperglykämische Reaktion auf die Kältewirkung, während

bei älteren Hunden und deren Muttertieren eine signifikante Steigerung der Blutglucose festzustellen war. Epinephrin allein oder kombiniert mit dem Kälteschock ergab bei allen Altersklassen einen hyperglykämischen Schock, abgeschwächt bei jungen Tieren. Norepinephrin hatte variablen und geringen Einfluß auf die Veränderung der Blutglucose. In Kombination mit dem Kälteschock war dieser Einfluß etwas stärker zu spüren. Hunde im Alter bis zu 8 Tagen hatten eine stärkere Depression der Rectaltemperatur bei Kälte nach Epinephrin als nach Salzlösung oder Norepinephrinverabfolgung aufzuweisen. Bei keinem der Hunde erhöhte der kalorische Einfluß der Amine den Kältewiderstand, wie er durch Veränderung der Rectaltemperatur angezeigt wird. W. Gimmler. 1350.

Church, D. C., Jessup jun., Gordon L., Bogart, Ralph. Stomach development in the suckling lamb. **(Über die Magenentwicklung beim Sauglamm.)** Amer. J. veterin. Res. **23** (1962) Nr. 93. S. 220–225. — 1 Abb., 7 Tab., 17 Lit. Zus. in Engl., Interlingua.
An Lämmern im Alter von 7–57 Tagen wurden Größenmessungen am Pansen-Labmagensystem durchgeführt. Zu diesem Zweck wurden 14–57 Tage alte Lämmer im 2wöchentl. Intervall geschlachtet. In der 2. Versuchsreihe waren die Tiere 7–34 Tage alt und unterlagen einem wöchentl. Intervall. Die Ergebnisse besagten, daß die ausgewachsenen Proportionen von Haube und Pansen bei ca. 57 Lebenstagen zu suchen sind. Das Wachstum von Labmagen und Psalter ist variabler. Bestimmte Wachstumskorrelationen bestanden zwischen Pansen und Reticulum und Pansen-Psalter. Eine lineare Regression wurde auch zwischen dem Magenwachstum und dem Alter gefunden. Abschließend werden einige physiol. Vorgänge in den Magenabteilungen im Beobachtungszeitraum mit den im Versuch ermittelten Wachstumswerten verglichen. W. Richter/Kleinmachow. 1385.

Wardrop, I. D.; Melbourne, Univ., School of Agric. Some preliminary observations on the histological development of the fore-stomachs of the lamb. I. Histological changes due to age in the period from 46 days of foetal life to 77 days of post-natal life. **(Einige vorläufige Beobachtungen über die histologische Entwicklung der Vormägen beim Lamm. 1. Mitt. Altersabhängige histologische Änderungen in der Periode vom 46. Fetaltag bis zum 77. Tag nach der Geburt.)** J. agric. Sci. **57** (1961) Nr. 3. S. 335–341.
Von dem Postulat ausgehend, daß das heranwachsende Lamm in der Zeit von der Geburt bis zur 3. Woche eine Nicht-Ruminantierphase durchläuft, der sich bis zur 8. Woche eine Übergangsphase anschließt, werden morphol. und histol. Untersuchungen am Rumen, Reticulum und Omasum durchgeführt. Der Pansen zeigt während der ganzen fetalen Entwicklung eine glatte Oberfläche. Erst nach der Geburt werden kleine Papillen sichtbar, die dann rapid an Größe zunehmen. Am 56. Tage ist diese Entwicklung abgeschlossen. Im Reticulum sind die Netzrippen schon beim 100 Tage alten Fetus zu sehen. Die typische Honigwabenstruktur ist bei der Geburt voll ausgebildet. Allerdings entwickeln sich die Papillen erst vom 20. Tage post natum an. Im Blättermagen beginnt die Faltung der Wand am 46. Embryonaltag. Es nimmt dann nur noch die Länge der Laminae und die Tiefe der interlamellaren Spalten zu. Die Bildung der kleinen konischen Papillen ist am 70. Embryonaltag abgeschlossen. In allen Abschnitten der Vormägen wandelt sich das kubische Epithel in ein keratinhaltiges Plattenepithel um. Das Basallager faltet sich und bildet den Innenteil der erwähnten Papillen und Netzrippen. H. Fischer. 1385.

Wardrop, I. D.; Melbourne, Australia, Univ., School of Agric. Some preliminary observations on the histological development of the fore-stomachs of the lamb. II. The effects of diet on the histological development of the fore-stomachs of the lamb during post-natal life. **(Einige vorläufige Beobachtungen über die histologische Entwicklung der Vormägen beim Lamm. 2. Mitt. Die Wirkung der Nahrung auf die Histogenese der Vordermägen des Lammes während des postnatalen Lebens.)** J. agric. Sci. **57** (1961) Nr. 3. S. 343–346.

Die Histogenese der Vormägen von Lämmern, die bis zu einem Alter von 7 Wochen mit Milch ernährt worden waren, wurde mit der von Tieren verglichen, die von Geburt an zusätzlich mit gehäckselter Luzerne gefüttert wurden. Die Papillen waren nach reiner Milchdiät klein und konisch geformt, Stratum granulosum und Stratum corneum nur wenig entwickelt. Auf die Bildung der Netzstruktur im Reticulum hatte die Art der Nahrung kaum einen Einfluß. Hingegen war die Schleimhautoberfläche im Blättermagen nur dann normal entwickelt, wenn Luzerne zugefüttert worden war. Die histol. Verhältnisse im Omasum waren bei 7 Wochen alten Tieren, die mit reiner Milchdiät ernährt wurden, denen neugeborener Lämmer völlig gleich.

H. Fischer. 1385.

Lew, Morgan, Lepp, Albert und Starr, Paul; Los Angeles, Calif., County Hospital, Attending Staff Assoc. Indications of synergism of sodium dextro-thyroxine and methyltestosterone in chicks. **(Anzeichen von Synergismus zwischen D-Thyroxin-Natrium und Methyltestosteron bei jungen Hühnern.)** Acta endocrinol. [Copenhagen] **40** (1962) Nr. 3. S. 451–458. — 7 Tab., 6 Lit.

Vff. verfütterten D-Thyroxin-Natrium (**I**) und Cholesterin (**II**) verschieden dosiert, in Kombination und jeweils allein an junge Hähne über mehrere Wochen und untersuchten den Einfluß dieser Substanzen u. a. auf Lgw., Kammgröße, Serumcholesterin und eiweißgebundenes Jod. 7,5 mg **I** pro kg Futtergemisch (auch die folgenden Dosenangaben beziehen sich auf 1 kg Futtergemisch) und 1% **II** in der Nahrung führten zu einer signifikanten Senkung des Serumcholesterins und 4fachen Erhöhung des eiweißgebundenen J gegenüber den Kontrollen, die nur **II** erhielten. Das Lgw. beider Gruppen zeigte keinen signifikanten Unterschied. 50 mg **I** bei 0,25% Anreicherung mit **II** führten u. a. zu einer Abnahme von Lgw. und Kammgröße und zu krankem Aussehen. 5 mg **I** ohne mit **II** angereicherter Nahrung bewirkten eine Vergrößerung des Kamms bei unverändertem Lgw. gegenüber den Kontrollen, während dieselbe Dosis, mit 0,5% **II** verabreicht, keinen stimulierenden Effekt auf den Kamm hatte. — Weiterhin wurden an Hühnchen **I** und Methyltestosteron (**III**) jeweils allein oder kombiniert in verschiedener Dosierung verfüttert. 10 mg **III** zeigten max. Kammvergrößerung. 20 mg **I** verstärkten die Wirkung von 10 mg **III** auf die Kammgröße. 50 mg **I** in Kombination mit **III** zeigten dagegen einen toxischen Effekt, der sich in Abnahme von Lgw. und Kammgröße äußerte. Auch kleine Dosen von **I** (10 mg) und **III** (0,5 mg) ließen eine synergistische Wirkung auf das Kammgewicht erkennen.

H. Grychtolik. 1510.

Griffin, S. A., Henneman, H. A. und Reineke, E. P. The thyroid secretion rate of sheep as related to season, breed, sex, and semen quality. **(Die Schilddrüsensekretionsrate bei Schafen in Beziehung zur Jahreszeit, zur Rasse, zum Geschlecht und zur Spermaqualität.)** Amer. J. veterin. Res. **23** (1962) Nr. 92. S. 109–113. — 2 Abb., 21 Lit. Zus. in Esperanto.

Die Schilddrüsensekretionsrate wurde in verschiedenen Jahreszeiten bei jeweils 2jährigen Hampshire- und Shropshireböcken untersucht. Bei den Hampshireböcken war die Sekretionsrate in jeder Jahreszeit stärker als bei den Shropshires. Die gefundene Differenz zwischen den Rassen war statistisch gesichert ($P < 0{,}05$). Bei den Böcken war sie um einen signifikanten Betrag geringer als bei den Mutterschafen ($P < 0{,}01$). Die jahreszeitliche Variation der Schilddrüsenfunktion stimmte in beiden Rassen ziemlich überein. Im

Winter betrug sie das 4- bis 5fache des in den Sommermonaten gefundenen Wertes. Die Verminderung im Frühjahr und zeitigen Sommer ging mit einer Verschlechterung der Samenqualität einher. Im Herbst trat bei zunehmender Schilddrüsenfunktion eine Verbesserung der Spermaqualität ein. Die in diesem Versuch beim Schafbock gefundenen Normalwerte stellen eine Grundlage für Dosierungsvorschriften in der Schilddrüsenhormontherapie dar. H. Busse. 1525.

Andersson, B., Ekman, L., Gale, C. C. und Sundsten, J. W. Activation of the thyroid gland by cooling of the pre-optic area in the goat. **(Aktivierung der Schilddrüse durch Unterkühlung des präoptischen Gebietes bei der Ziege.)** Acta physiol. scand. **54** (1962) Nr. 2. S. 191–192. — 1 Abb., 3 Lit.

Bezugnehmend auf die vorangegangene Arbeit beschreiben die Vff. in dieser kurzen Mitteilung die Ergebnisse, die sie bei Unterkühlung des präoptischen Gebietes im Hinblick auf die Schilddrüsenaktivierung gefunden haben. Die Schilddrüsentätigkeit wurde mit Hilfe von ^{131}J bestimmt. Die angegebenen vorläufigen Ergebnisse lassen erkennen, daß bei Unterkühlung der präoptischen Region im Gehirn eine starke Freisetzung von Schilddrüsenhormonen erfolgt. Diese Schilddrüsenbeeinflussung wird wahrscheinlich über den Hypothalamus-Hypophysenweg laufen. W. Richter/Kleinmachnow. 1525.

Wong, E. und Flux, D. S.; Palmerston North, New Zealand, Dep. of Sci. and Ind. Res., Plant Chem. Div.; Massey Agric. Coll. The oestrogenic activity of red clover isoflavones and some of their degradation products. **(Die oestrogene Aktivität der Isoflavone des Rotklees und einiger Abbauprodukte.)** J. Endocrinology **24** (1962) Nr. 3. S. 341–348. — 4 Tab., 19 Lit.

In Versuchen an Mäusen untersuchten Vff. die oestrogene Aktivität der 4 im Rotklee vorhandenen Isoflavone Genistein (**I**), Biochanin A (**II**), Daidzein (**III**) und Formononetin (**IV**) sowie einiger chem. Abbauprodukte der Isoflavone (p-Hydroxyphenylessigsäure sowie die Benzylphenylketone der 4 Isoflavone). **I, II** und **III** hatten eine oestrogene Wirkung, wobei die rel. Wirkungsverhältnisse wie 1,5:1:0,4 gefunden wurden. Bei **IV** war eine oestrogene Wirksamkeit nicht mit Sicherheit nachzuweisen. Die chem. Abbauprodukte waren völlig unwirksam. Versuche mit Rotklee zeigten die nach dem chem. ermittelten Isoflavongehalt erwartete oestrogene Aktivität. R. Schiemann. 1580.

Wright, A. A. Metabolism of oestradiol-17β by an ovariectomized ewe. **(Stoffwechsel von Oestradiol-17β bei einem ovariektomierten Mutterschaf.)** J. Endocrinology **24** (1962) Nr. 3. S. 291–297.

Einem ovariektomierten Mutterschaf werden 2,1 mg Oestradiol-17β, gelöst in 1 ml Propylenglycol, i. m. appliziert. 5 Tage vor bis 11 Tage nach der Injektion werden in Harn und Faeces Oestron, Oestradiol und Oestriol nach chromatographischer Trennung und Durchführung der Koberschen Reaktion spektrophotometrisch bestimmt. 1,7% der verabreichten Menge erscheinen im Harn als Oestradiol; Oestron und Oestriol sind im Harn nicht mit Sicherheit nachzuweisen. Die faecale Ausscheidung beträgt 29,2% als Oestradiol und 5,5% als Oestron; am 4. Tage nach der Injektion tritt eine kleine Menge Oestriol auf. Das ausgeschiedene Oestradiol wird auf Grund seines Absorptionsspektrums als das α-Isomer identifiziert. Die Umsetzung vom β- zum α-Isomeren verläuft vermutlich über das Oestron. Die Tatsache der fast ausschließlich faecalen Ausscheidung erklärt den schon früher gefundenen sehr niedrigen Oestrogengehalt des Schafharnes.

J. Müller. 1580.

Wright, A. A. Determination of oestrogens in the faeces of sheep. **(Bestimmung von Oestrogenen in den Faeces von Schafen.)** J. Endocrinology **24** (1962) Nr. 3. S. 279–289.

Zur Bestimmung von Oestron, Oestradiol-17α, Oestradiol-17β und Oestriol werden Faeces von Schafen mit Alkohol bzw. Äther extrahiert, die Extrakte mit alkalischen Lösungen verschiedener Konzentrationen gewaschen und nach Entfernung des Lösungsmittels zwischen Benzol-Benzin und Wasser bzw. Natronlauge verteilt. Die vorgereinigten Oestrogene werden methyliert und an Aluminiumoxyd chromatographisch getrennt. Nach Durchführung der Koberschen Reaktion wird mit Chloroform, das 2% p-Nitrophenol enthält, extrahiert. Die Bestimmung der gebildeten Farbstoffe erfolgt spektrophotometrisch. Die Schwierigkeit der Oestrogenbestimmung in Faeces besteht in der Notwendigkeit ihrer Isolierung aus einem großen Überschuß von Lipiden. Den Proben zugesetztes Oestron und Oestradiol wird nur unvollständig wiedergefunden. Außerdem enthalten einige Proben störende Substanzen, die bis zum Ende des Trennungsganges gelangen und dort die Farbentwicklung beeinträchtigen. Diese Störung kann jedoch durch eine entspr. Wahl der Diät vermindert werden. J. Müller. 1580.

Padilla, Juan S. und Campos, Amado C. Effects of two successive implantations with different levels of synthetic estrogen on the sexual behavior and subsequent reproductive performance of S. C. Wihte Leghorn and New Hampshire cockerels. **(Die Wirkung von zwei aufeinanderfolgenden Implantationen verschiedener Dosen von synthetischen Oestrogenen auf das Sexualverhalten und die nachfolgende Reproduktionsleistung von Weißen Leghorn- und New Hampshire-Hähnchen.)** Philippine Agriculturist **45** (1961) Nr. 3. S. 119–140. — 8 Abb., 8 Tab., 17 Lit.

Unabhängig von der Häufigkeit der Implantationen unterdrücken 15 mg-Pellets von Stilboestrol bei den angegebenen Rassen zeitweise das männl. Verhalten und bedingen eine vorübergehende Reduktion der Hodengröße und des Samenvol. 2 Mon. nach dem Versuch mit 1 oder 2 Pellets besitzen beide Rassen wieder ein normales männliches Benehmen und eine normale Fertilität. Eine 2. Implantation von 2 Pellets verzögert aber die Wiederherstellung des Geschlechtscharakters einschließlich des Verhaltens und der Fertilität der Hähnchen. Die Implantation von 1 Tablette mit der nachfolgenden Implantation von 1 oder 2 Tabletten zeigt keinen entgegenwirkenden carry-over-Effekt auf die Lebensfähigkeit der Nachkommenschaft. R. Neseni. 1580.

Akaevskij, D. I., Krinicin, D. J. und *Melechin, P. I.* **Anatomija i fiziologija s.-g. tvaryn.** (Anatomie und Physiologie der landwirtschaftlichen Nutztiere.) Kyïv: Derž. vyd. sil'skog. lit. Ukr. RSR. 1961. (281 S.; ukrain.) 8°. (1962 A 313)

C. GENETIK

Roberts, B. L.; Cambridge, Trinity Coll. The mammalian egg. **(Das Säugetierei.)** Advancement of Sci. **19** (1962) Nr. 78. S. 121–130.

Vf. gibt eine allgemeinverständliche Übersicht über Entdeckungsgeschichte, Reifungsprozeß und Struktur des Säugetiereies. Während der Reifung vom Oogonium zur Oocyte 1. Ordnung nehmen Zelle und Zellkern erheblich an Volumen zu. Die Eizelle der Säuger ist arm an Dottermasse. Nur bei den Monotremen findet man bemerkenswerte Dottermengen. Trotzdem kann man in den frühen Oocyten eine polare Organisation erkennen. Der Kern liegt nicht zentral, sondern dem einen Pol der Oocyte näher, der demgemäß als „animaler Pol“ dem „vegetativen Pol“ gegenübergestellt werden kann. In der jungen Oocyte findet man auch stets ein Gebiet basophilen Cytoplasmas, welches als Region der Proteinsynthese aufgefaßt werden kann und den Namen „Dotterkern“ erhalten hat. Es folgt dann die Beschreibung der Befruchtung und der frühen Furchung. Zum Problem der frühzeitigen Separation der Geschlechtszellen und der „Kontinuität des Keimplasmas“ bei den Säugern weist der Vf. darauf hin, daß nach doppelseitiger

Ovariotomie bei der Maus festgestellt werden konnte, daß auch adulte Tiere in der Lage sind, primäre Geschlechtszellen nachzubilden.

H. Fischer. 1610.

Inoué, Shinya und Sato, Hidemi; Dartmouth Med. School, Dep. of Cytol. Arrangement of DNA in living sperm: A biophysical analysis. **(Die Anordnung der DNS in lebenden Spermien. Eine biophysikalische Analyse.)** Science [Washington] **136** (1962) Nr. 3522. S. 1122–1124.

Mit Hilfe einer neuen Methode zur Untersuchung der lebenden Spermienköpfe von Heuschrecken im polarisierten Licht werden neue Vorstellungen über die submikroskopische Anordnung der Chromosomen und der DNS im Kern entwickelt. Die schraubigen Chromosomen sind der Länge nach eins hinter dem anderen im Spermakopf angeordnet, wahrscheinlich in einer festen Reihenfolge. — Die Moleküle der DNS-Proteide sind zu einem Bündel angeordnet und bilden eine sehr lange Spirale, die ihrerseits um eine 2. Spirale gewunden ist. 2 solcher Spiralen, durch Matrix-Substanz zusammengehalten, bilden ein Spermachromosom. P. Hertwig. 1615.

Purushotham, N. P. und Rao, Panduranga V. Haematological sex determination in dogs. **(Die hämatologische Geschlechtsbestimmung bei Hunden.)** Indian veterin. J. **39** (1962) Nr. 4. S. 209–213. — 5 Abb., 1 Tab., 4 Lit.

Vff. untersuchten 30 erwachsene Hunde auf das Vorkommen von Kernanhängen der Neutrophilen und ihre Beziehung zum Geschlecht der Tiere. Hierzu werden dünne nach Giemsa und Leishman gefärbte Blutausstriche verwendet. Es wurden folgende 4 Typen von Anhängen neutrophiler Kerne festgestellt: 1. Trommelstock oder hängende Tropfenform; 2. gestielte Knötchen und Zipfel; 3. Haken (unterscheiden sich auffallend von Trommelstockformen und gestielten Knötchen) und 4. Stäbchen (hier verläuft der Kernanhang in gerader Richtung). Beim Vergleich zum jeweiligen Geschlecht des Tieres wurde festgestellt, daß der erste Typ in überwiegender Anzahl bei weibl. und nur in geringer Anzahl bei männl. Tieren auftrat. Die gestielten Knötchen traten sowohl bei weibl. als auch bei männl. Tieren auf, wobei bei weibl. Tieren eine leichte Vermehrung zu erkennen war. Die Haken traten bei weibl. Tieren sehr selten auf. Der 4. Typ, die Stäbchen, wurden nur bei männl. Tieren gesehen, beim weibl. Geschlecht dagegen äußerst selten. Auf 500 neutrophile Leukocyten wurden bei männl. Tieren 5 drumsticks, 3×3 gestielte Knötchen, 9×2 Haken und 3 Stäbchen gefunden. Beim weibl. Geschlecht lag die Durchschnittszahl bei 12×5 drumsticks und 11×5 gestielten Knötchen. Die Zahl der Haken und Stäbchen war unbedeutend. Obwohl in 17% der Fälle keine geschlechtsspez. Veränderungen ermittelt werden konnten, halten die Vf. die Geschlechtsbestimmung bei Hunden durch die Differenzierung der Kernanhänge der neutrophilen Leukocyten für eine brauchbare Methode. W. Verter. 1615.

Medvedev, Zh. A.; Moscow, U.S.S.R., Timirjasev Agric. Acad., Dep. of Agrochem. and Biochem. A hypothesis concerning the way of coding interaction between transfer RNA and messenger RNA at the later stages of protein synthesis. **(Eine Hypothese, welche die Möglichkeiten der Code-Übertragung von transferierender und Boten-RNS auf die letzten Stadien der Proteinsynthese betrifft.)** Nature [London] **195** (1962) Nr. 4836. S. 38–39.

Es wurde wahrscheinlich gemacht, daß die Bindung von aktivierten Aminosäuren (AS) an das Adenosin der sog. Transfer-Ribo-Nuclein-Säure (auch lösliche [soluable] = s-RNS genannt) die Vorstadien der Proteinsynthese charakterisiert. Die s-RNS-Moleküle bringen die AS-Teilchen zu den Ribosomen, wo die Aminosäuren in sich neu bildende Peptidketten eingefügt werden. — Es bleibt zu ergründen, wie sich die Zusammenarbeit von s-RNS mit ribosomaler RNS gestaltet. Die bisherigen Hypothesen nehmen an, daß die Ketten der s-RNS (ca. 100 Basen) in ihren Sequenzen zu den verschiedenen

Teilen der Matritzen-RNS komplementär sind. Unter den vielen zufälligen Kollisionen zwischen s-RNS und Ribosomen können daher einige die Übertragung der AS in Übereinstimmung mit den Code der Matritzen-RNS bewirken. — Vf. teilt die Ansicht vieler Autoren, daß die Vorgänge noch komplizierter sind, denn eine weitere RNS, die sog. Boten-(messenger)RNS, greift noch in den Prozeß ein, und nicht alle 70-S-Doppel-Ribosomen sind aktive Stellen der Protein-Produktion, sondern nur 10%. Wenn diese aktiven 70-S-Ribosomen zerfallen, hört die Proteinproduktion auf. Da bei dem Zerfall Peptide und Polypeptide von hoher spez. Aktivität frei werden, ist die Annahme möglich, daß die AS in die aktiven 70-S-Ribosomen in der Grube zwischen den 30-S- und 50-S-Teilchen eingebaut werden (Zeichnung). Übertragenden Enzymen (transfer enzymes) fällt die Rolle zu, die s-RNS an die Ribosomen heranzubringen. Die Rolle des Zufalls wird dadurch eingeschränkt. — Eine weitere Frage besteht in der Art, wie der in der Nucleotidenfolge festgelegte Code auf die Proteine übertragen wird. Man nimmt heute an, daß eine Sequenz von 3 Nucleotiden eine AS bestimmt. Diese „triplet"-Vorstellung entspricht noch nicht allen Anforderungen. Medvedev entwickelt daher eine eigene Vorstellung von einem überlappenden Code und belegt sie mit Modellzeichnungen. P. Hertwig. 1660.

Waddington, C. M.; Edinburgh, Scotland, Univ., Inst. of Animal Genetics. Genetic assimilation. **(Genetische Assimilation.)** Advances Cenetics **10** (1961) S. 257–293. — 79 Lit.
Mit genetischer Assimilation wurde von Waddington (1953) ein Vorgang bezeichnet, bei dem erworbene Eigenschaften im konventionellen Sinne durch eine über lange Zeit (mehrere Generationen) auf eine Population einwirkende Selektion in erbliche Eigenschaften verwandelt werden. Vf. geht von Veränderungen bei *Drosophila melanogaster* aus, die durch Veränderungen der Anzuchtbedingungen durch erhöhte Temperatur hervorgerufen wurden. Diese Erscheinung ist nicht dem Baldwin-Effekt gleichzusetzen. Der Baldwin-Effekt wird als nichtgenetisches Phänomen im Gegensatz zur genetischen Assimilation bezeichnet, auf den die Selektion keinen Einfluß hat. Bei der genetischen Assimilation hängt die Aneignung von Merkmalen von der genetischen Eigenschaft der Population ab, die durch die Selektion verändert sein kann. Vf. ist der Ansicht, daß diese Theorie bei der Deutung von Evolutionsabläufen von Bedeutung sein kann. K. Schulz. 1660.

Malécot, G.; Lyon, Frankreich, Fac. des Sci., Inst. de Mathématique. **Verwandtschaft und Korrelationen.** Schriftenr. Max-Planck-Inst. Tierzucht Tierernähr., Vortr. II. int. Ferienkurses junge Tierzuchtwissenschaftler in Mariensee, Sonderband **1961** S. 149–169. — 3 Abb., 3 Tab., 4 Lit.
Vf. stellt grundlegende Ergebnisse der quantitativen Genetik dar. Nach einleitenden Betrachtungen über unabhängige Auswahl der Individuen und Gameten werden der Inzucht- und Verwandtschaftskoeffizient als Wahrscheinlichkeiten für das Auftreten von Genloci besprochen. Beide sind einander gleich, weil sie auf denselben Genlocus eines gemeinsamen Vorfahren zurückführen. In der gleichen Weise werden die mittlere Zunahme der Inzucht je Generation in einer endlichen panmiktischen Population und die Korrelationen zwischen quantitativen Eigenschaften verwandter Tiere unter Annahme additiver und dominanter Vererbung besprochen.
A. Schaaf. 1667.

Lush, J.-L.; Ames, Iowa, USA, Iowa State Univ. **Der Sinn und die Bedeutung des Erblichkeitsanteiles.** Schriftenr. Max-Planck-Inst. Tierzucht Tierernähr., Vortr. II. int. Ferienkurses junge Tierzuchtwissenschaftler in Mariensee, Sonderband **1961** S. 171–199.
Vf. erörtert die Beziehungen zwischen dem Phänotyp P, dem Erbgut H und der Umwelt E. Bei additivem Zusammenwirken von H und E, also wenn

$P = H + E$, und bei fehlender Korrelation zwischen E und H ist der Erblichkeitsgrad im weiteren Sinne der durch H bedingte Anteil der Varianz $V(H)$ an der Gesamtvarianz $V(P)$. Sind H und E korreliert bzw. in ihrem Zusammenwirken nicht additiv, so wird die Definition des Erblichkeitsanteils erschwert, weil die Covarianz und die Wechselwirkung nicht eindeutig dem Erbgut oder der Umwelt zugeordnet werden können. Die Heritabilität berücksichtigt als erblich nur den durch genische (= additive Gen-)Wirkungen hervorgerufenen Varianzanteil, während die auf Dominanz und Epistasie beruhende Varianz im Zähler nicht einbezogen wird. (Beim weiteren Begriff wird die erbliche Veranlagung des Individuums als eine Einheit angesehen.) Alle Methoden der Erblichkeitsschätzung beruhen auf einem Vergleich der phänotypischen Ähnlichkeit mit der genetischen Ähnlichkeit verwandter Individuen. 8 Methoden zur Schätzung der Erblichkeit werden besprochen, deren Anwendung von der Art des Materials abhängig ist.
A. Schaaf. 1667.

Cox, D. F. und Willham, R. L.; Iowa State Univ. Systematic fostering experiments in swine. **(Systematische Aufzuchtversuche bei Schweinen.)** J. Animal Sci. **21** (1962) Nr. 2. S. 366–368. — 1 Abb., 2 Tab., 5 Lit.
Es wurden 1960/61 Versuche mit 33 Würfen durchgeführt, um die genetischen Wirkungen von X-Strahlen und die mütterlichen Umwelteinflüsse bei Schweinen zu erforschen. Ein Teil der im Experiment benutzten Eber war 5 Mon. vor der Zuchtbenutzung X-Strahlen ausgesetzt. Der genetische Einfluß der Strahlen war bei der erhaltenen Nachzucht gering, hauptsächlich hinsichtlich der Lgw.-Entwicklung in der Jugendzeit. Der mütterliche Umwelteinfluß auf die Ferkel wurde ebenfalls überprüft. Zu diesem Zweck waren die einzelnen Würfe aufgeteilt worden. Erzielte Ergebnisse hierüber sind an Hand varianzanalytischer Untersuchungen bei 21, 42, 98 und 154 Lebenstagen der Tiere erwähnt.
R. Kürbs. 1695.

Austin, C. R. **The mammalian egg.** Oxford: Blackwell Scientific Publications. 1961. (183 S. m. Abb. u. Tab.) 14,5 × 22,5 cm. Vf. gibt aus der Sicht des Cytologen einen umfassenden Überblick über den Stand unserer Kenntnisse von der Säugetiereizelle. Neben der allg. Biologie des Säugereies, die sich mit der normalen und abweichenden Struktur des Kernes, des Cytoplasmas und der Membranen befaßt, werden die Funktionen dieser Zellbestandteile bei der Reifung, Befruchtung und Teilung sehr eingehend behandelt. Auch hier finden die Abweichungen vom physiol. Verlauf ausführliche Berücksichtigung. Im letzten Kapitel sind die Untersuchung der Eizelle, die Eitransplantation und die Befruchtung in vitro dargestellt. Die umfassende Behandlung des Stoffes, die die Literatur bis einschließlich 1960 berücksichtigt, wird durch zahlreiche sehr instruktive und zum Teil farbige Abb. unterstützt und macht das Buch zu einem wertvollen Nachschlagewerk über alle Fragen, die das Säugerei betreffen. F. Döcke.

D. FORTPFLANZUNG

Polikarpova, E. F. (Polikarpowa, Je. F.); Moskau, Sewerzow-Inst. für Tiermorphol. der Akad. der Wiss. der UdSSR. Biologičeskie osobennosti razmnoženija sel'skochozjajstvennych životnych. **(Biologische Besonderheiten der Fortpflanzung landwirtschaftlicher Nutztiere.)** Trudy Instituta morfologii životnych im. A. N. Severcova. Akademija nauk SSSR, Moskva **31** (1960) S. 26–34. — 6 Abb., 1 Tab., 28 Lit. 1745.

Nalbandov, A. V.; Urbana, Univ. of Illinois, Dep. of Animal Sci. Comparative physiology and endocrinology of domestic animals. **Vergleichende Physiologie und Endokrinologie der Haustiere.)** Recent Progr. Hormone Res. **17** (1961) S. 119–146. — 6 Abb., 7 Tab., 40 Lit.
Vf. behandelt ausführlich die Bildung und Erhaltung des Corpus luteum, den Progesteronspiegel in Blut und Placenta sowie die Einflüsse von Mikroklima und Fütterung auf die Fortpflanzung. Er kommt zu der Schlußfolgerung, daß beim zyklischen Tier nur kurz nach der Ovulation eine Ausschüttung von luteotropem Hormon (LTH) stattfindet, die für die Erhaltung

des zyklischen Gelbkörpers genügt. Bei eintretender Trächtigkeit soll dann die Implantation der Blastocysten auf neuralem Wege eine weitere LTH-Ausschüttung provozieren, die wahrscheinlich während der gesamten Gravidität anhält. Die Natur dieses Hormons ist nur bei der Ratte bekannt. Progesteron ist chem. in den Placenten von Frauen, Schafen, Stuten und Rindern sowie im peripheren Blut der meisten graviden Säugetiere nachgewiesen worden. Vor der Geburt sinkt der Progesteronspiegel im Blut bei Rind, Schwein, Kaninchen und Maus, nicht aber bei der Frau, dem Schaf und Meerschweinchen. Die Haltung ♀ Tiere vor der Paarung bei einer Temperatur von 90 °F senkt die Befruchtungsfähigkeit der Eizellen und erhöht die embryonale Mortalität. Durch energiereiches Futter steigt die Ovulationsrate, aber auch die embryonale Mortalität. F. Döcke. 1750.

Sammelwitz, P. H., Aldred, J. P. und Nalbandov, A. V.; Urbana, USA, Univ. of Illinois, Dep. of Animal Sci. Mechanisms of maitenance of corpora lutea in pigs and rats. **(Mechanismen der Gelbkörpererhaltung bei Schweinen und Ratten.)** J. Reproduct. Fertility **2** (1961) Nr. 4. S. 387–393. — 4 Tab., 13 Lit.
Gedeckte ♀ Ratten erhielten vom 2.–19. Tag post copul. 0; 4; 6 oder 8 mg Progesteron pro Tag injiziert. Anschließend wurden sie getötet, die Ovarien gewogen und Zahl und Aussehen der Corpora lutea (C. l.) bestimmt. Virginelle ♀ Schweine wurden nach Überprüfung des Zyklus z. T. gedeckt und mit 0–400 mg Progesteron/Tag behandelt. Die Tötung der nicht gedeckten Tiere erfolgte am 6., 10. oder 13. Zyklustag, die der tragenden am 7., 12., 22. oder 28. Tag der Trächtigkeit. Die Ovarien und Gelbkörper wurden makroskopisch und histol. untersucht. — Bei den Ratten übten die während der gesamten Gravidität oder Pseudogravidität verabreichten Progesteroninjektionen keinen sichtbaren oder meßbaren Einfluß auf die Gelbkörper aus. Dagegen verursachte das applizierte Progesteron bei den Sauen eine rasche und vollständige Rückbildung der C. l., wenn die Injektionen nach dem 12.–16. Trächtigkeitstag, also nach abgeschlossener Gelbkörperbildung, erfolgten. Die Bildung der C. l. wurde aber durch Injektionen bis zum 10.–13. Trächtigkeitstag nicht verhindert. Da angenommen wird, daß sowohl bei der Ratte als auch beim Schwein ein luteotropes Hormon an der Bildung und Erhaltung der C. l. beteiligt ist, scheint Progesteron die LTH-Ausschüttung während der Trächtigkeit, nicht aber während des Zyklus, zu hemmen. Das C. l. periodicum braucht also möglicherweise kein LTH für seine Funktion. F. Döcke. 1763.

Purshottam, Natesaier, Mason, Marcus M. und Pincus, Gregory; Shrewsbury, Mass., Worcester Foundation for Exp. Biol.; Worcester, Mass., Biol. Testing Lab. Induced ovulation in the mouse and the measurement of its inhibition. **(Induzierte Ovulation bei der Maus und Messung ihrer Hemmung.)** Fertility and Sterility **12** (1961) Nr. 4. S. 346–352. — 1 Abb., 3 Tab., 7 Lit.
Nach Bestimmung der optimalen Dosierungen von PMS und HCG zur Auslösung einer Superovulation bei der infantilen Maus wurde der Einfluß verschiedener Tranquilizer, Sedativa, Narkotica, Antispasmodica, Steroide und Antihistaminica auf diese Ovulationsreaktion geprüft. Während mehrere Pharmaca eine Ovulationshemmung bis zu 50% hervorriefen, kam es zu einer vollständigen Unterdrückung der Ovulation nur nach Verabreichung verschiedener Tranquilizer (Reserpin, Sparin, Chlorpromazin und Trilafon) und von Progesteron. F. Döcke. 1763.

Heap, R. B. Some chemical constituents of uterine washings: a method of analysis with results from various species. **(Einige chemische Bestandteile von Uteruswaschungen: Eine analytische Methode mit Ergebnissen von verschiedenen Species.)** J. Endocrinology **24** (1962) Nr. 3. S. 367–378.

Zum Studium der Uterussekretion werden Spülungen mit isotonischen Lösungen bei verschiedenen Tierarten durchgeführt. Die Rückgewinnung der Waschflüssigkeit beträgt bei der Kuh 58%, beim Schaf 89%, beim Kaninchen 93%, bei der Ratte 103%. Folgende Bestandteile werden bestimmt: Na, K, Cl, P, Fe, Cu, Al, Mg, Ca, Co, Mn, gesamtsäurelöslicher Lipid- und Proteinstickstoff, Kohlenhydrate, Lipide. Bei Uterusunterbindung ändern sich die Mengenverhältnisse der untersuchten Bestandteile stark, so daß dieser Eingriff zur Untersuchung der Uterussekretion ungeeignet erscheint. Ebenso verschieben sich die Werte, wenn das Material von geschlachteten Tieren gewonnen wird. Dagegen werden die Ergebnisse von der Art der Spülflüssigkeit kaum beeinflußt; 3%iges Glycerin, 1,1%ige Lithiumcarbonatlösung und 0,9%ige Kochsalzlösung werden benutzt. Für verschiedene Bestandteile ergeben sich signifikante Unterschiede zwischen den einzelnen Perioden des Zyklus. Bei der Ratte sind Na, K, Cl, Stickstoff und Kohlenhydrate während des Oestrus gegenüber dem Dioestrus erhöht; bei Kaninchen, Schaf und in gewissem Umfang bei der Kuh weisen K, P, Stickstoff und Kohlenhydrate in der lutealen Phase höhere Werte auf als während des Oestrus.

J. Müller. 1764.

Hansel, William; Ithaca, N. Y., Cornell Univ., Dep. of Animal Husbandry. Estrous cycle and ovulation control in cattle. **(Brunstzyklus und Ovulationskontrolle beim Rind.)** J. Dairy Sci. **44** (1961) Nr. 12. S. 2307–2313. — 1 Abb., 5 Tab., Lit.

Nach einer Übersicht über die hormonalen und nervösen Grundlagen der Ovulation faßt Vf. ältere und neuere Versuchsergebnisse hinsichtlich der Zyklussynchronisation beim Rind zusammen. Neben der Enukleation des Corpus luteum und der Verabreichung von Progesteron ohne oder in Verbindung mit PMS und Oestrogen geht er auf die Anwendung von Oxytocin näher ein. Entgegen der früheren Ansicht, daß die nach Absetzen einer Progesteronbehandlung häufig zu beobachtende Ovulation ohne Oestrus auf einen zu hohen Progesteronspiegel zurückzuführen sei, deuten seine Versuchsergebnisse nach oraler Progesteronverabreichung darauf hin, daß niedrige Progesterondosen bis zum Einsetzen des Oestrus verabreicht werden müssen, um diesen mit einiger Sicherheit eintreten zu lassen und eine verbesserte Fruchtbarkeit zu erzielen. Weitere Untersuchungen befaßten sich mit der günstigsten Dosierung und Anwendungsdauer des oral wirksamen 6-methyl-17-acetoxyprogesterons. Seine Wirksamkeit hinsichtlich der Zyklussynchronisation kann durch gleichzeitige Uterusdilatation verbessert werden. Als Ursachen der Brunstlosigkeit beim Rind werden herausgestellt: Unterernährung der Färsen, Erniedrigung des Hb-Spiegels unter 8 mg% durch Co- und Cu-Mangel u. ä. sowie Entfernung eines Teiles des Genitaltraktes. Der persistierende Gelbkörper nach der Geburt stammt wahrscheinlich von einer Ovulation ohne Brunsterscheinungen. Seine Erhaltung ist evtl. auf uterine Einflüsse zurückzuführen. F. Döcke. 1765.

Takewaki, K.; Tokyo, Univ., Fac. of Sci., Zool. Inst. Some aspects of hormonal mechanism involved in persistent estrus in the rat. **(Einige Aspekte der hormonalen Mechanismen, die beim Daueroestrus der Ratte wirksam sind.)** Experientia [Basel] **18** (1962) Nr. 1. S. 1–6. — 6 Abb., 59 Lit.

Werden ♀ Ratten in den ersten Tagen nach der Geburt mit Oestrogen, Androgen, Progesteron, Desoxycorticosteronacetat oder Cholesterol behandelt, kommt es nach Erreichen der Geschlechtsreife zur Ausbildung eines Daueroestrus. An den Ovarien sind zahlreiche Follikel unterschiedlicher Größe, aber keine Corpora lutea vorhanden. Als Ursache wird eine verminderte, gleichbleibende Sekretion der Gonadotropine aus dem Hypophysenvorderlappen angenommen. Der Daueroestrus läßt sich infolgedessen durch Verabreichung von luteinisierendem Hormon, aber auch durch starke Streß-

Reize unterbrechen. Es kommt dann wieder zur Ovulation und Luteinisierung. Verschiedene Möglichkeiten für dabei wirksame Mechanismen werden diskutiert und die Ergebnisse zahlreicher sich mit dieser Materie beschäftigender Untersuchungen wiedergegeben. F. Döcke. 1765.

Woods, Marion C. und Simpson, Miriam E. Pituitary control of the tests of the hypophysectomized rat. **(Die hypophysäre Kontrolle der Hoden bei hypophysektomierten Ratten.)** Endocrinology **69** (1961) Nr. 1. S. 91–125. – 27 Abb., 9 Tab., 44 Lit.
Bei 40 Tage alten hypophysektomierten männl. Ratten wird die Wirkung der einzelnen gereinigten Hypophysenhormone auf Entwicklung und Funktion der Hoden untersucht. Aus den Versuchsergebnissen geht hervor, daß die einzelnen Hypophysenhormone allein keinen Einfluß auf die Hodenfunktion haben. Am günstigsten erweist sich die kombinierte Verabreichung von ICSH und FSH. H.-A. Ketz. 1773.

Amann, R. P. und Almquist, J. O.; Pennsylvania State Univ., Dairy Breeding Res. Center. Reproductive capacity of dairy bulls. V. Detection of testicular deficiencies and requirements for experimentally evaluating testis function from semen characteristics. **(Fortpflanzungsleistung von Bullen. 5. Mitt. Nachweis mangelhafter Hodenfunktion und die experimentellen Voraussetzungen ihrer Einschätzung auf Grund der Samencharakteristiken.)** J. Dairy Sci. **44** (1961) Nr. 12. S. 2283–2291. – 1 Abb., 3 Tab., 13 Lit.
Von 8 Bullen wurden 5 Wochen lang wöchentl. 6 Ejakulate gewonnen. Der Spermienausstoß betrug ⌀ **4,58** Md. je Tag. Danach wurden alle Bullen einseitig vasektomiert. 3 der Bullen wurden jetzt 20 Wochen lang 2mal und 3 weitere 8mal wöchentl. sexuell beansprucht. Trotz der infolge der einseitigen Vasektomie auftretenden ca. 50%igen Verminderung des Gesamtausstoßes an Spermien je Tag, blieb die Spermienkonzentration (1,07 Md./ml) und die Anzahl der Spermien je Ejakulat (4,99 Md.) nach 2maliger Spermaentnahme je Woche ziemlich normal. Nach 8maliger Entnahme je Woche betrugen diese Samencharakteristiken jedoch nur 0,63 Md./ml bzw. 1,90 Md./Ejakulat. Vff. weisen auf 4 Faktoren hin, die für die richtige Einschätzung der Hodenleistung von Bedeutung sind: 1. Häufige Ejakulationen mit jeweiliger intensiver sexueller Vorbereitung. 2. Kurze, gleichmäßige Abstände zwischen den einzelnen Ejakulationen. 3. Vorexperimentelle Stabilisierung der außerhalb der Gonaden vorhandenen Samenreserven und der Samenresorption. 4. Gleichmäßige Versuchsdauer. H. Cziharz. 1775.

Amann, R. P. und Almquist, J. O.; Pennsylvania State Univ., Dairy Breeding Res. Center. Reproductive capacity of dairy bulls. VI. Effect of unilateral vasectomy and ejaculation frequency on sperm reserves; aspects of epididymal physiology. **(Fortpflanzungsleistungen von Bullen. 6. Mitt. Einfluß einseitiger Vasektomie und Ejakulationshäufigkeit auf die Spermareserven; Aspekte der Nebenhodenphysiologie.)** J. Reproduct. Fertility **3** (1962) Nr. 2. S. 260–268. – 5 Abb., 1 Tab., 21 Lit. 5. Mitt. vgl. vorst. Ref.
9 Bullen wurden nach einseitiger Vasektomie in 3 Gruppen geteilt. Gruppe I wurde sexuell nicht beansprucht. Bei den Tieren der Gr. II erfolgte 2mal und bei denen der Gr. III 8mal wöchentl. eine Ejakulation. Nach 23 Wochen wurden alle Tiere geschlachtet und die Höhe der Spermienreserven untersucht. Die Reserven in den Gonaden selbst ergaben eine hochsignifikante Beziehung zum Hodengewicht und wurden weder durch die unilaterale Vasektomie noch durch die Ejakulationshäufigkeit beeinflußt. Das gleiche trifft für die Höhe der Spermareserven in caput und corpus epididymidis zu. Die Spermareserven in der cauda epididymidis der intakten Seite waren nur bei den Tieren der Gr. I und II ähnlich, während die Gr. III unmittelbar vor der Ejakulation 24% weniger Spermien enthielt

als die Gr.I. Die Durchschnittszahl der bei 8 Bullen in der cauda gefundenen Spermien betrug $22{,}0 \times 10^9$ in der operierten Seite und $11{,}4 \times 10^9$ in der intakten Seite. Es scheint eine reziproke Beziehung zwischen Spermienresorption und Spermienausscheidung zu bestehen. Bei den Tieren der Gr. III betrug die wahrscheinliche Spermienresorption im Nebenhoden der intakten Seite 57%, bei der operierten Seite hingegen mehr als 96%. Es wird angenommen, daß die Höhe der Spermienresorption von der Zahl der in der cauda epididymidis vorhandenen Spermien abhängt. H. Ciharz. 1775.

Rothe, K. **Zur Spermaproduktion beim Eber.** Zuchthyg., Fortpflanzungsstör., Besam. Haustiere 5 (1961) Nr. 6. S. 394–401. — 1 Abb., 5 Tab.
Vf. untersucht an Hand mehrjähriger Unterlagen die Ejakulatmenge, die Dichte und Spermienzahl in verschiedenen Altersabschnitten unter Berücksichtigung von Jahreszeit und verschiedenen Absammethoden. Insgesamt wird festgestellt, daß bei Jungebern gleiche Leistungen zu erwarten sind wie bei Altebern. Es konnten keine Beziehungen zwischen Lgw. und Ejakulationsvol. ermittelt werden. In den Mon. Juli und Aug. erreichte das Leistungsvermögen der Eber die Mindestwerte. Durch Anwendung eines neuen Phantoms — also verbesserter Bedingungen bei der Absamung — konnte eine Steigerung des Ejakulationsvol. erreicht werden. Die Spermienkonzentration blieb aber unverändert. Sinken gleichzeitig Ejakulatmenge und Spermienkonzentration, so liegen störende Umweltverhältnisse vor (Fütterung, Haltung, sexuelle Beanspruchung). Letzten Endes wird festgestellt, daß bei gleichbleibenden Bedingungen die Zahl der Spermien in den Ejakulaten nur geringen Schwankungen unterliegt. W. Jenichen. 1775.

Crombach, J. J. M. L. Some aspects of the behaviour of dairy bulls. The effect of stimulation on the ejaculate. **(Einige Aspekte des Verhaltens von Milchviehbullen. Der Effekt der Stimulation auf die Ejakulate.)** Z. Tierzücht. Züchtungsbiol. 75 (1961) Nr. 4. S. 331–391. — 5 Abb., 38 Tab.
Vf. stellt 2 Faktoren, die für das Paarungsverhalten des männl. Tieres verantwortlich gemacht werden können, heraus: 1. Intensität des eigenen Geschlechtstriebes, 2. Reizwerte des sexuellen Objektes. Deshalb wurden die Untersuchungen in 2 Richtungen durchgeführt: a) Beeinflussung des eigenen Geschlechtstriebes durch präkopulatorische psychosexuelle Stimulation und b) Verstärkung des sexuellen Triebes des Bullen durch Reizverstärkung am Sexualobjekt. Zu Punkt a) wiesen Untersuchungen an eineiigen Zwillingsbullen nach, daß das Sperma quantitativ sowie qualitativ verbessert werden kann, wenn man die Bullen genügend geschlechtlich vorbereitet. Auch Zweitejakulate können auf diese Weise verbessert werden. Die Frage der Fruchtbarkeitsbeeinflussung wurde nicht untersucht. Zu Punkt b) konnte bei Wechsel der Paarungspartner festgestellt werden, daß keine Unterschiede im Ejakulat vorgefunden wurden, wenn die Bullen einen lebenden Paarungspartner hatten oder auf dem Phantom abgesamt wurden. Bei paarungsbereiten Bullen übt das Sexualobjekt keinen Einfluß auf den Verlauf der Paarungsreaktion aus, jedoch spielt es für die sexuelle Vorbereitung der Stiere eine besondere Rolle. W. Jenichen. 1778.

Wiltbank, J. N., Rowden, W. W., Ingalls, J. E., Gregory, K. E. und Koch, R. M. Effect of energy level on reproductive phenomena of mature Hereford cows. **(Die Wirkung des Energiespiegels auf die Fortpflanzung bei ausgewachsenen Herefordkühen.)** J. Animal Sci. 21 (1962) Nr. 2. S. 219 bis 225. — 5 Tab., Lit.
Mit den beschriebenen Versuchen sollte bewiesen werden, welche Wirkung vom Energiegehalt des Futters auf die Aktivität der Ovarien ausgeht. Dazu wurden 88 über 6jährige Herefordkühe in 4 Gruppen geteilt. Vor dem Kalben erhielten die „hoch-hoch“- und „hoch-niedrig“-Gruppen 9,0, die „niedrig-

hoch"- und „niedrig-niedrig"-Gruppen dagegen nur 4,5 lb. TDN pro Tier und Tag. Nach dem Abkalben wurden die Futterrationen wie folgt gewechselt: Die „hoch-hoch"- und „niedrig-hoch"-Gruppen erhielten 16,0 lb., die „hoch-niedrig"- und „niedrig-niedrig"-Gruppen 8,0 lb. pro Tag und Tier. Signifikante Unterschiede zeigten sich beim Lgw. und bei der Kondition der Tiere. Kühe, die vor dem Abkalben in den „niedrig"-Gruppen waren, verloren an Gewicht und wurden in eine schlechtere Konditionsklasse eingestuft. Die Gruppen „hoch-hoch" und „hoch-niedrig" blieben unverändert. Das Durchschnittsgewicht der geborenen Kälber lag bei den „niedrig-niedrig"- und „niedrig-hoch"-Gruppen um 11 lb. niedriger als bei den beiden anderen Gruppen. Das Einsetzen der Brunst nach dem Kalben war deutlich von der Energiehöhe des Futters direkt vor dem Kalben abhängig. Die Trächtigkeitsrate war bei Kühen mit niedrigem Energiegehalt im Futter nach dem Kalben geringer als bei den anderen Gruppen. R. Menzel. 1792.

Dean, B. T. und Tribble, L. F. Effect of feeding therapeutic level of antibiotic at breeding on reproductive performance of swine. **(Fütterungseinfluß therapeutischer Antibioticagaben auf die Zuchtleistung bei Schweinen.)** J. Animal Sci. **21** (1962) Nr. 2. S. 207–209. – 2 Tab., Lit.
Einjährige, reinrassige Hampshire- und Durocsauen wurden zu 4 Fütterungsversuchen mit verschiedenen Oxytetracyclingaben herangezogen. Durch Varianzanalyse konnte nachgewiesen werden, daß 0,54 g Antibioticum pro Tier und Tag während der Zuchtperiode ⌀ um 18,3% größere Würfe und erheblich weniger Aufzuchtverluste als bei den ohne Oxytetracyclin gefütterten Kontrolltieren zur Folge hatten ($P < 0,05$). Möglicherweise wird eine Stimulation des anaeroben Stoffwechsels im Uterus durch die Antibioticawirkung begünstigt und es werden damit gute Voraussetzungen für die Fruchtbarkeit und die embryonale Entwicklung geschaffen. Daß andere Versuchsansteller bisher nicht zu ähnlichen Ergebnissen kamen, liegt nach Ansicht der Vff. an der zu niedrigen Dosierung der verfütterten Antibioticagaben. R. Menzel. 1792.

Henricson, B. **Zytogenetische Untersuchungen des Samenepithels bei Bullen und Ebern.** 12. int. Fachtag. künstl. Besam. Wels, Vortr. **1962** 9 S. [Maschinenschr. vervielfältigt.]
Sterilität und reduzierte Fertilität von weibl. Rindern und Schweinen ist, wie an Mikroaufnahmen der einzelnen Phasen der Kernteilung gezeigt wurde, auf genetisch bedingte Anomalien der Meiose der Spermien zurückzuführen. Eine andere Sterilitätsform („Stickyness") hängt mit einer abnormalen, die Reduktionsteilung verhindernden Klebrigkeit der Chromosomen zusammen. Das Aussehen des Ejakulates ermöglicht die Diagnose dieser Anomalien. Verschiedene andere, Fruchtbarkeit oder die Entwicklung der Früchte beeinflussende Anomalien werden besprochen. E. Höpler. 1798.

Fomin, A. I. und Gal'pern, I. L. (Fomin, A. I. und Galpern, I. L.); Puschkin, Forsch.-Lab. für die Zucht Landwirtsch. Nutztiere. Vlijanie inoporodnogo semini na kačestvo potomstva kur mjaso-jaičnych porod. **(Einfluß von fremdrassigem Sperma auf die Qualität der Nachkommenschaft von Hühnern der Fleisch- und Legerassen.)** Agrobiologija, Moskva **1960** Nr. 2. S. 259–263. – 3 Tab.
Bei der wechselweisen Paarung von Hennen mit Hähnen der eigenen und einer fremden Rasse erhält man sowohl reinrassige Tiere als auch Kreuzungstiere. Bei der Paarung von Australorps-Hennen mit Australorps-Hähnen und Hähnen der Russischen Weißen Rasse betrug das Schlupfergebnis 88,7% (Kontrollgruppe mit Australorps-Reinzucht 86,5%); die Kükensterblichkeit lag bei 79% gegenüber 68,7% und die Legeleistung in den ersten 9 Legemonaten bei 134,5 gegenüber 126,5 Eiern. Außerdem waren die reinrassigen

Küken aus den Eiern, die nach Eiern gelegt wurden, aus denen Kreuzungstiere schlüpften, lebhafter und entwickelten sich besser als die anderen reinrassigen Küken. Ähnliche Ergebnisse haben auch Versuche mit anderen Rassen erbracht. F. Schenk. 1820.

Čilingarjan, A. A. (Tschilingarjan, A. A.) Opyty po gibridizacii meždu muskusnoj i pekinskoj utkami. **(Hybridisierungsversuche zwischen Moschus- und Peking-Enten.)** Izvestija Akademii nauk Armjanskoj SSR. Biologičeskie nauki, Erevan **14** (1961) Nr. 5. S. 21–29. – 1 Abb., 3 Tab., 7 Lit. Orig.: russ., Ausz.: armen.
Im Zool. Inst. der Akademie der Wiss. der Armen.SSR wurden Moschuserpel mit Pekingenten und Pekingerpel mit Moschusenten gekreuzt. Bei der erstgenannten Paarung zeigten sich Schwierigkeiten infolge Wegfalls der Reflexe, die normalerweise durch die Paarungsvorspiele hervorgerufen werden. Weiterhin wurde die Kopulation durch die unterschiedliche Größe der Tiere erschwert. Jeder Moschuserpel erreichte nur 1–2 Kopulationen tägl. Bei der reziproken Kreuzung wurden diese Schwierigkeiten nicht beobachtet. Trotzdem lag die Befruchtung mit 30–40% der gelegten Eier bei der erstgenannten Kreuzung höher als bei der reziproken, wo nur 20–25% befruchtet waren. Der jahreszeitliche Sexualrhythmus der Moschusenten begann im Mai und hatte seinen Höhepunkt im Aug., während er bei den Pekingenten im März begann und im Apr.–Mai am stärksten war. Die Brutdauer richtete sich weitgehend nach der mütterlichen Rasse, das Schlupfgewicht lag zwischen den Normen der reinrassigen Tiere. Der Schlupfakt bereitete bei beiden Kreuzungen Schwierigkeiten, bei der Hälfte der Tiere mußte geholfen werden. Die Entwicklung der Jungtiere ging wesentlich langsamer vonstatten als bei den Pekingenten. Mit 2 Mon. betrug das Lgw. der Bastarde 430–660 g. Die Bastarderpel aus beiden Kreuzungen paarten sich sowohl mit Bastardenten als auch mit Enten der Ausgangsrassen. Im Ejakulat wurden jedoch keine Spermien gefunden. W. Sommerfeld. 1820.

Barna, J. Phenogenetikai és biológiai tanulmányok transzplantált házinyulakon. **(Phänogenetische und biologische Transplantionsversuche bei Kaninchen.)** Kísérletügyi Közlemények, Állattenyésztés [Mitt. landwirtsch. Versuchsstellen Ungarns, Tierzucht] **53/B** (1960) Nr. 2. S. 17–64. – Aus: Ung. Agrar-Rdsch. **1962** Nr. 2.
In den mit Kaninchen erfolgreich durchgeführten Zygoten-Transplantionsversuchen war sowohl der Donor als auch der Rezipient eine Angora-Häsin. Der Donor wurde mit einem Blauen Wiener Rammler, der Rezipient mit einem Angora-Rammler gepaart. Zur Synchronisierung und Superovulation wandte Vf. 5 IE Glanduantin i. m. und 50 μg Prostigmin s. c. an. Die operative Entnahme der Zygoten erfolgte aus dem Donor 22 Std. nach der Begattung. Das Auswaschen der Zygoten erfolgte mit 1,5 ml physiol. Kochsalzlösung von Körpertemperatur mit Hilfe einer – mit einer Spritze verbundenen – spez. Transplantations-Pipette. Die Transplantation wurde unmittelbar nach dem Auswaschen ohne mikroskopische Untersuchung durchgeführt. Als Ergebnis des Versuches wurden nach einer normalen Trächtigkeitsdauer von 30 Tagen 3 Nachkommen geboren, die alle pigmentiert waren. Daraus war ersichtlich, daß es die transplantierten, gekreuzten Zygoten waren, die sich entwickelt hatten. Vf. untersuchte die Frohwüchsigkeit, die hämatologischen Werte, die morphol. Zeichen, die Beschaffenheit des Pelzes bzw. der Wolle, die Pigmentation der Nachkommen und analysierte die genetische Spaltung in der F_1- und F_2-Generation. Er stellte dabei fest, daß der Pelz der von einer Angora-Häsin und einem Blauen Wiener Rammler stammenden, in normaler Weise geborenen F_1-Generation sich zur industriellen Verarbeitung besser eignet als der Pelz der durch Kreuzungen mit anderen Rassen erzeugten schwarzen Tiere. Da auch das Körpergewicht der F_1-Tiere

den Erfordernissen der Fleischleistung entsprach, erwiesen sie sich durch ihre Frohwüchsigkeit als ausgezeichnete Zweinutzungstiere. In der Gestaltung des Körpergewichtes, der Körpermasse, im Typ und in der Farbe des Pelzes der transplantierten Individuen konnte — nach Einschätzung des Vf. — der durch die Transplantation ausgelöste mütterliche Einfluß festgestellt werden. 1820.

Kantorova, V. I. (Kantorowa, W. I.) Razvitie placenty u korovy. **(Entwicklung der Placenta bei Kühen.)** Trudy Instituta morfologii životnych im. A. N. Severcova. Akademija nauk SSSR, Moskva **30** (1960) S. 101–191. — 32 Abb., 3 Tab., 123 Lit. 1830.

Knudsen, Odd.; Stockholm, Kungl. Veterinärhögskolan., Avd. för Obstetrik och Gynekol. Kan ovarialcystor påverka mängden fostervätska hos sto? **(Können Ovarialzysten die Fruchtwassermenge bei der Stute beeinflussen?)** Nord. Veterinärmed. **13** (1961) Nr. 9. S. 475–479. — 7 Lit.
Bei einer Stute, die zu Beginn der Trächtigkeit außergewöhnlich wenig Fruchtwasser besaß, wurden doppelseitige, etwa 10–15 cm große Ovarialzysten festgestellt. Bei der am 62. Trächtigkeitstag vorgenommenen Punktion der Zysten glichen Größe und Konsistenz der Gebärmutter einer Trächtigkeit von ungefähr 37 Tagen. Wenige Tage nach der Punktion nahm die Gebärmutter eine der Trächtigkeitsdauer entsprechende Größe und Form an. Die Geburt erfolgte zum normalen Zeitpunkt und verlief komplikationslos. Beziehungen zwischen Ovarialzysten und embryonalem Frühtod werden diskutiert.
E. Lehnert. 1830.

Aršavskij, I. A. (Arschawski, I. A.); Inst. für Normale und Pathol. Physiol. der Akad. der Med. Wiss. der UdSSR. Fiziologičeskoe značenie preobrazovanija dejatel'nosti skeletno-myšečnoj, dychatel'noj i serdečno-sosudistoj sistem u različnych mlekopitajuščich v processe ontogeneza. **(Die physiologische Bedeutung der Funktionswandlung des Skelett-, Muskel-, Atmungs- und Kreislaufsystems bei verschiedenen Säugetieren im ontogenetischen Prozeß.)** Trudy Instituta morfologii životnych im. A. N. Severcova. Akademija nauk SSSR, Moskva **31** (1960) S. 35–50. — 6 Abb., 4 Tab., 22 Lit. 1840.

Koržuev, P. A. (Korshujew, P. A.); Moskau, Sewerzow-Inst. für Tiermorphol. der Akad. der Wiss. der UdSSR. Različija v količestve krovi i vese skeleta v ėmbrional'nyj period u mlekopitajuščich i ptic i ich biologičeskie pričiny. **(Unterschiede in der Blutmenge und dem Skelettgewicht in der Embryonalperiode bei Säugetieren und Vögeln und ihre biologischen Ursachen.)** Trudy Instituta morfologii životnych im. A. N. Severcova. Akademija nauk SSSR, Moskva **31** (1960) S. 51–59. — 3 Tab., 18 Lit. 1840.

Lawn, L. und McCance, R. A.; Cambridge, Univ., Med. Res. Council of Exp. Med. Ventures with an artificial placenta. I. Principles and preliminary results. **(Erfahrungen mit einer künstlichen Placenta. 1. Mitt. Prinzipielles und erste Ergebnisse.)** Proc. Roy. Soc. [London), Ser. B **155** (1962) Nr. 961. S. 500–509. — 5 Abb., 1 Tab., 6 Lit.
Der Apparat besteht im wesentlichen aus dem Gasaustauscher und der Dialysevorrichtung. Es ist mit ihm eine ausreichende Sauerstoffversorgung des Blutes erreicht worden, und die Feten konnten nach Entfernung aus dem Uterus, bei 38 °C, 7 Std. lebend und aktiv erhalten werden. Die Blutzirkulation sowohl innerhalb als auch außerhalb des Körpers wurde durch das fetale Herz gewährleistet. Für die Aufzeichnung des Blutflusses in den Nabelarterien und -venen wurden photoelektrische Tropfenzähler verwendet. Der Venen- und Arteriendruck im Nabelstrang kann unabhängig voneinander verändert werden. Elektrokardiographische Aufnahmen zeigten, daß zeitweise techn. Schwierigkeiten der Zirkulation zu reversiblen Rhythmusstörungen führen können. H. Ciharz. 1840.

Šmidt, G. A. (Schmidt, G. A.) Rannij ėmbriogenez korovy. **(Frühembryogenesis der Kühe.)** Trudy Instituta morfologii životnych im. A. N. Severcova. Akademija nauk SSSR, Moskva **30** (1960) S. 5 - 100. — 21 Abb., 237 Lit. 1840.

Šumkina, O. B. (Schumkina, O. B.) Zarodyševyj period razvitija karakul'skoj ovcy. **(Die Fetalperiode in der Entwicklung der Karakulschafe.)** Trudy Instituta morfologii životnych im. A. N. Severcova. Akademija nauk SSSR, Moskva **30** (1960) S. 192–245. — 8 Abb., 1 Tab., 89 Lit. 1840.

Fahim, Mostafa, S., Mayer, D. T. und Lasley, J. F.; Columbia, Univ. of Missouri, Coll. of Agric., Agric. Exp. Stat. Effect of female sex hormones, thyroxine and vitamin B_{12} on embryonic mortality in rats. **(Die Wirkung der weiblichen Sexualhormone, des Thyroxins und des Vitamin B_{12} auf die embryonale Mortalität bei Ratten.)** Univ. Missouri, Coll. Agric., agric. Exp. Stat., Res. Bull. **1961** Nr. 783. S. 1–34. — 3 Abb., 12 Tab., 62 Lit.
Nach einer ausführlichen Literaturübersicht werden Versuche beschrieben, für die 100 Tage alte virginelle Ratten Verwendung fanden. Im 1. Versuch wurde festgestellt, daß die Behandlung tragender Ratten (vom 4. Trächtigkeitstag an) mit 2 μg Oestradiol und 2 mg Progesteron (I) bzw. 1 μg Oestradiol und 2 mg Progesteron (II) einen signifikanten Einfluß auf die Zahl der Embryonen am 15. Trächtigkeitstag ausübte. Nach I wurden 2,26 und nach II 2,73 mehr Embryonen pro Ratte als bei den Kontrollen gezählt. Während die durchschnittl. embryonale Mortalität (Vergleiche zwischen der Zahl der Corpora lutea und Zahl der Embryonen) bei I 3,27 und bei II 2,73 betrug, waren bei den Kontrollen 4,60 Embryonen pro Tier verlorengegangen. Der DNS-Gehalt des Uterusgewebes war bei den behandelten Ratten höher als bei den Kontrollen. Nach alleiniger Behandlung mit Vit. B_{12} im 2. Versuch wurden am 15. Trächtigkeitstag 5,44 Embryonen pro Ratte gefunden, nach Thyroxin (2,5 μg/100 g Lgw.) 7,22 und nach Kombination von II mit Vit. B_{12} und Thyroxin 9,89. Die durchschnittl. embryonale Mortalität war entspr. 4,11, 4,56 und 2,56. Auch der Gehalt des Uterusgewebes an DNS lag bei der Kombinationsbehandlung am höchsten. Zwischen der mittels ^{131}J bestimmten Schilddrüsensekretion einerseits und der Ovulationsrate, der Zahl der Embryonen und der embryonalen Mortalität andererseits konnten keine sicheren Beziehungen ermittelt werden. F. Döcke. 1844.

Švabe, A. K. und Solov́eva, V. N. (Schwabe, A. K. und Solowjowa, W. N.) Osobennosti primenenija metoda biopsii pri izučenii moločnoj železy u korov. **(Besonderheiten bei der Anwendung der Biopsiemethode bei der Erforschung der Milchdrüse bei Kühen.)** Izvestija Timirjazevskoj sel'skochozjajstvennoj akademii, Moskva **1960** Nr. 4. S. 214–220. — 6 Abb., 2 Tab., 6 Lit. Zus. in Engl.
Von den Vff. wird die Anwendung der Biopsiemethode zur Untersuchung der Milchdrüse am lebenden Tier theoretisch und praktisch begründet. Diese Methode beseitigt die Unzulänglichkeiten, die anderen Untersuchungsmethoden, die nur mit dem Material toter Tiere arbeiten, anhaften. Die Biopsiemethode ermöglicht eine Beobachtung des Organismus und seiner Organe im Verlauf seiner Tätigkeit und unter natürlichen und wirtschaftlichen Lebensbedingungen, ohne die Gesundheit und Tätigkeit aller Organe zu beeinträchtigen. Für die Anwendung dieser Methode wurden in der vorliegenden Arbeit 8 Kühe herangezogen, die in einem Zwangsstand festgeschnallt wurden. Nach entspr. Desinfektion und Anästhesie wurde ein etwa 0,5 cm³ großes Stück Gewebe entnommen, das nach seiner Fixierung auf Fett und auf die Mikrostruktur untersucht wurde. Der Einschnitt wurde ordnungsgemäß genäht und behandelt, so daß die Heilung nach 15–20 Tagen abgeschlossen war. Die Beobachtung der operierten Tiere ergab, daß sich

die Leistungsfähigkeit der Kühe und die Zusammensetzung der Milch, mit Ausnahme der ersten Tage nach der Operation, nicht veränderte. Die Untersuchung der Präparate ergab eine starke Abhängigkeit der Mikrostruktur sowie der Größe und Menge der Fetttröpfchen von dem jeweiligen physiol. Zustand der Drüse bei der Probenentnahme. K. Richter. 1862.

Bargmann, W.; Kiel, Univ., Anatom. Inst. **Über Bildung und Abgabe der Milch.** Z. Tierzücht. Züchtungsbiol. **76** (1962) Nr. 4. S. 416–434. – 15 Abb., 34 Lit.

Vf. gibt einen Überblick über die in den letzten Jahren durchgeführten histol. und elektronenmikroskopischen Untersuchungen der Milchbildung und Milchabgabe. Nach der Sekretabgabe sind bekanntlich die Drüsenzellen niedrig, die Zellkerne liegen basal und das Cytoplasma ist zart gekörnt. In der Phase der „Aufladung" entwickelt sich an der Basis der höher werdenden Zellen basophiles Ergastoplasma unter Abrücken des Kernes von der Basalmembran. Es treten dabei Lipid- und Eiweißeinschlüsse in immer steigender Menge auf. Auch die Größe der Mitochondrien nimmt zu. Am Ende der Phase ragt der apikale Zellteil in die Lichtung der Alveolen hinein. Es kommt dann zum Übertritt der Sekretionsprodukte ins Alveolarlumen, doch besteht über den Vorgang desselben noch Unklarheit. Das Ausstoßen der in den Drüsenzellen sich bildenden Fetttröpfchen geschieht nach den Angaben des Vf. in Form einer „Abnabelung" ohne Verletzung der lumenseitigen Zellabgrenzung. Die Fettkügelchen sind selbst von einer schon seit langer Zeit bekannten „Haptogenmembran" umgeben, welche aus 2 Komponenten, einer Protein- und einer Phospholipidschicht, besteht. Außerdem enthält die Membran neben Spurenelementen eine Reihe von verschiedenen Enzymen und fettlöslichen Vit. Neben den Fettkügelchen wurden noch zahlreiche ovoide Partikel in der Milch gefunden, die als Proteingranula angesprochen werden und tierartlich verschieden groß sind. Diese Granula treten in weiten Golgi-Vakuolen auf, und zwar erst mit Beginn der Laktation. Für die schon bekannte Rückresorption der Milch sind die an der lumenseitigen Zelloberfläche vorhandenen Mikrovili verantwortlich zu machen. Zum Schluß wird kurz auf die hormonellen Einflüsse auf die Milchabgabe aus der Mamma eingegangen. Die vorliegenden Untersuchungen befassen sich vor allem mit den Milchdrüsen von Ratte, Maus und Goldhamster. R. Neseni. 1864.

Azimov, G. I., Orlov, A. F. und Belugina, O. P. (Asimow, G. I., Orlow, A. F. und Belugina, O. P.); Balaschicha, Gebiet Moskau, Landwirtsch. Unions-Inst. für Fernstudium. Reabsorbcija v moločnoj železe. **(Reabsorption in der Milchdrüse.)** Žurnal obščej biologii, Moskva **23** (1962) Nr. 3. S. 237–238. – 2 Abb., 5 Lit. Zus. in Engl.

Kurze Zeit nach der Injektion von Isotopen (^{32}P, ^{45}Ca und ^{35}S) in das Euter laktierender Ziegen wurden diese Stoffe in bedeutendem Umfang in Blutproben aus der Eutervene wiedergefunden. Dieser Vorgang wurde als „Reabsorption" bezeichnet. Nach einer längeren Zeitdauer wurden die markierten Elemente auch in den org. Milchbestandteilen wiedergefunden, woraus der Schluß gezogen wurde, daß zur Milchbildung auch solche Stoffe verwendet werden, die vorher aus dem Euter reabsorbiert wurden. In weiteren Untersuchungen mit verschiedenen Präparaten (Phenamin, Amital, Pituitrin, ACTH) wurde gezeigt, daß diejenigen Präparate, welche die Reabsorption fördern, auch die Milchsekretion positiv beeinflussen und umgekehrt. Auch durch Eutermassage und den Melkvorgang wird die Reabsorption verstärkt. Die gefundenen Untersuchungsergebnisse beweisen die Bedeutung der Residualmilch für die Milchsekretion während der Zwischenmelkzeiten. Bei max. Euterleerung verlangsamte sich die Reabsorption und verringerte sich die Milchbildung. G. Häßler. 1864.

Kokorina, Ė. P. (Kokorina, E. P.); Leningrad, Pawlow-Inst. für Physiol. der Akad. der Wiss. der UdSSR. Soglasovannost' molokovydelitel'nej dejatel'nosti otdel'nych dolej vymeni u korov. **(Übereinstimmung der Milchabgabe der einzelnen Euterviertel bei Kühen.)** Fiziologičeskij žurnal SSSR imeni I. M. Sečenova, Moskva **47** (1961) Nr. 8. S. 1024–1032. – 1 Abb., 3 Tab., 23 Lit.

An 9 Kühen wurden 1957–59 in der Versuchsstation des o. g. Inst. Untersuchungen über die Tätigkeit der einzelnen Euterviertel vorgenommen. Die einzelnen Viertel reagieren auf äußere Reize sowie auf bedingte und nicht bedingte Reflexe gleichzeitig und gleich stark, unabhängig von der in ihnen enthaltenen Milchmenge. Zwischen den Melkzeiten gingen die Veränderungen der Funktionsaktivität in allen Teilen des Euters synchron vor sich. Vf. sieht die auffallende Übereinstimmung der einzelnen Euterviertel als Beweis für eine vorwiegend nervöse Steuerung des gesamten Euters und eine Kontrolle durch das Zentralnervensystem an. W. Sommerfeld. 1864.

Kokorina, Ė. P. (Kokorina, E. P.); Leningrad, Pawlow-Inst. für Physiol. der Akad. der Wiss. der UdSSR. Vysšaja nervnaja dejatel'nost' i moločnaja produktivnost' krupnogo rogatogo skota. **(Die höhere Nerventätigkeit und die Milchleistung der Rinder.)** Izvestija Akademii nauk SSSR. Serija biologičeskaja, Moskva **26** (1961) Nr. 6. S. 905–914. – 1 Abb., 5 Tab., 26 Lit. Zus. in Engl.

Der Zusammenhang zwischen den genannten Merkmalen wurde an 50 Kühen der Schwarzbunten Rasse und des Lettischen Rotviehs und ihrer Bastarde untersucht. Die Nerventätigkeit wurde nach der Methode der bedingten motorischen Nahrungsreflexe und bedingter Reflexe auf die Milchdrüse geprüft. Nach der Nerventätigkeit wurden die Kühe in 4 Gruppen unterteilt: 1. Starker, ausgeglichener, lebhafter Typ, 2. starker, unausgeglichener Typ, 3. starker, ausgeglichener, träger Typ und 4. schwacher Typ. Der Versuch erstreckte sich über 10 Jahre. Im Mittel erbrachten die einzelnen Typen folgende Leistungen: Gr. 1: 6129,5 $\pm$ 90,3 kg Milch, 225,1 $\pm$ 4,37 kg Fett; Gr. 2: 5429,1 $\pm$ 91,0 und 196,2 $\pm$ 3,44; Gr. 3: 4987,4 $\pm$ 92,4 und 187,8 $\pm$7,19; Gr. 4: 4619 $\pm$ 130,8 und 174,2 $\pm$ 4,11. Biometrisch bestätigt wurde, daß die Tiere der Gr. 1 gegenüber den anderen Typen die höchste Milch- und Milchfettleistung erbrachten, eine hohe Laktationsbeständigkeit und eine geringe tägl. Schwankung der Milchleistung aufwiesen und zu Laktationsbeginn schnell eine hohe tägl. Leistung erreichten. Diese Gesetzmäßigkeit zeigte sich bei den verschiedenen Rassengruppen, in den einzelnen Altersklassen und in den verschiedenen Jahren. Zwischen der Milchleistung und der Stärke des Erregungsprozesses bestand eine gesicherte ($P = 0{,}01$) Beziehung, zwischen der Milchleistung und der Stärke des Hemmungsprozesses hingegen keine gesicherte Beziehung ($P > 0{,}05$). G. Häßler. 1866.

Stöber, M., Krause II, D. und Kasa, F. **Beitrag zur Beurteilung des Operationserfolges bei der Bullensterilisierung.** Dtsch. tierärztl. Wschr. **68** (1961) Nr. 24. S. 703–705.

Im Gegensatz zu der umständlicheren Resektion des Samenleiters und der im Erfolg unsicheren Injektion von sklerotisierenden Mitteln in den Nebenhodenschwanz hat die von Rosenberger vorgeschlagene Resektion der Nebenhodenschwänze in kurzer Zeit breite Anwendung zur Sterilisierung von Mast- und Probierbullen gefunden. Trotz der ziemlich einfachen Technik kommen gelegentlich Fälle vor, in denen der Erfolg des Eingriffes angezweifelt wird, wo also ein auf diese Weise behandelter Bulle späterhin weibl. Tiere nicht nur gedeckt, sondern auch befruchtet haben soll. Zur Klärung muß zunächst festgestellt werden, ob die Befruchtungsfähigkeit des betr. Bullen wirklich erhalten geblieben ist. Dies kann durch die Untersuchung eines mit Hilfe der künstlichen Vagina entnommenen Ejakulates geschehen. Bei erhaltener Fruchtbarkeit muß dann aber weiterhin nachgewiesen werden, ob diese Tatsache darauf zurückzuführen ist, daß die Operation nicht sachgemäß durchgeführt wurde, oder ob das in Frage stehende Tier etwa ausnahmsweise trotz lege artis vorgenommener Resektion fruchtbar geblieben ist. Das Untersuchungs- bzw. Ermittlungsverfahren in solchen Fällen wird beschrieben. — In allen Fällen, bei denen der Nebenhodenschwanz unverletzt vorgefunden wird, ist der Operateur haftpflichtig, weil er den Eingriff nicht zu Ende geführt hat. Das beschriebene Verfahren, den Erfolg der Bullensterilisierung an Hand der am Nebenhodenschwanz und im Inhalt des Samenleiters erhobenen Befunde zu beurteilen, reicht in der Mehrzahl der Fälle zur Klärung aus. Unter bestimmten Umständen ist eine zusätzliche histol. Untersuchung erforderlich. Wenn andere Vatertiere als „Übeltäter" in Frage kommen, ist außerdem noch ein Vaterschaftsnachweis durch Blutgruppenbestimmung notwendig. O. Dietz. 1870.

Tkačenko, G. M. (Tkatschenko, G. M.); Rayon Scharkowstschino, Gebiet Molodetschno, Beloruss. SSR. Opyt raboty mežkolchoznoj stancii iskusstvennogo osemenenija životnych. **(Arbeitserfahrungen einer zwischenkollektivwirtschaftlichen Station für künstliche Besamung.)** Veterinarija, Moskva **37** (1960) Nr. 7. S. 29–30.
Der Rat der 1958 bei der Scharkowstschiner Bezirks-Tierklinik gegründeten Station für KB besteht aus 6 Kolchosvorsitzenden und dem Bezirkstierarzt. Er beschloß die Einrichtung von Räumen für die KB in den einzelnen Kolchosen und die Ausbildung von 300 Besamungstechnikern. Zur Schaffung der Station hat jeder Kolchos mit einem Anteil von 300 Rbl/100 ha LN beigetragen, und für die KB einer Kuh oder Färse zahlt er 25 Rbl. Den Besamungstechnikern werden im Kolchos für jede besamte Kuh oder Färse 1,5 AE gutgeschrieben, und die Station zahlt ihnen 10 Rbl; bei Übererfüllung ihres Planes erhalten sie pro Tier 15 Rbl. In der Station wird eine Kartei der künstlich besamten Kühe geführt. F. Schenk. 1881.

Weinhold, H. **Der Einfluß von artfremdem Sperma bei der künstlichen Besamung von Schafen auf den Befruchtungserfolg sowie auf Körperentwicklung und Wolleistung der Nachkommen.** Arch. Tierzucht **5** (1962) Nr. 1. S. 69–89.
Die Untersuchungen wurden auf 3 verschiedenen Betrieben durchgeführt. Als artfremdes Sperma stand Bullensperma zur Verfügung. Während das Schafsperma in 6 Gruppen verschieden dosiert war (0,2, 0,05 und 0,01 cm³), war die in 3 Gruppen zugesetzte Menge an Bullensperma mit je 0,4 cm³ konstant. Die vorliegenden Ergebnisse zeigen auf, daß das Bullensperma einen gewissen stimulierenden Einfluß bei dem Befruchtungsgeschehen ausübte. Hinsichtlich der Dosierung ergab sich, daß eine Wirkung des artfremden Spermas erst dann einzusetzen scheint, wenn die Dosis des arteigenen geringer als 0,2 cm³ ist. Bei der Feststellung der Lämmerentwicklung ergab sich, daß zwischen den einzelnen Gruppen keine Unterschiede vorhanden waren. Auch hinsichtlich der Wolleistung zeichnete sich kein Einfluß in den Gruppen mit dem angewendeten artfremden Sperma ab. Infolge des erhöhten Arbeits- und Kostenaufwandes bei Verwendung von artfremdem Zusatz ist diese Methode für die breite Praxis nicht geeignet. W. Altenkirch. 1881.

Tampion, D. und Gibbons, R. A.; Shinfield, Nat. Inst. for Res. in Dairying. Swimming-rate of bull sperm. **(Wanderungsgeschwindigkeit von Bullenspermien.)** Nature [London] **194** (1962) Nr. 4829. S. 695. — 6 Lit.
Die in physiol. Kochsalzlösung in vitro bei 37 °C gemessene Wanderungsgeschwindigkeit der Spermien betrug 131,9 μ/Sek. Auch in einigen anderen Medien wurden ähnliche Werte festgestellt. Die Wanderungsgeschwindigkeit im Schleim aus dem Gebärmutterhals (ebenfalls in vitro) betrug im ⌀ nur 56,2 μ/Sek. H. Cziharz. 1886.

Zvjerjeva, G. V. und Spivakov, O. S. (Swjerjewa, G. W. und Spiwakow, O. S.); Lwow, Forsch.-Inst. für Ackerbau und Tierzucht der Westl. Bezirke der Ukrain.SSR. Vyznačennja koncentracii spermiv fotoelektryčnym erytrogemometrom. **(Spermienkonzentrationsbestimmung mittels photoelektrischen Erythrohämometers.)** Socialistyčne tvarynnyctvo, Kyïv **33** (1961) Nr. 12. S. 33–34. — 2 Abb., 1 Tab. Orig.: ukrain.
Vff. schlagen vor, das zur Bestimmung der Anzahl der Erythrocyten und des Hb verwendete photoelektrische Erythrohämometer, das vom Leningrader Werk „Krasnogwardejez" angefertigt und für 120 Rbl. mit Instruktion in den Handel gebracht wird, zur Bestimmung der Spermienkonzentration im Bullensperma zu benutzen. Instrument und Arbeitsweise werden genau beschrieben. Als beste Verdünnung für die Arbeit mit dem Instrument ergab sich das Verhältnis von 1:50 (5 ml 3%ige NaCl-Lösung und 0,1 ml Bullensperma). Auf der Grundlage dieser Verdünnung wurden eine Kalibrierkurve und eine Tab. errechnet. Die Methode wird beschrieben. Die Genauigkeit von Kalibrierkurve und Tab. wurde am Sperma von 30 Bullen der Rassen Schwarzbunte, Aberdeen-Angus und Jersey überprüft. Um die Spermienkonzentration anderer Tierarten zu bestimmen, müssen bes. Kalibrierkurven und Tab. berechnet werden. Die vorgeschlagene Methode ist im Vergleich mit der Zählkammer- und Photoelektrocolorimetermethode einfacher, schneller und billiger. K. Neumann. 1886.

Smirnov, I. V. und Postavnaja, V. I. (Smirnow, I. W. und Postawnaja, W. I.) Novyj sposob opredelenija rezistentnosti spermiev. **(Ein neues Verfahren zur Bestimmung der Resistenz der Spermien.)** Životnovodstvo, Moskva **24** (1962) Nr. 5. S. 70–71. — 1 Abb.
In einem Glas wird mit 1 ml 1%iger NaCl-Lösung eine 1000fache Verdünnung des Spermas hergestellt. Wird bei mikroskopischen Untersuchungen kein Spermium mit geradliniger Bewegung festgestellt, beträgt die Resistenz 1000. Ist noch ein Spermium zu beobachten, wird der Flüssigkeit aus einer Bürette nochmals 1 ml Lösung zugesetzt. Die Kennziffer der Resistenz, d. h. der Grad der Verdünnung des Spermas mit Lösung, bei dem die geradlinige Bewegung der Spermien aufhört, ist gleich der Anzahl der ml Flüssigkeit im Glas, multipliziert mit 1000. Bei der mikroskopischen Untersuchung muß sich das Mikroskop bei 38–40 °C in einem Thermostaten befinden, und der untersuchte Tropfen darf nicht mit dem Deckglas bedeckt werden.
F. Schenk. 1886.

Szumowski, P. Sur la biochimie pathologique du plasma séminal (Étude préliminaire). **(Über die pathologische Biochemie des Samenplasmas. Einleitende Studie.)** Recueil Méd. vétérin. **137** (1961) Nr. 11. S. 835–858. — 2 Abb., 1 Tab., 118 Lit. Zus. in Engl., Franz., Span.
Literaturbericht über pathologische Veränderungen der phys., physio-chem. und chem. Qualitäten tierischen und menschlichen Spermas und kurze Angaben über eigene Ergebnisse der Untersuchungen pathologischer Veränderungen der Proteine und Nucleoproteine im Bullensamenplasma. Die biochem. Deutung krankhafter Veränderungen und der diagnostische Wert solcher Untersuchungen bei Fortpflanzungsstörungen werden erörtert.
K. Wohanka. 1887.

Szumowski, P. **Zur Kenntnis der Physiologie und der Pathologie des Samenplasmas.** 12. int. Fachtag. künstl. Besam. Wels, Vortr. **1962** 4 S. [Maschinenschr. vervielfältigt.]
Das Samenplasma hat biodynamische und nutritive Aufgaben, die nicht im Augenblick der Begattung enden. Die chem. und phys. Untersuchung des Samenplasmas ist im Verein mit der morphol. Prüfung des Samens und der klinischen Untersuchung der Tiere geeignet, Störungen der männl. Fruchtbarkeit zu erklären. In Tabellenform werden Werte über die anteil-

mäßige Beteiligung der 7 Geschlechtsdrüsen am Gesamtejakulat von Bullen, den pH-Wert und die chem. Zusammensetzung dieser Sekrete angegeben.
E. Höpler. 1887.

Bishop, David W.; Baltimore, Carnegie Inst. of Washington, Dep. of Embryol. Sperm motility. **(Bewegungsfähigkeit der Spermien.)** Physiol. Rev. **42** (1962) Nr. 1. S. 1–59. – 11 Abb., 9 Tab., 434 Lit.
Die Übersicht versucht, mit Hilfe der umfangreichen einschlägigen Literatur aus den physiol., ultrastrukturellen und biochem. Eigentümlichkeiten eine Synthese über den Mechanismus der Bewegungsfähigkeit der Spermien aufzustellen. H. Cziharz. 1887.

Agarwala, O. P. Advances in artificial insemination — dilution, storage and deep freezing of bull semen. **(Fortschritte in der künstlichen Besamung. – Verdünnung, Aufbewahrung und Tiefgefrierung von Bullensperma.)** Allahabad Farmer **33** (1959) Nr. 4. S. 250–283. — 280 Lit.
Vf. gibt einen Überblick über den gegenwärtigen Stand der Konservierung von Bullensperma. Wesentliche neue Erkenntnisse werden nicht mitgeteilt.
1891.

Sevinç, M. Afif und Hafs, Harold D. The preservation of bull sperm in milk CUE and 1:1 CUE + milk extenders with and without catalase. **(Die Aufbewahrung von Bullensperma in Milch, CUE (Cornell University Extender) und 1:1 CUE + Milch mit und ohne Katalase.)** Ankara Univ. veterin. Fak. Dergisi 8 (1961) S. 10–16. — 5 Tab., 18 Lit.
Die Kombinationen von CUE + Milchverdünner hatten die höchste durchschnittl. Motilitätsrate (49%) zu verzeichnen. (Die höchste durchschnittl. Spermienmotilität für Milch betrug 37 und 35%). Bei Zugabe von Katalase waren im CUE-Verdünner + Milch 50%, im Milchverdünner 39 und im CUE allein 37% mobile Spermien zu verzeichnen. Das Katalaseenzym hatte scheinbar keinen Effekt auf die Motilität am Tage der Samenentnahme, aber nach 7, 14 und 21 Tagen Spermaaufbewahrung erhöhte sich bei Anwendung von Katalase die Motilitätsrate um 3,7 bzw. 5% gegenüber Verdünnern ohne Katalase. Die Spermien behielten ihre Lebensfähigkeit besser im CUE-Milchverdünner (Aufbewahrungstemperatur +5 °C) für 21 Tage bei (55% Abnahme) als in der Milch (60% Abnahme) oder im CUE (61% Abnahme).
W. Jenichen. 1891.

Kalev, G., Konstantinov, P. und Venkov, T. (Kalew, G., Konstantinow, P. und Wenkow, T.) Sŭchranjavane na sperma ot bik v razreditel, nasiten s vŭgledvuokis po Van Demark. **(Über das Aufbewahren von Bullensperma in einem mit Kohlendioxyd nach Van Demark gesättigten Verdünner.)** Izvestija na Centralnija naučnoizsledovatelski institut po biologija i patologija na razmnožavaneto na selskostopanskite životni, Sofija **1** (1961) S. 95–99. – 3 Tab. Zus. in Russ., Engl.
Das mit einem mit Kohlendioxyd gesättigten Verdünner verdünnte Sperma (1:5 oder 1:10) kann 4 Tage oder länger aufbewahrt werden. Über 50% der Spermatozoen bleiben am Leben und behalten ihre Befruchtungsfähigkeit. 53,9% der hiermit besamten Kühe wurden befruchtet. T. Radew. 1891.

Moyer, R. F. und Almquist, J. O.; Pennsylvania State Univ., Dairy Breeding Res. Center. Diluents for bovine semen. X. Livability of spermatozoa stored at ambient room temperatures in diluents containing skimmilk. **(Verdünner für Bullensperma. 10. Mitt. Lebensfähigkeit von Spermien in Magermilch-Verdünnern bei Zimmertemperatur.)** J. Dairy Sci. **45** (1962) Nr. 3. S. 383–389. – 5 Tab., 23 Lit. 9. Mitt. vgl. LZ. Abt. III **3** (1958) Nr. 1. S. 24.
Es sollten ermittelt werden: a) die Brauchbarkeit des Ersatzes der Kokosnußmilch durch Magermilch im „West Virginia Kokosnußmilch-Verdünner“

(I); b) der optimale Glucose-, Magermilch- und Natriumcitratspiegel; c) der optimale Anfangs-pH-Wert; d) der rel. Wert von Milch- und Citronensäure für die pH-Einstellung. Bei einem Gehalt von 0,5–2,0% Glukose, 5–15% Magermilch und 1,9–2, 25% Natriumcitrat war die Beweglichkeit der Spermien gleich oder etwas besser als in **I**. Der optimale Magermilchverdünner für Zimmertemperatur (**II**) enthielt 1,0% Glucose, 2,5–10% Magermilch, 1,9% Natriumcitrat und so viel Citronensäure, wie zur Einstellung auf pH 7,2 notwendig war (4–8 mg/100 ml Verdünner). Außerdem enthielt **II** 0,5% Eigelb, Katalase, Antibiotica und Sulfanilamid. Vor der Durchführung von ausgedehnten Befruchtungsversuchen bei Verwendung von **II** sind jedoch noch weitere Laborversuche erforderlich. H. Cziharz. 1891.

Gančev, T. (Gantschew, T.) Opit za izkustveno osemenjavane na ovcete s 10 i 20 pŭti razredena sperma. **(Versuch zur Künstlichen Besamung von Schafen mit 10- bis 20fach verdünntem Sperma.)** Izvestija na Centralnija naučno-izsledovatelski institut po biologija i patologija na razmnožavaneto na selsko-stopanskite životni, Sofija **1** (1961) S. 139–141. — 2 Tab. Zus. in Russ., Engl.
Mit Sperma, das mit abgekochter Kuhmagermilch 10fach verdünnt wurde, konnten 82,21% der besamten Schafe befruchtet werden; bei einer 20fachen Verdünnung belief sich der Befruchtungserfolg auf 83,33%.
T. Radew. 1891.

Dmitriev, N. (Dmitrijew, N.); Detskoselo, Gebiet Leningrad, Stat. für Zuchtarb. und Künstl. Besam. Vlijanie uslovij transportirovki na kačestvo semeni. **(Einfluß der Transportbedingungen auf die Spermaqualität.)** Moločnoe i mjasnoe skotovodstvo, Moskva **7** (1962) Nr. 5. S. 37–38. — 1 Tab.
Beim Transport des Spermas bis zu weit entfernten Besamungspunkten in nur halb gefüllten Ampullen kann eine starke Minderung der Aktivität und Vitalität der Samenfäden festgestellt werden. Bes. bei Fahrten auf langen, schlechten Wegen wirkt sich das dauernde Schütteln in halbvollen Behältern nachteilig auf die Spermaqualität aus. Das Sperma der verschiedenen Rinderrassen reagiert ganz unterschiedlich darauf. Am widerstandsfähigsten ist das von Roten Dänen, dann folgen die Schwarzbunten, Cholmogoryer und Jerseys. Es empfiehlt sich, Ampullen von 2; 4 oder 6 ml, sogar von nur 1 ml Inhalt zu verwenden, um keine Qualitätsminderung eintreten zu lassen. Zur Abschwächung der Atmung wird das Sperma auf 0 °C abgekühlt und bei dieser Temperatur transportiert. R. Ihssen. 1892.

Archipovec, A. I. (Archipowez, A. I.); Poltawa, Forsch.-Inst. für Schweinezucht. Iskusstvennoe osemenenie svinomatok i vlijanie dlitel'nosti sochranenija spermy chrjakov na ee biochimičeskie izmenenija. **(Künstliche Besamung der Schweine und der Einfluß der Aufbewahrungsdauer des Eberspermas auf seine biochemischen Veränderungen.)** Visnyk sil'śkogospodarśkoï nauky, Kyïv **4** (1961) Nr. 4. S. 68–75. — 7 Tab. Orig.: ukrain., Ausz.: russ.
Mit CO_2-gesättigtem Ebersperma, das bei Zimmertemperatur (+18 °C und +26 °C) 1 oder 2 Tage aufbewahrt wurde, erreichte man bei der Besamung von Jung- und Altsauen eine Befruchtungsquote von 92–95%. Bei 3-, 4- und mehrtägiger Aufbewahrung sank die Quote auf 20–50%. Wahrscheinlich sind die Ursachen der niedrigen Befruchtungsfähigkeit in Veränderungen der biochem. Zusammensetzung des Eberspermas zu suchen, die in Plasma und Spermatozoen während der Aufbewahrungszeit stattfinden. Untersuchungen ergaben, daß im Verlaufe von 96 Std. bei +18 °C und +26 °C eine bedeutende Verringerung der Tr.-Subst., des allg. und Nichteiweiß-N, lebenswichtiger Aminosäuren, org. P der Kohlenwasserstoffe und des Laugenrückstandes zu verzeichnen ist. Das zeugt davon, daß die durch den CO_2-Zusatz erzeugte Anabiose keine vollständige ist und die grundlegenden energetischen Pro-

zesse in den Spermatozoen weitergehen. Die genaue Kenntnis der biochem. Prozesse im Sperma während der Aufbewahrung gibt die Möglichkeit, zielgerichtet auf den Stoffwechsel in den Spermatozoen landwirtsch. Tiere einzuwirken. K. Neumann. 1892.

Romanovski, W. **Erfahrungen und Probleme bei der Anwendung von Tiefgefriersperma.** 12. int. Fachtag. künstl. Besam. Wels, Vortr. **1962** 9 S. [Maschinenschr. vervielfältigt.]
Zum Einfrieren eignet sich vor allem Sperma von Bullen, die alle 10 Tage mit je 2 Ejakulaten abgesamt werden, weiterhin Sperma, das im Frühjahr gewonnen wird. E. Höpler. 1893.

Ostaško, F. I. (Ostaschko, F. I.); Charkow, Forsch.-Inst. für Tierzucht des Waldsteppen- und Polessje-Gebietes der Ukrain.SSR. Apparatura dlja zamoraživanija semeni. **(Ein Apparat zum Tiefkühlen von Sperma.)** Životnovodstvo, Moskva **24** (1962) Nr. 5. 67–70. — 4 Abb., 2 Tab.
Etwa 1000 Spermaampullen können gleichzeitig in einer wärmegedämmten, 400 × 150 × 190 mm großen Wanne aus verzinktem Eisen mit flüssigen Gasen langsam auf –79 °C tiefgekühlt werden. Das durch eine Rohrschlange fließende Gas verdampft und entzieht dabei dem mit einem Elektromischer gemischten Alkohol, in dem sich die Ampullen befinden, die Wärme. Kleinere Spermamengen werden in einem Thermosgefäß mit Alkohol, der ebenfalls durchgemischt wird, und einem Mullsäckchen mit den Spermaampullen durch Zusetzen von Kohlensäureschnee tiefgekühlt. F. Schenk. 1893.

Chabibullin, Ch. Morozostojkost' semeni bykov v zavisimosti ot ich vozrasta. **(Die Frostbeständigkeit des Bullenspermas in Abhängigkeit von deren Alter.)** Moločnoe i mjasnoe skotovodstvo, Moskva **5** (1960) Nr. 10. S. 50–52. — 1 Abb.
Die als Ergänzung zu 3 bereits früher erschienenen Artikeln vorliegende Veröffentlichung befaßt sich mit der unterschiedlichen Widerstandsfähigkeit des Spermas älterer (4- bis 8jähriger) und jüngerer (2jähriger) Bullen gegenüber dem Tiefkühlverfahren. Für die Untersuchungen waren 5 ältere (29 Erst- und 18 Zweitejakulate) und 3 jüngere Bullen (16 Erst- und 13 Zweitejakulate) der zentralen Versuchsstation für KB herangezogen worden. Die Verdünnung und Vorbereitung zum Einfrieren entsprach den amtlichen Anweisungen über die KB von 1958. Die Abkühlung der verlöteten Ampullen auf 0 °C erfolgte in einem Thermosbehälter mit Hilfe von Spiritus und Trockeneis. Das Tiefkühlen erfolgte von 0 bis –78 °C in 3 Etappen (0 bis –13; –13 bis –40; –40 bis –78 °C) in einem Zeitraum von 45–58 Min. Die Erst- und Zweitejakulate waren gesondert, jedoch unter gleichen Bedingungen eingefroren worden. Im eingefrorenen Zustand wurde das Sperma 1–2 Tage gehalten und danach bei Raumtemperatur (18–20 °C) aufgetaut. Die Aktivität des Spermas wurde sodann bei 40–42 °C unter dem Mikroskop beurteilt, und anschließend wurden die Proben im Kühlschrank bei 0 °C 3 Tage aufbewahrt. Bei den älteren Bullen wurde in beiden Ejakulaten nach dem Auftauen eine durchschnittl. Aktivität von 33% (30–37%) festgestellt. Es ergaben sich keine wesentlichen Differenzen zwischen dem 1. und 2. Ejakulat. Die jüngeren Bullen wiesen demgegenüber größere Differenzen auf, da im 1. Ejakulat eine mittlere Aktivität von 21% (13–26 %) und im 2. Ejakulat von 31% (28–36%) festzustellen war. Darüber hinaus wurde die Aktivität der Spermien in verschiedenen Zeitabständen nach dem Auftauen bestimmt (sofort, nach 24; 48; 72 Std.). Diese Untersuchungen ergaben ebenfalls, daß die Lebensfähigkeit des 1. und 2. Ejakulates der älteren Bullen in dieser Zeit etwa gleichlaufend abnahm (von 33% auf 19%), während sie bei den jüngeren Bullen im 1. Ejakulat von 21% auf 9% und im 2. Ejakulat von 31% auf 25% sank. Aus den Ergebnissen wird gefolgert, daß bei pen älteren Bullen das 1. und 2. Ejakulat eine einheitliche Frostbeständig-

keit aufweisen und aus diesem Grunde eine Mischung beider Ejakulate zum Tiefkühlen zu empfehlen ist, während von den jüngeren Bullen nur das 2. Ejakulat für die Tiefkühlung verwendet und das 1. Ejakulat nur im Kühlschrank bei 0 °C aufbewahrt werden sollte. K. Richter. 1893.

Platov, E. M. (Platow, Je. M.); Dubrowizy, Gebiet Moskau, Unions-Inst. für Tierzuchtforsch. Usoveršenstvovannyj metod zamoraživanija semeni byka. **(Eine vervollkommnete Methode zur Tiefkühlung des Bullenspermas.)** Vestnik sel'skochozjajstvennoj nauki, Moskva **6** (1961) Nr. 11. S. 127–128. — 1 Tab., 14 Lit.
Das o. g. Inst. hatte bereits früher festgestellt, daß durch Zusatz von Glycerin der osmotische Druck des Milieus gesenkt wird, wodurch die Spermien Schaden erleiden. Durch die Zugabe erhöhter lösbarer Mengen an Glucose und Natriumcitrat gelingt es, die Wirkung des Glycerins zu neutralisieren, so daß dieses nunmehr in größeren Mengen dem frisch gewonnenen Sperma direkt zugesetzt werden kann. Die Tiefkühlung des Spermas läßt sich dann wie folgt vornehmen: Bis –30 °C wird die Temperatur jeweils um 1 °C/Min. gesenkt und anschließend um 2 °C/Min. bis –50 °C. Dann kommt das Sperma in einen Thermostat mit –79 °C zur weiteren Aufbewahrung. Dank dieser Methode kann auf eine Reihe von Vorsichtsmaßregeln verzichtet werden, die sonst bei dem herabgesetzten osmotischen Druck erforderlich waren. Die Vorbereitungsdauer zur Tiefkühlung beträgt nach diesem Verfahren 4–5 Std. (früher 22–24 St.). E. Kahn. 1893.

Fox, Richard R. Preservation of rabbit spermatozoa: fertility results from frozen semen. **(Die Konservierung von Rammlersperma: Befruchtungsresultate mit Gefriersperma.)** Proc. Soc. exp. Biol. Med. **108** (1961) Nr. 3. S. 663 665.
Die Gewinnung des Samens erfolgt mittels künstlicher Vagina. Der Verdünner enthält 20 ml Eidotter, 1,160 g Natriumcitrat (2 H_2O), 0,24 g Dextrose, 0,7496 g Glycin, 0,1680 g Natriumbicarbonat, 0,032 g Kaliumchlorid, 0,01 g Citronensäure, 8,0 ml Glycerin und Aqua dest. ad 100,0 ml. Die Vorverdünnung wird bei 20 °C vorgenommen und der verdünnte Samen dann innerhalb 1 Std. bis auf 5 °C abgekühlt. Die weitere Verdünnung erfolgt 3 Std. nach der Samengewinnung. Die Abkühlgeschwindigkeit beträgt bis –40 °C 5 °C pro Min., bis –52 °C 6 °C/Min. und bis –70 °C 8 °C/Min. Als Kühlflüssigkeit findet Isopropylalkohol Verwendung, der mit Hilfe von Trockeneis abgekühlt wird. Nach dem Einfrierprozeß werden die Samenportionen in eine mechanische Kühltruhe eingestellt. Das Auftauen des Samens geht zuerst in einem Wasserbad von 5 °C bis zur Verflüssigung des Samens und dann in der Hand vor sich. Insgesamt werden nach 22 Besamungen 6 Häsinnen tragend (Palpationsbefund nach 12–16 Tagen). 3 von diesen warfen jeweils 3, 3 und 7 Junge. Die Ovulation wurde durch vasektomierte Rammler 15–30 Min. vor der Besamung provoziert. K. Rothe. 1893.

Plotnikov, V. K. und Obrezanov, I. I. (Plotnikow, W. K. und Obresanow I. I.); Forsch.-Inst. für Landwirtsch. des Südostens. Uprostit' techniku, iskusstvennogo osemenenija svinej. **(Vereinfachte Technik bei der künstlichen Besamung der Schweine.)** Svinovodstvo, Moskva **15** (1961) Nr. 11. S. 45. — 1 Abb.
Für die in Poltawa entwickelte Apparatur bei fraktionierter Besamung wurden einige Verbesserungen entwickelt. Statt der bisher für Sperma und Verdünner verwendeten 100 ml-Ampullen werden für Sperma 400 ml- und für den Verdünner 800 ml-Ampullen verwendet. Dies gibt die Möglichkeit, statt bisher 1 Sau 8–10 Sauen auf einmal zu besamen. Die nach der Besamung einzuführende Luft wird nicht wie bisher über eine Ampulle, sondern direkt über einen Kreuzverteiler zugeführt. Vergrößert wurde außerdem der innere

Dmr. des in einer Metallsonde verlaufenden Gummikatheters von 4 mm auf 8 mm. Dadurch wurde die Besamungsdauer je Sau von 4 Min. auf 30–40 Sek. verkürzt. G. Häßler. 1895.

E. ZÜCHTUNG

Vos, N. de; Gent, Rijksuniv., Veeartsenijschool, Lab. voor Ontleedkunde der Huisdieren. Aangeboren misvormingen in verband met afwijkende chromosomenformules. **(Angeborene Mißbildungen in Verbindung mit abweichenden Chromosomensätzen.)** Meded. Veeartsenijschool Rijksuniv. Gent **6** (1962) Nr. 1. S. 1–44. — 5 Abb., 7 Tab., 35 Lit. Zus. in Engl., Franz., Dtsch.
Angeborene Mißbildungen können durch zahlreiche innere und äußere Einflüsse hervorgerufen werden. Die Lehre hierüber, die Teratologie, Teil der pränatalen Pathologie, war bislang vorwiegend deskriptiv eingestellt. In den letzten Jahren war eine Reihe angeborener Mißbildungen des Menschen auf Chromosomendefekte zurückzuführen. Diese Befunde gestatten einige Rückschlüsse für die pränatale Pathologie der Tiere. Die verschiedenen Letalfaktoren der Tiere stellen Gen-Veränderungen dar und sind in reicher Zahl bekannt, während die Chromosomen-Veränderungen noch selten beobachtet werden. Die großen Fortschritte der Franzosen, Engländer, Schweden und Amerikaner auf dem Gebiet der Chromosomenpathologie berechtigen zu der Annahme, daß alsbald einige ätiologisch unklare Erkrankungen der Tiere als Folgen von Chromosomendefekten erkannt werden.
W. Kuhlmann. 1950.

Godglück, G. **Mißbildungen des Herzens bei Tieren.** Dtsch. tierärztl. Wschr. **69** (1962) Nr. 4. S. 98–102. — 66 Lit. Zus. in Engl.
Da die humanmedizinische Einteilung der angeborenen Herzfehler vom klinischen Standpunkt in Herzfehler ohne, mit vorübergehender und mit ständiger Zyanose in der Veterinärmedizin nicht durchführbar ist, werden die in der Literatur beschriebenen Fälle in 7 pathologisch-anatomische Gruppen eingeteilt. Es gibt danach 1. die Nicht- oder Fehlanlage des Herzens, 2. Bildungsfehler der Septen, 3. Mißbildungen der Coronararterien, 4. Scheidewanddefekte, 5. Mißbildungen im Bereich der Hohl- und Lungenvenen, 6. Offenbleiben des Ductus arteriosus (Botalli) und 7. Klappenmißbildungen und kongenitale Herzhypertrophie. Außer den Mehrfachbildungen des Herzens bei Tieren sind alle bekanntgewordenen Anomalien auch beim Menschen gefunden worden. C.-H. Becker. 1950.

Hanna, Bertram L., Sawin, Paul B. und Sheppard, Benjamin L.; Bethesda, Md., Nat. Inst. of Health; Bar Harbor, Me., Hamilton Stat., Roscoe B. Jackson Memorial Lab.; Richmond, Med. Coll. of Virginia, Dep. of Ophtalmol. Recessive buphthalmos in the rabbit. **(Rezessiver Buphthalmus beim Kaninchen.)** Genetics **47** (1962) Nr. 5. S. 519–529.
Buphthalmus oder congenitales infantiles Glaucom beim Kaninchen wurde von Nachtsheim (1937) und Geri (1954 + 1955) als rezessiv-autosomale Krankheit erkannt. Der primäre Defekt, der zur Mißbildung führt, ist unbekannt, wird aber allg. in Störungen der Drainage-Mechanismen im Auge gesehen. Die Zucht buphthalmischer Tiere stößt auf Schwierigkeiten, weshalb der Defekt auch als „semiletal" angesehen wird. Vff. untersuchten verschiedene Faktoren, welche die Penetranz des Erbleidens beeinflussen könnten. Alter der Mutter und die Reihenfolge des Wurfes haben keinen Einfluß. Das Durchschnittsgewicht aller Männchen aus Würfen, die buphthalmische Tiere enthalten ist niedriger, als das aus normalen Würfen. Der Unterschied ist nicht statistisch gesichert. Das Geburtsgewicht buphthalmischer Weibchen ist signifikant höher als das ihrer normalen Geschwister. Vff. nehmen an, daß der Buphthalmus ein Symptom einer systematischen Entwicklungskrankheit beim Kaninchen ist. H. Fischer. 1950.

Heinicke, W. **Die Auswertung zuchthygienischer Untersuchungen.** Mh. Veterinärmed. **17** (1962) Nr. 5. S. 211–213.
Die zur Steigerung der tierischen Produktion eingeleiteten Maßnahmen stellen den Tierarzt der DDR vor große Aufgaben. Die moderne Fortpflanzungsüberwachung der Bullen und der weibl. Rinderherden macht es erforderlich, daß die tierärztliche Befunddokumentation nach einheitlichen und objektiven Gesichtspunkten vorgenommen und ausgewertet wird. Diesen Erfordernissen trägt die Einführung der Rindergesundheitskarte Rechnung. Die Rindergesundheitskartei gibt genaue Aufschlüsse über Trächtigkeits- und Erstbesamungs-[Erstbedeckungshundertsatz sowie über den Besamungs-] Deckindex. In dieser Form ist die Kartei keine unnötige Statistik oder Belastung für den Tierarzt, sondern Quelle für die wiss. Auswertung tierärztlicher Untersuchungsbefunde sowie Grundlage für die tierärztliche Aufklärungsarbeit in landwirtsch. Betrieben und bei den örtlichen Volksvertretungen. Den zentralen staatlichen Institutionen dienen die Auswertungen als Grundlage für die Förderung der Zuchthygiene, für den Einsatz einer gezielten Forschung und für die Planung der tierischen Produktion.
W. Rommel. 1950.

Kirsch, W.; Hohenheim, Inst. für Tierzuchtlehre. **Die Fütterung als Umweltfaktor in den Leistungsprüfungen landwirtschaftlicher Nutztiere.** Schriftenr. Max-Planck-Inst. Tierzucht Tierernähr., Vortr. II. int. Ferienkurses junge Tierzuchtwissenschaftler in Mariensee, Sonderband **1961** S. 45–79. — 2 Abb., 8 Tab., 38 Lit.
Die Fütterung ist der wichtigste Umweltfaktor vor allem dort, wo Anlagen für Futterverwertung und Schlachtkörperqualität verbessert werden sollen. An Hand von zitierten Modellversuchen zur Selektion von Mäusen und Schweinen und theoretischen Überlegungen kommt Vf. zu dem Schluß, daß die Fütterung in den Prüfanstalten für Rinder und Schweine der in der Praxis üblichen entsprechen sollte. Das Ziel einer gegenseitigen Annäherung sieht er in einer normierten und begrenzten Fütterung und diskutiert im Vergleich dazu die in der Mastleistungsprüfung in Dänemark und Deutschland übliche Fütterung und deren Beziehung zu Mastleistung und Schlachtkörperqualität. Abschließend werden Fragen der Organisierung von Nachkommenprüfungen bei Zweinutzungsrindern (Jungbullenmast) besprochen.
A. Schaaf. 1980.

Witt, M.; Mariensee, Max-Planck-Inst. **Ökonomische Gesichtspunkte bei der Leistungszüchtung.** Schriftenr. Max-Planck-Inst. Tierzucht Tierernähr., Vortr. II. int. Ferienkurses junge Tierzuchtwissenschaftler in Mariensee, Sonderband **1961** S. 1–44. — 16 Abb., 18 Lit.
Der Ausbau der Veredelungswirtschaft bedingt die Schaffung der genetischen Grundlagen für Leistungen und Leistungskombinationen mit dem günstigsten wirtschaftlichen Effekt. Dies setzt gesunde Tiere voraus. Die notwendige Harmonie ist durch laufende selektive Verbesserung des genetisch bedingten Teiles der Konstitution herbeizuführen. Da der Hauptteil der Erzeugungskosten dem Futter zufällt, ist die Verbesserung des Futterverwertungsvermögens notwendig. Große Differenzen in der Futterverwertung zwischen Tieren gleicher Rasse u. Nutzungsrichtung sind nicht auf genetisch bedingte Unterschiede zurückzuführen, sondern bei der Milchleistung fast ausschließlich dadurch bedingt, daß der je kg Milch notwendige Anteil an Erhaltungsfutter mit wechselnder Höhe der Jahresleistung verändert wird. Das kg Gewichtszunahme ist ähnlich unterschiedlich belastet durch die verschiedenen Anteile an Fleisch (1000 Kal) und Fett (8600 Kal). Breitwüchsige Körperbautypen, vor allem bei wachsenden Rindern, sind den schmalwüchsigen im Muskelbildungsvermögen, in der Futterverwertung und der tägl. Zunahme überlegen. Versuchsergebnisse bei Schweinen ließen erkennen, daß

tägl. Zunahmen, Mastdauer sowie Futteraufnahmevermögen den Aufwand an Erhaltungsfutter stark beeinflussen und für die Futterverwertung bedeutungsvoller sein können, als allg. angenommen wird. Daraus ergeben sich bes. beim Schwein zwei völlig verschiedene Ursachen für gute Futterwertung (gutes Fleischbildungsvermögen + befriedigende Tageszunahmen, oder hohe tägl. Zunahmen + starker Futterverzehr + reichl. Ablagerung von Körperfett). Selektion nach Rahmen und Breitwüchsigkeit kann bei Schafen als entscheidendes Hilfsmittel zur Verbesserung von Futterverwertung und Schlachtkörperqualität gelten. 3jährige Versuche mit Fjordfohlen ergaben, daß eine wesentliche Beschränkung der Nährstoffzufuhr während der Winterfütterung eine erhebliche Senkung der Aufzuchtkosten ergab, ohne Entwicklung und Leistungsfähigkeit der Tiere zu mindern. E. Kieslinger. 2040.

Selekcijno-pleminna robota. (Züchterische Arbeiten.) Hrsg.: Ukr. Akad. sil'škogosp.. nauk. Naukovo-doslidnyj inst. tvarynnyctva Lisostepu i Polissja URSR. Kyïv: Vyd. Ukr. akad. sil'škogosp. nauk. 1961. (157 S. m. Abb.; ukrain.) 4° = Naukovi praci. Naukovo-doslidnyj instytut tvarynnyctva Lisostepu i Polissja URSR, Kyïv Bd. 31, Nr. 1. (ZB 2670)

Unter d. Gesamtred. v. *Lebedev, M. M.* **Povyšenie produktivnosti sel'skochozjajstvennych životnych.** **(Novoe v razvedenii sel'skoch. životnych.)** (Leistungssteigerung landwirtsch. Nutztiere. Neues in der Züchtung landwirtsch. Nutztiere.) Hrsg.: Vsesojuznaja akad. sel'skochoz. nauk imeni Lenina. Moskva: Sel'chozizdat. 1961. (149 S.) 8°. (1962 A 397)

G. ÖKOLOGIE EINSCHLIESSLICH HALTUNG UND PFLEGE

Mehner, A. und Lühmann, M.; Celle, Bundesforsch.-Anst. für Kleintierzucht. **Weitere Untersuchungen über die Wirkung der Kurz- und Langzeitbeleuchtung auf die Leistung von Legehennen.** Arch. Geflügelkunde **26** (1962) Nr. 3. S. 176–192. — 5 Abb., 8 Tab., 2 Lit. Zus. in Engl.

In einem 1960–61 erfolgten Versuch mit Junghennen wurden 3 Gruppen unterschieden. In Gr. A wurde der Freßtag mit Hilfe einer 60-Watt-Lampe auf insgesamt 14 Std. verlängert, Gr. B erhielt Blitzbeleuchtung, und zwar in der Zeit von 17–6 Uhr früh stündl. einen Blitz von 10 Sek. Dauer mit einer 500-Watt-Lampe. Die Kontrollgruppe C wurde nicht beleuchtet. Die Hennen der Gr. B. steigerten ihre Leistung zunächst am stärksten, während die Dauerbeleuchtung am nachhaltigsten wirkte. Gr. A war scheinbar leistungsfähiger als die anderen Gruppen. Die Leistung der unter natürlichen Lichtverhältnissen gehaltenen Hennen stieg ab Dez. stetig, die beleuchteten Hennengruppen gingen nach Beendigung der Beleuchtung etwas in ihren Leistungen zurück. Die Winterlegeleistung der Gr. B lag 3,2%, die der Gr. C 12,6% unter der der Gr. A. Der Futterverbrauch war bei der Gr. C im Winter bei geringer Leistung rel. höher und im Frühjahr bei höherer Leistung rel. niedriger als bei den beleuchteten Hennen. Die Wirtschaftlichkeit der Beleuchtung hängt von den jahreszeitlichen Unterschieden in den Eierpreisen ab.
U. Hofmann. 2170.

Berger, R. **Das Lüftungsproblem in der Geflügelhaltung.** Geflügelhof [Zollikofen-Bern] **23** (1960) Nr. 27. S. 493–497.; Nr. 29. S. 533–537.

Das Bestreben, die Baukosten je Huhn zu senken, führt zu einer Erhöhung der Bestandsdichte und zur Forderung nach einem wirksamen Lüftungssystem, das in größeren Ställen nur mit Hilfe von Ventilatoren möglich ist. Am Beispiel des Tag- und Nachtstalles wird die Überdruckventilation mit der Möglichkeit der Aufheizung der Zuluft erläutert. Die Zuführung der Zuluft erfolgt durch einen Kanal in Stallmitte, während die Abluft durch Lüftungsöffnungen an den Seitenwänden entweicht. Bei Zwangsentlüftung erfordert die zugfreie Luftzufuhr bes. Aufmerksamkeit. Die Frischluft sollte über gesonderte Öffnungen unter den Fenstern oder im unteren Teil der Stallwände eingeführt werden, wobei der Luftstrom durch Platten gebremst und daran gehindert wird, auf die Tiere zu treffen. Die Abluft kann von einem Ventilator in Deckenhöhe direkt oder über einen Wandschacht in Bodenhöhe abgesaugt werden. Vorbedingung für die Funktion der Lüftung ist eine ausreichende Isolation. H.-H. Ostheeren. 2175.

Sørensen, P. H. und Moustgaard, J.; Kopenhagen, Dänemark, Königl. Tierärztl. und Landwirtsch. Hochschule, Inst. für Physiol., Endokrinol. und Blutgruppenforsch. **Der Einfluß des Stallklimas auf das Wachstum, die Futterverwertung und Schlachtqualität von Schweinen.** VIII. int. Tierzuchtkongr. Hamburg **1961** Schlußber. S. 127–138. — 4 Abb., 8 Tab., 15 Lit.
Die Versuche wurden an Schweinen (30–90 kg) bei verschiedenen Temperatur- und Luftfeuchtigkeitsverhältnissen durchgeführt, wobei das Ernährungsniveau unterschiedlich war. Der optimale Temperaturbereich bei niedriger Luftfeuchtigkeit (50–70%) liegt zwischen 15 und 23 °C (ohne Einstreu); der tägl. N-Ansatz lag zwischen 19,5–21,7 g, der tägl. Zuwachs bei 780 g. N-Ansatz und Zuwachs waren bei 24 °C und 90% rel. Luftfeuchtigkeit vermindert (ca. 14,5 g bzw. 640–700 g). Temperaturen von 8 °C abwärts senkten den N-Ansatz (ca. 10,7 g) und Zuwachs (8 °C–710 g, 3 °C –450 g). Die Thyroxinsekretion steigerte sich bei niedriger Temperatur (15 °C – ca. 0,5 mg tägl.; 8 °C –1,7 mg; 3 °C – 3,8 mg). Mit steigender Thyroxinabsonderung verschlechterte sich die Futterverwertung ($r = +0{,}82$). Bei gemeinsamer Haltung auf Streu bzw. in Einzelhaltung ohne Streu wurden unter gleichen Bedingungen (3 °C, 70% rel. Luftfeuchtigkeit) 2,4 bzw. 6,3 mg Thyroxin abgesondert und eine Futterverwertung von 3,7 bzw. 5,9 FE/kg Zuwachs erzielt. In Schweineställen mit Einstreu liegt die unterste Grenze bei 11–12 °C, die oberste bei 18–20 °C. Aus den Versuchen mit wechselnden Temperaturen geht hervor, daß Schweine ca. 3–4 Wochen zur Anpassung an die neuen Temperaturen benötigen. Die N-Ausscheidung im Harn steigt pro kg Lgw. beim Wechsel von 3 auf 19% in den ersten 10 Tagen stark an und fällt unter umgekehrten Bedingungen. Eine hohe Fetteinlagerung ergab sich bei 24 °C und 90% rel. Luftfeuchtigkeit und bei 3 °C und 70% rel. Luftfeuchtigkeit. B. Piatkowski. 2180.

Huston, Till M. und Carmon, James L; Athens, Univ. of Georgia, Poultry Div. The influence of high environmental temperature on the oxygen consumption of mature domestic fowl. **(Der Einfluß hoher Raumtemperaturen auf den O_2-Verbrauch erwachsener Haushühner.)** Poultry Sci. **41** (1962) Nr. 1. S. 175–179. — 2 Abb., 4 Tab., 9 Lit.
Vf. beschreibt einen einfachen Apparat, der aus einer Tierkammer, einem Spirometer und einer Sauerstoffflasche besteht, und eine verbesserte Methode zum Nachweis des O_2-Verbrauchs. Zu den Prüfungen standen je 5 Hähne und 5 Hennen der Rassen Weiße Leghorn, New Hampshire und Weiße Plymouth-Rock zur Verfügung, die vom Schlupf an bei 90 °F gehalten wurden (I) sowie entspr. Gruppen bei wechselnder natürlicher Temperatur (II) und 2 ältere Kükengruppen. Die Tiere der Gr. II hatten einen größeren O_2-Verbrauch als I, nämlich 238 : 205 ml. Im einzelnen unterschieden sich die Rassengruppen eindeutig, da die Leghorn erheblich mehr O_2 verbrauchten als die anderen beiden Rassen, die sich gleich verhielten (im Durchschnitt 233 : 211 : 208 O_2/Std./lb. Lgw.). C. Engelmann. 2180.

Huston, Till M., Cotton, Thomas E. und Carmon, James L; Athens, Univ. of Georgia, Poultry Div. The influence of high environmental temperature on thyroid size of domestic fowl. **(Der Einfluß hoher Raumtemperaturen auf die Schilddrüsengröße beim Haushuhn.)** Poultry Sci. **41** (1962) Nr. 1. S. 175–179. — 2 Tab., 14 Lit.
Von 240 erwachsenen Leghorn-, New Hampshire- und White-Rock-Hühnern wurden jeweils die Hälfte in Ställen bei gleichbleibender Temperatur von 90 °F (a), die andere Hälfte bei natürlicher, wechselnder Temperatur (b) 1 Jahr lang gehalten. Die Angehörigen der beiden mittelschweren Rassen entwickelten

unter Haltung b) größere Schilddrüsen; der Unterschied betrug 90,8 mg, bezogen auf gleiches Lgw. Die Leghorns, die bekanntlich Hitze besser vertragen, reagierten nicht. Unter der Nachzucht wiesen die Küken, die von Eltern der Gruppe b) stammten, höheres Lgw. auf (Gr. a) legte kleinere Eier). Ihr Schilddrüsengewicht war nicht von der Haltung der Eltern beeinflußt, wohl aber von der Rassezugehörigkeit der Väter: Die durchschnittl. Drüsenmasse betrug 9,1; 9,5 u. 10,5 mg bei den Nachkommen von Weißen Plymouth Rock-, Weißen Leghorn- und New-Hampshire-Hähnen. Die Mütter gehörten jeder Gruppe an. C. Engelmann. 2180.

Roberts, E. J. und Brown, W.; Bangor, Univ. Coll. of North Wales. Hill shelter-belt investigation at Bangor. **(Untersuchungen über den Einfluß von Schutzstreifen auf das Geländeklima in den Gebirgslagen von Bangor.)** Agriculture [London] **68** (1961) Nr. 9. S. 457–460. — 1 Abb.
Weidetiere sind in Gebirgslagen mannigfaltigen Witterungseinflüssen ausgesetzt, die sich ungünstig auf die Gesundheit und Leistungsfähigkeit auswirken. Bes. in den Wintermonaten sind unter Schafherden vielfach große Verluste von Mutterschafen und Lämmern zu verzeichnen. Da bisher sehr wenig über den Einfluß von Schutzpflanzungen auf das Wohlbefinden und die Leistungsfähigkeit von Schafen und Rindern bekannt ist, wurden in dieser Richtung erste orientierende Untersuchungen ausgeführt. Das sich in einer Höhenlage von 100–1150 ft. über dem Meeresspiegel befindliche Versuchsgelände und dessen Vorbereitung für die Anlage von Schutzstreifen werden eingehend beschrieben. 3 Schutzpflanzungen verschiedener Größe und Form wurden in unterschiedlichen Lagen mit hierfür bes. ausgewählten Pflanzen angelegt. Die Versuchsergebnisse, über die berichtet wird, beschränken sich auf meteorologische Vergleiche von Windgeschwindigkeit, Niederschlagsmenge und Temperatur gegenüber einer in 50 ft. über dem Meeresspiegel befindlichen Meßstelle. So waren die ermittelten Windgeschwindigkeiten im wesentlichen von der Lage der Meßstellen gegenüber der vorherrschenden Windrichtung, weniger von der Höhenlage abhängig. Jedoch registrierten ungeschützte Meßstellen in höheren Lagen größere Windgeschwindigkeiten als die Vergleichsstationen. Gegenüber der 50 ft. über dem Meeresspiegel liegenden Meßstelle konnten in 950 ft. Höhe über dem Meeresspiegel um 50% höhere Niederschlagsmengen registriert werden. Über die Schutzwirkung der Anpflanzungen kann erst nach deren vollem Aufwuchs berichtet werden. J. Strecke. 2187.

Heckl, Rudolf; Gmunden. **Richtlinien für den neuzeitlichen Stallbau.** Förderungsdienst [Wien] **10** (1961) Sonder-Nr. S. 33–42.
Ausgehend von den Grundsätzen: 1. ganzjähriger Auslauf, 2. Arbeitsersparnis und -erleichterung und 3. Schaffung brauchbarer und billiger Baumuster betont Vf., daß sämtliche Maßnahmen aufeinander abgestimmt sein und sich einander ergänzen müssen. Sparen ist nur durch in allen Einzelheiten durchdachte Kollektivplanung von Architekten und Ingenieuren möglich. Allen Stallbaufragen voran steht die Rationalisierung des Futterbaues, der Futterernte und der Futterkonservierung (Naßsilage, Vorwelksilage, Gärheu; Fahrsilo, Betonsilo, Harvestore-Silo; Häckselwirtschaft). Im weiteren wird auf den Fragenkomplex Laufstall mit Melkstand oder Anbindestall mit Rohrmelkanlage eingegangen. Auf Grund der besseren Übersicht neigt die Praxis zum Anbindestall mit Futterhof und Melkstand. Zu den Problemen des Anbindestalles gehören u. a. Selbsttränke, Lüftung, Stallfußbodenausbildung und Zuordnung der Bergeräume. Günstig erscheint die einreihige Längsaufstallung mit erdlastiger Rauhfutterlagerung vor den Köpfen der Tiere (sog. Hallenstall) bzw. die Kopf-Kopf-Aufstallung mit Futtertisch. Das Prinzip „Vieh zum Futter“ ist weitgehend zu verwirklichen; geräumigen, flachen, breiten, standebenen Krippen ist der Vorzug zu geben. Die

Kurzstandaufstallung mit Halsrahmenanbindung und Schubstangen- bzw. Schwemmentmistung wird befürwortet. Hinsichtlich des Melkens wird die Rohrmelkanlage nur als Zwischenlösung zum Prinzip „Kuh zur Melkmaschine" (d. h. Melken im Melkstand) betrachtet. Abschließend betont Vf., daß die Revolution im Stallbau „von unten" und nicht „von oben" kommt.
E. Kulpe. 2260.

Vestergaard, Eric C. Housing dairy cows. **(Stallfragen für Milchkühe.)** J. Brit. Dairy Farmers' Assoc. **65** (1961) S. 15–24. – 2 Abb.
Die Arbeit behandelt Fragen zum Warmstall, für Laufställe, Liegeställe, Flächenbedarf, Bedachung, Futterplätze, Turmsilos, Einstreumaterial, zur Entmistung, Bodenbefestigung und des Baumaterials. Der alte Warmstall verliert mit den steigenden Lohnkosten an Interesse, wenngleich gewisse Mechanisierungsmöglichkeiten zum Entmisten, Füttern und Melken bestehen. Die langen Milchleitungen erschweren nur bei der Zirkulationsspülung die Innehaltung der unbedingt notwendigen Spültemperatur von 17 °F. Turmsilos mit ca. 200 t Inhalt und mech. Futterentnahme sowie Beimischung von Kraftfutter erfordern eine hohe Investition, senken aber die laufenden Kosten. Als Baumaterial wird Beton an die erste Stelle gestellt, weil es dauerhaft ist und geringe Unterhaltungskosten beansprucht. H. Senger. 2260.

Ober, Josef; Grub. **Laufstall mit Bohlenroststand am Futterplatz.** Bauen auf d. Lande **12** (1961) Nr. 5. S. 108–112. – 6 Abb., 3 Lit.
Vf. beschreibt die Ausführung eines Spaltenstandes im Laufstall, der auf Grund ausländischer Erfahrungen in der Bayr. Landesanstalt für Tierzucht Grub versuchsweise eingebaut und erprobt wurde. Vorteile: Senkung des Streustrohbedarfs auf 2–3 kg/Tag/Tier, Wegfall der regelmäßig anfallenden Reinigungsarbeiten, mechanischer Abtransport des Kotes mit geringem Aufwand in kurzer Zeit. Ausbildung des Standes: Anstelle des normalen Standplatzes liegen nach unten zu konische Stahlbeton- oder Holzbalken in Abständen (für Kälber bis 3 Mon. 25–30 mm, für Kälber von 3–6 Mon. 30–35 mm, für Jungvieh bis 2 Jahre und Kühe 35–40 mm) nebeneinander. Darunter ist eine Dungförderrinne angeordnet, die die mechanische Entmistungsanlage aufnimmt. Zu empfehlen ist eine Jaucherinne mit einer geschlitzten Bohle als Abdeckung. Wirkungsweise: Der anfallende Kot wird von den Tieren durch die Spalten durchgetreten und fällt in Streifen in die Förderrinne. Die tägl. Mistmenge betrug 4 kg/GV. Der Abtransport erfolgte in Perioden von 3, 4 und 6 Tagen mittels Ringkreisförderer innerhalb 3 Min.
J. Helbig. 2265.

Hammer, W. und Rüprich, W.; Kreuznach, Max-Planck-Inst. für Landarb. und Landtechn. **Spaltenbodenställe eine Modeerscheinung?** Dtsch. landwirtsch. Presse **85** (1962) Nr. 14. S. 139–140. – 2 Abb., 2 Tab., 5 Lit.
Mitgeteilt werden 10 Leitsätze, die beim Bau von Spaltenbodenställen beachtet werden müssen. Aus zwei Übersichten lassen sich für verschiedene Tierarten und Altersgruppen die Buchtenfläche, Krippenlänge, Buchtentiefe, Spaltenweite und Auftrittsbreite der Rostbalken in Spaltenbodenställen sowie der Frischmistanfall je kg/GV Tag und der Raumbedarf für den Dungspeicher im Spaltenbodenstall entnehmen. Abschließend wird kurz auf die Entmistungsverfahren der Dungspeicher sowohl bei dem Festmistverfahren als auch bei dem Flüssigmistverfahren eingegangen. J. Strecke. 2270.

Green, N. K. Slatted floor housing for cattle. **(Spaltfußbodenställe für Rinder.)** Agriculture [London] **68** (1961) Nr. 9. S. 469–475. – 2 Abb., 2 Tab.
Berichtet wird von den Informationen einer Studiengruppe über die Entwicklung von Spaltfußbodensystemen zur Aufstallung landwirtsch. Nutztiere und von Beobachtungen über das Wohlbefinden und die Sauberkeit der in den Spaltenbodenställen gehaltenen Rinder. So konnte ermittelt werden, daß die Liegezeit der in Spaltenbodenställen gehaltenen Kühe gegen-

über den in eingestreuten Ställen gehaltenen nur die Hälfte betrug. Ferner war die Häufigkeit und Schwere von Verletzungen und Krankheiten der Zitzen, Extremitäten und Klauen in Spaltbodenställen höher. Erörtert werden im weiteren die Entmistung und Entmistungsverfahren in Spaltbodenställen sowie der Materialbedarf, die Maße und Kosten von Spaltfußböden für Rinder verschiedener Altersklassen. Abschließend wird auf die zukünftige Entwicklung von Spaltbodenställen hingewiesen.
J. Strecke. 2270.

Soutar, D. S. Pig housing. A review of its continuing progress. **(Schweineunterkünfte. Ein Überblick über den erreichten Fortschritt.)** Scott. Agric. **41** (1962) Nr. 4. S. 176–182. — 2 Abb.
Jede Altersgruppe stellt ihre spez. Forderungen, die im Stallbau Berücksichtigung finden müssen. Als Stallklima werden Temperaturen von 70–75 °F für das Ferkelnest, 60–65 °F für den Abferkelstall, 70 °F für die 100-kg-Mastschweine und 60–65 °F für die Baconschweine bei einer Frischluftzufuhr von 15 cu.ft./Schwein gefordert. Für die Luftumwälzung haben sich verschiedene Ventilationssysteme als geeignet erwiesen. Arbeitswirtschaftlich sind die Standortfragen, die Lage der Gebäude, die Anordnung der Buchten und die Werkzeuge sorgfältig zu bedenken, mit dem Ziel, die Arbeitsmethoden zu vereinfachen und zu verbessern. Das ist günstiger als eine kostenaufwendige Mechanisierung. Die Futterbereitung, Aufbewahrung und Verteilung, die Wägung der Tiere und ihr Umtrieb können in geeigneter Weise zur Rationalisierung beitragen. Die Herstellung von Fertigbauteilen für bewährte Stallbausysteme hilft, den Tierhalter vor Fehlschlägen zu bewahren. In stark belegten Zuchtbetrieben Schwedens und Norwegens ist man dazu übergegangen, trockenstehende, Sauen wie Rinder, am Tüder aufzustellen. Die Verriegelung des Standes der Tiere durch eine Kette von hinten hat sich als geeignetes Verfahren erwiesen. Das Problem der Dungbeseitigung ist sowohl arbeitswirtschaftlich als auch hygienisch besser durch einen Dunglader als durch Wasserspülung zu lösen. Die Methoden der Automatikfütterung befinden sich noch in der Entwicklung. Eine Gegenwartsforderung ist die mechanische Bodenfütterung, wobei die regulierte Zuteilung bestimmter Rationen gewährleistet sein müßte. H. Busse. 2275.

Anonym. **Ein Hühner-Dunkelstall.** Bauen auf d. Lande **13** (1962) Nr. 8. S. 202–203. — 3 Abb.
Der fensterlose, 20 m × 9 m große Stall ist in 2 Stallhälften mit dazwischenliegendem Futterraum geteilt. Er eignet sich für einen zeitlich ungebundenen, kontinuierlichen Aufzucht- und Legebetrieb. Jede Stallhälfte besteht aus einem Tag- und Nachtabteil, die im tägl. Wechsel von den beiden Gruppen je 12 Std. benutzt werden. Alle Abteile besitzen Lattenrostboden. Die durchschnittl. Besatzdichte beträgt 10 Tiere/m². Dadurch wird nicht nur der Baukostenanteil je Henne wesentlich gesenkt, sondern auch der Wärmehaushalt des Stalles verbessert. Die Stallinnenwände und Decken bestehen aus dessiniertem Bandaluminium, die Außenwände und das Dach aus Wellaluminium. Dazwischen liegt eine 8 cm dicke Mineralfaserschicht, deren Wärmedämmung derjenigen einer 150 cm dicken Ziegelmauer entspricht. Das Stallüftungssystem kann sowohl nach dem Schwerkraftprinzip als auch durch Überdruck mittels Ventilatoren betrieben werden, die über Thermostaten regulierbar sind. Die Futterversorgung der Tiere übernimmt eine durch ein Vorratssilo gespeiste Förderkette. Die Wasserversorgung erfolgt durch Tropftränken. Maßangaben und einige konstruktive Besonderheiten können aus dem beigefügten Grundriß und Schnitt des Hühnerstalles entnommen werden. J. Strecke. 2275.

Knoche, Wilhelm; Frankfurt/M. **Ein neuzeitlicher Hühnerstall.** Bauen auf d. Lande **13** (1962) Nr. 8. S. 201–202. — 3 Abb.

Mitgeteilt werden konstruktive Besonderheiten eines Doppel-Hühnerstalles, der neben der Haltung von 500 Legehennen die Aufzucht von 500 Junghennen, vom Küken bis zur legereifen Henne ermöglicht. Die beiden quadratischen, 91,39 m² großen Stallabteilungen sind durch den Futterraum voneinander getrennt. Die Haltung der Tiere erfolgt auf Tiefstreu. 70% der Stallgrundfläche nimmt die Scharrfläche ein, 30% entfallen auf den Kotkasten mit den darüber befindlichen Sitzstangen. Die Stallwände, die einen durchgehenden belüftbaren Hohlraum besitzen, bestehen innen aus 8 cm dicken Mineralfaserplatten, deren Wärmedämmwert einer 155 cm dicken Vollziegelwand entspricht. Als Wetterschutz sind außen Span- und Holzfaserplatten angebracht. Das mit Wellasbestzement eingedeckte Dach wird durch Brettbinder getragen. Die Stalldecke besteht aus 8 cm dicken Glasfaserplatten, die an den Bindern befestigt sind. Die Stallräume werden durch Unterdruckverfahren belüftet. Trotz der hochwertigen Wärmedämmung des Stalles wird in klimatisch ungünstigen Gebieten bei extrem niedrigen Außentemperaturen, zu einer Beheizung geraten. J. Strecke. 2275.

Leschik, J.; Bernburg, Inst. für Agrarökon. **Verbesserung bestehender Offenstallanlagen.** Bauzeitung **15** (1961) Nr. 8. S. 221–222. — 7 Abb.
Die Funktionssicherheit großer Offenstallanlagen auch bei extremsten Witterungsverhältnissen wird nicht zuletzt durch die baulich richtige Lösung der Abwasser- und Kotbeseitigung erreicht. Als Beispiel für die Unzulänglichkeit einer Abwasserbeseitigung wird der Zustand in der Offenstallanlage der LPG Lentzke, Krs. Neuruppin, beschrieben und ein Vorschlag für die unterirdische Regenwasserableitung gemacht. Im Zusammenhang damit steht die funktionelle Lösung der Kotentfernung, die in Schemata dargestellt ist. Der Kot kann durch eine Zwangsspur in eine Dunggrube geleitet werden, in der er 1–2 Mon. lagert. Arbeitswirtschaftlich besser ist es, durch Verlängerung der Zwangsspur und seitliche Erhöhung der Bordwände den Kot mittels Frontlader zu heben und auf einen Anhänger zu kippen oder eine Rampe auszubauen, über die der Kot in einen bereitstehenden Wagen befördert wird. Von hier aus wird der Dung tägl. bzw. jeden 2. Tag sofort zu einem zentralen Lagerort auf dem Feld transportiert. J. Helbig. 2320.

Hussel, L. und Schindler, W. **Komplettierung von Offenställen.** Schriftenr. Karl-Marx-Univ. Leipzig Fragen sozialist. Landwirtsch **1962** Nr. 11. S. 1–76. — 32 Abb., 1 Tab., 10 Lit.
Ausgehend von der internationalen Entwicklung der Offenstallhaltung gehen Vff. auf die Notwendigkeit der Einführung dieser neuen Haltungsform in unseren sozialistischen Landwirtschaftsbetrieben ein. Zur Komplettierung im engeren Sinne gehören Offenstall, Melkhaus, befestigter Auslauf, Kanalisation, Abkalbestall, Kälberstall, Bergeräume, Silos, Maschinenschuppen, Sozialräume, ausreichende Energieversorgung sowie befestigte Zu- und Abfahrtswege. Ebenso wichtig sind jedoch auch die „Komplettierungsmaßnahmen im weiteren Sinne", z. B. entspr. Qualifizierung der Viehpfleger, laufende Verbesserung der Arbeitsorganisation und regelmäßige Kontrolluntersuchungen. Im folgenden wird näher auf die Komplettierungsmaßnahmen der einzelnen Bauelemente eingegangen. Die Liegefläche ist trocken zu halten (Lattenroste, Einrichtung von Liegeboxen, Zementwulst am Auslauf), sie muß groß genug, unterteilbar und windgeschützt sein. Tränken gehören nicht auf den Liegeplatz. Der Futterweg muß genügend breit (bei Anhängerfütterung 2,50 m) sein; Standplatz darf nicht gleichzeitig Futtergang sein. Krippen müssen leicht zu reinigen und mit Abflußlöchern versehen sein. Funktionssichere Fangfreßgitter (z. B. Oranienburger) sind erforderlich. Der Freßplatz selbst muß genügend wettergeschützt sein. Für das Tränken wird Wasser von 12 °C gefordert (frostsichere Zuleitungen, Durchlauftränken, beheizbare Tränken mit Sicherungen). Mistpackungen an den Tränken bzw.

das Trogtränken werden abgelehnt. Der Auslauf soll mindestens 6 m^2 betragen ($^2/_3$ befestigt, $^1/_3$ mit Grasnarbe oder durchlässigem Boden). Sichtbare Kennzeichnung (Halsbänder, Tiermarkierungsmittel) und Enthornung (chirurgisch, am besten Kälberenthornung, Gummiringe werden abgelehnt). Fangschleuse bzw. Fangstand mit Fixiereinrichtung wird gefordert. Weiterhin ist Windschutz durch Bodenwellen, Baumwuchs, Heckenanlagen, einsetzbare Bohlen, jalousieartige Schilfmatten oder schwenkbare Holzblenden erforderlich. Rauhfutter im Offenstall lagern ist unbedenklich; bei Selbstfütterung dürfen Tiere nicht auf Liegeflächen stehen. Es folgen Angaben über die Größe der Bergeräume. Altbauten sind durch überlegte Umbauten als Bergeräume oder Kälberställe (vorherige Desinfektion!) bestmöglich zu nutzen. Von den Zusatzeinrichtungen sind der Abkalbestall (mit Wärmezellen für tierärztliche Arbeit) und das Melkhaus (mit überdachtem Vorwartehof) bes. wichtig. Abschließend wird auf einige Fragen der Desinfektion, Fütterung und Besamung eingegangen und betont, daß die beste Offenstallanlage bei unzureichender Fütterung und schlecht ausgebildetem Personal versagen muß. E. Kulpe. 2320.

Jurčenko, G. T. (Jurtschenko, G. T.); Charkow, Forsch.-Inst. für Tierzucht des Waldsteppen- und Polessje-Gebietes der Ukrain. SSR. Novyj variant besprivjaznogo soderžanija. **(Eine neue Variante der Rinderlaufstallhaltung.)** Životnovodstvo, Moskva **24** (1962) Nr. 4. S. 45–47. — 1 Abb., 1 Tab.
Das Asphaltieren des Auslaufs und sein Entmisten alle 1–2 Tage (im Herbst und im Frühjahr) führt zu einer geringeren Verschmutzung der Streu im Stall. Um trockene Liegeplätze bei min. Streuverbrauch zu erhalten, wurde ein Rinderstall mit einem betonierten Mittelgang versehen, zu dessen beiden Seiten mit Stangen 180 cm lange und 100 cm breite Liegeplätze abgeteilt wurden, die in der vorderen Hälfte Lehm- und in der hinteren Holzfußboden aufweisen. Pro Tier und Tag werden 0,4–0,6 kg eingestreut. Da sich die Tiere in diesen Ständen nicht umdrehen können, fallen alle Exkremente auf den Mittelgang, der ebenso wie der Auslauf mit einem Entmistungsaggregat gereinigt wird, von dem der Dung sofort auf den Universaltraktorenanhänger TUP-3 geladen wird. F. Schenk. 2320.

Kojnaš, V. A. (Koinasch, W. A.); Poltawa, Zuchtstat. Prostye i nadežnye prisposoblenija. **(Stände zur Klauenpflege bei Zuchtbullen.)** Životnovodstvo, Moskva **24** (1962) Nr. 5. S. 71–73. — 3 Abb.
Der Ganzmetallstand besteht aus einem 240 cm langen und 145 cm breiten Rechteck aus U-Stahl, auf das ein Holzboden gelegt wird. An das Rechteck werden in einem Längsabstand von 58–65 und 130 cm drei Rohre angeschweißt, die oben (über dem Bullen) rund gebogen werden. Auf dem Scheitelpunkt wird ein Längsrohr aufgelegt, das vorn übersteht und an dem der Nasenring festgezogen werden kann. Zwischen dem 1. und 2. Rohr werden in 96 cm Höhe kurze Rohre angeschweißt, an denen ein Seil mit einer Schlinge zum Hochziehen der vorderen Extremitäten befestigt wird, dem gleichen Zweck dienen die Rohre, die zwischen dem 2. und 3. Rohr befestigt werden und, leicht nach oben gebogen, 90 cm über diese hinausstehen. Zum Fixieren des Kopfes und zur Verhinderung einer Rückwärtsbewegung des Bullen dienen ebenfalls Rohre, die durch Krampen in dem vorderen bzw. hinteren vertikalen gebogenen Rohr geschoben werden. Der Stand kann auch aus Holz und Metall angefertigt werden. F. Schenk. 2420.

Hammer, Wilfried. **Neuzeitliche Arbeitsverfahren der Rinder- und Schweinehaltung in den USA.** Arch. dtsch. Landwirtsch.-Ges. **29** (1962) S. 82–105. — 19 Abb., 4 Tab.
Vf. berichtet über eine Reise nach den USA, vornehmlich nach den Neu-England-Staaten, sowie nach Wisconsin und Michigan. Der AK-Besatz liegt

gegenwärtig bei 1,5 AK/100 ha, und unter diesem Gesichtspunkt liegen die stark rationierenden Bestrebungen in der Viehhaltung. Es wird eine Farm genannt, in der 130 Kühe in einem Offenstall bei einer Milchleistung bis zu 6000 kg von 2 Voll-AK betreut werden. Die Silagefütterung gilt als die billigste, auch für die Rindermast. Je 2,5 kg Milch wird 1 kg Kraftfutter gerechnet. Eine zeitigere Getreideernte und Silierung des feuchten Korns ist betriebswirtschaftlich vorteilhafter; Rinder und Schweine fressen das Siliergetreide gern. Der Fischgrätenmelkstand wird heute 2reihig mit je 4–6 Ständen gebaut. Für die Neuanlage von Schweineställen werden 6 Pkt. auf Grund von Verhaltensforschungen herausgestellt. Für die Erzielung hoher Aufzuchterfolge wird die Einhaltung von 16 Forderungen empfohlen. Neue Abferkelbuchten werden erläutert. Die Mast erfolgt durchweg mit Selbstfütterungsautomaten. Futtermischer bereiten trockenes wie fließfähiges Futter.
H. Senger. 2425.

Ball, C. und Graham, T. C.; North of Scotland Coll. of Agric. Self-fed silage for beef cattle. **(Silage-Selbstfütterung bei Fleischrindern.)** Scott. Agric. **42** (1960/61) Nr. 3. S. 122–126. — 1 Tab.
In 22 Betrieben unterschiedlicher Größe wurde die Selbstfütterung von Silage untersucht. Konstruktive Lösung, Abmessungen und Betrieb der verschiedenen Selbstfütterungsanlagen werden beschrieben. Die Einsparung an Arbeitszeit variierte stark. Durch die Qualität der Silage sowie die Art der Beifütterung wurden die Aufnahmemengen (7–12 lb. Gärfutter je cwt. Lgw.) und die Zunahmen beeinflußt. Hinweise für die praktische Durchführung werden gegeben. K.-H. Voigtländer. 2425.

Höpken, H. **Ist das Eiersammelband rentabel?** Dtsch. Geflügelwirtsch. **14** (1962) Nr. 16. S. 202–203. — 5 Abb.
In einem praktischen Zuchtbetrieb wurden mit Eiersammelbändern folgende Ergebnisse erzielt: 1. Die Arbeitsleistung wurde so erhöht, daß im Durchschnitt 1000 Eier in 40 Min. gesammelt und in 360er-Kartons verpackt wurden. Beim Handsammeln in Eierkörbe waren für die gleiche Menge 80 Min. erforderlich. 2. Der Anteil an Knickeiern war wesentlich geringer. 3. Weniger körperliche Arbeit. Die Anlage arbeitete reibungslos. Bei dem nach amer. Vorbild nachentwickelten Band handelt es sich um Abrollnester, die als kleine Gemeinschaftsnester anzusprechen sind. Die Nestanlage wird durch das Band um ca. 1800 DM verteuert. Das Eierband ist bei Ablegebetrieben ab 2000 Tieren rentabel, wenn die eingesparte Arbeitszeit anderweitig genutzt wird.
U. Hofmann. 2425.

Bárczy, Géza. **Önetetéses takarmányozás.** (Selbsttätige Fütterung.) Budapest: Országos Mezög-Könyvtár és Dukumentációs Központ. 1962. (80 S.) 8°. (1962 A 749)
Vasserman, Z. N. und *Smol'jakov, R. T.* **Prostejšie i ėkonomičnye životnovodčeskie postrojki.** (Die einfachsten und wirtschaftlichsten Stallbauten.) Moskva: Izd. Minist. sel'skogo choz. RSFSR. 1961. (86 S.) 8°. DM 1,40. (1962 A 450)
Vinczeffy, Imre. **Rét-legelögazdálkodási ismeretek.** (Wiesen- und Weidewirtschaft.) Budapest. 1962. (28 S.) 4°. (1962 B 142)
Literatur über Stallbauten für die Tierzucht. Hrsg. Instn: Universitätsbibliothek, Leipzig. (Titelanzahl: 110 m. Annotationen. Ber.-Zeit: Monographien 1951–1961. Zeitschriftenaufsätze 1958–1961.)

H. NUTZUNG UND QUALITÄT TIERISCHER ERZEUGNISSE

Brown, S. M. und Chestnutt, D. M. B. The adaptation of a standard milking machine to an individual-quarter milking machine. **(Die Umwandlung einer Normalmelkmaschine in eine Viertelgemelksmaschine.)** Res. exp. Rec. Ministry Agric. Northern Ireland **10** (1960) Nr. 2. S. 175–178. — 1 Abb., 2 Lit.
Zur Mastitisbekämpfung ist es angebracht, das Gemelk jedes Einzelviertels festzustellen. Hier wird der einfache Umbau einer „Gascoigne Positive“ beschrieben. An Stelle des Milchschauglases wird ein Kunstgummibeutel aus

Polythene mit 4 Taschen zwischengefügt, in die die kurzen Milchschläuche mit zwischengesteckten Glasröhrchen führen. Die 4 Glasröhrchen dienen dazu, den Milchfluß aus jedem Viertel beobachten zu können. Es ist praktisch, eine doppelte Ausrüstung mit den 4 Polythene-Taschen zu haben.

H. Senger. 2511.

Parau, D. **Die Mechanisierung der hygienischen Gewinnung und Behandlung von Milch im landwirtschaftlichen Betrieb.** Tierzüchter **13** (1961) Nr. 21. S. 531 bis 533.; Nr. 22. S. 557–560. — 12 Abb.
Nach einem Überblick über den Stand der Verwendung von Melkmaschinen im Bundesgebiet wird der techn. Aufbau und die Arbeitsweise der Melkmaschinen erläutert, wobei das Schnellmelk- und Kurzzeitmelkverfahren kurz erklärt werden. Es folgt eine Aufstellung der z. Z. von der DLG geprüften 36 Melkmaschinenfabrikate. Vf. geht dann auf die unterschiedlichen Formen des Einsatzes der Melkmaschinen ein, die Stallanlage, die fahr- und tragbare Anlage, die Melkstandanlage und die beweglichen und ortsfesten Weidemelkanlagen. Auch der „Diesel-Melk-Expreß", ein Auto mit einem Melktrupp (Melker und Kraftfahrer), wird bez. seiner Ensatzmöglichkeiten erwähnt.

H. Senger. 2511.

Chen, John H. S. und Bates, Charles R. Observations on the pipeline milker operation and its effect on rancidity. **(Beobachtungen an Pipelinemelkanlagen bezüglich ihres Einflusses auf die Milchsäuerung.)** J. Milk Food Technol. **25** (1962) Nr. 6. S. 176–182. — 5 Abb., 6 Tab., 45 Lit.
In 23 Farmen wurden mit in 4 Gruppen unterteilten Pipelinetypen und 3 Eimermelkanlagen von 1959–60 1364 Milchproben im wöchentl. Abstand genommen und daraufhin untersucht, welche Ursachen für eine verstärkte Zunahme der Säuerung der in Sammeltanks gespeicherten Milch verantwortlich sind. Statistisch ermittelt wurden jeweils 10 Punkte über die Melkanlage und 8 über die Behandlung der Kuh beim Melken, ihre Fütterung, Laktationsstand und Mastitisbefall, worüber 1 Tab. genaue Auskunft gibt. Folgende Mängel der Melkanlage begünstigten die verstärkte Säuerung eindeutig: Lufteinlaß durch undichte Verschraubungen u. dgl., zu starke Störungen im Milchfluß durch Winkel in der Leitung und Begünstigung der Schaumbildung und Schäden an der Milchpumpe. Von der Kuh aus begünstigte das Blindmelken, mangelhaftes Anrüsten, zu langsames Melken und in 15 von 23 Farmen die einseitige Fütterung (Grassilage, Luzerneheu und Kraftfutter) die schneller fortschreitende Säuerung. Von den Pipelineanlagen erwiesen sich als die besten die mit Milchrohren aus rostfreiem Stahl und einer Zentrifugalpumpe, die die Milch vom Auslöser zum Sammeltank pumpt, und ohne Verwendung eines Absperrventils (shut-off valve). Beim Einbau dieser Anlagen wurde bes. sorgfältig auf die Vermeidung von Schaumbildung beim Melken geachtet. Bei ungünstig eingebauten Anlagen spielte die Jahreszeit eine deutliche Rolle, und zwar die Winter- und Frühjahrsmonate, da vielleicht die Kälte die zuerst durch die Röhren fließende Milch stark abkühlt, bei Schaumbildung aber einen Verbutterungsprozeß begünstigt, der den Schutzfilm um die Fettkügelchen zerstört und die Lipase leichter angreifbar macht und somit zur schnelleren Säuerung führt. Die 3 geprüften Kannenmelkanlagen hatten genau so gute Ergebnisse wie die beste Gruppe der Pipelineanlagen.

H. Senger. 2511.

Whittlestone, W. G. The relationship between milking machine practice and bovine mastitis. **(Der Einfluß des Maschinenmelkens auf die Rindermastitis.)** Austral. veterin. J. **38** (1962) Nr. 4. S. 114–118. — 1 Tab., 24 Lit.
Im Zusammenhang mit der kurzen Erläuterung der Prinzipien des Maschinenmelkens, der Anatomie des Zitzenschließmuskels und der Untersuchung der Gründe des Einflusses des Maschinenmelkens auf die Verbreitung der Mastitis werden als bes. Einflußsphären der Vakuumspiegel, die Stabilität des Vakuums,

die Arbeit des Pulsators, die Einlaßgeschwindigkeit der Luft und der innere Dmr. der Schläuche sowie die Beschaffenheit der Gummistrümpfe in den Zitzenbechern dargelegt. Abschließend werden unter Betonung einer guten Hygiene beim Melken 5 Punkte als wesentlich zur Vermeidung des Ausbruchs einer Mastitis herausgestellt: 1. gutes Anrüsten, 2. Abnahme der Melkbecher, sobald der Milchstrom unter 0,2 kg/Min. nachläßt, 3. das Anrüsten soll durch kräftige Massage mit der Hand und unter Verwendung von fließendem Wasser geschehen, 4. ein Vormelkbecher soll benutzt werden, um eine beginnende Mastitis rechtzeitig zu erkennen, 5. nach dem Melken sollen die Zitzen entweder in eine Desinfektionslösung eingetaucht oder damit besprüht werden. H. Senger. 2511.

Anonym. The cleaning and chemical sterilization of farm dairy equipment. **(Die Reinigung und chemische Desinfektion von Melkausrüstungen.)** Edinburgh School Agric., Edinburgh East Scotland Coll. Agric., rural Advisory Leaflet Nr. 47. S. 1–11. — 6 Abb.

Die wichtigsten Punkte für eine einwandfreie Reinigung von Melkgeräten und Melkanlagen sind in Form eines kurzen Prospektes zusammengestellt worden. Man untergliederte in die Voraussetzungen für eine gute Reinigung und in die zu empfehlenden Methoden, wobei auch einige Hinweise für den praktischen Einbau und die Materialverwendung gegeben werden. Bes. betont wird die genaue Beachtung der jeweils geforderten Lösungsstärken der Mittel und die Wassertemperatur. Ferner wird darauf hingewiesen, daß man immer mit sterilem Wasser nach Abschluß der Reinigung nachspülen muß.

H. Senger. 2511.

Hall, H. S. und Cromarty, A. S. Combined milk cooling and water heating. **(Die Kombinierung von Milchkühlen und Wassererhitzen.)** Farm Mechanizat. 14 (1962) Nr. 156. S. 299–301. — 6 Abb.

2 Apparaturen wurden entwickelt, die die der Milch mit Hilfe eines Expansionskühlaggregates entzogene Wärme dazu benutzen, Wasser für die Euterwaschung und Reinigung der Milchgeräte zu erwärmen. Diese Arbeiten sind praxisreif geworden, nachdem man seit 1946 daran arbeitete. Eine Anlage ist für die Kühlung von tägl. 65 gal. Milch, die andere für 170 gal. Milch konstruiert. Die 1. Anlage erfordert $^1/_3$ PS und liefert im Sommer 40–50 gal. bis zu 60 °C warmes Wasser, im Winter ca. 75–100 kg ca. 50 °C warmes Wasser. Die größere Anlage arbeitet mit $^3/_4$ PS nach dem Eisbankprinzip und liefert ca. 500 kg bis zu 63 °C warmes Wasser. Man berechnete, daß die Bereitung dieser Mengen warmen Wassers mit einem Tauchsieder die doppelte Strommenge erfordert. H. Senger. 2511.

Stadhouders, J. und Veringa, H. A.; Ede, Netherlands Inst. for Dairy Res. (NIZO). Some experiments related to the inhibitory action of milk peroxidase on lactic acid streptococci. **(Einige Versuche, die sich mit der Wirkung der Milchperoxydase auf die Milchsäurestreptokokken befaßten.)** Nederl. Melk-en Zuiveltijdschr. 16 (1962) Nr. 2. S. 96–116. — 10 Abb., 5 Tab., 20 Lit. Zus. in Niederl.

In einem Gemisch von H_2O_2, Cystein und Milchperoxydase wird Cystein oxydiert und wirkt als H-Donor. Werden Cystein und Milchperoxydase ohne H_2O_2 bebrütet, dann bildet sich aus dem Enzym und Cystein eine irreversible Verbindung. Wird H_2O_2 anschließend hinzugefügt, dann wirkt Cystein als Hemmstoff auf das Enzym. Während der Anfangsentwicklungsphase von Milchsäurestreptokokken in Milch wird Sauerstoff abgebaut, nach Dolin — $DPNH + H^+ + O_2 \rightarrow DPN^+ + H_2O_2$, nach der H_2O_2-Bildung folgt die Zersetzung $DPNH + H^+ + H_2O_2 \rightarrow DPN^+ + H_2O$. Die zweite Reaktion erfolgt langsamer. Die Hemmung durch die Milchperoxydase kommt dadurch zum Ausdruck, daß der gebildete H_2O_2 zur Oxydation der cysteinähnlichen Komponente benötigt wird, die die Bakterien aus dem Milchprotein freigesetzt hat. Mit dem Czulek- und Meanwell-Medium konnte gezeigt werden, daß die Peroxydase-empfindlichen Varianten der Milchsäurebakterien wahrscheinlich freies Cystein als essentiellen Ernährungsfaktor benötigen. Die Peroxydase-unempfindlichen Varianten können von den Milchproteinen die benötigte Cystein-Komponente abspalten, um sich von der Oxydation durch Milchperoxydase unabhängig zu machen. – Pferderettig-Peroxydase kann DPNH bei Gegenwart von H_2O_2 oxydieren, nicht dagegen Cystein. Pferderettig-Peroxydase hemmt nicht das Wachstum der Milchsäurebakterien in Milch. Die Differenzen in der Empfindlichkeit der Milchperoxydase bei den Milchsäurestreptokokken gehen parallel mit den Differenzen in ihrer Fähigkeit, die Peroxydase zu inaktivieren. W. Zeller. 2512.

Jackson, R. H., Coulson, E. J. und Clark, W. R.; Washington, Dairy Product. Lab.; Allergens Lab. The mucoprotein of the fat/plasma interface of cow's milk. I. Chemical and physical characterization. **(Das Mucoprotein der Fett-Plasma-Grenzfläche der Kuhmilch. 1. Mitt. Chemische und physikalische Kennzeichnung.)** Arch. Biochem Biophysics **97** (1962) Nr. 2. S. 373 bis 377. – 5 Abb., 1 Tab., 18 Lit.
Das Mucoprotein an der Fett-Plasma-Grenzfläche enthält 6,1% Asche, 11,3% N, 2,1% Lipoide, 8,3% reduzierende Zucker, 5,2–5,9% Gesamthexosen (Mannose und Glucose), 0,68% P, 134–145 ppm Cu und 4,0–4,8% n-Acetylneuraminsäure. Die Analyse mit Hilfe der Elektrophorese ergab, daß es sich um ein einheitliches Protein handelt. Bei hoher Umdrehungszahl der Ultrazentrifuge werden Klumpen gebildet; dies ist jedoch nicht der Fall bei 20000–31000 U/min. Das Molekulargewicht des Mucoproteins liegt bei ca. 123000. A. Hennig. 2512.

Prentice, J. H.; Shinfield, Reading, Nat. Inst. for Res. in Dairying. The conductivity of milk – the effect of the volume and degree of dispersion of the fat. **(Die Leitfähigkeit von Milch. Der Einfluß von Volumen und Fettverteilungsgrad.)** J. Dairy Res. **29** (1962) Nr. 2. S. 131–139. – 2 Abb., 4 Tab., 14 Lit.
Die Leitfähigkeit roher und homogenisierter Milch wurde mit Präzisionsgeräten gemessen. Die Wirkung des Fettgehaltes wurde untersucht, und es wurde gefunden, daß er sich wie eine polydisperse Suspension von Nichtleitern in einem homogenen Medium verhält. Die Homogenisierung der Milch mit bestimmtem Druck hat keinen meßbaren Einfluß auf die Leitfähigkeit. Die fettfreie Fraktion der Milch verhält sich bei der Messung wie ein homogener Elektrolyt. Die Gegenwart von Fett reduziert die Leitfähigkeit proportional auf das 1,5fache der vorhandenen fettfreien Fraktion. Innerhalb der Fehlergrenze der Messung (um 0,1%) beeinflußt die Homogenisierung nicht die Leitfähigkeit der Milch. Dieses trifft sowohl zu für Tank- als auch für Einzelmilch mit unterschiedlichem Charakter. W. Zeller. 2512.

Stark, W. und Forss, D. A.; Melbourne, Australia, C. S. I. R. O., Dairy Res. Sect. A compound responsible for metallic flavour in dairy products. I. Isolation and identification. **(Eine Komponente, die für den „Metall-Geschmack“ in Milch verantwortlich ist. 1. Mitt. Isolierung und Identifizierung.)** J. Dairy Res. **29** (1962) Nr. 2. S. 173–180. – 4 Abb., 1 Tab., 17 Lit.
Die Metall-Komponente, über die früher als Hauptursache für den Geschmack in Milchprodukten berichtet wurde, wurde als Oct-1-en-3-one ($C_5-H_{11}COCH = CH_2$) identifiziert. Die Verbindung hat einen Geschmacksschwellwert in Butterfett von 10^9 und in Wasser von 10^{10}. Die Komponente wurde aus oxydiertem Saflor-Öl identifiziert. W. Zeller. 2512.

Pickering, A., Oram, J. D. und Reiter, B.; Shinfield, Reading, Nat. Inst. for Res. in Dairying. A modified form of lactoperoxidase isolated from milk cultures of Streptococcus cremoris or Streptococcus lactis. **(Eine modifizierte**

Form der Lactoperoxydase, die aus mit Sr. cremoris bzw. Sr. lactis bebrüteter Milch gewonnen wurde.) J. Dairy Res. **29** (1962) Nr. 2. S. 151–162. — 9 Abb., 5 Tab., 10 Lit.

Die Lactoperoxydase-Aktivität wurde in Molken von frischer und mit *Sr. cremoris* bzw. *Sr. lactis* beimpfter Milch gemessen. Mit Benzidin, als Hydrogen-Donor, war die H_2O_2-Konzentration in Molke frischer Milch 10^{-4}M, in Molken von beimpfter Milch war sie höher als 10^{-2}M. Die Milchsäure der Streptokokken scheint die Lactoperoxydase zu modifizieren. Das modifizierte Enzym ähnelt der Lactoperoxydase im Absorptionsspektrum, in der Inaktivierung durch Fluoride und Cyanide, seinem chromatographischen Verhalten auf IRC 50-Harz und seiner Energieaktivierung durch Hitzedenaturierung, es unterscheidet sich aber in der Hitze- und pH-Stabilität sowie bei seinem H_2O_2-Optimum bei der Reaktion mit Benzidin oder O-Dianisidin.

W. Zeller. 2512.

Dougherty, R. W., Shipe, W. F., Gudnason, G. V., Ledford, R. A., Peterson, R. D. und Scarpellino, R.; Ithaca, N. Y., Cornell Univ., Dep. of Dairy and Food Sci. Physiological mechanisms involved in transmitting flavors and odors to milk. I. Contribution of eructated gases to milk flavor. **(Physiologische Mechanismen zur Übertragung von Geruch und Geschmack auf die Milch. 1. Mitt. Die Mitwirkung ausgerülpster Gase auf den Milchgeschmack.** J. Dairy Sci. **45** (1962) Nr. 4. S. 472–476.

Zum Versuch standen zwei mit Pansen- und Trachealfistel ausgestattete Kühe zur Verfügung, um festzustellen, wie tief ausgerülpste Gase in die Lungen eindringen können und um den Einfluß dieser Gase auf den Milchgeschmack zu ermitteln. Zugleich wurden vergleichende Untersuchungen über die Wirksamkeit von Lunge und Pansen als Absorptionswege für den Nebengeschmack der milchbeeinflussenden Substanzen durchgeführt. Einen Beigeschmack verursachende Substanzen wurden in der Milch viel früher wahrgenommen, wenn diese über den Weg der Lunge in das Blut und die Milch gelangten als wenn sie über den Verdauungstrakt in das Blut und dann in die Milch kamen. So erschien z. B. in der Milch ein wahrnehmbarer Beigeschmack innerhalb von 15 Min. nach Einleitung eines Gasgemisches in die Lunge und erst nach 30 Min. nach Einleitung in den Pansen. Wurde das Gas über den Weg der Lunge geleitet, dann war es notwendig, Zwiebelsaft mit Pansenflüssigkeit vor einer deutlich wahrnehmbaren Geschmacksbeeinflussung der Milch miteinander zu bebrüten. Einleitung von Zwiebelsaft in den Pansen hatte strengen Beigeschmack der Milch zur Folge. Der Beigeschmack erschien eher, wenn die ausgerülpsten Gase in die Lunge gelangen konnten als wenn sie in ihrem Eintritt gehindert wurden. Ausgerülpste Gase spielen nach vorliegenden Beobachtungen eine wesentliche Rolle in der Übertragung von Äthyl- und Amylacetaten vom Pansen in die Milch. W. Gimmler. 2512.

Shipe, W. F., Ledford, R. A., Peterson, R. D., Scanlan, R. A., Geerken, H. F., Dougherty, R. W. und Morgan, M. E.; Ithaca, N. Y., Cornell Univ., Dep. of Veterin. Physiol.; Storrs, Univ. of Connecticut, Dep. of Animal Ind. Physiological mechanisms involved in transmitting flavors and odors to milk. II. Transmission of some flavor components of silage. **(Physiologische Mechanismen zur Übertragung von Geruch und Geschmack auf die Milch. 2. Mitt. Übertragung einiger Geruchskomponenten der Silage.)** J. Dairy Sci. **45** (1962) Nr. 4. S. 477–480. — 1. Mitt. vgl. vorst. Ref.

Beigeschmacksstoffe wurden durch mehrere Geschmackskomponenten der Silage an die Milch weitergeleitet, wenn sie in Lunge und Pansen der Kuh eingeleitet wurden. Ein typischer Futtergeschmack war nicht festzustellen, aber ein sich von diesem nicht wesentlich abhebender Geschmack. Aceton, 2-Butanon, Dimethylsulfid und Cis-3-Hexanol waren Träger solcher Geschmacksstoffe, die manchmal in Sammelmilch festzustellen sind. Weitere

org. Verbindungen wurden auf geschmacksübertragende Wirkung untersucht und deren Einfluß auf die Milch tabellarisch festgehalten. Die Geschmackssubstanzen von Weidefutter, Getreide- und Grassilage wurden auf dem Destillationswege gewonnen und deren Übertragbarkeit auf die Milch im praktischen Versuch ermittelt. Versuche zur Bestimmung des Aldehydeinflusses mußten wegen toxischer Wirkungen zeitlich begrenzt werden. Den Kühen verabfolgtes n-Butanal zeitigte in Milch einen malzigen oder chemikalienähnlichen Geschmack. Bei Verabreichung von Butter- und Propionsäure, die stets in Silage vorhanden sind, ließen sich Beigeschmacksstoffe in Milch nicht nachweisen.
W. Gimmler. 2512.

Muck, G. A. und Tobias, J.; Urbana, Univ. of Illinois, Dep. of Food Technol. Effect of high heat treatment on the viscosity of model milk systems. **(Der Einfluß der Hocherhitzung auf die Viskosität von Milch-Modellsystemen.)** J. Dairy Sci. **45** (1962) Nr. **4**. S. 481–485.
Vorerhitzung hatte auf die Viskosität einer 5%igen Laktoselösung, einer 15%igen Sukroselösung, eines synthetischen Milch-Salz-Systems und einer Natriumkaseinat-Dispersion einen Einfluß. Als Ergebnis einer Vorerhitzung kann der leichte Viskositätsanstieg bei Magermilch gewertet werden. Ein wenig größer waren die Hitzeeinflüsse bei Vollmilch, bei Modellmilchen mit 16% fettfreier Trockenmasse und anderen konzentrierten Modellsystemen. Die Viskositätswerte sind mit der Konzentration bei Anwendung der Arrheniusgleichung in Einklang zu bringen. Es bestätigte sich die Vermutung, daß die Viskosität einer Mischung bei einer Anzahl von Modellsystemen aus der Summe der Viskositäten ihrer Komponenten besteht. Abweichungen traten auf infolge von Wechselwirkungen zwischen den Komponenten, die stets in erhitzten Modellsystemen bei Gegenwart von Zucker und fettfreier Milchtrockensubstanz zu beobachten waren. Schwierigkeiten entstanden bei der Ermittlung des Fettbeitrages zur Gesamtviskosität, aber indirekte Beweise deuten auf eine Abhängigkeit zwischen Fett und den anderen Milchbestandteilen. Erhöhungen der Viskosität, die sich bei Verwendung der Arrheniusgleichung nicht voraussagen lassen, sind vermutlich für eine Anzahl von Molkereiprodukten von praktischer Bedeutung. W. Gimmler. 2512.

Kadis, V. W. und Babel, F. J.; Lafayette, Ind., Purdue Univ., Dairy Dep. Effectiveness of ammonium oxalate, salts of ethylenediamine tetraacetic acid, and sodium tripolyphosphate in limiting bacteriophage development in milk. **(Die Wirksamkeit von Ammoniumoxalat, Salzen der Äthylendiamintetraessigsäure und Natriumtripolyphosphat zur Einschränkung der Bakteriophagenentwicklung in Milch.)** J. Dairy Sci. **45** (1962) Nr. **4**. S. 486–491.
Um die Entwicklung der gegen die Bakterienstämme *Streptococcus lactis* und *Str. cremoris* aktiven Bakteriophagen zu verhindern, wurde die Hemmwirkung folgender Chemikalien untersucht: Ammoniumoxalat, 3 Natriumsalze der Äthylendiamintetraessigsäure und Natriumtripolyphosphat. Von diesen drei Chemikalien war Ammoniumoxalat am wirksamsten. Fünf der 6 Testkulturen wuchsen bes. nach 1- oder 2maligem Fortpflanzen der Kultur sehr gut in mit 0,5% Oxalat behandelter Milch. Bakteriophagenentwicklung war nicht festzustellen. Mit 0,3% Oxalat behandelte Milch war jedoch nicht mehr in der Lage, die Phagenentwicklung zu verhindern. Das Di-, Tri- und Tetranatriumsalz der Äthylendiamintetraessigsäure störte das Wachstum des Milchsäurestreptococcus sogar bis zu einer Konzentration von 0,05%. Ein Zusatz zur Magermilch von 0,1% oder 0,2% Trinatrium-Äthylendiamintetraacetatdihydrat zeitigte in der Entwicklung der Bakteriophagen keinen Erfolg. Natriumtripolyphosphat, das in einer Menge von 1% der Milch zugegeben wurde, konnte das Wachstum von 3 Kulturen, die sich im Anfangsstadium der Bebrütung befanden, beträchtlich einschränken.
W. Gimmler. 2512

Lee, Melvin, Mehta, Rohitkumar und Lucia, S. P. (unter Mitarb. von Cailleau, R.). Aminoacid composition and nutritive value of goat milk casein. **(Aminosäurengehalt und Nährwert von Casein aus Ziegenmilch.)** Proc. Soc. exp. Biol. Med. **110** (1962) Nr. 1. S. 115–118. – 5 Tab., 15 Lit.

Durch isoelektrische Ausfällung und Ätherextraktion gewonnenes Casein aus im Handel erhältlicher kondensierter Ziegenmilch wurde fein pulverisiert. Es diente neben ebenso hergestelltem Kuhmilchcasein und handelsüblichem vitaminfreiem Casein als Testfuttermittel zur Nährwertbestimmung in einem Rattenwachstumsversuch. 3 Gruppen zu je 8 Ratten (Gewicht ⌀ 50–60 g) bekamen 10 Tage lang Testfutter und Wasser ad libitum. Eine 4. Gruppe diente als Kontrolle. Am 10. Tag wurden die Tiere gewogen, getötet und die Gewichtszunahme sowie der Futterverbrauch pro Tier festgestellt. Aus den im Vakuum getrockneten Tierkörpern wurden Fett-, Wasser- und Proteingehalt bestimmt. Die Ergebnisse lassen erkennen, daß die beiden mit Casein aus Kuhmilch gefütterten Tiergruppen etwas mehr an Gewicht erreichten als die mit Ziegenmilchcasein gefütterten. Die Gewichtszunahme pro g Futter war bei den mit vitaminfreiem Casein ernährten Ratten erheblich größer als bei den anderen beiden Gruppen. Außerdem geht aus verschiedenen Berechnungen hervor, daß Ziegenmilchcasein eine wachstumsfördernde Wirkung hat und einen biol. Wert, der dem des handelsüblichen Kuhmilchcaseins ähnlich ist.– Der Gehalt an Aminosäuren wurde mit der Ionen-Austauschchromatographie (Methode nach Moore und Stein) bestimmt. Die Werte werden tabellarisch mit bisher veröffentlichten Daten für Casein aus Kuh-, Ziegen- und Menschenmilch verglichen. Hieraus ist zu entnehmen, daß Ziegenmilchcasein eine größere Glycinmenge und niedrigere Anteile an Arginin und schwefelhaltigen Aminosäuren wie z. B. Methionin enthält als Kuhmilchcasein. Isoleucingehalt und Threoningehalt sind ähnlich dem der Kuhmilch. Der rel. Mangel an Methionin mag den geringeren biol. Wert des Ziegenmilchcaseins gegenüber dem Casein aus Kuhmilch erklären. H. Heimbürge. 2512.

McGillivray, W. A.; Palmerston North, Dairy Res. Inst. Antibiotics in milk. **(Antibiotica in Milch.)** New Zealand J. Agric. **104** (1962) Nr. 2. S. 98 bis 101. – 4 Abb.

Bei 6 Kühen wurden in je ein Euterviertel 100 000 IE Penicillin injiziert. Während das behandelte Euterviertel bei den folgenden 6 Milchsekretionen von 60 000 IE bis auf 25 IE Penicillin mit der Milch ausschied, wurden bei den anderen 3 Vierteln bei den 3 anschließenden Sekretionen 35–8 IE Penicillin festgestellt. Bei i. m. Injektion von Penicillin wurde bei den 2 folgenden Milchsekretionen Penicillin festgestellt. Die unkontrollierten Antibioticaanteile in Milch gefährden sehr stark die Käse- und Caseinproduktion, und außerdem sollen sie bei Menschen Resistenzerscheinungen hervorrufen. Um den schädlichen Antibiotica-Einfluß zu unterbinden, wird gefordert 1. Behandlung der Milch zwecks Zerstörung aller Antibiotica, 2. Routinekontrollen aller Milchlieferanten, 3. Färbung von Antibiotica-Präparaten durch die Hersteller. Milch 6 Tage nicht an die Molkerei zu liefern. W. Zeller. 2512.

Lengemann, F. W.; Ithaca, N. Y., Cornell Univ., Dep. of Physiol. Biol. Distribution of radiostrontium and radiocesium in milk and milk products. **(Die Verteilung von radioaktivem Strontium und Caesium in Milch und Milchprodukten.)** J. Dairy Sci. **45** (1962) Nr. 4. S. 538–539.

Milch von je zweimal zwei Holstein-Kühen, denen tägl. ^{85}Sr und ^{137}Cs verabfolgt wurde, wurde zu Fett-, Magerkäse und Butter verarbeitet und in diesen Produkten die verbleibende Radioaktivität ermittelt. In dem bei der Verarbeitung anfallenden Rahm und der Magermilch konnten 7% bzw. 93% der Ausgangsaktivität der Vollmilch an Sr festgestellt werden. Nach der Soxhlet-Extraktion des Rahms war zu beobachten, daß die Radioaktivität nicht an die Fettphase der Milch gekoppelt ist. Das erklärt die niedrige Radioaktivität bei Rahm und Butter. Nur 5,1% der Radioaktivität im Rahm konnte in Butter wiederermittelt werden. Die Höhe des Überganges der Caesiumaktivität in Magermilch und Rahm wird mit 94% bzw. 6% angegeben und liegt somit etwa auf dem gleichen Niveau, wie es für Sr gemessen werden konnte. Die Übergangsrate von Rahm in Butter betrug hier 3,6%. Die Radioaktivität, die von der Ausgangsmilch auf nachstehende Milcherzeugnisse übergeht, hat folgende Prozentsätze: Für radioaktives Strontium; in Klammern radioaktives Caesium: Butter 0,06% (0,03%), Cheddar 49,00% (7,70%), Cottage-K. 2,70% (1,10%). W. Gimmler. 2512.

Jarvis, Anita A., Brown, J. R. und Arnott, D. R.; Toronto, Canada, Univ., Dep. of Physiol. Hyg. Seasonal variations of strontium^{90} and calcium levels in Jersey and Holstein milk. **(Jahreszeitliche Veränderungen des Strontium-90 und Calciumspiegels in Jersey- und Holstein-Milch.)** J. Dairy Sci. **45** (1962) Nr. 4. S. 522–526.
^{90}Sr, Ca und das ^{90}Sr/Ca-Verhältnis wurden in Milch der Jersey- und Holstein-Kühe untersucht. Im Frühjahr 1961 gezogene Milchproben zeigten einen durchweg höheren ^{90}Sr-Spiegel und ein engeres ^{90}Sr/Ca-Verhältnis als Proben, die im Sommer zur Untersuchung gelangten. Als Erklärung dafür nehmen Vff. an, daß die Kühe im Frühjahr 1960 ein Futter verabreicht bekamen, das bei hoher fall-out-Intensität geerntet war. Zwischen beiden Rassen bestand im Frühjahr und Sommer ein beträchtlicher Unterschied im ^{90}Sr/Ca-Verhältnis mit 5% höheren Werten für Holstein-Kühe. Aber auch zwischen den einzelnen Tieren bestanden signifikante Unterschiede. Der Ca- und Lactosegehalt war in Jersey-Milch höher als in Holstein-Milch. Die Ca-Werte für Jersey- und Holstein-Kühe werden in den Frühjahrsproben mit 1,438 g/l und 1,178 g/l und im Sommer mit 1,452 g/l und 1,256 g/l angegeben. W. Gimmler. 2512.

Vermeşanu, N., Ciocoiu, A. und Scorţescu, Gh. Cercetări privind determinarea substanţelor proteice din lapte. **(Untersuchungen über die Methodik der Bestimmung von Eiweißstoffen der Milch.)** Lucrările ştiinţ. Inst. Cercetări zootehn. **19** (1961) S. 157–168. – 2 Abb., 1 Tab., 7 Lit. Zus. in Russ., Engl., Franz., Dtsch.
Die Titriermethoden mit Formol nach Steinegger und Schulz wurden mit der Kjeldahl-Methode verglichen. Die genauesten Analysenwerte ergab die Methode nach Schulz, die auch arbeitstechnisch am einfachsten ist, da sich die Anwendung von Koeffizienten erübrigt. R. Petrovszky. 2512.

Erb, R. E. und Ashworth, I. S.; Lafayette, Ind., Purdue Univ., Dep. of Animal Sci. Effect of stage of lactation on accuracy of estimating milk protein using orange G dye binding. **(Der Einfluß des Laktationsstadiums auf die Genauigkeit der Milcheiweißbestimmung bei Anwendung der Orange-G-Farbmethode.)** J. Dairy Sci. **45** (1962) Nr. 5. S. 640–641.
Mit Beginn der Laktation untersuchten Vff. an 3 Jersey- und 9 Holstein-Kühen die Milchzusammensetzung an den folgenden Melktagen bis zum Ende der Laktationsperiode. Der Proteingehalt wurde dabei mit der Farbmethode ermittelt und deren Brauchbarkeit an der Makrokjeldahlbestimmung überprüft. Die mit der Kjeldahl-Methode ermittelten Werte waren durchweg größer als bei der Färbemethode. Die Unterschiede blieben im Verlauf der Laktation bei einem Eiweißgehalt von 3,65–18,63% rel. konstant und waren beim Colostrum etwas größer. Aus den Untersuchungen ist zu schließen, daß die Methode der Eiweißbestimmung mit Orange-G durchweg brauchbare Werte liefert und daß das Laktationsstadium keinen Einfluß auf die Genauigkeit des mit dieser Methode ermittelten Eiweißgehaltes der Milch hat. Die Ergebnisse bestätigen die schon mit der Amido-Schwarz-Methode in früheren Versuchsreihen festgestellten Abweichungen mit der Kjeldahl-Eiweißbestimmung. W. Gimmler. 2512.

Galesloot, Th. E. und Hassing, F.; Ede, Nederlands Inst. voor Zuivelonderzoek (NIZO). Een snelle en gevoelige methode om met papierschijfjes penicilline in melk aan te tonen. **(Eine schnelle und empfindliche Papierscheiben-Methode zur Bestimmung von Penicillin in Milch.)** Nederl. Melk-en Zuiveltijdschr. **16** (1962) Nr. 2. S. 89–95. – 2 Abb., 4 Lit. Zus. in Engl.
Nach einer Idee von Igarashi und Mitarbeitern wurde eine Papierscheiben-Methode entwickelt, mit der es möglich ist, in 2,5 Std. 0,0025 IE Penicillin/ml Milch festzustellen. Dieses Verfahren ist unkomplizierter als das von Igarashi, dabei aber genauer und schneller.
W. Zeller. 2512.

Galesloot, Th. E. und Hassing, F.; Ede, Nederlands Inst. voor Zuivelonderzoek (NIZO). Enkele waarnemingen betreffende het gedrag van zuursels in ontkalkte melk en in melk voorzien van calciumbindende zouten. **(Einige Beobachtungen, die das Verhalten von Startern in entkalkter Milch und in Milch mit Ca-bindenden Mitteln betreffen.)** Nederl. Melk-en Zuiveltijdschr. **16** (1962) Nr. 2. S. 117–130. – 9 Tab., 24 Lit. Zus. in Engl.
Das Verhalten von Startern, die aromabildende Bakterien enthielten, wurde untersucht, nachdem sie in entkalkter bzw. in mit kalkbindenden Mitteln versetzter Milch bebrütet wurden. Sobald die Starter nur *Betacoccus cremoris* als Aromabakterien enthielten, wurde eine starke Abnahme bei der Citronensäurefermentation und der Zahl der Betakokken beobachtet. Dieses war nicht der Fall bei Startern, die nur *Sr. diacetilactis* als Aromabakterien enthielten. – Letztere Bakterien eignen sich weniger für die Butterherstellung. Für eine gute Entwicklung in der Milch benötigt *B. cremoris* mehr Ca als *Sr. diacetilactis* und *Sr. cremoris*. W. Zeller. 2514.

Simonart, Paul, Poffé, Roger und Weckx, Maurice; Louvain, Belgium, Univ., Inst. of Agronomy. Bacterial supercentrifugation and bacterial flora of milk. **(Bakterien-Superzentrifugation und die Bakterienflora in Milch.)** Nederl. Melk-en Zuiveltijdschr. **16** (1962) Nr. 2. S. 81–88. – 3 Tab., 9 Lit. Zus. in Holl.
Normal vorbehandelte Milch wurde 2mal mit 9000 g zentrifugiert. Der Bakteriengehalt wurde vor und nach dem Zentrifugieren festgestellt. Durch die Behandlung wurde die Kolonienzahl auf 98,58–99,974% gesenkt. Die hauptsächlichsten Bakteriengruppen wurden analysiert. Das Experiment unterstreicht die Bedeutung einer hohen Zentrifugalkraft für die Reduzierung des Keimgehaltes um 99% in der Milch und ist für Hygiene und Technik von Interesse. W. Zeller. 2514.

McLean, Valerie, Read, Susan H. und Thornborrow, Bessie. Better milking. **(Bessere Melkarbeit.)** J. Brit. Dairy Farmers' Assoc. **65** (1961) S. 25–39. – 3 Abb., 4 Tab., 9 Lit.
Umfragen in ca. 8000 Farmen ergaben, daß die Organisation und Handhabung des Maschinenmelkens überwiegend unzureichend war. Das Verhältnis zwischen Milchmenge und Melkzeit ist rel. konstant. In Stallanlagen werden je AK/h 14, in Melkständen 16 Kühe gemolken. Ein bes. verschickter Fragebogen mit 8 Fragen ergab folgende Schlußfolgerungen aus 800 Antworten: 1. Die Verwendung von zuviel Melkzeugen je AK führt zu unzureichender Arbeit. 2. Es bestehen zu hohe Blindmelkzeiten, weil man der Kuh zu wenig Beachtung schenkt. 3. Zwischen dem Anrüsten und dem Ansetzen der Melkzeuge dürfen höchstens 1,5 Min. vergehen, sonst folgt ein schlechtes Ausmelken. 4. Das Füttern im Melkstand führt leicht zu einem zu langen Melken. 5. Um das Maschinenmelken zu verbessern, ist eine bessere Unterrichtung der Melker notwendig. Eine Beratungsorganisation hat in 128 Versammlungen von Okt. 1959 bis März 1960 über 9000 Personen erfaßt. In der Zeit von 1952–58 wurde bereits eine Verbesserung der Melkarbeit von 20 auf 42% erreicht.
H. Senger. 2516.

Brazis, A. Richard und Black, Luther A. Bacterial counts of bulk milk for interstate shipment. I. Effect of sampling procedures. **(Der Bakteriengehalt von Tankmilch im innerstaatlichen Schifftransport. 1. Mitt. Der Einfluß der Probeentnahme.)** J. Milk Food Technol. **25** (1962) Nr. 6. S. 172–175. — 3 Abb., 4 Lit.
Vom U.S. Gesundheitsministerium Cincinnati, Ohio, wurde, um den Einfluß der Milchbehandlung z. Z. der Gewinnung auf die Güte nach längerem Transport zu untersuchen, die Milch aus 98 Milchtanks von Schiffen in verschiedenen Gegenden der USA zu verschiedenen Jahreszeiten vor ihrer weiteren Verarbeitung untersucht. Die Häufigkeit der Reinigung und ihre Methoden in den jeweiligen Farmen wurden bes. festgehalten. 2–3 Milchproben wurden vom Erzeuger bis zum Auslieferungsort von 15 verschiedenen Stellen und zu mehreren Zeiten hintereinander auf phys., chem. und bakteriologische Beschaffenheit untersucht. Es wurde festgestellt, daß sich der Grad der Behandlung beim Erzeuger im Fettgehalt ausdrückte. Zur einwandfreien Probeentnahme war zur Herstellung einer guten Homogenität der Tankmilch entspr. dem 3-A Standard ein 5 Min. langes Umrühren durch das Rührwerk nötig. Solche Milch zeigte in ihren Proben nur ein Schwanken um $\pm$ 0,04% Fett. Die bakteriologische Untersuchung solcher Proben ergab jeweils einen Hinweis auf die Verwendung bestimmter Tankarten auf den Schiffen.
H. Senger. 2516.

O'Connor, J. D. Some aspects of milk hygiene. **(Einige Aspekte der Milchhygiene.)** Irish veterin. J. **16** (1962) Nr. 4. S. 61–77.
Die hygienischen Schwerpunkte im Milcherzeugerbetrieb werden aufgezeigt und diskutiert. Chr. Dietz. 2516.

Hauke, H. und Richter, B. **Zur hygienischen Beschaffenheit maschinengemolkener Milch unter besonderer Berücksichtigung der TGL 8064 für Rohmilch.** Mh. Veterinärmed. **17** (1962) Nr. 11. S. 454–458.
Vff. nehmen zur TGL 8064 Stellung, die am 1.1.62 teilweise in Kraft getreten ist. Sie bemängeln dabei bes., daß die hauptsächlichen hygienischen Forderungen an das Erzeugnis Milch, wie die Werte für die Temperatur, Reduktasezeit, den Säuregrad, die Keimzahl und den Colititer der Anlieferungsmilch erst ab 1.1.66 für verbindlich erklärt werden. Dadurch werden aber auch die Richtlinien für die hygienische Milchgewinnung der TGL bis dahin nicht verwirktlicht werden und ein ähnliches Schicksal wie die Forderungen des Milchgesetzes erleiden; dies um so mehr, als die häufig vorgefundene mangelhafte Qualität der Rohmilch weniger durch unzureichende techn. Voraussetzungen als durch subjektive Mängel seitens des Melkpersonals bedingt ist. Nach Erörterung einiger Untersuchungsmethoden für die Qualitätsbestimmung der Milch und Bekanntgabe von Ergebnissen für Reduktionszeit, Keimzahl, Colititer und Zellgehalt werden Vorschläge für einen tierärztlichen Eutergesundheits- und Milcherzeuger-Beratungsdienst unterbreitet. Dieses Aufgabengebiet gehört in die Hand des Tierarztes, da ihm eine Überwachung der Eutergesundheit nur möglich ist bei gleichzeitiger Kontrolle der Hygiene der Milchgewinnung. R. Held. 2516.

Kotter, L. **Hygienische Überwachung der Milch.** Arch. Lebensmittelhyg. **13** (1962) Nr. 1. S. 21–24.
Diese gekürzte Wiedergabe eines Vortrages behandelt die bei der Milchgewinnung noch leider auftretenden Unzulänglichkeiten, wobei auch der Trugschluß betont wird, daß die Pasteurisierung die unhygienischen Verhältnisse bei der Milchgewinnung kompensiere. Vf. fordert deshalb eine im Vergleich zu den anderen Lebensmitteln stärkere Überwachung des Verkehrs mit Milch und ein größeres Augenmerk auf die Sanierung der Rinderbestände von chronischen Mastitiden. H. Senger. 2516.

Kotter, L., Terplan, G. und Pfeiffer, G. **Über den Einfluß von Desinfektionsmittelresten auf die Beurteilung von Milch.** Arch. Lebensmittelhyg. **13** (1962) Nr. 1. S. 9–12. — 3 Tab., 19 Lit.
Da die Anwesenheit eines Hemmstoffes auch die hygienische Beschaffenheit der Milch belastet, wurden die Desinfektionsmittel QAV, Chlorverbindungen und Phenole in ihrer Wirkung auf die Milch durch Verbleib nach dem Waschen in Flaschen und Kannen untersucht. Es ergab sich, daß dadurch in bestimmten Konzentrationsbereichen teils hemmende, teils auch stimulierende Einflüsse möglich sind. Die Teste fielen aber nur dann positiv aus, wenn bei der Reinigung grob fahrlässig verfahren wurde oder wenn vorsätzlich solche Mittel der Milch beigefügt waren, um eine Säuerung zu verhindern. Wenn in den Erzeugerbetrieben Kannen nach dem Waschen nur gestürzt und nicht nachgespült wurden, so ergab sich kein positiver Hemmstofftest.
H. Senger. 2516.

Storgårds, Torsten und Ljungren, Bo.; Stockholm, Sweden, Mjölkcentralen, Centr. Lab. Some observations on the formation of lightinduced oxidized flavour. **(Einige Beobachtungen über die Bildung des durch Licht verursachten Oxydationsgeschmacks.)** Milchwissenschaft **17** (1962) Nr. 8. S. 406–407.
Bestrahlungsversuche mit Milch, Magermilch und Molke ergaben einen durch Licht hervorgerufenen Oxydationsgeschmack, der von den Oxydationsprodukten des Serumeiweißes herrührt. Eine Fettoxydation trat erst nach länger anhaltender Belichtungsdauer auf, wobei der typische Sonnenlichtgeschmack des Methionals in einen Talggeschmack überging, der stark ausgeprägt ist. Die Beobachtung, daß fettreichere Milch oder Sahne zu Geschmacksfehlern durch Belichtung neigt, führen Vff. darauf zurück, daß die Fettkügelchen das einfallende Licht von ihrer Hüllmembran reflektieren. Das Licht wird auf diese Weise tiefer in das Milchserum gelenkt und kann hier die Proteinoxydation verstärkt fördern. W. Gimmler. 2516.

Samuelsson, Ernst-Grunnar; Alnarp, Sweden, Dairy Dep.; Vollebekk, Norway, Dairy Res. Inst., Sect. of Chem. and Bacteriol. Experiments on sunlight flavour in milk-S^{35}-labelled milk. **(Versuche über den Sonnenlichtgeschmack in mit ^{35}S markierter Milch.)** Milchwissenschaft **17** (1962) Nr. 8. S. 401–405.
Die Bestrahlung der Milch in Gegenwart von Sauerstoff führt zu einem oxydativen Abbau der schwefelhaltigen Milchsubstanzen. Methyldisulfid ergibt einen angebrannten Geschmack,Methylsulfid einenMalzgeschmack und Methylmerkaptan einen dem gekochten Kohl ähnelnden Geschmack. Saure Milch ist in bes. Maße gegen lichtinduzierte Oxydationsvorgänge in Anwesenheit von Sauerstoff empfindlich. Bestrahlung führt auch zur Bildung von Formaldehyd, Acetaldehyd und Propanol, die jeder für sich zum sog. Lichtgeschmack beitragen können. Acetaldehyd ergibt dabei einen malzigen Geschmack. Vermutlich wird aber der sog. Lichtgeschmack durch mehrere chem. Substanzen verursacht, die von verschiedenen Reaktionen stammen. Da alle diese Substanzen nur in geringenMengen in derMilch vorkommen, ist es nicht möglich, die eine oder andere Substanz für den Lichtgeschmacksfehler verantwortlich zu machen. Ein Zusammenwirken aller die Geschmacksempfindung beeinflussender Faktoren ergibt schließlich den bekannten Lichtgeschmack.
W. Gimmler. 2516.

Mann, E. J. A review of some aspects of recent developments in the dairying field. **(Neue Entwicklungen in der Milchwirtschaft.)** J. Brit. Dairy Farmer's Assoc. **65** (1961) S. 62–71. — 29 Lit.
Behandelt werden Neuerungen in der Wassererhitzung, der Milchsammeltankverwendung, Verwendung von Plastikbehältern für die Milchbevorratung und den Transport, den Einsatz von Milchverkaufsautomaten und die Molken-

verwendung in verschiedenen Staaten der Welt. Vervollkommnet ist die Nutzung der bei der Milchkühlung anfallenden Wärme zur Wassererhitzung. Arbeiten aus dem Jahr 1948 ergaben bereits, daß ca. $^2/_3$ der bei der Kühlung entzogenen Wärme bei nur 10% höherem Energiebedarf einem Heißwasserbereiter zugeführt werden können. Neuere amer. Arbeiten (Ahrens 1959) ergaben, daß bei der Milchkühlung im Sammeltank von 400 gal. auf diese Weise jährl. bis zu 400 kWh eingespart werden konnten, um Wasser in einem Behälter. von 50 gal. auf 120 °F zu erwärmen, wobei die Kühlkapazität nur gering nachließ. Die Versuche ergaben, daß der Energiebedarf zur Erhitzung dieser Wassermenge im Sommer um 44%, im Winter um 37% zurückging. In Österreich entwickelte Aigner 1960 ein Aggregat, das bei der Kühlung von 1 l Milch 1 l Wasser auf 55–60 °C erhitzt und dabei die Milchkühlung und Kühl-, haltung besorgt. In Amerika wurde eine Milchtrocknungsanlage entwickelt, die nach diesem „Wärmepumpenprinzip" (heat pump) arbeitet (Milk Prod. J. [1960]). Zur Molkenverwendung wird darauf hingewiesen, daß in der Schweiz ein Getränk „Rivella" entwickelt wurde und daß Roeder 1959 und zur gleichen Zeit auch Amerika ein anderes Verfahren bekanntgaben. Das dabei gewonnene Molkeneiweiß wird zu Futterzwecken verarbeitet. Norwegen stellt einen Molkenkäse „Mysost" her, neuerdings auch Molkenpaste. In Amerika wird Molke auch durch Versprühen getrocknet. H. Senger. 2518.

Capstick, E. British milk products manufacture and consumption — a comparison with the continent. **(Die britische Milchindustrie und der Verbrauch — ein Vergleich mit dem Kontinent.)** J. Soc. Dairy Technol. **15** (1962) Nr. 3. S. 129–137. – 2 Tab.
Der Butterbedarf im Vereinigten Königreich betrug in den Jahren 1959, 1960 und 1961 430, 429, und 467 Tt, die Eigenerzeugung belief sich auf 14,37 und 49 Tt Butter. Die Hauptbutterlieferanten sind Neuseeland (33,4%), Dänemark (20,1%) und Australien (12,6%); ferner Irland, Schweden, Finnland, Niederlande, Frankreich, Polen, Südafrika, Kenya. Der Pro-Kopf-Verbrauch betrug 1961 20,0 lb. Butter. Der Käsebedarf wird zu 46,6% aus der Eigenerzeugung gedeckt. Die Gesamterzeugung betrug 1959, 1960 und 1961 216, 231 und 240 Tt Käse. Die Hauptimportländer sind Neuseeland (32,9%), Australien (6,2%), Dänemark (4,1%), Kanada (3,3%) und die Niederlande (3,3%), dazu kommen Irland, Norwegen, Schweiz, Frankreich, Italien und Südafrika. Der Pro-Kopf-Verbrauch 1961 betrug 10,1 lb. Käse. Die Unterschiede hinsichtlich der Qualitäten und Eigenarten der verschiedenen Molkereiprodukte aus den Importländern werden diskutiert. W. Zeller. 2518.

Strauss, E. und Bateman, D. I. Economic trends in British and continental dairying. **(Der ökonomische Trend in der britischen und kontinentalen Milchwirtschaft.)** J. Soc. Dairy Technol. **15** (1962) Nr. 3. S. 138–154.
Während der letzten 10 Jahre hat sich die Milcherzeugung verstärkt, jedoch nicht ganz so stark wie in Westeuropa. Die Entwicklung ist ähnlich wie in den Kriegsjahren, als die Milcherzeugung um 20% anstieg und war während der ersten Nachkriegsjahre nur wenig niedriger als in Skandinavien, West- und Osteuropa ohne die SU. In Italien, Portugal, Spanien und der Türkei stieg die Milcherzeugung stärker als in Großbritannien. Gegenüber anderen nord- und westeuropäischen Ländern ist die britische Milchindustrie im Verhältnis zur Bevölkerung geringer, nur Italien und die anderen südeuropäischen und einige RGW-Länder liegen noch darunter. Im Milchaufkommen steht England hinter den Niederlanden, Dänemark, Deutschland und der Schweiz. — Der Milchüberschuß ist in England paradoxerweise ein größeres Problem als in den anderen europäischen Ländern, da die überschüssige Milch nicht bes. entfettet wird wie in vielen kontinentalen Ländern. Gegenüber anderen sozial ähnlich gelagerten Ländern ist der Butter- und Käseverbrauch nicht höher. Die europäischen Autarkiebestrebungen verursachen bes. angesichts

der europäischen Freihandelszone erhebliche Schwierigkeiten. Reichhaltiges Zahlenmaterial wurde verarbeitet. W. Zeller. 2518.

Jelsbak, E. W. Danish dairying. **(Die dänische Milchwirtschaft.)** J. Soc. Dairy Technol. **15** (1962) Nr. 3. S. 165–168.
Die wichtigsten Faktoren für die Entwicklung der dänischen Milchwirtschaft nach 1880 waren die billigere Getreideerzeugung in Nordamerika und die damit verbundene rentablere Erzeugung von Milchprodukten, die Erfindung des Separators durch den Dänen L. C. Nielsen und 1882 die erste genossenschaftliche Rahmstation der Welt in Hjedding. — Gerade letztere war der Prototyp der gesamten Genossenschafts-Bewegung in der dänischen Landwirtschaft. Heute bestehen in Dänemark 1150 Genossenschafts- und 200 Privatmolkereien. 1,5 Mill. Kühe haben eine jährl. Milchleistung von je 3200 kg Milch mit 4,25% Fett. Am 1.6. 1952 war die Bekämpfung der Rindertuberkulose abgeschlossen, das seuchenhafte Verkalben wurde ausgerottet und die Mastitis sowie die MKS werden bekämpft. Die Hauptrinderrassen sind Rote Dänen — 70%, Schwarzbunte — 16%, Jersey — 8%, Shorthorns — 4%. Über 90% der Rinderhalter halten auch Schweine und verwerten die Magermilch. Eine häusliche Butter- und Käseproduktion besteht nicht. Die Tankmilchanlieferung zeigt z. Z. keine steigende Tendenz. Die Magermilch wird auf 90 °C, der Rahm auf 95–100 °C, Konsum-Vollmilch auf 73–74 °C für 15 Sek. und Käsemilch auf 68–71 °C erhitzt. Die Butterproduktion betrug 1960 162000 t, davon wurden über 80% nach Großbritannien exportiert. Die dänische Trinkmilch hat einen standardisierten Fettgehalt von 3,9–4,0%, Doppelrahm 33–35%, Kaffeesahne 20% bzw. 15%. Buttermilch ist sehr beliebt, Yoghurt wird in Städten verstärkt gekauft. Die Käseproduktion ist standardisiert. Über 20 verschiedene Sorten werden hergestellt. Der rindenlose Käse gewinnt immer mehr an Bedeutung. Die Ausbildung der Molkereifachleute wird aufgezeigt. W. Zeller. 2518.

McGillivray, W. A. und Gregory, Margaret E.; Palmerstone North, New Zealand, Dairy Res. Inst.; Shinfield, Reading, Nat. Inst. for Res. in Dairying. Reviews of the progress of dairy science. Section D. Nutritive value of milk and milk products. Part 1. Nutritive value of milk for man, and fat-soluble vitamins in milk. Part 2. Watersoluble vitamins in milk and milk products. **(Rückblick auf den Fortschritt der Milchwissenschaft. Sektion D. Der Nährwert von Milch und Milchprodukten. 1. Mitt. Der Nährwert von Milch für den Menschen und fettlösliche Vitamine in Milch. 2. Mitt. Wasserlösliche Vitamine in Milch und Milchprodukten.)** J. Dairy Res. **29** (1962) Nr. 2. S. 211–232. — 1 Abb., 163 Lit.
Die Literaturarbeit orientiert über die neuesten Ergebnisse des Nährwertes von Milch und Milchprodukten bei Mensch und Tier, über den Nährwert der Milchproteine, des Milchfettes, der Kohlenhydrate und Mineralstoffe, der fettlöslichen Vitamine und der wasserlöslichen Vitamine, deren Anreicherung und Haltbarkeit während der Lagerung und Konservierung. W. Zeller. 2519.

Klose, A. A., Mecchi, E. P. und Pool, M. F.; Albany, Calif., Western Res. Lab. Feather release by scalding and other factors. **(Federrupfen nach dem Brühen und nach anderen Aktionen.)** Poultry Sci. **41** (1962) Nr. 4. S. 1277–1282. — 4 Abb., 3 Tab., 2 Lit.
Brühen kann das Federrupfen erleichtern, wenn das flüssige Medium bzw. das Tier genügend bewegt wird. Das Medium selbst (Wasser, Propylglycol, Mineralöl) spielt keine entscheidende Rolle, wenn auch bez. der Wärmeübertragung in den Geflügelkörper gewisse Unterschiede bestehen. — Ein auf das Gefieder gerichteter warmer Luftstrom (ca. 140 °F) ist ohne Wirkung, dagegen wird das Rupfen nach der Behandlung mit strahlender Wärme (300–700 W) erleichtert. — Unmittelbar nach dem Gehirnstich ist das

Rupfen erleichtert, nach ca. 30 Sek. ist jedoch die Wirkung aufgehoben. — Nach bzw. während einer Natriumpentobarbitur-Anästhesie ist das Federrupfen erleichtert, es wird nur etwa 20% der sonst üblichen Kraft benötigt. Wirksam sind ca. 25–100 mg/kg. Wenn die Tiere das Bewußtsein wieder erlangen oder sterben, ist die ursprüngliche Haftfähigkeit der Federn wieder hergestellt. F. Lüpnitz. 2522.

Snyder, E. S.; Guelph, Ontario Agric. Coll., Dep. of Poultry Sci. Market possibilities and yields of Muscovy ducks dressed at various ages. **(Die Marktfähigkeit und der Schlachtwert von Moschusenten unterschiedlichen Alters.)** Poultry Sci. **41** (1962) Nr. 3. S. 813–818. — 7 Tab., 7 Lit.
Ontario-Farmer sind gegenwärtig an der Produktion von Moschusenten interessiert. 2 Gruppen von 3 Wochen alten Küken wurden bis zum Alter von 10–18 Wochen aufgezogen. Die ohne Auslauf gehaltene Gruppe hatte bis zur 10. Woche eine Rohverwertung von 3,59, die Auslaufgruppe 3,14. Die Gewichtszunahmen waren bei Auslaufhaltung günstiger. Mit 9 Wochen erreichten unsortierte Tiere ein Gewicht von 5,42 lb. Enten hatten nach 12 Wochen geringere Gewichtszunahmen als Erpel. Nach der Schlachtung wurden erreicht: a) Tiere dressiert; b) Tiere ausgenommen, a) Erpel 10 Wochen — 86,79%; 18 Wochen — 86,93%; Enten 10 Wochen — 85,13%; 18 Wochen — 87,91%; b) Erpel — 69,49% bzw. 69,20%; Enten 73,47 bzw. 71,80%. (Angaben in % des Lgw.). Der Bratverlust betrug für Erpel (bezogen auf bratfertiges Tier) 34,6% und für Enten 35,7%. W. Rudolph. 2522.

Kotula, Anthony W., Thomson, James E. und Kinner, Jack A.; Beltsville, Md., U.S.Dep. of Agric., Agric. Marketing Serv., Market Quality Res. Div., Field Crops and Animal Products Branch. Bacterial counts associated with the chilling of fryer chickens. **(Bakterienzahl in Abhängigkeit vom Kühlprozeß bei Jungmastgeflügel.)** Poultry Sci. **41** (1962) Nr. 3. S. 818–821. — 1 Abb., 2 Tab., 7 Lit.
In 2 Schlachtbetrieben wurde Jungmastgeflügel während des Kühlprozesses in Hinsicht auf die auf der Haut (Brust) auftretenden Bakterienzahlen untersucht. Dabei wurden übliche Kühltanks für Eiswasser (slush ice) und Kühlaggregate mit ununterbrochener Zuführung der Kühlflüssigkeit benutzt (a. oscillating-vat chiller, b. counterflow tumble). Das 6 Std. in den Tanks verbleibende Wasser und die Haut der Tiere zeigten signifikant zunehmende Bakterienzahlen während der Kühlung. Eine Abnahme der Bakterienzahlen der Haut wurde nur erreicht, wenn die frische Kühlflüssigkeit direkt in die Kühlzelle floß und nur der Überlauf in die Vorkühlung (wie bei b). Es wird vorgeschlagen, den unter a genannten Kühler entspr. zu betreiben.
W. Rudolph. 2522.

Makens, J. C., Dawson, L. E. und Zindel, H. C.; East Lansing, Michigan State Univ., Dep. of Poultry Sci. and Food Sci. Grade and sex labeling market turkeys. **(Kennzeichnung der Güteklasse und des Geschlechtes bei der Vermarktung von Puten.)** Poultry Sci. **41** (1962) Nr. 3. S. 822–825. — 5 Tab., 2 Lit.
Über die Beantwortung von Fragebogen wurde die Meinung von 47 Produzenten und Schlachtbetrieben, 541 Einzelhändlern und 1050 Konsumenten über die Notwendigkeit einer obligatorischen Kennzeichnung der Güteklassen, des Geschlechts und des Alters bei Puten erforscht. Während Einzelhändler und Verbraucher die Kennzeichnung zum überwiegenden Teil befürworten, befürchten Produzenten und Schlachtbetriebe, daß dadurch zusätzliche Kosten entstehen. Ein Teil der Verbraucher ist jedoch bereit, einen Zusatzbetrag für gekennzeichnete Schlachtputen zu zahlen, da man der Meinung ist, daß durch die Kennzeichnung eine Qualitätsverbesserung erzielt werden kann.
W. Rudolph. 2522.

Sauter, E. A., Zaehringer, M. V. und Rickard, C. A. The comparative availability of fresh and frozen fryers in grocery stores in three counties in Idaho. **(Das vergleichsweise Angebot frischer und gefrorener Bratstücke in den Läden aus 3 Kreisen von Idaho.)** Poultry Sci. **41** (1962) Nr. 1. S. 103–106. – 1 Abb., 2 Tab., 5 Lit.

In 3 Kreisen von Idaho wurden 45 Läden auf das rel. Angebot an frischen und gefrorenen Bratstücken überprüft. Gefrorene Bratstücke gegenüber frischen wurden in einem höheren Prozentsatz der Läden festgestellt; berücksichtigt man nur die größeren Läden, so hatten die frischen Bratstücke den Vorzug. Die städtischen Läden hielten mehr frische, die ländlichen mehr gefrorene Bratstücke feil. W. Greiner-Petter. 2522.

Carlson, C. W., Adams, A. W., Wilcox, R. A., Gastler, G. F. und Burrill, Lida M. Dietary energy, sex, strain, and storage as influencing composition and/or palatability of Broad Breastes Bronze turkeys. **(Die diätetische Energie, das Geschlecht, der Zuchtstamm und die Lagerung in ihrem Einfluß auf die Zusammensetzung und Schmackhaftigkeit der Breitbrüstigen Bronzepute.)** Poultry Sci. **41** (1962) Nr. 1. S. 150–160. – 6 Tab., 21 Lit.

Das Futter, welches im Gehalt an verwertbarer Energie von 1060–1540 Kalorien/lb. wechselt, wirkte sich auf das Wachstum im Alter von 12–24 Wochen bei 3 Breitbrüstigen Bronzeputen-Stämmen nicht einheitlich aus. Die Haferfütterung, bis zu 25% durch Mais oder durch 5–7% Fett ergänzt, förderte das Wachstum gleich gut oder sogar besser als die alleinige Maisfütterung. Die Hafer- und Fettfütterung war wirksamer in der Wachstumsbeschleunigung je Energieeinheit, dagegen die Maisfütterung je Gewichtseinheit. Das Wachstum wurde nicht durch das den Maisrationen zugegebene Fett oder mehr Eiweiß beeinflußt, obgleich die Futterwirkung überlegen war. Ein einheimischer Stamm, obwohl kleiner, zeigte einen größeren Grad der Vollendung, ausgewiesen durch den höheren Fettgehalt der Haut. Der Muskelfettgehalt vergrößerte sich durch die Futterdiäten bzw. die verwendeten Stämme nicht, dagegen wiesen die Hennen einen größeren Anteil an Fettgewebe auf als die Hähne. Durch die Futterdiät, den Stamm oder durch das Geschlecht ergab sich keine Einflußnahme auf die rel. Punktzahl, die von dem Kostproben-Ausschuß für Geschmack, Zartheit und Saftigkeit des gebratenen Rumpfes vergeben wurde. Auch die 6 Mon. währende Lagerung im gefrorenen Zustand wirkte nicht nachteilig auf die Schmackhaftigkeit. Nach der Lagerung wurden allerdings die Puter vor den Hennen bevorzugt.
W. Greiner-Petter. 2524.

Weniger, Langholz und Averdunk. **Die Rindfleischerzeugung aus der Sicht des heutigen Schlachtviehgroßmarktes.** Tierzüchter **14** (1962) Nr. 9. S. 311–313.

Die Menge fettarmen Fleisches, die ein Schlachttier zu liefern vermag, bestimmt immer mehr seinen Wert am Schlachtviehmarkt. Nicht so deutlich werden die Qualitätsansprüche des Marktes in den Preisverhältnissen innerhalb der einzelnen Gattungen. Außer Alter und Muskelfülle muß auch der Verfettungsgrad als Bewertungsmaßstab herangezogen werden. Eine sorgfältige Klassifizierung wird darüber hinaus die Grundlage für eine ansprechende Sortierung des Marktangebotes schaffen. Sachgemäße Fütterung, Abstoßen im richtigen Zeitpunkt, max. Ausnutzung des Jugendwachstums und Beachtung der Wachstumsintensität und Wachstumskapazität bei der Selektion sind Notwendigkeiten, die, von Landwirt und Züchter beachtet, zu einer erfolgreichen Verbesserung der Vermarktung führen. Da den Käufern die Erfahrung mit Schlachttieren einer Einnutzungsrasse fehlt, bleibt die Frage offen, ob unsere Zweinutzungsrassen den aufgezeigten Marktansprüchen voll gerecht werden können. Herbert Winkler. 2528.

Boldingh, J. und Taylor, R. J.; Vlaardingen, Netherlands, Unilever Res. Lab.; Port Sunlight, England. Trace constituents of butterfat. **(Spurenbestandteile des Butterfettes.)** Nature [London] **194** (1962) Nr. 4832. S. 909–913. — 4 Abb., 4 Tab., 8 Lit.

Durch die verfeinerten Analysenmethoden sind neben den üblichen Fettsäuren im Butterfett eine größere Anzahl von verzweigtkettigen und unverzweigtkettigen Fettsäuren mit gerader und ungerader C-Atomzahl festgestellt worden, die oft nur in geringen Mengen vorkommen. Außerdem konnten unter den gewöhnlichen Isomeren der ungesättigten Fettsäuren weitere Mono-, Die-, Tri-, Tetra-, Penta- und Hexa-ensäuren mit zum größten Teil höheren Mol.-Gewicht als C_{18} identifiziert werden. Es gelang, neben anderen Iso- und Anteisosäuren eine Tetramethylpalmitinsäure mit Terpenoidstruktur aus Butterfett zu isolieren (1,0 ppm). Weiterhin enthält Butterfett in Größenordnungen von ca. 10 ppm verschiedene gesättigte und ungesättigte aliphatische δ-Laktone, ungesättigte γ-Laktone, δ-Hydroxysäuren, δ-Ketosäuren und β-Ketosäuren. Durch Dampfdestillation bei 180 °C konnten folgende Methylketone abgetrennt werden: Methyl-tridecyl-Ketone 42 ppm, Methyl-undecyl-Ketone 22 ppm, Methyl-nonyl-Ketone 13 ppm, Methyl-heptyl-Ketone 9 ppm, Methyl-pentyl-Ketone 12 ppm. Auch ein Enollakton der 2,3-dimethyl-4-Keto-nonensäure mit Selleriegeruch wurde aufgefunden (0,5 ppm).

H. Steger. 2530.

Meehan, John J., Sugihara, T. E. und Kline, Leo; Albany, Calif., Western Regional Res. Lab. Relationships between shell egg handling factors and egg product properties. 1. Egg white damage at moderate to elevated shell egg holding temperatures. **(Beziehungen zwischen Eierschalenbehandlungsfaktoren und Eigentümlichkeiten der Eiprodukte. 1. Mitt. Eiweißschäden, die durch erhöhte Aufbewahrungstemperaturen der Eier gemäßigt werden.)** Poultry Sci. **41** (1962) Nr. 3. S. 892–900. — 3 Abb., 8 Tab., Lit.

In Tab. geben Vff. einen umfassenden Einblick in ihre Untersuchungen über die Veränderungen und die Backfähigkeit von Eiweiß bei verschieden langer Lagerung und unterschiedlich hohen Lagerungstemperaturen, die zwischen 75 und 95 °F lagen. Bei Versuchen wurde der Einfluß der Feuchtigkeit, der Ölbehandlung, des pH-Wertes und deren Beziehungen untereinander berücksichtigt. Zugaben von Ovalbumin zu beschädigtem Eiweiß zeigten einen bes. Effekt bei der Wiederherstellung des Backvolumenverlustes.

B. Rempel. 2535.

Doberenz, A. R., Schneider, D. L., Kurnick, A. A., Vavich, M. G. und Kemmerer, A. R.; Tucson, Univ. of Arizona, Dep. of Agric. Biochem. and Poultry Sci. Physical changes in eggs produced by hens receiving Sterculia foetida oil supplements. **(Physikalische Veränderungen bei Eiern, gelegt von Hennen, die Zugaben von Sterculia foedita Öl bekamen.)** Poultry Sci. **41** (1962) Nr. 3. S. 700–705. — 4 Abb., 1 Tab., Lit.

Vff. geben zunächst die chem. Formel von Sterculia-foedita-Öl an und berichten dann über einen Versuch mit 48 Leghorn-Hennen, die mit Beigaben von St. f. Öl und Getreideöl gefüttert wurden. Die genaue Futterzusammensetzung ist in 1 Tab. enthalten. Die gelegten Eier wurden genauen Untersuchungen nach unterschiedlicher Lagerdauer und -temperatur bes. hinsichtlich ihres pH-Wertes unterzogen und zu der Schlußfolgerung gelangt, daß die Eier beider Fütterungsgruppen hinsichtlich des pH-Wertes und der Eigelbbeschaffenheit Unterschiede aufwiesen. B. Rempel. 2535.

Garibaldi, J. A. und Bayne, H. G.; Albany, Calif., Western Regional Res. Lab. The effect of iron on the Pseudomonas spoilage of farm washed eggs. **(Die Wirkung von Eisen auf den Verderb durch Pseudomonas bei gewaschenen Farmeiern.)** Poultry Sci. **41** (1962) Nr. 3. S. 850–853. — 2 Abb., 2 Tab., Lit.

In 2 vergleichbaren Farmen führten Vff. 1960 und 1962 Versuche durch, um die Wirkung von Eisen auf den Gehalt an Pseudomonas in gewaschenen Eiern festzustellen. Analysen nach der 1. 10-Phenantrolinmethode bestimmten den unterschiedlichen Eisengehalt des zum Waschen der Eier verwandten Wassers in den beiden Farmen. Es wurden 24 Std. alte Eier von Hennen in Käfighaltung verwendet. Der in beiden Fällen gleiche Reinigungsvorgang wird exakt erklärt. Vff. erläutern den Hauptexperimentalplan und beschreiben dann die Versuche in den beiden Farmen. In 2 Tab. wird der Anteil der Eier mit fluoreszierendem Albumin beim Waschen mit Wasser von unterschiedlichem Eisengehalt aufgezeigt; anwachsender Eisengehalt des Wassers führte in beiden Fällen zu einem Ansteigen von Pseudomoncs.

B. Rempel. 2535.

Niemann. **Neue Tendenzen der Eiervermarktung in Westdeutschland.** Dtsch. Geflügelwirtsch. 14 (1962) Nr. 16. S. 205–207.

Vf. hält auf seinem 250-ha-Betrieb ca. 500 Zuchtsauen und 4000 Mastschweine, ca. 16000 Elterntiere für die Eierproduktion und ca. 80000 Masthähnchen. Bei gleichmäßiger Qualitätsproduktion wird ein qualitativ hochwertiges, abs. frisches und sauberes Ei in einer handlichen Packung dem Handel durch eine Art Schnelldienst zur Verfügung gestellt. Der Handel muß grundsätzlich so disponieren, daß die Eier in 2–4 Tagen verkauft sind. Frische und Qualität werden auf der Verpackung mit Namen und Anschrift garantiert, durch die nach strengsten Maßstäben kontrollierte Qualität wurde ein entspr. Markt gewonnen. Vf. empfiehlt Bildung von Erzeugungsschwerpunkten, die Verkürzung des Weges vom Erzeuger zum Verbraucher und die Verwendung besten Tiermaterials. Auf Wunsch werden die gesamten Eier der Abnehmer von Eintagsküken aus dem Betrieb des Vf. übernommen, sie werden regelmäßig abgeholt und nach erfolgter Verpackung auf dem schnellsten Wege dem Verbraucher zugeführt. Dabei können jedoch nur solche Geflügelhalter berücksichtigt werden, die gewisse Forderungen hinsichtlich Stallbau und Stallhygiene erfüllen. U. Hofmann. 2535.

K. TIERPYSCHOLOGIE

Schloeth, Robert. **Das Sozialleben des Camargue-Rindes.** Z. Tierpsychol. 18 (1961) Nr. 5. S. 574–627. – 55 Abb., 7 Tab., 96 Lit.

Das Camargue-Rind als heute noch lebende Primitivrasse ist ein wertvolles Studienobjekt. Vf., dem wir bereits eine Reihe aufschlußreicher Arbeiten über diese Rinder verdanken (vgl. LZ. Abt. III 5 (1960) Nr. 5. S. 741. und 7 (1962) Nr. 2 S. 267.) gibt hier auf Grund 3jähriger Beobachtungen insbesondere einer Versuchsherde von 26 Tieren eine umfassende Darstellung und Analyse der sozialen Beziehungen. Dabei werden die Lebensweise, d. h. die Zusammensetzung der Herde, das Brunstverhalten, das territoriale Benehmen, die Sinnesleistungen und ihre Bedeutung für das Sozialverhalten, die sozialen Ausdruckshandlungen, Kriterien der Rangordnung und die spielerischen und kämpferischen Auseinandersetzungen in einzelnen Abschnitten geschildert. In Form einer „quantitativen Analyse“ werden Entwicklung und Veränderung der Rangordnung untersucht sowie die soziale Aktivität und der soziale Einflußbereich des einzelnen Tieres. Die Fülle der Beobachtungen und Ergebnisse muß im einzelnen nachgelesen werden. Die Arbeit dürfte auf die gegenwärtigen Untersuchungen an Hausrindern äußerst anregend wirken.

C. Engelmann. 2610.

Ross, Sherman, Sawin, P. B., Denenberg, V. H. und Zarrow, M. X.; Bar Harbor, Me., Roscoe B. Jackson Memorial Lab. Maternal behavior in the rabbit: yearly and seasonal variation in nest building. **(Mütterliches Verhalten beim Kaninchen. Jährliche und jahreszeitliche Veränderungen beim Nestbau.)** Behaviour [Leiden] 18 (1961) Nr. 1/2. S. 154–160. – 2 Abb., 4 Tab., 8 Lit. Zus. in Dtsch.

An 4 genetisch verschiedenen Inzuchtstämmen wurden in 7 Jahren (1953–59) 3 Fragen zu klären versucht: 1. Hängt die Anzahl der erfolgreichen Würfe (mindestens ein lebendiges Junge) von jahreszeitlichen Einflüssen ab? 2. Inwieweit bestehen dabei Unterschiede zwischen den Inzuchtstämmen? 3. Sind die Unterschiede im Verhalten bei den einzelnen Stämmen von Jahreszeit zu Jahreszeit und von Jahr zu Jahr konstant? Zu 1: In den Wintermonaten (Jan.-März) brachten 57% der festgestellten Trächtigkeiten erfolgreiche, d. h. lebende Würfe, im Frühjahr (Apr.-Juni) 67%, im Sommer (Juli-Sept.) 82% und im Herbst (Okt.-Dez.) 57%. Zu 2. Die Stämme reagierten grundsätzlich gleich, doch bestanden im Ausmaß der Reaktion deutliche Besonderheiten. Zu 3. Die Häsinnen mit lebenden Würfen bauten ihre Nester zu allen Jahreszeiten in gleicher Weise. Auch hierbei bestanden im einzelnen deutliche Unterschiede zwischen den Stämmen (Nestbau vor, bei oder nach der Geburt der Jungen). 900 lebende Würfe wurden ausgewertet. C. Engelmann. 2610.

Siegel, P. B. und Hurst, D. C.; Blacksbourg, Va., Polytechn. Inst. Social interactions among females in dubbed and undubbed flocks. **(Soziale Auseinandersetzungen zwischen den Hennen in Stämmen mit und ohne abgeschnittenen Kämmen.)** Poultry Sci. 41 (1962) Nr. 1. S. 141–145. — 1 Abb., 2 Tab., 13 Lit.

Die Beobachtung, daß es unter Hennen mit kupierten Kämmen (I) häufiger Auseinandersetzungen gibt als unter kammtragenden Hennen (II), wird durch diese Versuche mit 2000 Leghorn-Hybriden bestätigt: Während der einjährigen Beobachtungszeit zählte Vf. bei der Gr. I insgesamt 2338 Auseinandersetzungen (Kämpfe, Pickschläge, Drohungen und Ausweichen), bei II nur 2076. Der prozentuale Anteil der einzelnen Verhaltensweisen war in allen Gruppen gleich (6 — 37 — 36 und 19%), ebenso der jahreszeitliche Verlauf der Auseinandersetzungen; 150 Tage nach dem Zusammenstellen der Herden waren die Spannungen auf eine untere Grenze abgesunken, auf der sie sich bis zum Herbst hielten. Mit der Mauser und den damit verbundenen Veränderungen im „Gesicht" (Einschrumpfen des Kammes) nahmen die Rangstreitigkeiten im IV. Quartal wieder zu. C. Engelmann. 2610.

Gottlieb, Gilbert; Durham, N. C., Duke Univ., Dep. of Psychol. The following-response and imprinting in wild and domestic ducklings of the same species (Anas platyrhynchos). **(Die Nachfolgereaktion und Prägung bei wilden und domestizierten Entenküken der gleichen Art.)** Behaviour [Leiden] 18 (1961) Nr. 3. S. 205–228. — 2 Abb., 5 Tab., 24 Lit.

An 65 wilden und halb wilden Stockenten sowie 65 Pekingenten wurde geprüft, wie sie sich im Einzelversuch langsam über ihnen bewegten stummen Entenattrappen gegenüber verhalten. Dabei sollte geklärt werden, ob Haustiere — wie behauptet wird — weniger nachfolge- und prägebereit sind als Wildtiere. Das umgekehrte war der Fall. Die Pekingenten verhielten sich untereinander einheitlicher. Sie folgten entweder den Attrappen oder blieben gleichgültig, wobei ihr Alter keine Rolle spielte (8–27 Std. nach dem Schlupf). Nur 2 Tiere verrieten Furcht. Von den Wildenten flohen 19 bzw. 26 (halbwild) vor den Attrappen. Die Nachfolgereaktion war bei ihnen weit weniger ausgeprägt als bei den Hausenten. Durch züchterische Auslese dürften die furchtsamen, „nervösen" Tiere ausgesondert sein. Auch die Erscheinung der „Prägung" fand sich bei den Pekingenten in weit stärkerem Maße, nämlich bei 33 gegenüber 7 halbwilden und 15 wilden Stockenten. Die Tiere, die beim ersten Versuch einer Attrappe folgten, bevorzugten diese auch späterhin vor ähnlichen anderen. Nach diesen Ergebnissen ist für ein Haustier weder der Folgetrieb nachteilig noch die Prägung schädlich. Die Bedeutung dieser Verhaltensweisen für das Fortpflanzungsgeschehen wird erörtert.

C. Engelmann. 2610.

L. MASSNAHMEN ZUR FÖRDERUNG DER TIERZUCHT

Kleiber, H.; Stendal, Bezirks-Tierzuchtinspektion. **Gedanken zum Tierzuchtgesetz.** Tierzucht **16** (1962) Nr. 8. S. 353–355.
Mit dem nach Beratung mit breiten Kreisen der Bevölkerung von der Volkskammer der DDR beschlossenen „Gesetz zur Organisierung und Leitung der Tierzucht“ (Tierzuchtgesetz) wurden in Durchführung der Beschlüsse des 8. Plenums des ZK der SED die Grundsätze für die Entwicklung der Tierzucht unter sozialistischen Produktionsverhältnissen festgelegt. Das sind vor allem die Aufgaben zur Entwicklung der Herdbuchzucht als Schrittmacher der züchterischen Entwicklung, wie allseitige Anwendung wiss. Erkenntnisse auf dem Gebiet der Tierzucht, die Ausbildung qualifizierter Kader in der Tierzucht, die Aufgaben der staatlichen Organe zur Entwicklung der Tierzucht, die Leistungsprüfung als Grundlage für die Selektion der landwirtsch. Nutztiere und ihre Auswertung unter Anwendung des maschinellen Rechnens, die Erhöhung der Produktivität der Tiere im Herdbuchbetrieb als Schwerpunktaufgabe, die Zusammenarbeit der Bezirks-Tierzuchtinspektionen und der ihnen unterstellten VE-Besamungsstationen, die durch die allseitige Erbwert- und Nachkommenschaftsprüfung zu sichernde Bereitstellung ausreichend leistungsverbessernder Vatertiere für den Einsatz in der KB und die Aufgabe, die Gebrauchszucht in kurzer Zeit an das Niveau der Herdbuchzucht heranzuführen. Die Herdbuchbetriebe der LPG und VEG bestimmen die zukünftige Entwicklung der gesamten tierischen Produktion. Sie geben die Zielsetzung hinsichtlich der anzustrebenden Leistungen und sind Vorbilder auf dem Gebiet der Haltung, Fütterung und Pflege der Tiere. E. Semisch. 2655.

Ebertus, R. **Die Ergebnisse des Bullengesundheitsdienstes in der DDR in den Jahren 1958 und 1959.** Mh. Veterinärmed. **17** (1962) Nr. 16. S. 659–666.
Bei 1078 Besamungsbullen wurden 2429 Untersuchungen mit ca. 45000 Einzeldiagnosen durchgeführt. Dabei erwiesen sich ca. $^2/_3$ für die Besamung uneingeschränkt tauglich. Bei ca. 24% war die Leistungsfähigkeit herabgesetzt, wobei Spermamängel wiederum $^1/_2$–$^2/_3$ ausmachten. Über ihre weitere Verwendung entschieden Tierzüchter und Tierarzt gemeinsam. Ein offenes Problem stellen die tbc-positiven Bullen dar, da sie jederzeit Ausscheider werden können. Als eindeutig zuchtuntauglich wurden 4% ermittelt. — Die jährl. Abgänge betrugen jeweils um 20% und betrafen vor allem Tuberkulose und züchterische Mängel. Dann folgen Schäden an den Klauen und Gliedmaßen, spastische Parese und Brucellose. — Die systematischen Kontrollen sind als unerläßlich zu bewerten, da sie eine totale Analyse des Bullenmaterials darstellen und es auf diese Weise möglich ist, kranke oder ungeeignete Tiere zu erkennen und zu eliminieren. F. Schaetz. 2670.

SPEZIELLE GROSSTIERZUCHT

A. ALLGEMEINES

Anonym. **Tierzucht in Österreich. Produktion und Forschung.** Förderungsdienst [Wien] **10** (1962) Sonder-Nr. S. 1–62. — 34 Abb.
W. Müller gibt einen Überblick über die österreichische Viehwirtschaft und Tierzucht, über Produktionsgrundlagen, Kraftfutterverbrauch, Viehbestände, Produkte der Viehhaltung, Versorgung mit Fleisch und Eiern, Export, veterinäre Maßnahmen, öffentliche Förderung, künstliche Besamung, Rassen, Zuchtorganisationen, Zuchtziel, Milchleistung und Absatzvermittlung. F. Turek würdigt unter dem Titel „Österreichischer Beitrag zur Tierzuchtforschung“ Gregor Mendel, M. Wilkens, W. Winkler, L. Adametz, K. Keller, A. Staffe und W. Amschler. In anonymen Beiträgen werden die Lehrkanzel für Tierzucht, Fütterungslehre und Alpwirtschaft, die Bundesversuchsanstalt für alpenländische Landwirtschaft Gumpenstein, die Rinderzuchtversuchsstation Rottenhaus, die Fleischprüfstation für Rinder Königs-

hof, die Bundesanstalt für künstliche Befruchtung der Haustiere in Wels, das Bundeshengstenstallamt in Stadl, das Bundesgestüt Piber, die Spanische Reitschule, die Schweine-Versuchs- und Prüfanstalten Wien XI, Tieberhof/Stmk., Ritzelhof/O. Ö. und Perkohof/Krtn., ferner die Hühnerprüf-, Versuchs- und Demonstrationsanstalt Wien XI, die Bundeslehr- und Versuchsanstalt für Bienenkunde, das Bundesinstitut für Gewässerforschung und Fischereiwirtschaft, das Lehr- und Forschungsgut Merkenstein der Tierärztlichen Hochschule Wien, die Bundesanstalt für Virusseuchenbekämpfung bei Haustieren Wien XII, die Bundesanstalt für Tierseuchenbekämpfung in Mödling und weitere 8 Forschungs- und Untersuchungsanstalten der Veterinärmedizin, der Agrikulturchemie und der Milchwirtschaft besprochen.
E. Höpler. 3001.

Hrasnica, F. und *Ogrizek, A.*; Sarajewo und Zagreb, Landwirtsch. Fak. **Stočarstvo, opći dio, Udžbenik.** (Tierzucht, allgemeiner Teil. Ein Lehrbuch.) Zagreb: Landwirtschaftliche Verlagsanstalt. 1961. (416 S. m. 163 Abb. u. graph. Darst.) 8°. Dinar 2.200. Die Anordnung des Stoffes erfolgte in 3 fast selbständigen Teilen: I. Einführung, II. Analytischer Teil und III. Synthetischer Teil. Der analytische Teil, der die gelungene Verschmelzung der Individual- und Populationsgenetik beinhaltet, geht von den Urtypen der Haustiere (Wildformen) aus, auf denen auch der ganze Aufbau der genetischen Betrachtungen ruht, wahrscheinlich beeinflußt durch die Arbeiten von Nachtsheim und Krallinger. Es folgt ein Kapitel über Fortpflanzung und Wuchs der Tiere als die Grundlage und Ausgangsmaterie der Zuchtarbeit. In weiteren Abschnitten wird auf die Variation und damit auf die gesamte Individual- und Populationsgenetik, auf Modifikationen usw. eingegangen, wobei alle Darlegungen durch konkrete Beispiele aus biostatistischen und bes. populationsgenetischen Untersuchungen (z. B. über Heritabilität, Varianzberechnungen usw.) erläutert werden. Die Populationsgenetik wird auf der Grundlage der Erkenntnisse von J. L. Lush dargestellt. – Anschließend werden die Selektionsprobleme abgehandelt und sehr klar betont, daß die Individualselektion heute noch immer als Grundlage der züchterischen Arbeiten angewendet werden müßte. Im III. Teil wird das synthetische (d.h. arbeitstechnische) Problem der Züchtung bearbeitet. Die Zuchtmethoden sind theoretisch und in ihrer Anwendung in der Praxis dargestellt, mit bes. Angaben über die Züchtungsarbeit in den großen Rinderfarmen und Schweinebetrieben. Das Buch zeichnet sich durch eine Durchdringung der wiss. Erkenntnisse in der tierzüchterischen Forschung in Richtung ihrer Anwendung in der Produktion aus. I. Šmalcelj.

Állattenyésztési enciklopédia. 1. Általános állatenyésztés takarmányozás. 2. Szarvasmarhatenyésztés juhtenyésztés tejgazdaságtan. 3. Sertéstenyésztés lótenyésztés baromfitenyésztés. (Enzyklopädie der Tierzucht. 1. Allgemeine Tierzucht. Fütterung. 2. Rinderzucht. Schafzucht. Milchwirtschaft. 3. Schweinezucht. Pferdezucht. Geflügelzucht.) 2. átdolgozott kiadás. Budapest: Mezögazdaságo Kiadó. 1961. (506 S.; 463 S.; 460 S.) 8°. (1962 A 843, 1–3)

Viehzucht und Hirtenleben in Ostmitteleuropa. Ethnogr. Studien. Budapest: Akad. Kiadó. 1961. (699 S.) 8°. (1962 AA 758)

Intensyvne vedennja tvarynnyctva. (Intensive Viehzucht.) Kyïv: Derž. vyd. sil's'k. lit. Ukr. RSR. 1961. (303 S.; ukrain.) 8°. (1962 A 315)

B. PFERDE

Skorkowski, E.; Krakow, Polen, Univ., Inst. für Tierzucht. **Die Populationsgenetik im Lichte der Populationsumwelt-Forschungen.** Arch. Tierzucht 5 (1962) Nr. 3. S. 234–239. — 2 Tab., 12 Lit.

Der Vf. beleuchtet an Hand eigener Forschungen an 605 Stuten polnischer Gestüte die Rolle, die der selektive Einfluß der Umwelt auf die Bildung der Populationen (Population = Rasse) hinsichtlich ihrer Variabilität spielt. Diese Untersuchungen bezeichnet er als Populationsumwelt-Forschungen. Zielsetzung ist die Prüfung und Züchtung der Unterarten, die den gegebenen Umwelteinflüssen am besten entsprechen, d. h. Verminderung bzw. Ausschaltung der Diskrepanz von Selektion und Umwelt. Damit soll eine weitgehende Isolierung des Genotyps der Individuen einer Population erfolgen und so die Anwendung der Populationsgenetik vereinfacht und erfolgreicher gestaltet werden. J. E. Flade. 3105.

Kondakov, A. (Kondakow, A.); Region Altai, Staatl. Zuchtstat. Rysistoe konevodstvo Altaja. **(Die Traberzucht im Altai.)** Konevodstvo i konnyj sport, Moskva **32(107)** (1962) Nr. 5. S. 13–15. — 4 Abb., 2 Tab.

In den Kolchosen und Sowchosen des Altaigebietes werden Pferdezuchtfarmen mit Familien und Blutlinien der besten Orlow- und Russischen Traber geschaffen, die die Grundlage zur Aufzucht reinrassiger Zuchthengste und deren Verkauf an die Kolchosen und Sowchosen bilden sollen, um den Bestand an reinrassigen Traberhengsten aufzufüllen und zu verbessern. 1961 liefen von 75 geprüften Trabern 9 Pferde 2.20 und schneller. Die reinrassigen Traberhengste dienen auch als wertvolle Verbesserer der bodenständigen Arbeitspferde. F. Schenk. 3185.

Volkov, D. (Wolkow, D.) Plemennaja rabota v konnych zavodach Ukrainy. **(Die Zuchtarbeit in den Gestüten der Ukraine.)** Konevodstvo i konnyj sport, Moskva **32(107)** (1962) Nr. 5. S. 11–13. – 1 Tab.
In den Nachkriegsjahren sind in der Verbesserung der Orlowtraber, der Russischen Traber und des Vollblutes Erfolge erzielt worden, bes. in bezug auf die Schnelligkeit der Traber (durch Zuchtwahl bes. nach Schnelligkeit). Bei der weiteren Vervollkommnung der bestehenden und der Schaffung neuer Blutlinien soll die Reinzucht (Linienzucht mit mäßiger und teilweise enger Inzucht zur Festigung des Typs des Blutlinienbegründers und zur Erhöhung der Schnelligkeit) und versuchsweise die Einkreuzung angewendet werden. Wichtig ist dabei die Verbesserung von Haltung, Fütterung und Training (Gruppenhaltung von Stuten und Fohlen, Gruppentraining usw.). F. Schenk. 3235.

Čebotarev, I. und Kuznecova, E. (Tschebotarjow, I. und Kusnezowa, Je.) Mjasnye kačestva pomesej donskich lošadej. **(Die Fleischeigenschaften von Kreuzungstieren der Don-Pferderasse.)** Konevodstvo i konnyj sport, Moskva **31(106)** (1961) Nr. 2. S. 9–10. – 1 Abb., 1 Tab.
Die Kreuzungstiere von Donpferden × bodenständigen Pferden der südöstlichen Steppengebiete weisen bei durchschnittl. Ernährungszustand eine Fleischausbeute von 49,2%, einen Innenfettertrag von 0,45%, einen Blutanteil von 3,98% und eine Fellausbeute von 6,31% auf. F. Schenk. 3350.

Masloboev, A. (Maslobojew, A.) O predstartovoj reakcii rysistych lošadej. **(Über die Reaktion der Traber vor dem Start.)** Konevodstvo i konnyj sport, Moskva **31(106)** (1961) Nr. 2. S. 28–29. – 3 Abb.
Bei trainierten Trabern erhöht sich lange vor Beginn der physischen Belastung die funktionelle Tätigkeit des Organismus (Erhöhung der Puls- und Atemfrequenz und der Körpertemperatur). Diese Reaktion vor dem Start entsteht durch bestimmte Beziehungen zwischen Belastung und Tätigkeit der inneren Organe, wobei allmählich bedingt-reflektorische Verbindungen gebildet wurden, und zwar nicht nur durch die physische Belastung, sondern auch durch eine Reihe anderer damit zusammenhängender Faktoren (Anschirren usw.). Diese Reaktion muß bei der Behandlung des Pferdes vor dem Start stets berücksichtigt werden. F. Schenk. 3360.

Bobylev, I. (Bobylew, I.) Izučenie tipologičeskich osobennostej vysšej nervnoj dejatel'nosti u sportivnych lošadej. **(Untersuchung der typologischen Besonderheiten der höheren Nerventätigkeit bei Sportpferden.)** Konevodstvo i konnyj sport, Moskva **30(105)** (1960) Nr. 2. S. 19–23.
Da die Kenntnis individueller Besonderheiten der höheren Nerventätigkeit für die Auswahl, das Training und die gesamte Nutzung eines Sportpferdes äußerst wichtig ist, wird vorgeschlagen, diese Besonderheiten mit Hilfe der Prüfung verschiedener Reflexe der Tiere festzustellen. Die Pferde, bei denen die Nahrungsreaktion über die Orientierungsreaktion dominiert, der Untersuchungsreflex schnell abklingt und die einen starken Schallreiz gut ertragen, lassen sich am leichtesten zureiten und trainieren. F. Schenk. 3360.

Laskov, A. (Laskow, A.); Moskau, Unions-Forsch.-Inst. für Veterinärhyg. Veterinarnyj kontrol' za treningom. **(Die tierärztliche Kontrolle während des Trainings.)** Konevodstvo i konnyj sport, Moskva **31(106)** (1961) Nr. 2. S. 34–36.

Es wird empfohlen, während des Trainingskomplexes klinisch-physiol. Untersuchungen der Pferde durchzuführen, die aus der Feststellung der Körpertemperatur, der Puls- und Atemfrequenz und des Allgemeinzustandes des Pferdes, der Messung des Blutdrucks, der Prüfung der morphologischen Blutzusammensetzung und des Energieaustausches sowie des Grades der O_2-Sättigung des Blutes vor und nach der Belastung und der Elektrothermometrie der Haut bestehen. F. Schenk. 3360.

C. RINDER

Foot, A. S. Dairy husbandry. **(Die Milchviehzucht in Großbritannien.)** J. Roy. agric. Soc. England **122** (1961) S. 187–202. — 49 Lit.

Während Ende März 1961 in England und Wales die Milcherzeugung um 82,5% größer war als im vergangenen Jahre, ging die Zahl der Milcherzeuger wiederrum zurück. 60% der zuchtfähigen Rinder werden besamt, die Nachfrage nach Samen von Friesenbullen ist im Berichtszeitraum von 38,1% auf 44,5% angestiegen. Bei den Nachkommenschaftsprüfungen hat es sich nicht als erforderlich erwiesen, die Töchterprüfgruppen in Herden mit günstigen, mittleren oder schlechten Umweltbedingungen getrennt zu prüfen bzw. die Prüfungen in Herden mit höheren Leistungen zu konzentrieren. Die Stallgefährtinnen müssen jedoch etwa zur selben Zeit abkalben, wie die Töchter des zu prüfenden Bullen. Von 1000 zu Beginn der Prüfung vorhandenen Töchtern jedes Bullen sind nach 3 Laktationen noch vorhanden: bei guten Bullen 315 Töchter, bei mittleren 261, bei schlechten Bullen 220 Töchter. — Die zwischen morphologischen Merkmalen und der Leistung bestehenden Beziehungen reichen als Selektionsgrundlage meist nicht aus. In neueren Untersuchungen wurde jedoch zwischen den Eutermaßen des Kalbes und der 1. Laktation bei den Roten und Schwarzbunten Dänen und zwischen der durchschnittl. Erythrocytenzahl im Alter von 3 Mon. und der 1. Laktation Beziehungen gefunden. 16,4% der Milchkühe scheiden jährl. aus, so daß das Durchschnittsalter ca. 6 Jahre beträgt. Obwohl vom Züchter die Langlebigkeit häufig als eine familiengebundene Eigenschaft betrachtet wird, scheint sie nach den bisherigen Untersuchungen überwiegend durch nicht genetische Faktoren bestimmt zu sein. 41,3% aller ausscheidenden Friesenkühe und 21,3% der Jerseys werden wegen Unfruchtbarkeit und bei beiden Rassen 10% der selektierten Tiere wegen Mastitis gemerzt. — Die Streitfrage, ob eine knappe oder eine reichliche Jugendernährung den Milchertrag begünstige, ist bisher so zu beantworten, daß eine Ernährung, die für ein lb. Tageszunahme ausreicht, wahrscheinlich bessere Milchleistungen zur Folge hat, als eine für 1½ lb. Zunahme bemessene. — Über den rel. Wert von Heu und Silage für die Milcherzeugung herrscht noch Unklarheit. Teils besteht der Eindruck, daß bei vorwiegender Silagefütterung auch bei Fütterung ad libitum Kühe mit Tagesleistungen über 25 lb. nicht genug Nährstoffe aufnehmen. Wenn jedoch das Gras zur Heu- und zur Silagefütterung zur gleichen Zeit gemäht wurde, haben sich die in der Silage enthaltenen Futterwerteinheiten als milchproduktiver erwiesen als die im Heu. Abschließend enthält die Arbeit Ausführungen über den Einfluß der Fütterung auf die einzelnen Milchbestandteile und die Probleme der Stallhaltung sowie die Kostenfragen der Milcherzeugung. H. Busse. 3410.

Veit. **Existenzfragen der Rinderhaltung in Südwestafrika.** Tierzüchter **13** (1961) Nr. 24. S. 604–606. — 5 Abb.

Vf. wirft 3 Fragen auf: 1. Welche Rinderrasse eignet sich am besten und bringt die höchste Rentabilität? 2. Kann die Doppelnutzung, Fleisch- und Milchproduktion, eine Verbesserung der Wirtschaftlichkeit bringen? 3. Welche Möglichkeiten gibt es, um einen rascheren Viehumschlag und bessere Fleischqualität zu erzielen? — Nach dem derzeitigen Stand haben den besten Zuwachs und größten wirtschaftlichen Erfolg das Rote Afrikaner-Rind, das

Braunvieh und das Fleckvieh zu verzeichnen. In Anpassung an westeuropäische Verhältnisse (z. B. Westdeutschland) wird man auch in Südwestafrika künftig danach streben müssen, das Weideendgewicht von ca. 600 kg mit 2–3jährigen anstatt mit 3- und mehrjährigen Tieren zu erreichen. Vf. kommt nach eingehendem Studium der dortigen Rinderhaltung zu dem Schluß, daß mit dem Fleckvieh ein schweres, fleischwüchsiges Rind mit guter Milch- und Fleischleistung bei bester Fleischqualität, ein Rind also im wirklichen Doppelnutzungstyp, zur Verfügung steht. W. Fleischmann. 3410.

Ritson, J. B. und Norman, M. J. T. A sample census of cattle in the East Kimberley region. **(Eine Probe-Viehzählung in der East-Kimberley-Region.)** J. Austral. Inst. agric. Sci. **27** (1961) Nr. 1. S. 16–19. — 4 Tab.

Da die Tierzuchtbetriebe der East-Kimberley-Region meist wenig Überblick über die Altersgruppenzusammensetzung ihrer Herden besitzen, ist oft der Zeitpunkt sowie das Alter bei der ersten Belegung der Färsen nicht bekannt und somit eine wirksame Kontrolle der Wirtschaftlichkeit unmöglich. Erhebungen in der Trockenzeit 1959 ergaben, daß in den Altersklassen über 1 Jahr und 1–2 Jahre je etwa die gleiche Anzahl männl. und weibl. Tiere zur Schlachtung gelangten. In der Klasse 2–4 Jahre alt erhöhten sich die Zahlen insbesondere für die weiblichen Tiere, während über 4 Jahre alt nur wenige männl., aber noch eine erhebliche Anzahl weibl. Tiere geschlachtet wurden. Die Ursachen der Unterschiede werden besprochen.

K.-H. Voigtländer. 3410.

Lotos, M. M. (Lotosch, M. M.); Ukrain. Akad. der Landwirtsch.-Wiss. O sozdanii moločno-mjasnogo tipa skota krasnoj stepnoj porody. **(Über die Herauszüchtung eines Milch-Fleisch-Typs bei den Rindern der Roten Steppenrasse.)** Visnyk sil'škogospodarškoï nauky, Kyïv **3** (1960) Nr. 7. S. 46–50. — 2 Abb., 4 Tab. Orig.: ukrain., Ausz.: russ.

Vf. hält eine Vereinigung hoher Milchleistung mit guter Fleischergiebigkeit in einem Milch-Fleisch-Typ des Roten Steppenviehs für wirtschaftlich vorteilhaft. Er empfiehlt, diesen Typ durch Selektion innerhalb der Rasse zu erzüchten. Hauptaugenmerk soll dabei auf Milchergiebigkeit und Konstitutionsstärke gelegt werden. Das Tiermaterial, welches bisher in gelenkter Zucht diesem gewünschten Typ nähergebracht wird, ist nach Ansicht des Vf. quantitativ und qualitativ noch unzureichend. Die Erzüchtung eines Kombinationsrindes innerhalb der Roten Steppenrasse wird als theoretisch und wirtschaftlich interessant angesehen. W. Sommerfeld. 3480.

Ekić, S. und Pajanović, R. Prilog poznavanju prilagodjivanja sivog tirolskog govečeta. **(Ein Beitrag zur Kenntnis der Anpassungsfähigkeit des Tiroler Grauviehs.)** Stočarstvo [Zagreb] **15** (1961) Nr. 7/8. S. 402–409. — 3 Abb., 2 Tab., 3 Lit. Zus. in Dtsch.

Nach Körpermessungen an 105 original Grauviehkühen in Tirol, 139 importierten Tieren und 59 bzw. 15 Kühen der 1. bzw. 2. Nachzuchtgeneration wurden biometrisch fast dieselben Werte für original und in Bosnien nachgezüchtete Tiere errechnet. Die erreichte Milchleistung war in Bosnien um ca. 28% niedriger als im Originalzuchtgebiet (2010 $\pm$ 63,66 kg bzw. 2805 $\pm$ 69,11 kg), was als eine Modifikation infolge schlechterer Fütterung angesehen wird. Somit bekräftigten auch diese Untersuchungen die bekannte gute Anpassungsfähigkeit des Tiroler Grauviehs in kärglicheren Hochweidegebieten.

I. Šmalcelj. 3480.

Engeler, W.; Zug, Schweiz, Braunviehherdbuchstelle. **Prüfung und Selektion auf Milchleistungseigenschaften beim Rind.** Schriftenr. Max-Planck-Inst. Tierzucht Tierernähr., Vortr. II int Ferienkurses junge Tierzuchtwissenschaftler in Mariensee, Sonderband **1961** S. 349–380. — 3 Abb., 1 Tab., 12 Lit.

Allg. und bes. Leistungen kennzeichnen die Leistungseigenschaften des Rindes, wobei die allg. Leistung oft die Grundbedingung für die spez. Leistungen — Milch- und Fleischleistung u. a. — sind. Vf. gibt in umfassenden Ausführungen einen Überblick über die Durchführung und Organisation der Milchleistungsprüfung in Europa unter dem Blickwinkel, daß zuverlässige und umfassende Prüfungsergebnisse die erste Voraussetzung jeder Selektion nach Leistung darstellen. Es wird erläutert, in welcher Weise die Milchleistungsprüfungsergebnisse für die Leistungszucht auswertbar sind und welcher Aussagewert den in der Praxis gebräuchlichen Verfahren — CC-Test, Töchter-Mütter-Vergleich u. a. — zukommt. Die Praxis darf sich von der Anwendung dieser Verfahren nicht abhalten lassen, um die großen Aufwendungen für die MLP der Zucht nutzbar zu machen, wenngleich neuere Erkenntnisse auf populationsgenetischem Gebiet durchaus Weiterentwicklungen bringen können. E. Kieslinger. 3520.

Heidhues, Th. **Notwendigkeit und Möglichkeit der Selektion auf mehrere Leistungseigenschaften beim Rind.** Züchtungskunde **34** (1962) Nr. 3. S. 99–111.
Nach einem allgemeinen Überblick über die Problematik der Selektion in der Rinderhaltung (bes. Westdeutschlands) geht Vf. auf Selektionsmerkmale ein. Es sollte nur auf solche Merkmale selektiert werden, die mit Sicherheit einen Erfolg versprechen. Dabei darf jedoch nicht außer acht gelassen werden, daß der Erfolg der Selektion von der genetischen Variation der Population und der genügend hohen Heritabilität eines Merkmals abhängig ist. Weiterhin müssen die Beziehungen der einzelnen Selektionsmerkmale untereinander Berücksichtigung finden. — Folgende Selektionsmerkmale werden einer ökonomischen und genetischen Analyse unterzogen: Milchmenge, Fettgehalt, Eiweiß und fettfreie Tr.-Subst., Fruchtbarkeit beim weibl. Tier, Langlebigkeit, Euterform und Melkbarkeit, tägl. Zunahme bei der Jungtiermast, Futterverwertung, Schlachtwert, Typ und Form, wobei Vf. schlußfolgert: „Als wichtigste Selektionsmerkmale bleiben bestehen: Fettmenge, tägl. Zunahme, Milchmenge — mit potentiellem Hinzukommen von Schlachtwert, Eiweißgehalt, Melkbarkeit, Fruchtbarkeit, wenn neue genetische Erkenntnisse das möglich erscheinen lassen, und mit kritischer Beobachtung von Euterform, Körperform, soweit letztere die ersten Eigenschaften negativ beeinflussen können". W. Häckert. 3560.

Stahl, W. und Rasch, D. **Untersuchungen über Beziehungen zwischen Körpermaßen und der Milchleistung beim Schwarzbunten Niederungsvieh.** Arch. Tierzucht **5** (1962) Nr. 2. S. 93–104.
Bei der eingehenden Betrachtung der älteren und neueren Literatur konnten die Vff. feststellen, daß folgende Ursachen die zum Teil beträchtlichen Unterschiede der einzelnen Ergebnisse hervorrufen: 1. Die Methoden der einzelnen Autoren sind unterschiedlich, 2. die Bezeichnung Milchleistung ist nicht einheitlich, 3. bei den einzelnen Körpermaßen wurden entweder abs. oder relativierte Zahlen benutzt, 4. das Material stammt oft aus verschiedenen Herden und ist häufig in bezug auf Rasse und Alter uneinheitlich, 5. der Zusammenhang zwischen Milchleistung und Körpermaßen kann in den einzelnen Altersgruppen und Rassen unterschiedlich sein. An einem Dummerstorfer Material von 107 schwarzbunten Färsen wurden im Alter von 52 Wochen 13 Körpermaße genommen, an denen untersucht wurde, ob zwischen der Gesamtheit der Körpermaße eine höhere Korrelation zur 305-Tage-Laktationsleistung besteht als für die einzelnen Maße. Durch die Anwendung der Faktorenanalyse ergaben sich 3 Schwerpunktfaktoren, deren multipler Korrelationskoeffizient $R = 0{,}35$ ergab. Dieser Wert ist zu niedrig und läßt eine Selektion auf Milchleistung auf Grund der im Alter von 52 Wochen ermittelten Körpermaße nicht zu. Herbert Winkler. 3560.

Magee, W. T., Brinks, J., Nelson, R. H. und Branaman, G. A. Some factors affecting weaning weight and score of beef calves. **(Einige Faktoren, die das Absatzgewicht und die Bewertung von Fleischkälbern beeinflussen.)** Michigan State Univ., agric. Exp. Stat., quart. Bull. **43** (1961) Nr. 3. S. 556–562. — 1 Tab., 3 Lit.

Die Absatzgewichte und Bewertungspunkte von 326 Kälbern (Nachkommen von 23 Bullen) wurden nach dem Alter des Muttertieres sowie nach dem Geschlecht und dem Alter des Kalbes korrigiert. Aus diesen berichtigten Werten ergaben sich für Absatzgewicht und Bewertung Heritabilitätskoeffizienten von 0,3 bzw. 0,7. Die phänotypische Korrelation zwischen diesen beiden Merkmalen belief sich auf +0,4, die genetische jedoch auf −0,44.

K.-H. Voigtländer. 3560.

Liebenberg, Mudra, Lenschow und Jannermann. **Euterentwicklung und -beeinflussung.** Forsch.- u. Entwickl.-Stelle Dummerstorf, Institut für Tierzuchtforschung der Deutschen Akademie der Landwirtschaftswissenschaften zu Berlin Plan-Nr.: 1701 16 h–1–06/6.

An 21 Tieren wurden die Milchdrüsen bis zum Alter von 24 Wochen abgetastet, um darauf evtl. Selektionsmaßnahmen zu gründen. An 11 von diesen Tieren konnten die auf Grund der Palpation ermittelten Maße mit den Drüsenkörpern verglichen werden, die den Färsen bei der Schlachtung entnommen wurden. Die Korrelation der gemessenen Werte betrug r = 0,986 und die der Palpationswerte mit den durch Wasserverdrängung ermittelten Volumina r = 0,959. Die Beziehung zwischen der abgetasteten Größe der Drüsenmasse und der späteren Milchleistung beträgt r = 0,353. Zwischen der Größe der vorderen Drüsenkörper beim Kalb und der anteiligen Milchleistung der Vorderviertel des späteren Euters besteht eine Korrelation von r = 0,519 für die Palpation bei 20 Wochen. 3560.

Mount, G. A., Howell, D. E., Berousek, E. R. und Morrison, R. D. Estimates of heritability of fly susceptibility in dairy cattle. **(Schätzung der Erblichkeit der Fliegenempfänglichkeit von Milchrindern.)** J. Dairy Sci. **45** (1962) Nr. 4. S. 543–544. — 1 Tab., 6 Lit.

Vff. untersuchten die Fliegenempfänglichkeit durch Auszählung bei Milchrindern von 4 verschiedenen Rassen über mehrere Jahre und schätzten die Erblichkeit nach der Methode der väterlichen Halbgeschwister (1) bzw. der Töchter-Mütterkorrelation (2). Während die Ergebnisse der Methode (1) nicht überzeugend waren, zeigten 9 von den 15 nach Methode (2) berechneten Heritabilitäten positive Werte, die auf die Möglichkeit eines Zuchterfolges durch Selektion hindeuten. A. Schaaf. 3578.

Birjukova, K. S. (Birjukowa, K. S.) O geterozise mežduporodnom i vnutriporodnom. **(Über Heterosis zwischen den Rassen und innerhalb einer Rasse.)** Visnyk sil'śkogospodarśkoï nauky, Kyïv 4 (1961) Nr. 12. S. 57–61. — 6 Tab. Orig.: ukrain., Ausz.: russ.

Kühe der Ukrainischen Weißkopfrasse wurden mit Simmentaler Bullen gekreuzt. In der F_1 zeigte sich ein deutlicher Heterosiseffekt. Im Durchschnitt von 3–4 Generationen hatten die Kreuzungskühe gegenüber der Weißkopfrasse (Töchter-Mütter-Vergleich) einen um 23–25% höheren Milchertrag bei einem um 0,14–0,15% höheren Fettgehalt und einen um 28–30% höheren Milchfettertrag. Gegenüber der Simmentaler Rasse (Vergleich mit den Halbschwestern des Vaters) lag die Milchleistung der Bastardkühe um 16–21% und der Milchfettertrag um 13–15% höher. Ein Heterosiseffekt in gleicher Höhe wurde aber auch bei Reinzucht, bei der Paarung 2 verschiedener Rassentypen, die unter unterschiedlichen klimatischen Bedingungen gehalten wurden, erzielt. Gepaart wurden bodenständige Teresiner Rinder mit eingeführten.

Die Milchleistung der Nachkommen wurde um 21–23%, der Milchfettertrag um 17–21% und das Lgw. der Tiere um 7–10% verbessert.

G. Häßler. 3606.

Horn, A. und Dohy, J.; Budapest, Kísérletügyi Közlemények. A jersey keresztezés hatása a magyar tarka tehenek ellésére. **(Einfluß der Jersey-Kreuzung auf das Abkalben ungarischer Fleckviehkühe.)** Kísérletügyi Közlemények, Állattenyésztés [Mitt. landwirtsch. Versuchsstellen Ungarns, Tierzucht] **53/B** (1960) Nr. 2. S. 3–15. – Aus: Ung. Agrar-Rdsch. **1962** Nr. 2.

Die Untersuchungen wurden in den Jahren 1957 und 1958 in 7 Betrieben durchgeführt. Es wurde festgestellt, daß in den Versuchsjahren bei den ungarischen Fleckviehfärsen 21,9–34,4% Schwergeburten oder durch Schwergeburten entstandene Komplikationen vorkamen, während solche Erscheinungen bei Fleckviehfärsen, die mit Jersey- oder F_1-Bullen gekreuzt wurden, unter ca. 800 Fällen kein einziges Mal vorkamen. Das durchschnittl. Geburtsgewicht der F_1-Färsenkälber betrug 27,6 kg, das der Fleckviehfärsenkälber 36,6 kg, das der F_1-Bullenkälber 33,3, das der Fleckvieh-Bullenkälber 38,4 kg. R_1-Färsenkälber (nach Fleckvieh) wogen 33,0 kg, Bullenkälber 35,2 kg bei der Geburt, im gleichen Betrieb war das Gewicht der Fleckvieh-Färsenkälber 39,7 kg, das der Fleckvieh-Bullenkälber 42,9 kg. Ferner werden Angaben über Körpermaße bei den neugeborenen Kälbern gemacht. 3606.

Dhandapani, M. N.; Madras Veterin. Coll., Dep. of Gynaecol. Age at first calving and intercalving period in cross bred cows with varying amounts of Red Sindhi and Jersey blood. **(Erstkalbealter und Zwischenkalbezeit bei Kreuzungskühen mit verschiedenen Red-Sindhi- und Jersey-Blutanteilen.)** Indian veterin. J. **39** (1962) Nr. 4. S. 225–228. – 2 Tab., 12 Lit.

Die Kreuzung von Jersey-Kühen mit Sindhi-Bullen und die Rückkreuzungen der Nachkommen mit Sindhi-Bullen in weiteren 4 Generationen führten zu einer Erhöhung des Erstkalbealters, das sich somit demjenigen der Sindhis näherte. Die Zwischenkalbezeit veränderte sich dagegen nicht. Es wird der Schluß gezogen, daß das Erstkalbealter eine spez. Rasseeigenschaft, die Zwischenkalbezeit jedoch bei beiden Rassen gleich ist.

K.-H. Voigtländer. 3610.

Biswal, G. und Rao, A. M.; Orissa, Dep. of Animal Husbandry, Veterin. Serv. Effect of weaning on Red Sindhi cows. Part III. Fertility after different calvings and after different intervales of calvings. **(Die Bedeutung des Absetzens der Kälber nach der Geburt bei Red Sindhi-Kühen. 3. Mitt. Einfluß der Zahl der Abkalbungen und des Service-Intervalls auf die Fruchtbarkeit.)** Indian veterin. J. **37** (1960) Nr. 11. S. 570–575. – 2 Tab., 18 Lit. 1. und 2. Mitt. vgl. LZ. Abt. III **6** (1961) Nr. 8. S. 1380.

Das Absetzen der Kälber nach der Geburt erhöhte die Konzeptionsrate nach Erstbesamung von 54,8% auf 72,7%. Die Konzeptionsrate nach dem 1., 2. und 3. Abkalben nach Erstbesamung betrug bei Kühen, deren Kälber abgesetzt waren (A-Kühe), 70,4%, 73,3 und 75,0%, während bei Kühen, deren Kälber nicht abgesetzt wurden (B-Kühe), die Konzeptionsrate 50,0%, 53,8 und 56,9% erreichte. Bei einer Erstbesamung bis zum 90. Tag, zwischen dem 91.–120., dem 121.–150. und dem 151.–180. Tag nach dem Kalben wurde bei den A-Kühen eine Konzeptionsrate von 78,3%, 72,1%, 65,0% und 62,5% bzw. bei den B-Kühen von 55,5%, 66,6%, 58,3% und 55,5% festgestellt.

K. Mudra. 3610.

Luktuke, S. N. und Joshi, S. R. Intra-uterine treatment of repeat breeders with antibiotics. **(Die intra-uterine Behandlung von „Umrinderern“ mit Antibiotica.)** Indian J. veterin. Sci. Animal Husbandry **31** (1961) Nr. 4. Genetics and Breeding Suppl. S. 10–12. – 1 Tab., 1 Lit.

Die verlängerte Zwischenkalbezeit ist in vielen Herden ein wesentliches Problem. Die Tiere werden bei normalen oder fast normalen Zyklus- und

Brunstperioden mehrfach bedeckt, ohne zu konzipieren. Die Hauptursachen der Fruchtbarkeitsstörungen liegen 1. im Ausbleiben der Konzeption, 2. im embryonalen Frühtod. Der letztere wird in der Mehrzahl der Fälle durch eine uterine Infektion bedingt. Zur Keimflora gehören nicht hämolysierende und hämolysierende Streptokokken, Staphylokokken, Neisseria, *Escherichia coli*, *Bacillus subtilis* u. a. mehr. 67 umrindernde Kühe und 8 Färsen der Hariana-Rasse erhielten 24 Std. nach dem Deckakt eine intrauterine Infusion von 400000 I E Penicillin und 1 g Streptomycin. 60% der Tiere konzipierten nach einer Behandlung. H. Busse. 3610.

Bočarov, I. A. (Botscharow, I. A.); Leningrad, Veterinärmed. Inst. Metody predupreždenija besplodija korov. **(Methoden der Sterilitätsverhütung bei Kühen.)** Vestnik sel'skochozjajstvennoj nauki, Moskva 7 (1962) Nr. 3. S. 96–104. — 1 Abb. Zus. in Engl., Franz., Dtsch.
Ernährungsbedingte Ursachen haben einen Anteil von 30–50% und mehr an den Fruchtbarkeitsstörungen der Kühe. Deshalb kommt der frühzeitigen Erkennung und der Verhütung von qualitativen und quantitativen Ernährungsfehlern eine große Bedeutung zu. Erkrankungen der Geschlechtsorgane haben einen Anteil von 5–15%. Auf die Zusammenhänge von Ernährungsfaktoren und Erkrankungen der Geschlechtsorgane wird hingewiesen (persistierende Corpora lutea in Betrieben mit ungenügender Versorgung an Provitaminen und Mineralien sowie ohne Auslauf). Zur Erkennung von Unfruchtbarkeitsursachen ist in allen Betrieben eine enge Zusammenarbeit zwischen Zootechniker und Tierarzt erforderlich. In bestimmten Abständen müssen die Zuchttiere untersucht werden. Die optimale Gestaltung von Fütterung und Umwelt hat bes. große Bedeutung. B. Busch. 3610.

Bulgakov, N. und Sadykov, G. (Bulgakow, N. und Sadykow, G.); Orenburg, Landwirtsch. Inst. Jalovosti v stade net. **(Kein Sterilitätsfall in der Herde.)** Moločnoe i mjasnoe skotovodstvo, Moskva 7 (1962) Nr. 8. S. 34–35.
Regelmäßige Zuchtkontrolle, das Besamen der Kühe in der 1. Brunst nach dem Abkalben, die Verbesserung der Fütterung und ausreichende Bewegungsmöglichkeiten wirken steigernd auf die Fruchtbarkeit der Kühe. Es wurde beobachtet, daß eingespritztes Sperma mit einer Temperatur von 2–3 °C zu Verkrampfungen der Gebärmutter führt und dadurch wieder ausgeschieden wird. Zur Verhinderung dessen wird die Pipette mit 1%iger auf 40 °C erwärmter Natriumlösung bearbeitet. Das mit dieser Pipette eingeführte Sperma hat eine Temperatur von ca. 20 °C. Die Gebärmutter über 10 Jahre alter Kühe senkt sich häufig in die Bauchhöhle, es kann dann nur eine Zervikalbesamung ohne Scheidenspiegel durchgeführt werden. R. Ihssen. 3610.

Bakos, K., Bane, A. und Thal, E.; Stockholm, Tierärztl. Hochschule, Veterinärmed. Staatsinst., Abt. für Geburtshilfe und Gynäkol. **Mycoplasmen (PPLO) in Beziehung zur Fruchtbarkeit bei Bullen.** Zbl. Veterinärmed. 9 (1962) Nr. 4. S. 397–410. — 6 Tab., 22 Lit.
57 Bullen wurden auf das Vorkommen von Mycoplasmen (PPLO) im Präputium, Sperma und in den Geschlechtsorganen untersucht. Bei 21 gesunden, fertilen Bullen wurden in 52,4% der Fälle Mycoplasmen nachgewiesen. Weitere 36 untersuchte infertile Bullen erbrachten 64,8% Mycoplasmenbefunde, Sterilität nicht infektiöser Ätiologie 63,6%, Sterilität auf Grund histologisch nachgewiesener entzündlicher Veränderungen 75,0%, Begattungsinfektionen 77,8%. Die unterschiedliche Häufigkeit der Mycoplasmenbefunde in den einzelnen Gruppen war statistisch nicht signifikant. Auch die Häufigkeit der positiven Befunde gab keinen Hinweis zur Diagnostik von Geschlechtsinfektionen. Nur 1 Mycoplasmastamm wurde als S-Stamm im Sinne Edwards angesehen, bei allen übrigen handelte es sich um P-Stämme. Letztere zeigten serologisch untereinander eine mehr oder weniger ausgeprägte Verwandtschaft,

nicht jedoch mit dem S-Stamm. Das häufige Auftreten von PPLO-positiven Bullen ließ sich nicht in irgendeine Beziehung zu einer bestimmten Art pathologisch-anatomischer Veränderungen an den Geschlechtsorganen bringen. Th. Hubrig. 3610.

Joubert, D. M. Length of the pregnancy period and di-oestrous cycle in Jersey cattle. **(Die Länge der Trächtigkeitsperiode und des Zwischenbrunstzyklus bei Jersey-Rindern.)** South African J. agric. Sci. **5** (1962) Nr. 2. S. 347–348. – 2 Tab.
Die mittlere Trächtigkeitsdauer von 306 Herdbuch-Jersey-Kühen belief sich auf 277,2 ± 0,74 Tage (196–312 Tage). Ungewöhnlich kurze (weniger als 260 Tage) und ungewöhnlich lange (mehr als 300 Tage) Trächtigkeitsperioden (ca. 5% des Materials) wurden ausgeschlossen. ♂ Kälber verursachten eine um 3,1 Tage längere Trächtigkeitszeit als ♀, dieser Unterschied war signifikant (0,05). Die mittlere Länge des Zwischenbrunstzyklus betrug bei Jersey-Kühen 21,7 ± 0,36 Tage (16–27 Tage). Diese Zeit zwischen der Brunst war nach dem 2. Kalb um 0,7 Tage länger als nach dem 1., der Unterschied war bei 5% Wahrscheinlichkeit signifikant. K. Männel. 3612.

Tomar, N. S. und Tomar, S. P. S.; Mathura, U.P. Coll. of Veterin. Sci. and Animal Husbandry. Effect of the sex of buffalo calves on the economic traits of their dams. **(Der Einfluß des Geschlechtes von Büffelkälbern auf die Wirtschaftlichkeit ihrer Mütter.)** Indian veterin. J. **39** (1962) Nr. 4. S. 228–231. – 5 Tab., 3 Lit.
Untersuchungen an Murrah-Büffeln ergaben, daß die Geburten männl. oder weibl. Kälber keine signifikanten Unterschiede hinsichtlich Laktationsdauer, Milchleistung, Zwischenkalbezeit, Länge der Trockenzeit und Trächtigkeitsdauer zur Folge hatten. K.-H. Voigtländer. 3614.

Heidhues, T. **Probleme bei der Zuchtplanung durch Besamungsgenossenschaften.** Tierzüchter **14** (1962) Nr. 11. S. 408–409.
Vf. behandelt die Probleme der Zuchtplanung für Besamungsgenossenschaften und zeigt Wege auf, wie die Besamung zum züchterischen Fortschritt werden kann. Herbert Winkler. 3618.

Hoffmann, M.; Rostock, BTJ. **Hinweise für die Grünfütterungsperiode der Rinder in den LPG und VEG.** Tierzucht **16** (1962) Nr. 7. Fütterungsberatung 2 Nr. 4. S. 25–28. – 7 Tab., 19 Lit.
Folgende Hinweise werden zur Sicherung einer kontinuierlichen Milchproduktion während der Grünfütterungsperiode gegeben: An 1. Stelle stehen richtige Organisation und vorausschauende Futterplanung auf der Grundlage von Jahresfutternormen. Wichtigster Bestandteil der Futterplanung ist der Grünfutterverteilungsplan. Um die Ergänzungsfütterung als Ausgleich zur Weide zu sichern, ist es notwendig, zusätzlich in den Mon. Juli–15. Okt. für je 100 Kühe 450, 590, 830 und 650 dt Grünmasse aus dem Feldfutterbau bzw. aus Reserven zur Verfügung zu stellen. Die rationelle Zufütterung von Grünmais zu eiweißreichem Grünfutter wird erläutert, dgl. durch Beispiele die Bereitung von Grassilage neben der Erzeugung von 8 dt Heu/Kuh als Schwerpunkt der diesjährigen Grünfütterungsperiode dargelegt.
E. Kieslinger. 3632.

Krŭstanov, Christo V. (Krâstanow, Christo W.) Opiti za ustanovjavane na neobchodimite količestva furaž za chranene na otbiti ženski teleta i junici za polivnite rajoni na stranata. **(Versuche zur Feststellung der notwendigen Futtermengen für weibliche Absatzkälber und Färsen in den Bewässerungsgebieten Bulgariens.)** Izvestija na Centralnija naučnoizsledovatelski institut po životnovŭdstvo „Georgi Dimitrov" – Kostinbrod, Sofija **12** (1961) S. 185 bis 195. – 5 Tab., 10 Lit. Zus. in Russ., Engl.

In Versuchen mit über 6 Mon. alten Zuchtkälbern vom Milch-Fleisch-Typ wurde festgestellt, daß die Tiere in den verschiedenen Altersperioden folgender Futtermengen bedürfen: 6–12 Mon. – 653 FE mit 71,1 kg verd. Protein, 12–18 Mon. – 860 FE mit 93,6 kg verd. Protein, 18–24 Mon. – 950 FE mit 101,9 kg verd. Protein; tragende Färsen vom 6. Trächtigkeitsmonat bis zum Kalben – 674 FE mit 67,2 kg verd. Protein. Während der Wintermonate muß der Kraftfutteranteil in der Ration betragen: in der Altersperiode 6–12 Mon. – 26,8%, 12–18 Mon. – 19,2%, 18–24 Mon. – 13,4% und für tragende Färsen – 18,8%; im Sommer nur Grünfütterung (Weide, und falls notwendig, Grünfutterbeilage); nur den Kälbern vom 6.–9. Mon. wird 0,4–0,5 kg und den tragenden Färsen 1 kg Kraftfutter je Kopf zusätzlich verabreicht.

N. Platikanow. 3636.

Koubek, Karel; Ústav pro Vědeckou Soustavu Hospadaření. Vyrovnané krmení skotu z hlediska fyziologického, chovatelského a ekonomického. **(Ausgeglichene Rinderfütterung aus physiologischen, züchterischen und ökonomischen Gesichtspunkten.)** Náš Chov **1962** Nr. 8. S. 242–244. – 5 Abb.

Eine erfolgreiche Rinderhaltung ist nur bei ausgeglichener Fütterung der Herde möglich. Die ausgeglichene Fütterung stellt die grundlegende Zuchtmaßnahme dar, und eine richtige Leistungsselektion ist ohne ausgeglichene Fütterung unmöglich. Die Arbeits- und Kraftfutterkosten nehmen mit der steigenden Nutzleistung zu; bei steigender Nutzleistung gehen die Selbstkosten je 1 kg Milch wesentlich zurück. Will man die Milchproduktion auf eine bestimmte ökonomische Stufe bringen, so muß man bei der Melkkuh auch eine bestimmte min. Nutzleistungsfähigkeit erzielen, wobei die Einnahmen für Milch die Selbstkosten decken müssen. Die min. Nutzleistung beträgt im Durchschnitt ca. 6 l Milch tägl. Die billigste StE erzielt man beim Weidebetrieb und mit Maissilage. Das kg Eiweiß kommt in Form von Weidebestand und Klee am billigsten zu stehen; daraus ergeben sich auch die ökonomischen Vorteile des Weidebetriebes. Das Kraftfutter soll vor allem den Schweinen und dem Geflügel zugutekommen. K. Beran. 3638.

Royle, R. B. Stall-feeding of native cattle in Cholo. **(Stallfütterung einheimischer Rinder in Cholo.)** Nyasaland Farmer Forester **5** (1961) Nr. 4. S. 12–14. – 2 Tab.

Angeregt von den Erfolgen kleinerer Eingeborenenwirtschaften in Kenia mit der Stallfütterung des zur Schlachtung bestimmten Rindviehs wurden derartige Versuche auch im Gebiet von Cholo in Nyasaland (Afrika) als Schauversuche mit Zebus durchgeführt, denn man versprach sich auch hier von der Stallfütterung während der letzten 6 Mon. vor der Schlachtung besseres Material als von dem üblichen Weidegang. Je Tier und Tag wurden verabfolgt: frisches Napiergras (bes. schmackhaft) satt, 5 lb. Bananenschnitzel, 1–2 lb. Maiskleie und eine gute Handvoll Steinsalz, alles sorgfältig gemischt, dazu bestes Frischwasser satt. In den letzten 25 Tagen vor dem Schlachten wurde eingeweichter Mais sozusagen als „Abschlußration" in folgender Menge (jeweils für 5 tägige Abschnitte) gefüttert: 5; 7; 10; 12 und 15 lb. Auf die strenge Sauberhaltung der Standplätze in den kralartigen Ställen als wichtige Voraussetzung für das Wohlbefinden der Tiere wird bes. hingewiesen. Dieses System sollte sich, so wird aus den erfolgreichen Versuchen gefolgert, gerade in den kleinflächigen Wirtschaften (geringer Flächenbedarf!) immer mehr durchsetzen, zumal neben besseren Ausschlachtungsergebnissen auch der Stalldunganfall sich günstig auf die Bodenfruchtbarkeit auswirkt.

W. Fleischmann. 3652.

Šmalcelj, I. Fiziološki i hranidbeni technički faktori racijonalizacije odnosno pojeftinjenja tova junadi. **(Physiologische und fütterungstechnische Faktoren der Rationalisierung bzw. Verbilligung der Jungrindermast.)** Stočarstvo (Zagreb] **15** (1961) Nr. 7/8. S. 380–385. – 2 Tab.

Die Verkaufspreise der gemästeten Jungrinder wachsen langsamer als die Preise für Produktionsmittel und meist auch langsamer als die für die aufgewendeten Arbeitsleistungen, was bes. die Produktion in den großen VEG erschwert. Diese negativen Erscheinungen sollten durch folgende Faktoren gesteuert werden: 1. Erhöhung der Bruttolebendgewichtsproduktion je eingesetzter AK (nicht tierzahl-, sondern gewichtsmäßig), 2. Wahl der innerhalb der Rassen genetisch besser veranlagten Tiere (durch die Nachkommenschaftsprüfung einiger Fleckviehbullen wurden z. B. bei einem Bullen Nachkommenschaftszuwachsraten von 1440 g/Tier und Tag bis zu einem Gewicht von 500 kg in 340 Tagen bei einem Verbrauch von 3,3 kg StW je kg Zuwachs festgestellt, bei einem anderen waren die korrespondierenden Werte 1050 g, 438 Tage und 4,3 kg StW, bei schwarzbunten Bullen entspr. 1100 g, 427 Tage, 4,1 kg StW. bzw. 920 g, 511 Tage und 4,9 kg StW), 3. richtige Zusammensetzung der Gesamtmast- und Tagesrationen (die tägl. Futterkosten erreichten in einer gut ausbalancierten Silagemast 181 din = 0,97 DM, und in einer mit schlechter Silage durchgeführten Mast 241 din = 1,29 DM je kg Zuwachs).
I. Šmalcelj. 3652.

Ragab, M. T. und Asker, A. A. Some economic characteristics of the Friesian cattle in the Tahreer Province. **(Einige ökonomische Eigenschaften des Friesian-Rindes in der Tahreer-Provinz, Ägypten.)** Ann. agric. Sci., Fac. Agric., Ain Shams Univ., Cairo 4 (1959) Nr. 1. S. 103–114. — 3 Tab., 11 Lit.
Die Resultate 5jähriger Untersuchungen zeigen, daß das Durchschnittsalter der erstkalbenden Kühe 30,2 Mon. beträgt. Die durchschnittl. Milchmenge in 305 Laktationstagen beläuft sich auf 6326 lb. Die Trockenperiode beträgt 107 Tage. — Die Tierverluste infolge Verenden liegen bei 7,9%.
H. Hamdi. 3662.

Montsma, G.; Ghana, Univ. Coll., Fac. of Agric. Observations of milk yield and calf growth and conversion rate, on three types of cattle in Ghana. I. **(Beobachtungen über Milchleistung sowie Wachstum und Futterverwertung der Kälber bei 3 Rinderrassen in Ghana. 1. Mitt.)** Trop. Agric. **37** (1960) Nr. 4. S. 293–302. — 3 Tab., 11 Lit.
Untersuchungen an West African Shorthorns, N'Damas und Sokoto-Zebus ergaben eine Milchleistung (ermittelt durch Kälberwägungen vor und nach dem Saugen) von 645–1585 lb. in 6 Mon. Die Sokoto wiesen die höchste Leistung auf. Zwischen Milchleistung und Wachstumsrate der Kälber bis zum Alter von 8 Wochen bestand eine Korrelation von + 0,96. Die Futterverwertung der Kälber im gleichen Altersabschnitt belief sich auf 12,4 lb. Lebendgewichtszuwachs je 100 lb. Milch. Die Einflüsse von Umweltfaktoren, Rasse, Geschlecht und Alter werden diskutiert. K.-H. Voigtländer. 3662.

Montsma, G.; Ghana, Univ., Fac. of Agric., Observations of milk yield, and calf growth and conversion rate, on three types of cattle in Ghana. II. **(Beobachtungen über Milchleistung sowie Wachstum und Futterverwertung der Kälber bei 3 Rinderrassen in Ghana. 2. Mitt.)** Trop. Agric. **39** (1962) Nr. 2. S. 123–129. — 1 Tab., 10 Lit. 1. Mitt. vgl. vorst. Ref.
Am gleichen Material wie in der 1. Mitt. wurde festgestellt, daß die Verlegung der Kalbezeit vom Anfang auf das Ende der Trockenzeit sowie die Beifütterung von 4 lb. Kraftfutter am Ende der Trächtigkeit und während der Laktation die Milchleistung erhöhte. Sie betrug in 252 Tagen 1942–3985 lb. Auch hier wiesen die Sokoto die höchste abs. Leistung auf. Die Milchmenge/100 lb. Lgw. unterschied sich jedoch nicht signifikant zwischen den 3 Rassen. Infolge der gesteigerten Milchleistung erhöhte sich auch die Wachstumsrate der Kälber. K.-H. Voigtländer. 3662.

Holtz, E. W., Erb, R. E. und Hodgson, A. S.; Pullman, Washington, State Univ., Dep. of Dairy Sci. Relationship between rate of gain from birth to six

months of age and subsequent yields of dairy cows. **(Das Verhältnis zwischen der Wachstumsrate von der Geburt bis zu 6 Monaten Alter und der späteren Leistung bei Milchkühen.)** J. Dairy Sci. **44** (1961) Nr. 4. S. 672–678. – 2 Tab., 15 Lit.
Die in die Ermittlungen einbezogenen 200 Kälber wiesen eine Tageszunahme von der Geburt bis zu 6 Mon. von 1,34 lb. und eine nachfolgende 305-Tage-Leistung von 10544 lb. FCM auf. Der Vergleich sowohl der einfachen Mittel als auch der nach dem Alter korrigierten FCM-Leistungen mit den Tageszunahmen führte zu irreführend hohen positiven Korrelationen. Bei Berechnung der Milchleistung in FCM/1000 lb. Lgw., als rel. Laktationsleistung nach Kleiber und Mead oder als Nutzungsgrad nach Gaines, ergaben sich negative Korrelationen zur Wachstumsrate. Darüber hinaus bestanden Unterschiede zwischen den untersuchten Rassen Guernsey, Jersey und Holstein. Es wird der Schluß gezogen, daß aus der Wachstumsrate nicht auf das spätere Leistungsvermögen des Tieres geschlossen werden kann.
K.-H. Voigtländer. 3662.

Murphy, W. J. B. Vealer production. **(Die Erzeugung von Mastkälbern.)** Agric. Gaz. New South Wales **71** (1960) Nr. 7. S. 356–362. – 2 Abb.
Der Begriff „Vealer“ wird definiert als ein Fleischrind beiderlei Geschlechts im Alter von 8 (= Absatzalter) –12 Mon. Dabei besteht die Tendenz, die Obergrenze insbesondere bei kleineren Tieren auf 14 Mon. zu erhöhen, um den Anforderungen des Handels gerecht zu werden. Entspr. dem Alter variiert das Endgewicht zwischen 400 und 800 lb. Hinsichtlich Typ und Kondition sind die besten Vealer breit, kräftig, tief gestellt, voll bemuskelt, reif und in guter Kondition. Die Abgrenzung zum „Weaner“ (Absetzer) ist nur durch Kondition und Reife gegeben. Die Auswahl der Elterntiere, die Verkaufszeit unter Beachtung der Marktpreise, die Pflege und Unterbringung von Kuh und Kalb, das Absetzen sowie der Verkauf der Tiere werden diskutiert.
K.-H. Voigtländer. 3664.

Norman, M. J. T.; Canberra, C. S. I. R. O., A. C. T., Div. of Land Res. and Regional Survey. Predicting beef cattle gains on native pasture at Katherine, N. T. **(Das voraussichtliche Wachstum von Fleischrindern auf der Weide in Katherine, N. T.)** J. Austral. Inst. agric. Sci. **27** (1961) Nr. 1. S. 24–25. – 2 Abb., 1 Lit.
Auf einheimischen Weiden beträgt das Wachstum während der Regenzeit bis ca. 1–2 Mon. nach Regenende (= insgesamt ca. 6 Monate) 100–300 lb./Tier. Danach tritt ein Gewichtsverlust bis zum Beginn der nächsten Regenzeit ein. Untersuchungen an bodenständigen Shorthorn-Bullen verschiedenen Alters ergaben während der ersten 12 und während der gesamten 24 Wochen der Regenzeit eine deutliche lineare Beziehung zwischen dem Verhältnis Alter in Jahren/Anfangsgewicht in cwt. einerseits und der Wachstumsrate in lb./Tag andererseits. K.-H. Voigtländer. 3664.

Cullity, M. Beef growth rate studies. Wokalup Research Station — project 6. **(Untersuchungen zum Wachstum von Fleischrindern in der Wokalup-Forschungsstation — Projekt 6.)** J. Agric. Western Australia [4] **1** (1960) Nr. 12. S. 1065–1072. – 4 Abb., 3 Tab.
Das Wachstum von 1jährigen und 2jährigen Hereford-Milchvieh-Kreuzungsochsen und von 1jährigen Jersey-Ochsen auf beregnetem und nicht beregnetem Grünland wurde in der Zeit vom 7. Febr. bis 2. Mai überprüft. Die Tiere auf den bewässerten Flächen waren überlegen, die auf nicht bewässertem Grünland nahmen sogar ab. Zwischen den Gruppen gab es entspr. der Rassenzugehörigkeit Unterschiede. Die Kreuzungsjährlinge waren auf bewässerten und unbewässerten Flächen besser als die 2jährigen. Die Jersey-Ochsen nahmen etwas besser zu als die Kreuzungstiere, waren aber am Ende der Periode abs. erheblich leichter (256 gegenüber 582 lb.). H. D. Hennig. 3664.

Skaptason, J. S. und Pitts, C. W. Fly control in feces from cattle fed co-ral. **(Die Bekämpfung der Fliegenentwicklung im Kuhkot durch Beifütterung von Co-ral.)** J. econ. Entomol. **55** (1962) Nr. 3. S. 404–405. – 1 Tab., 5 Lit.
Der Bericht betrifft die Wirkung von geringen Mengen Co-ral als Beifutter auf die Larven von Stubenfliegen (*Musca domestica* L.). Es wurden 0; 5; 10 und 50 ppm dem tägl. Futter von 12 Gruppen zu je 10 Jungbullen untergemischt. Kotproben wurden mit Eiern von extra gezüchteten Stubenfliegen versetzt und bei Zimmertemperatur gehalten. Die Kotproben mit 50 ppm Co-ral zeigten eine durchweg fast 100%ige Larvenvernichtung laut beigegebener Tab. H. Senger. 3678.

Rehm, Walter F.; Kiel, Inst. für Milchhyg. **Versuche zur Reduzierung der Keimzahl auf der Euterhaut durch Euterwaschungen.** Arch. Lebensmittelhyg. **12** (1961) Nr. 11. S. 257–260. – 1 Abb., 2 Tab., 17 Lit.
In 2 Vers.-Stallungen und in 2 Betrieben mit je 150 Kühen wurden 5 Präparate (P3-asepto, Neomoscan-M, Calgonit-D, Hibitane und Hexachlorophen) auf Verträglichkeit auf der Hand des Melkers und auf Abtötung von Bakterien auf der Euterhaut untersucht. Calgonit-D war gut, wurde aber zu 44% der Fälle von den Melkern als zu scharf abgelehnt. Dies und Hibitane sowie Hexachlorophen sollen Euterpocken, Schrunden u.a. Erkrankungen auf der Euterhaut gut zum Abheilen gebracht haben. Die Bakterienvernichtung auf der Euterhaut wurde so untersucht, daß man jeweils nach der 10. Waschung aus dem Euterwaschwasser eine Probe zur Keimbestimmung nahm, wobei aber an diesem Tage dem Waschwasser kein Desinfektionsmittel beigegeben war. Die Ergebnisse zeigten, daß bes. Hibitane und Hexachlorophen als Prophylaktika gegen die Ausbreitung von Euterinfektionen eingesetzt werden können. H. Senger. 3678.

Macrae, W. D. The eradication of bovine tuberculosis in Great Britain. **(Die Tilgung der Rindertuberkulose in Großbritannien.)** J. Roy. agric. Soc. England **122** (1961) S. 64–71. – 1 Abb., 6 Lit.
Die Anordnung über die Tuberkulose von 1935 wirkte sich zwar für das öffentliche Gesundheitswesen aus, hatte aber wenig Einfluß auf die Erkrankungen beim Rind. Die Infektion wurde meist zu spät erkannt. Am stärksten war die Rinder-Tbc in den industrienahen Gebieten verbreitet, wo die Haltung in schlecht belüfteten Ställen der Erkrankung Vorschub leistete. Seit 1935 wurden in einem freiwilligen Tilgungsverfahren Tbc-freie Herden geschaffen, die mit mindestens 60 Tagen Zwischenraum tuberkulinisiert wurden. Herden, die sich als völlig frei von Tbc erwiesen, wurden als solche registriert. Für Milch aus solchen Herden zahlte der Milk Marketing Board einen Preisaufschlag von 1 pence je gall. 1946 waren 17,5–18% aller Rinder und 30–35% der Kühe tuberkulös. Der Anteil der Tiere mit Eutertuberkulose oder einem tuberkulösen Milchbefund betrug in den Jahren 1938–47 konstant 30%. Am 1. 8. 1960 wurden im Mittelland und in Ostengland die letzten Gebiete zu Sanierungsgebieten erklärt. Es hat 25 Jahre gedauert, ehe man in England die Rindertuberkulose unter Kontrolle bekam, ca. £ 130 Mill. wurden dafür ausgegeben. In den älteren Sanierungsgebieten ist man dazu übergegangen, die Testungen nicht mehr in 1-, sondern in 2 jährigen Abständen vorzunehmen. Über die Geflügel-Tbc und ihre Beziehungen zur Bekämpfung der Rindertuberkulose enthält die Arbeit keine Angaben. H. Busse. 3680.

Gasse, Henry. La profilassi della tubercolosi bovina in Francia. **(Die Bekämpfung der Rindertuberkulose in Frankreich.)** Zooprofilassi [Rom] **15** (1960) Nr. 10. S. 806–814. – Zus. in Engl.
Schon vor 1933 wurden alle erkannten Tbc-kranken Tiere geschlachtet, eine Entschädigung konnte nicht gezahlt werden. 1933 wurde die erste staatlich

gelenkte Tilgungsaktion eingeleitet. Der Erfolg bis 1951 war rel. gering, erst dann wurde eine entspr. national wirksame Organisation geschaffen. Entschädigung wird gewährt, auch finanzielle Unterstützung zur Verbesserung der Gebäude. Mit Hilfe von Tuberkulin erkannte Reagenten müssen innerhalb einer bestimmten Zeitspanne geschlachtet werden. Tbc-freie Farmen werden die ersten 4 Jahre lang jährl., dann 2jährl. überprüft. Im Jan. 1960 waren 5420000 Rinder in 117779 Betrieben erfaßt, d. h. 31% der Tiere und 40% der Betriebe. 1965 soll die Tilgung abgeschlossen sein.
H. D. Hennig. 3680.

Theisen, Marcel. L' eradicazione della tubercolosi bovina nel Granducato del Lussemburgo. **(Die Tilgung der Rindertuberkulose in Luxemburg.)** Zooprofilassi [Rom] **15** (1960) Nr. 10. S. 802–805.
130000 Rinder mit einer durchschnittl. Bestandesgröße von 14 Tieren pro Betrieb erbrachten 60% des Einkommens der Wirtschaften, das insgesamt zu 75% aus der Tierhaltung bestritten wird. Nach ersten Ausmerzungen klinisch erkrankter Tiere seit 1912 wurden ab 1955 die Bemühungen um die Tilgung intensiviert. Jährl. Tuberkulinproben und Tilgung der Reagenten, wobei bis zu 80% des Marktwertes für Schlachttiere erstattet wurden, führten zu einer Verminderung der Reagenten von 24,3% auf 0,64% und der infizierten Bestände von 54,06% auf 4,47% im Zeitraum von 1955 bis 1960. Im Laufe des Jahres 1960 wurde die Tbc-Freiheit erreicht. Dazu waren vom Staat mehr als 120 Mill. belg. Franken aufgewendet worden. H. D. Hennig. 3680.

Reisinger, Robert C. **Rinderpest.** Calif. Veterinarian **17** (1962) Nr. 3. S. 15.
Vf. gibt einen geschichtlichen Überblick (Mittelalter-Gegenwart) über die Ausbreitung der Rinderpest in Europa und Afrika. — Völkerwanderungen und Kriege führten stets zu einer massiven Verbreitung dieser Seuche, der Tausende von Rindern erlagen. Quarantäne- und Keulungsmaßnahmen zeigten nur teilweisen Erfolg. Durch Immunisierung der Rinder mit infektiöser Rindergalle konnte in Südafrika die Rinderpest um die Jahrhundertwende völlig ausgerottet werden. — Da diese Krankheit nur durch das Rind selbst und nicht durch seine Produkte verbreitet wird, muß der Tierhandel national und international veterinärpolizeilich streng überwacht werden. D. Weyhe. 3680

Dražan, Jaroslav. **Tuberkulóza hospodářských zvírat.** (Die Tuberkulose der landwirtschaftlichen Nutztiere.) Praha: Vyd. Českosl. Akad. Zeměd. Věd. a Státní Zeměd. Naklad. 1962. (509 S.) 8°. (1962 A 971)
Karpowicz, Jadwiga. **Wychów cieląt.** (Die Kälberaufzucht.) Wyd 2. Warszawa: Pánstw. Wydaw. Roln. i Leśne. 1962. (83 S.) 8°. (DA 1391)
Koch, Walter. **Die Braunviehzucht in Tirol.** Hrsg.: Tiroler Braunviehzuchtverb. Innsbruck: Jennydr. 1961. (49 S.) 8°. (1962 A 785)
Korolev, V. F. **Milking methods and milking machines.** Geneva: United Nations. Economic commission for Europe. 1958. (31 S. m. Anh.) 4°. (1962 B 162)
Manczel, Jenoe. **Szarvasmarhatenyésztésünk és takarmánytermelésünk helyzete és tájbeli eltérései.** (Stand und regionale Abweichungen in der ungarischen Rinderzucht und im Futterbau.) Budapest: Akad. Kiadó. 1962. (111 S.) 8°. (DA 1365)
Obritzhauser, W. **Richtige Kälberaufzucht.** Ein betriebswirtschaftlich orientierender Wegweiser für die Aufzucht des Rindes. Wien: Österr. Agrarverlag. 1962. (54 S. m. Abb.) 25 × 18 cm.
Tildi, István und *Tóth, Béla.* **A szabadtartáses növendékmarhanevelés gazdaságossága.** (Wirtschaftlichkeit der Kälberaufzucht im Offenstall.) Budapest: Akad. Kiadó. 1962. (67 S.) 8°. (1962 A 753)

D. SCHWEINE

Herre, Wolf; Kiel, Christian-Albrechts-Univ., Inst. für Haustierkunde. **Ist Sus (Porcula) salvanius Hodgson 1847 eine Stammart von Hausschweinen.** Z. Tierzücht. Züchtungsbiol. **76** (1962) Nr. 2/3. S. 265–281. — 12 Abb., 1 Tab., 34 Lit. Zus. in Engl.
Das geographische Prinzip von Kelm hat eine lückenlose Fortpflanzungsgemeinschaft der westeuropäischen scrofa- zu den ostasiatischen vittatus-Wild-

schweinen nachgewiesen. Damit stellen die ursprünglich als vittatus bezeichneten Schweine nur eine Unterart dar. Alle Hausschweine haben nur eine Stammart, aus der verschiedene Populationen zu Haustieren geformt wurden. Die anderen Schweinearten Eurasiens, *Sus verrucosus* Müller und Schlegel 1842, *Sus barbatus* S. Müller 1839 und auch *Sus* (*Porcula*) *salvanius* Hodgson 1842, scheiden als Stammformen der Hausschweine aus. In einer Veröffentlichung von Mohr wird dagegen eine Beteiligung von *Sus* (*Porcula*) *salvanius* an der Entstehung der zwergenhaften Hausschweine Vietnams als wahrscheinlich angesehen. Jene werden als eigene Gattung Porcula gewertet. Das würde bedeuten, daß durch Kreuzung über Gattungsgrenzen hinweg ein modernes Haustier entstanden ist. Die äußeren Merkmale der vietnamesischen Hängebauchschweine, die von Mohr auf eine Beteiligung von *Sus salvanius* zurückgeführt werden, sind auch als Domestikationserscheinungen von *Sus scrofa* zu verstehen. Weiter wird vom Vf. eine Analyse der Eigenarten von *Sus salvanius* im Vergleich zu *Sus scrofa* und dessen domestizierten Nachkommen durchgeführt. Dabei findet die These einer Domestikation von *Sus salvanius* keine Stütze. Damit wird erneut bewiesen, daß die Domestikation der gleichen Tierart an verschiedenen Stellen des Verbreitungsgebietes zu den gleichen Abweichungen gegenüber der Wildart führen kann. Zwergtiere treten im Hausstand bei Schweinen mehrfach und unabhängig voneinander auf. Die im Verlauf der Stammesgeschichte der Gattung Sus aufgetretene Zwergform salvanius ist jedoch, das beweist der Körperbau, eine eigene Art.

K. Damm. 3705.

Trulsson, Gunnar. Svinskötseln under 1961. **(Die Schweinezucht in Schweden im Jahre 1961.)** Svenska Svinavelsfören. Tidskr. **1962** Nr. 1. S. 2–9. — 2 Abb., 6 Tab.

Die Zahl der Belegungen ist im Vergleich zu 1960 etwas angestiegen. Die Qualitätseigenschaften wurden verbessert. Die Beurteilung wurde den Anforderungen angepaßt. Die Ergebnisse der dänischen Landrasse in den Mastleistungsprüfungen werden mit denen der Landrasse und der Yorkshires in Schweden verglichen. Die Unterschiede zwischen den 3 Gruppen sind gering. Im Berichtsjahr wurden keine Zuchtschweine importiert, aber von den 1960/61 mastgeprüften Sauen der Landrasse waren 19% holländischer Abstammung. Bei den Yorkshires waren 7% der Prüfungsgruppen kanadischer Abstammung. Insgesamt 1040 Eber und Sauen der Landrasse wurden in zahlreiche Länder exportiert, am meisten nach Japan, Rumänien und in die Sowjet-Union. 67 Yorkshires wurden nach Ungarn, Polen und Finnland exportiert. Die Rentabilität der Schweinemast war 1961 besser als in den beiden vorausgegangenen Jahren, die Ferkelpreise höher als in den 3 Vorjahren.

J. K. Hinrichsen. 3710.

Anonym. **Ein Metzger: Über das ideale Fleischschwein.** Schweinezucht u. Schweinemast **10** (1962) Nr. **3**. S. **44–45**.

Ein Metzgermeister legt dar, daß es keine ideale Fleischschweinrasse gibt, sondern daß bei allen Rassen fleischwüchsige Tiere vorkommen. Da die Kunden 4 Koteletts auf 1 Pfund, ein 2 Pfund schweres Eisbein und ein ganzes Pfötchen in einem Pfund haben wollen, wiegt ein gutes Schwein wenigstens 90 und höchstens 110 kg. Ein kerniges Tier wird durch sein steifes, ungelenkes Laufen erkannt, während beim wäßrigen Tier unter der Schwarte sich deutlich Schulter, Schinken und Bauch durch Wabbeln abheben. Nach seiner Erfahrung stehen Knochenstärke und Fleischfülle zueinander in Beziehung. Schweine mit kräftigem Schwanz enttäuschen nach dem Schlachten nie. Der Kampf um jeden Zentimeter Länge nutzt nichts, wenn das Kotelett klein und zu durchwachsen ist. Man sollte daher bei Schlachtschauen auch weiterhin das Tier mit der größten Muskelfläche prämiieren. Nach Meinung des Vf. ist ein erstklassiges, mageres Schwein im Lebendzustand besser zu erkennen als im geschlachteten, weshalb die viel propagierte Totvermarktung abgelehnt wird. Werner Schlegel. 3740.

Sumption, Lavon J., Rempel, William E. und Winters, Laurence M. The evolution of a new breed of swine. The Minnesota No. 3. **(Die Entwicklung einer neuen Schweinerasse: Minnesota Nr. 3.)** J. Heredity **52** (1961) Nr. 6. S. 265–274. — 5 Abb., 6 Tab., 33 Lit.

Die neue Linie, die zur Verwendung bei Rotationskreuzungen gezüchtet wurde und deren Entwicklung bis zur 5. Generation beschrieben wird, ist das Ergebnis einer Kombination von 8 Rassen unterschiedlichen genetischen Ursprungs: 31% Gloucester Old Spot, 21% Poland-China-C-Linie, 13% Welsh, 12% Large White, 7% Beltsville Nr. 2, 6% Minnesota Nr. 1, 5% Minnesota Nr. 2, 5% San Pierre. 16 Stammtiere (4♂ und 12♀) haben zur Linienbildung beigetragen. Elemente der angewendeten Methodik waren: Große Ausgangspopulation mit breiter genetischer Basis, Gruppenpaarung, isolierte Aufzucht und natürliche Selektion nach Muttereigenschaften, Massenselektion nur nach ökonomischer Leistung, schwache Inzucht ($F_x = 0{,}14$), geringste Generationsintervalle (0,98 Jahr). Die Zuchtarbeit wird an der Univ. Minnesota und in mehreren praktischen Betrieben fortgesetzt. A. Schaaf. 3780.

Brink, P. M. They thrive on waste. **(Das südafrikanische einheimische Schwein gedeiht unter primitiven Umweltverhältnissen.)** Farming South Africa **38** (1962) Nr. 1. S. 50–51. — 3 Abb.

In Südafrika gehört die Hälfte der Schweine den Bantus. Es sind die sog. „einheimischen Schweine". Der Ursprung dieses Schweinetyps ist ziemlich unklar, aber es kann angenommen werden, daß bestimmte Schweinerassen, die in früheren Zeiten nach Südafrika gebracht worden waren, eine Rolle bei der Entwicklung spielten. Das südafrikanische einheimische Schwein ist ein langsam wachsender Fettschweintyp mit kurzen Beinen und Kopf. Die Tiere suchen sich ihr Futter selbst. 1956 wurden durch das Tierzuchtinst. der Pretoria-Univ. 1 typischer rotbrauner Eber und 6 schwarze Sauen mit weißen Füßen erworben. Bei der Nachzucht, die rotbraun in der Farbe war, traten schmale Streifen entlang des Körpers auf, welche später verschwanden. Da das junge südafrikanische Buschschwein (Potamochoerus porcus) ebenfalls solche Streifen aufweist, kann angenommen werden, daß die für den Versuch benutzten Tiere „Buschschweineblut" besaßen. Die weißen Flecken bei den einheimischen Schweinen stammen von der lokalen Kolbroek-Schweinerasse der Westprovinz, von den gefleckten Poland China- und Gloucester-Schweinen. Die 2 zuletzt genannten Rassen wurden zwischen 1912 und 1922 nach Südafrika exportiert. In letzter Zeit wurden immer mehr solche einheimischen Schweine in Südafrika auf den Markt gebracht, jedoch ist die Qualität gering. Aus diesem Grunde ist man bestrebt, durch Einkreuzung mit importierten Fleischschweinetypen eine Veredelung herbeizuführen. Aber diese Kreuzungstiere werden weit höhere Anforderungen an die Umwelt stellen als die einheimischen Schweine. R. Kürbs. 3780.

Holke, R. **Schweineleistungsprüfungen und Produktivitätskontrolle im sozialistischen Großbetrieb.** Jb. Arbeitsgemeinsch. Fütterungsberat. **3** (1960/61) S. 512–521. — 2 Tab.

Den Ausführungen liegen 5jährige Untersuchungen in 10 Großbetrieben zugrunde. Es werden sowohl die Bedingungen als auch alle züchterischen und wirtschaftlichen Vorgänge analysiert, um daraus Beratungsgrundsätze abzuleiten. Folg. Fragestellungen werden dabei erläutert und beantwortet: 1. Warum Kostenrechnung in der Schweinehaltung? 2. Welche Faktoren bestimmen das finanzielle Ergebnis in der Schweinezucht? 3. Was zeigt die Analyse der Gesamtkosten für 1 dt Massezuwachs an Schweinefleisch? und

4. Welche Schlußfolgerungen ergeben sich aus der Analyse des Futterverbrauchs und den Futterkosten zur Produktion von 1 dt Schweinefleisch?
W. Fleischmann. 3815.

Krosegk, G. **Ergebnisse der Zuchtleistungsprüfungen 1960/61.** Schweinezucht u. Schweinemast **10** (1962) Nr. 5. S. 84–85. – 2 Abb., 5 Tab.
Im Prüfungsjahr 1960/61 wurden 24154 Sauen aus 5949 Beständen geprüft. Der Bestand erhöhte sich um 8,5%. Die Rassen Deutsches weißes Edelschwein, Schwäbisch-Hällisches Schwein, Buntes Schwein, Cornwallschwein und Weideschwein hatten eine rückläufige Bestandsentwicklung. Beim Deutschen veredelten Landschwein, Angler Sattelschwein und Rotbunten Schwein hat sich die Gesamtzahl leicht erhöht. Die Tiere der Rotbunten Rasse liegen mit 21,5 aufgezogenen Ferkeln je Sau und Jahr und einem 28-Tage-Gewicht von 79,5 kg zusammen mit den Tieren der Rasse „Buntes Schwein" (20,7 und 88,5) an führender Stelle. Es folgen dann die Schwäbisch-Hällische und die Angler Sattelschweinrasse. Im Jahre 1961 konnten 1533 Z-Sauen, 141 ZE-Sauen und 32 Eber eingetragen werden. Der Gesamtschweinebestand von 17206000 Stck. des Bundesgebietes erhöhte sich von 1960–61 um 1431261 = 9,1%.
Werner Schlegel. 3817.

Anonym. **Die Ergebnisse der Mast- und Schlachtleistungsprüfungen im Prüfungsjahr 1961 (Nachkommenprüfungen.)** Schweinezucht u Schweinemast **10** (1962) Nr 5. S. 85–87. – 1 Abb., 3 Tab.
Im Prüfungsjahr wurden 2081 Gruppen mit insgesamt 8324 Tieren geprüft. Die veredelten Landschweine nehmen mit 1805 Gruppen den 1. Platz ein. Die Ergebnisse werden in Tab. nach Rassen, Zuchtgebieten und Prüfungsanstalten getrennt dargelegt. Die Futterverwertung ist im Mittel aller geprüften DvL-Gruppen mit 3,47 kg Gesamtfutter je kg Zuwachs im Prüfungsabschnitt 40–110 kg sehr gut, sie beträgt auf den Prüfungsabschnitt 20–90 kg umgerechnet 3,07 kg. Mit ⌀ 98 cm Körperlänge ist die 2. Stufe zu den angestrebten 100 cm erreicht. 37% aller Gruppen haben das Endziel bereits erreicht. Die Rückenmuskelfläche betrug 31,1 cm². Gleichzeitig ging der Fettanteil zurück. Das Nahziel, ein Fleisch-Fett-Verhältnis von 1:1 zu erreichen, ist mit 1,18 bald erreicht. Die Rückenspeckdicke verringerte sich auf 3,96 cm.
Werner Schlegel. 3820.

Hügli, Hans. **VI. Tätigkeitsbericht der Schweine-Versuchs- und Prüfanstalt der niederösterreichischen Landes-Landwirtschaftskammer für das Berichtsjahr 1961.** Tätigkeitsber. Schweine-Versuchs- u. Prüfsanst. Landes-Landwirtsch.-Kammer Niederösterr. **6** (1961, hrsg. 1962) S. 3–75. – Abb., Tab. Zus. in Engl., Franz.
In den Jahren 1952–61 wurden 2020 Gruppen mit insgesamt 7813 Tieren eingestellt. Bei 93,89% der Tiere konnte die Prüfung abgeschlossen werden. 1961 wurden die Nachkommen von 136 Ebern und insgesamt 358 Gruppen zu je 2 kastrierten männl. und 2 weibl. Tieren, im Gewichtsabschnitt 30–90 kg geprüft. 1278 Tiere haben die Prüfung beendet. Die durchschnittl. Rückenspeckdicke der Prüflinge wurde von ⌀ 3,13 cm im Jahre 1958 auf 3,02 cm im Jahre 1961 verbessert. Die Futterumwandlung betrug 1961 im Mittel 3,25, die Fläche der Karreerose 26,20 cm². Vierteljährig wurde über die Ergebnisse der Prüfungen berichtet. 1961 betrug die Prüfungsdauer im ⌀ 84 Tage. Die Prüfungsdauer scheint auf die Rückenspeckdicke keinen Einfluß zu nehmen, sie hängt vor allem von den Erbanlagen und der Körperlänge ab und läßt sich durch Fütterung beeinflussen. E. Höpler. 3820.

Iordănescu, I., Popovici, F., Crişan, G. und Boboş, C. Controlul producţiei la rasele de porcine din RPR. **(Leistungskontrolle der in der RVR gezüchteten Schweinerassen.)** Lucrările ştiinţ. Inst. Cercetări zootechn. **18** (1960) S. 411–434. – 2 Abb., 6 Tab., 14 Lit. Zus. in Russ., Engl., Franz., Dtsch.

In der Schweineprüfanstalt der Versuchsstation Dulbanu des Forschungsinst. f. Tierzucht wurden in der Zeitspanne vom 1. 1.1958 (Begründungsdatum dieser Anstalt) bis 1. 6. 1959 die Nachkommen von 67 Sauen kontrolliert. Diese 1. Phase sollte dazu dienen, die wichtigsten Schweinerassen der RVR vom Standpunkt ihrer Frühreife wie ihrer Fleisch- und Fettleistung kennenzulernen. Demnach steht an erster Stelle das Große Weiße Schwein, das ⌀ 4,1 (3,5–4,6 FE/kg) Gewichtszuwachs verbraucht, einen tägl. Zuwachs von 661 (530–775) g, eine Schlachtausbeute von 78,6% und ein Fett-Fleischverhältnis von 1:1,58 (1:1,28–1:2,57) verzeichnet. Die übrigen in der RVR gezüchteten Schweinerassen ergaben folgende Werte: für den Verbrauch an FE/kg Zuwachs — Weißes Banater Schwein (WB) 4,2 (3,9–4,8), Rumänisches Fleischschwein (RF) 4,3 (4,1–4,6), Baassner Schwein (B) 4,9 (4,3–5,8) und Mangalica (M) 4,9 (4,4–5,4); durchschnittl. tägl. Zuwachs — WB 630 (544–675), RF 618 (558–678), B 603 (455–734) und M 637 (566–706) g; Schlachtausbeute — WB 78,2, RF 77,6, B 79,9 und M 78,0%; Fett-Fleischverhältnis — RF 1:1,60 (1:1,16–1:2,02), WB 1:1,52 (1:1,34–1:2,00), B 1:1,55 (1:1–1:2,6) und M 1:1,1 (1:1,09–1:1,22). Außerdem sollte die Methodik der Leistungskontrolle festgelegt werden. R. Petrovszky. 3820.

Wussow, W. **Die Ergebnisse von Ausschlachtungsversuchen in der Schweinemast.** Jb. Arbeitsgemeinsch. Fütterungsberat. **3** (1960/61) S. 241–247. — 3 Tab., 4 Lit.

An 48 weitgehend ausgeglichenen Schweinen wurde der Einfluß von Futtermitteln auf die Fleischqualität untersucht, wobei die Tiere in 6 Gruppen mit verschiedener Fütterung aufgeteilt und bis auf 110 kg gemästet wurden. Von Kotelett (K) und Schinken (S) wurde die Muskelfülle festgestellt und je eine Probe auf ihren Nährstoffgehalt, pH-Wert, locker gebundenes Wasser und Faserstärke untersucht. Die Muskelfülle von K und S wurde weder durch kohlenhydrat- noch eiweißreiche Futtermittel beeinflußt. S hatte einen höheren Wassergehalt als K, doch sind diese Unterschiede zwischen den Gruppen nicht signifikant. Der Rohproteingehalt sank mit steigendem Fettgehalt, in S lag er um ca. 3% niedriger als in K. Der Fettgehalt war bei S höher als bei K. Hier hatten die Futtermittel wesentlichen Einfluß auf die intramuskuläre Fetteinlagerung, und zwar bes. Gerstenschrot. Die pH-Werte lagen in K ca. 0,4 unter den in S, ein Gruppenunterschied ergab sich nicht. Der Anteil des locker gebundenen Wassers war in K größer als in S, die Schwankungen waren groß. Zuckerschnitzel und Kartoffeln erhöhten die Bindung, Erbsenschrot schien sie negativ beeinflußt zu haben. Der K-Muskel wies wesentlich dickere Fasern auf als der S-Muskel, im Tier schwankten diese Werte sehr, von Gruppe zu Gruppe waren sie dagegen ausgeglichen.
W. Fleischmann. 3825.

Hofmann, F., Biedermann, H. und Seng, W. **Vergleichende Untersuchungen über Fütterungsweise und Schlachtleistungsergebnisse.** Arch. Tierzucht **5** (1962) Nr. 3. S. 216–226.

Vf. vergleichen die Fütterungsnormen in den MPA Wien-Schwechat (Österr.), Eskilsryd (Schweden) und der Stammzuchtprüfungsanlage Jena-Zwätzen und stellen fest, daß in der Fütterungsintensität Unterschiede bestehen. Diese Unterschiede werden mit den Ansatzleistungen verglichen, wobei z. T. auch polnische Ergebnisse herangezogen werden. Nach zit. Angaben anderer Autoren verbessern sich Futterverwertung und Qualität des Schlachtkörpers bei nur mittelmäßiger Ernährung, die tägl. Zunahmen verringern sich jedoch. Vergleichsweise schneidet die schwedische Fütterung (nach Hammond: normal, mittelmäßig, hoch) am besten ab, während Österreich (normal, mittelmäßig, mittelmäßig) niedrige Speckdicke und niedrige tägl. Zunahmen erreicht, Jena-Zwätzen dagegen schlechtere Futterverwertung und höhere

Speckdicke aufweist (hoch, hoch, mittelmäßig). Genetische Einflüsse blieben unberücksichtigt. G. Möbius. 3825.

Maijala, K. und Vainikainen, V.; Tikkurila, Zentrale für Landwirtsch. Forsch., Abt. für Haustierzücht. **Über die Ursachen der Variation in der Dicke des Rückenspeckes an der Versuchsstation für Schweinezucht.** Maataloustieteellinen Aikakauskirja [J. sci. agric. Soc. Finland] **34** (1962) Nr. 2. S. 66–82. — 19 Lit. Zus. in Finn.

Die Ergebnisse der Finnischen Versuchsstation für Schweinezucht aus den Jahren 1955–58 wurden hinsichtlich der Dicke des Rückenspecks und seiner Abhängigkeit vom Gewicht des Schlachtkörpers und dem Geschlecht untersucht. Ausgewertet wurden 594 männl. und ebensoviele weibl. Tiere. Der Anteil der Geschlechtsunterschiede an der Gesamtvariation der Rückenspeckdicke beträgt ca. 21%, die Heritabilität beträgt 52%, werden die Geschlechtsunterschiede eliminiert, 67%. Die Höhe der Schlachtverluste zeigt beträchtliche Schwankungen, die Heritabilität der Gewichte der kalten Schlachtkörper beträgt 27%. Zwischen den Geschlechtern bestehen Unterschiede in der Regression der Rückenspeckdicke auf das Schlachtgewicht, bei weibl. Tieren ist diese 0,506 mm/kg, bei männl. 0,288 mm/kg. Ebenfalls ist die genetische Korrelation zwischen Rückenspeckdicke und Schlachtgewicht bei den weibl. Tieren enger (0,237 ± 0,105) als bei den männl. (0,069 ± 0,106). K. Damm. 3825.

Taggart, W. F., Hillier, J. C. und Whatley, J. A. Systems of swine production adaptable to Oklahoma. **(Für Oklahoma geeignete Systeme der Schweineproduktion.)** Oklahoma State Univ., Extens. Serv., Circ. Nr. **E-669** (1960) S. 1–19.

Um dem fühlbaren Mangel an Schweinen im Staate Oklahoma abzuhelfen, machen die Vff. Vorschläge für eine rentable Schweinezucht unter Ausnutzung der Bodenverhältnisse, der Vegetation und der vorhandenen Wirtschaft dieses Staates. Sie zeigen die verschiedenen Verfahren der Zucht vom einmaligen Wurf der Sau im Jahre bis zum multiplen Wurf. Es werden Vorschläge über das Halten der Tiere im Freien bis zum Durchlaufen von fünf verschiedenen Stallungen, die aus hygienischen Gründen getrennt liegen, gebracht. In mehreren Tab. werden Ratschläge über die praktische Durchführung der Zucht, die Zeiten des Werfens, die Aufzucht, das notwendige Futter und die Fleischproduktion für kleine und große Zuchtbetriebe gegeben. Verschiedene Abferkel- und Aufzuchtzeiten in den Systemen sollen die jahreszeitlichen Schwankungen bei den Verkaufspreisen regulieren. Werner Schlegel. 3904.

Jarov, Ĭ. Ĭ. (Jarow, I. I.) Chozjajstvenno poleznye kačestva čistoporodnych i pomesnych svinej. **(Wirtschaftlich nützliche Eigenschaften von reinrassigen und gekreuzten Schweinen.)** Ĭzvestija Timirjazevskoj sel'skochozjajstvennoj akademii, Moskva **1960** Nr. 5. S. 222–226. — 6 Tab., 5 Lit. Zus. in Engl.

Sauen der Großen Weißen Rasse (I) wurden mit Mirgoroder (II) und Breitowoer Ebern (III)und die F_1-Tiere von II mit Breitowoer Ebern (IV) gekreuzt. Mit 2 Mon. betrug die Ferkelsterblichkeit bei III und IV 0%, bei II 2,3% und bei I 3,5%. Mit 7 Mon. wogen die Tiere 97,6 (I) 99,1 (III) 91,6 (IV) und 85,5 kg (II). Der Futterverbrauch pro kg Zunahme betrug 5,64 (I), 5,29 (III), 5,59 (IV) und 5,88 FE (II) (!). Der Fettansatz begann bei den Kreuzungstieren früher und verlief intensiver als bei den reinrassigen Großen Weißen. Vor Beginn des intensiven Fettansatzes war zwischen den einzelnen Gruppen kein signifikanter Unterschied in den Stoffwechselprozessen zu verzeichnen. Mit 6 Mon. jedoch betrug der Sauerstoffbedarf 9,15 (I), 6,39 (II), 7,67 (III) und 6,86 (IV) ml/min/kg Lgw, während sich dieser Unterschied mit 7,5 Mon. wieder stark verringerte. F. Schenk. 3906.

Krok, G. S.; Charkow, Veterinärmed. Inst., Abt. für Histol. und Embryol. Vlijanie različnogo kormlenija na genital'nyj apparat svinomatok i ich plodovitost'. **(Einfluß verschiedenartiger Fütterung auf den Genitalapparat von Sauen und ihre Fruchtbarkeit.)** Sbornik trudov Chaŕkovskogo veterinarnogo instituta **24** (1960) S. 48–54. — 4 Abb., 2 Tab.
Für die Untersuchungen wurden aus Frühjahrswürfen 76 Jungsauen im Alter von 3 Mon. ausgewählt. Die Tiere wurden in 4 Gruppen zu je 19. Stck. unterteilt. Die Fütterung der Gruppen während der Aufzucht und Trächtigkeit war folgende: Gr. I — optimale Versorgung; Gr. II — übliche Ernährung, um 20–30% erhöht; Gr. III — Mangelernährung, um 30–40% verringerter Nährstoff- und Eiweißgehalt; Gr. IV — um 20–30% erhöhter Eiweißgehalt der Rationen, Ersatz von tierischem durch pflanzliches Eiweiß. Die Tiere wurden im Alter von 5–7 und 9 Mon., 24 Std. nach der Bedeckung sowie am 30. und 75. Trächtigkeitstag geschlachtet. Im Ergebnis zeigte sich eine deutliche Beeinflussung der Struktur der Eierstöcke, der Embryonalentwicklung und der Fruchtbarkeit durch die Fütterung. Die Sauen der Gr. I zeigten die größte Follikelzahl, den größten Reifeidurchmesser, die höchste Embryonenzahl und die beste Fruchtbarkeit. Die Sauen der Gr. III erbrachten die schlechtesten Ergebnisse. Es wird als unbedingt erforderlich angesehen, in der Praxis der Schweine-, bes. der Sauenfütterung die vom Forschungsinst. für Schweinezucht in Poltawa herausgegebenen Nährstoffnormen einzuhalten.
G. Häßler. 3910.

Clausen, Hjalmar, Haagen Petersen, F., Højgaard-Olsen, N. F., Hansen, Villy, Madsen, Arne, Nielsen, Henning und Eggum, Bjørn O. Forsøg med slagterisvin. Kastrationstidpunktets indflydelse på slagtekvaliteten. **(Der Einfluß des Zeitpunktes der Kastration auf die Schlachtqualität.)** Beretn. landøkon. Forsøgslab. **1961** S. 55–56. — 1 Tab.
Die Versuche wurden mit Vollgeschwistern aus 20 Würfen mit insgesamt 100 Schweinen durchgeführt. In jeweils 1 Wurf wurden 3 ♂ Tiere mit 20, 40 bzw. 60 kg kastriert, während im nächsten Wurf mit 30, 50 bzw. 70 kg kastriert wurde. In jedem Wurf blieb 1 ♂ Tier unkastriert; außerdem wurde 1 ♀ Tier im Versuch behalten. In Zunahmen und Futterverwertung ergaben sich zwischen den Gruppen nur geringe Unterschiede. Die Eber hatten einen etwas geringeren Futterverbrauch je kg Zuwachs als die anderen Tiere. Je später kastriert wurde, um so besser war die Schlachtqualität. Bei Kastration mit 60–70 kg war das Flomengewicht etwas geringer und der Rückenspeck dünner als bei den ♀ Tieren. Der slight of lean war bei den mit 20–30 kg kastrierten Tieren am stärksten; sie hatten gleichzeitig die größte Speckfläche am Rückenmuskelquerschnitt. In der Fleischfläche waren die Unterschiede gering. In der Fleisch- und Fettqualität unterschieden sich nur die nicht kastrierten ♂ nachteilig von den anderen Versuchstieren.
J. K. Hinrichsen. 3925.

Scholz, K. und Siegl, O. **Die Fütterung der Zucht- und Mastschweine.** Z. landwirtsch. Versuchs- u. Untersuchungswes., Vortragstag. **1960/61** S. 53–65.
Vf. gehen auf die Nährstoffnormen bei nieder- und hochtragenden sowie säugenden Sauen ein. Große Bedeutung wird dabei der Vit.-A-Versorgung beigemessen. Neben Grünfutter im Sommer werden 250–500 g Mohrrüben und 100–200 g Trockengrünfutter im Winter empfohlen. Ist das nicht möglich, sind Wirkstoffkonzentrate unerläßlich. Die Beifütterung der Ferkel ist optimal zu gestalten, da die Ferkel mit weniger als 2 kg Trockenfutter 1 kg Zuwachs erzeugen. Das zuletzt verabreichte Futter sollte auch nach dem Absetzen zunächst beibehalten werden. Bei der Fütterung der Mastschweine wird die Schnellmast als nährstoffökonomisch angesehen. In diesem Zusammenhang wird auch die Mechanisierungsmöglichkeit der Fütterung behandelt. Werner Schlegel. 3931.

Smith, D. M. The effect of daily separation of sows from their litters upon milk yield, creep intake, and energetic efficiency. **(Der Einfluß der täglichen Absperrung der Muttersauen von ihren Würfen auf Milchleistung, Beifutteraufnahme und energetischen Wirkungsgrad.)** New Zealand J. agric. Res. 4 (1961) Nr. 3/4. S. 232–245. – 3 Abb., 8 Tab., 5 Lit.
Im 1. Versuch wurden ab 35. Tag nach dem Ferkeln die Sauen tägl. für 12 Std. von ihren Würfen getrennt, im 2. und 3. Versuch wurde bereits mit dem 21. Tag abgesperrt. Folg. Resultate wurden ermittelt: 1. Versuch: Bis zum 35. Laktationstag belief sich die durchschnittl. Milchleistung pro Sau in den Kontrollgruppen auf 330 lb., von diesem Zeitpunkt bis zum Absetzen der Ferkel mit 8 Wochen auf 416 lb. In der Versuchsgruppe lauteten die entspr. Ergebnisse 309 bzw. 265 lb. Durch die Abtrennung der Sau von ihrem Wurf wurde die Milchleistung gesenkt. Der Einfluß der Absperrung auf die Milchzusammensetzung war unbedeutend (Kontrollgruppe: 8,14% Fett, 5,88% Eiweiß, 4,60% Milchzucker; Versuchsgruppe: 8,04% Fett, 5,98% Eiweiß, 4,66% Milchzucker). Pro 1 lb. Zuwachs der Ferkel wurden in der Kontrollgruppe 2,69 und in der Versuchsgruppe 2,66 Therms in Muttermilch und Beifutter benötigt (1 Therm = 1000 kcal.). Mit 8 Wochen wogen die Tiere der Kontrollgruppe 30 und die der Versuchsgruppe 27 lb. Vom 2. und 3. Versuch werden ebenfalls die Ergebnisse im einzelnen genannt. So z. B. die Gewichtsentwicklung, Futteraufnahme und Energieausnutzung bei den Muttersauen und Saugferkeln. Der Brunstbeginn wurde bei allen in den Versuchen verwendeten Sauen festgestellt. Vom Tage der Absperrung der Sauen von den Ferkeln bis zum Brunstanfang vergingen 6,5 Tage im 1. und 14,0 Tage im 2. Versuch. Der prozentuale Anteil der aufgenommenen Energiemengen aus dem Beifutter gemessen am Gesamtenergieverzehr wurde als Mittelwert der einzelnen Gruppen für die 5., 7. und 8. Lebenswoche ermittelt. Er betrug z. B. im 1. Versuch für die Kontrollgruppenferkel 16; 39; 55 und 70% und für die Versuchsgruppenferkel 14; 55; 75 und 85%. R. Kürbs. 3936.

Elsley, F. W. H. Light or heavy weaners? **(Leichte oder schwere Absatzferkel?)** Pig Farming **10** (1962) Nr. 5. S. 56–57. – 2 Abb., 2 Tab.
Die Versuche wurden mit Large White-, Wessex- und entspr. Kreuzungsschweinen durchgeführt. Es wurden 4 Gruppen gebildet: I mit 30, II mit 40, III mit 50 lb. abgesetzte Ferkel, IV mit 56 Tagen abgesetzte Ferkel, die 50 lb. wogen. Gewichtsentwicklung und Futterverwertung vom Absetzen bzw. von der 50-lb.-Gewichtsgrenze bis zu 200 lb. Lgw. wurden anschließend bei Einzelfütterung von jedem der insgesamt 80 benutzten Mastschweine ermittelt. Dabei wurden folgende Ergebnisse erzielt: Gr. I 183 Tage bei 200 lb. Lgw. und 3,15 Futterverwertung im Prüfungsabschnitt 50–200 lb. Gr. II 177 Tage und 3,20 Futterverwertung, Gr. III 170 Tage und 3,27 Futterverwertung, Gr. IV 170 Tage und 3,21 Futterverwertung. Speckdicke (mm) an Schulter und Lende, Schlachtkörperlänge (mm) sowie Einstufungsprozente in die Schlachtwertklassen A, B und C der einzelnen Gruppen waren wie folgt: I = 49, 31, 799, 70, 30, –; II = 51, 35, 792, 55, 40, 5; III = 53, 36, 795, 40, 45, 15; IV = 51, 37, 799, 30, 65, 5. Außerdem wurden 32 Ferkel (8 jeder Gruppe) mit 8 Wochen versuchsmäßig geschlachtet, um den Anteil von Fleisch, Fett und Knochen zu erfassen. Die mit 30 lb. frühzeitig abgesetzten Ferkel besaßen merklich mehr Muskelfleisch als die mit 50 lb. abgesetzten Vergleichstiere. Eine eingehende Übersicht über die während des Versuches in den einzelnen Abschnitten benutzten Futterrationen ist beigefügt. R. Kürbs. 3936.

Pond, W. G., Vleck, L. D. van und Hartman, D. A.,; Ithaca, N. Y., Cornell Univ. Parameters for milk yield and for percents of ash, dry matter, fat and protein in sows. **(Untersuchungen über Milchleistung und Milchzusammensetzung [Asche-, Tr.-Subst-, Fett- und Eiweißgehalt] bei Sauen.)** J. Animal Sci. **21** (1962) Nr. 2. S. 293–297. – 3 Tab., 21 Lit.

Ziel des Versuches war es, die unterschiedlichen Milchmengenleistungen der einzelnen Zitzen sowie die Schwankungen der Schweinemilchbestandteile während einer 6wöchigen Laktationsperiode zu untersuchen. Zu diesem Zweck wurde die Milch von 9 Berkshire- und Yorkshiresauen am 2.–3. Tage nach dem Abferkeln und dann wöchentl. nach intramuskulärer Injektion von 4–5 ml Oxytocin mittels Melkmaschine gewonnen. Die Ferkel wurden jeweils 1 Std. vorher abgesperrt. In der Reihenfolge der Untersuchungen (2–3 Tage nach Abferkeln, 1., 2., 3., 4., 5., 6. Woche) wurden folgende Durchschnittsergebnisse erzielt (mittlere Milchmenge pro Zitze in g bei einem Melkakt) : 32,4; 49,3; 48,1; 74,6; 59,0; 43,2; 52,7; Mineralstoffgehalt der Milch in%: 0,79; 0,71; 0,72; 0,77; 0,83; 0,90; 0,96. Tr.-Subst.-Gehalt in %: 21,36; 19,59; 19,52; 19,94, 19,89; 20,67; 20,55; Fettgehalt in %: 7,83; 7,77; 7,63; 7,55; 7,20; 6,81; 6,07. Eiweißgehalt in %: 5,97; 5,36; 5,49; 5,63; 5,75; 5,82. Beim Milchfettgehalt ergaben sich für die einzelnen Zitzen statistisch gesicherte Differenzen, während das für die Milchmenge, den Tr.-Subst-, Asche- und Eiweißgehalt nicht der Fall war. Auch zwischen den im Versuch benutzten Sauen bestanden z. T. erhebliche Unterschiede in der Milchmenge und Milchzusammensetzung. Der Milchzuckergehalt wurde nicht bestimmt; er läßt sich jedoch aus dem Tr.-Subst.-Gehalt minus Summe aus Asche-, Eiweiß- und Fettgehalt rechnerisch ermitteln. R. Kürbs. 3970.

Stahl. **Haltung der Zucht- und Mastschweine.** Z. landwirtsch. Versuchs- u. Untersuchungswes., Vortragstag. **1960/61** S. 10–31.

Vf. führt einige Faktoren an, die zur Senkung der Ferkelverluste führen. Wichtig ist, daß die neu-geborenen Ferkel das Euglobotin durch die Kolostralmilch aufnehmen, das Träger der Immunität der Ferkel ist. Da die Ferkel ca. 28mal am Tag saugen, ist ein dauerndes Absetzen mit Entwicklungsverzögerung verbunden, wenn es nicht mindestens stündlich passiert. Die Verabreichung von Ferkopan und Afarom wird empfohlen, da die Ferkel mit wenig Eisen- und Kupfervorräten zur Welt kommen und die Sauenmilch auch arm daran ist. Das periodische Abferkelsystem wird als positive Maßnahme für Läuferlieferbetriebe angesehen und erläutert. Auf die Haltung eingehend wird festgestellt, daß die Hüttenhaltung der säugenden Sauen bei Aufzuchtkrankheiten erfolgversprechend ist, daß die Ferkel hier bessere Gewichte aufwiesen, aber daß die Verluste durch vermehrte Erdrückungen größer waren. Um letzteres zu vermeiden, wird der Abferkelkäfig auf Grund eigener Untersuchungen propagiert. Eingehend wird die Wirkung von Temperatur und Luftfeuchtigkeit auf die Zunahmen behandelt und die Notwendigkeit einer Schweineweide unterstrichen. Werner Schlegel. 3977.

Bretschneider, L. **Weidegang für Zuchtsauen.** Tierzucht **16** (1962) Nr. 7. S. 295–298.

Vf. weist auf den großen Vorteil der Schweineweide hin, der durch eine bessere Kondition der Tiere, eine qualitativ bessere und billige Ernährung und eine höhere Zuchtleistung gegeben ist. Je Sau sind 3–5a Fläche notwendig. Die Durchführung eines Umtriebsweidesystems erfordert 6–7 Koppeln, damit stets junges Grünfutter zur Verfügung steht. Die Tiere sollten morgens und abends nur 2–3 Std. Freßzeit haben, um ein Zerwühlen der Grasnarbe zu verhindern; deshalb sollen die Tiere auch nur nüchtern und mit Nasenkrampen versehen ausgetrieben werden. Als Begrenzung der Koppeln reicht ein Elektrodraht in Höhe von 30–35 cm vom Erdboden aus, wenn der Außenzaun stabil gesetzt ist und die Tiere an den E-Zaun gewöhnt wurden. Auf Grund praktischer Erfahrungen, die Vf. in der LPG Schöneiche sammeln konnte, wurden diese Feststellungen getroffen. Durch Weidegang der Sauen wurden in diesem Betrieb starke, ausgeglichene Würfe erzielt, die Ferkelsterblichkeit ging stark zurück, und die Leistungen nahmen zu. Werner Schlegel. 3980.

Vincze, L. Viszgálatok az év különbözö hónapjaiban született zsir-jellegü süldökkel az alkalmi sertésledgelök hasznositására. **(Untersuchung der Nutzung von Gelegenheitsweide mit in verschiedenen Monaten des Jahres geborenen Fett-Typ-Läufern.)** Kísérletügyi Közlemények, Állattenyésztés [Mitt. landwirtsch. Versuchsstellen Ungarn, Tierzucht] **53/B** (1960) Nr. 2. S. 95–161. — Aus: Ung: Agrar-Rdsch. **1962** Nr. 2.

Vf. stellte auf Grund seiner Ergebnisse fest, daß die von Dez.–März geborenen reinrassigen Mangalica- oder Mangalica × Cornwall-Ferkel während des Sommer-Weideganges zur Erzeugung von 1 kg Körpergewicht ein Futter verbrauchten, das 0,58–1,43 kg weniger StW enthielt als die im Sommer oder im Herbst geborenen. Bis zum Mastabschluß ergab sich zugunsten der ersteren durchschnittl. eine Kraftfuttereinsparung im Wert von 54 kg Mais. Um über Schweine zu verfügen, die Gelegenheitsweiden besser ausnutzen können, rät Vf. den Betrieben, ihre Sauen von Ende Dez.–Anfang April abferkeln zu lassen, weiterhin die Kreuzung von Mangalica-Sauen mit Cornwall-Ebern oder unter besseren Fütterungsbedingungen die Kreuzung von F_1-Mangalica × Cornwall-Sauen mit Mangalica- oder mit Deutschen Sattelschwein-Ebern.
3980.

Seiden, Rudolph; Kansas City, Mo. **Die Behandlung der Anämie der Schweine.** Prakt. Tierarzt **1962** Nr. 9. S. 339–340. — 13 Lit.

Beim Tier werden vorwiegend sekundäre Anämien beobachtet. Sie treten bei Ferkeln und Jungtieren einmal als Folge von Parasitenbefall, Infektionskrankheiten und Haemorrhagien und zum anderen als Ernährungs- oder Eisen-Mangel-Anaemien auf. Zur Eisen-Mangel-Anaemie kommt es, wenn das Futter zu wenig Eisen und/oder Kupfer und Kobalt enthält. Obgleich schon um 1880 Eisenpräparate injiziert wurden, stellte man erst 50 Jahre später fest, daß die Resorption derselben von der Molekülgröße abhängig ist. In England kam 1954 ein kolloidales Eisenpräparat in den Handel. Stark verbreitet sind in den USA und einigen weiteren Ländern parenteral verabreichbare Eisen-Zubereitungen der Kohlenhydratgruppe (Eisen-Dextran-Komplex), wie z. B. Myofer, Ferrofort u. a., die hinsichtlich der Molekülgröße aber stark voneinander abweichen. Die Feststellung, daß die tägl. orale Eisengabe bei der Ferkelanaemie-Therapie und -Prophylaxe wirksam und wirtschaftlich ist, hat zu einem kritischen Vergleich zwischen oral und parenteral verabreichbaren Eisenpräparaten geführt. Es ergab sich, daß die parenterale Behandlung offenbar nur in den ersten 3 Lebenswochen mit der tägl. oralen Eisenverabreichung konkurrieren kann. Die oral verabreichbaren Eisensalze, die z. Z. auch mit Spurenelementen und Vit. u. ä. gemischt sind, gibt es als Tabletten, Pulver, Lösungen, Pasten und sogar als Aerosole.
H. Haase. 3985.

Zsgest. v. *Rudakov, A. I.* **Opyt otkorma svinej v nečernozemnoj polose.** (Erfahrungen in der Schweinemast in der Nichtschwarzerdezone.) Leningrad; Moskva: Sel'chozgiz. 1960. (173 S.) 8°. Dm 1,85. (1962 A 446)

E. SCHAFE

Colburn, Oscar. Progress in sheep. **(Fortschritte in der Schafhaltung.)** J. Roy. agric. Soc. England **122** (1961) S. 54–63.

Der Erlös der britischen Schafhaltung beträgt jährlich ca. £ 90 Mill. Bei einem so beträchtlichen Gelderlös veredelt dieser Betriebszweig erhebliche Mengen anderweitig nicht verwertbarer Rohstoffe und ist andererseits rel. unabhängig vom Import. Weitere Fortschritte sind nur durch moderne Methoden der Haltung und Züchtung zu erzielen, die geeignet sind, die ha-Erträge und den Gelderlös für mehrere Jahre zu steigern. Der Vf. vertritt den Standpunkt, daß zur Gründung eines Schafzuchtspezialinstitutes in Groß-Britannien berechtigter Anlaß bestünde. Hier könnten die Probleme der

Zucht und der Erzeugung unter modernen Verhältnissen sorgfältig geprüft werden und erforderlichenfalls eine experimentelle Klärung erfahren. Es bestünde sonst die Gefahr, daß die jüngeren Wissenschaftler für die Entwicklung des Fortschrittes auf die anderen landwirtsch. Gebiete abgezogen würden und die Schafzucht nicht die Förderung erfahre, die ihr als lebenswichtigem Zweig der Volkswirtschaft zukäme. Auch für die Schafzucht gelte es, auf eine Steigerung der Erlöse die Ausdehnung der vorhandenen und die Gewinnung neuer Märkte bedacht zu sein. H. Busse. 4010.

Altenkirch, W., Kupatz, B. und Otto, E.; Dummerstorf, Inst. für Tierzuchtforsch. der Dtsch. Akad. der Landwirtsch.-Wiss. zu Berlin. **Die Ergebnisse der Körpermessungen an Schafen auf den Landwirtschaftsausstellungen in Leipzig-Markkleeberg seit 1950.** Arch. Tierzucht **3** (1960) Nr. 2/3. S. 113–165. — Vgl. LZ. Abt. III **5** (1960) Nr. 8. S. 1298. 4110.

Waßmuth, R. **Die Leistungszucht beim Schaf; Grundlagen und deren Anwendung.** Schriftenr. Max-Planck-Inst. Tierzucht Tierernähr., Vortr. II. int. Ferienkurses junge Tierzuchtwissenschaftler in Mariensee, Sonderband **1961** S. 447–483. — 6 Abb., 60 Lit. Zus. in Engl.
Infolge der vielseitigen Nutzungsmöglichkeiten des Schafes hinsichtlich der Woll-, Fleisch- und Milchleistung sowie der Fellerzeugung ist die Durchführung exakter Leistungsprüfungen eine wesentliche Voraussetzung der Leistungszucht. Vf. weist jedoch auch darauf hin, daß weitere Eigenschaften, wie Fruchtbarkeit, Marschfähigkeit und Widerstandsfähigkeit, nicht vernachlässigt werden dürfen. Ausgehend von der Selektion auf Wolle nach den bisher üblichen Prüfungsmethoden kann die Jährlingsleistung infolge der recht engen Beziehungen ($r = 0{,}6$ bis $r = 0{,}8$) zur Lebensleistung mit ausreichender Sicherheit als Grundlage zur Selektion herangezogen werden. Die Selektion mit Hilfe des Roh- oder Reinwollgewichtes hängt von der Ausgeglichenheit des Rendements der Tiere ab. Die Heritabilität der Wolleistung ist bei den Rassen und Zuchten sehr unterschiedlich. Eingehend auf die Höhe des Schurertrages hinsichtlich Feinheit, Länge und Dichte ergeben sich für die Selektion auf Wolleistung 2 Stufen, als Lamm nach Feinheit und Ausgeglichenheit und als Jährling auf die Höhe des Schurertrages. Für die Verbesserung der Fleischleistung stehen Gewichtsentwicklung, Futterverwertung und Schlachtqualität im Vordergrund, wobei die Mastleistungsprüfungen eine wichtige Maßnahme darstellen. Bei der Fruchtbarkeit kann trotz niedriger Heritabilitätskoeffizienten eine Zucht auf Mehrlingsgeburten erfolgreich sein, während Hormoninjektionen jedoch zu Bedenken Anlaß geben. Zur Erfassung der Milchleistung ergeben sich 2 Kontrollarten, die im Prinzip denen der Rinder und Ziegen entsprechen. Trotz der Aufwendigkeit der Milchleistungsprüfung bei Schafen, bietet sie doch die beste Grundlage für eine erfolgreiche Selektion. Die Selektion bei der Fellerzeugung erfolgt auf Grund einer Bonitur vieler verschiedener Eigenschaften und Fellmerkmale, die zum Teil metrisch nicht erfaßbar sind. Zusammenfassend wird gesagt, daß eine Selektion auf mehrere Eigenschaften möglich ist, da zwischen diesen meist keine wesentlichen genetischen Abhängigkeiten bestehen. W. Altenkrich. 4125.

Peters, H. F., Slen, S. B. und Hargrave, H. J.; Manyberries, Alberta, Canada, Exp. Farm. An appraisal of selection in the Romnelet sheep. **(Eine Einschätzung der Selektion beim Romnelet-Schaf.)** Canad. J. Animal Sci. **41** (1961) Nr. 2. S. 205–211. — 1 Abb., 2 Tab., 8 Lit.
Für den Entwicklungszeitraum der Romnelet-Schafrasse von 1939–1953 werden die Selektionsergebnisse für Geburtsgewicht, Zuwachsrate vom Absetzen bis zum Alter von 1 Jahr und Jährlings-Reinwollgewicht dargelegt. Die Selektionsdifferentiale wurden für weibl. Schafe und Böcke getrennt berechnet. Nur das Selektionsdifferential für das Absatzgewicht war für beide Geschlechter mit $P < 0{,}05$ statistisch gesichert. Zeitlich zeigte sich

für Geburtsgewicht und Absatzgewicht eine steigende Tendenz der Differentiale. Für Merkmale nach dem Absetzen wurden gesicherte jährl. Tendenzen der Differentiale nicht nachgewiesen. In der Selektion wurde das Absatzgewicht mehr beachtet als die anderen untersuchten Faktoren und zeigte die größte genetische Verbesserung. Die starke Einschränkung der Tierzahl von der Geburt bis zum Alter von 1 Jahr im Sinne der Selektion, bes. zurückzuführen auf eine starke Selektion der Lämmer bis zum Absetzen, brachte eine Verminderung der Selektionsintensität von ca. 22% auf 10% für die Zuwachsrate nach dem Absetzen und von 42,5% auf 22% für das Reinwollgewicht mit sich. B. Kupatz. 4125.

Tanev, I. und Chinkovski, C. (Tanew, I. und Chinkowski, Z.) Rezultati ot preobrazuvaneto na ovcevŭdstvoto v Dobrudža. **(Ergebnisse der Umgestaltung der Schafzucht in der Dobrudsha.)** Meždunarodno selskostopansko spisanie, Sofija **6** (1962) Nr. 2. S. 65–70. — 8 Tab.
Das Dobrudshaner Landschaf ist klein (Lgw. 28,7–38,3 kg) mit mittelgrober und grober Wolle (mittlere Wolleistung 1,812–2,133 kg), weiß oder pigmentiert, und mit verhältnismäßig guter Milchleistung. Aus seiner Kreuzung mit Merinofleischböcken erhält man Nachkommenschaften mit erheblich verbessertem Exterieur, erhöhter Frühreife, höherem Lgw. und höherer Wolleistung (3,244 kg). Das Wollkleid der Tiere ist vornehmlich mittelfein, schlicht, das Wollhaar jedoch verhältnismäßig kurz. Der Wollbesatz des Körpers ist nicht immer befriedigend. Die Kreuzungsschafe mit mittelfeinem, schlichtem Wollkleid wurden mit Böcken des Askanischen Feinwollschafes gepaart. Die erhaltenen Dreirassenkreuzungen entsprachen dem Typ, den Vff. herauszüchten wollten. Sie waren zum größeren Teil feinwollig. Ihre mittlere Wolleistung betrug 4,323 kg. Durch gelenkte Zuchtwahl bei der Weiterzüchtung der Dreirassenkreuzungen untereinander wurden Tiere mit erheblich höheren Leistungen erhalten: in den VEG (Staatsgütern) — Geburtsgewicht der Lämmer 4,463 kg, Absatzgewicht 25,096 kg, Lgw. mit 12 Mon. 42,977 kg, Wolleistung 5,271 kg; im VEG „Stefan Karadsha“ — mittlere Wolleistung von 7362 Schafen 6,513 kg (bei 64–60 Wollqualität nach Bradford) und Milchleistung 95,8 (49–238) l. N. Platikanow. 4164.

Dorošenko, N. Ja. (Doroschenko, N. Ja.) Vvidne schreščuvannja v mjasovovnovomu vivčarstvi. **(Einkreuzung in der Fleisch-Wollschafzucht.)** Naučnye trudy. Naučno-issledovatel'skij institut životnovodstva Lesostepi i Polesja USSR, Kiev **31** (1961) Nr. 1. S. 103–133. — 16 Abb., 35 Tab., 6 Lit. Orig.: ukrain.
Bei der Kreuzung von Precoce-Schafen mit der Askanischen Feinwollrasse erhöht sich die Wolleistung bei den Mischlingen der 1. Generation und den Nachkommen. Bei einem bedeutenden Teil der Tiere bleiben Schnellwüchsigkeit und Körperform der verbesserten Rasse erhalten. Die Bastarde zeigten bei guter Fütterung ein um 4% bzw. 7,7% höheres Lgw. als Precoce-Bockbzw. Schaflämmer. Bei befriedigender Fütterung blieben die Mischlinge hinter den Precoce um 3–3,4% zurück. Der Schurertrag war bei den Kreuzungstieren besser als bei der verbesserten Rasse (Bocklämmer um 17,8% und Schaflämmer um 23%). Die Haarlänge war um 11,8 und 12,8% besser, die Dichte um 12,8% größer bei einer Feinheit von 64–60. Der Reinwollertrag war um 1,6% geringer. Die Mischlinge aus verschiedenen Paarungstypen wiesen zu 76,75% den gewünschten Körperbau und die angestrebten Leistungen auf. Die Fruchtbarkeit der Bastardmuttern war um 6,4% höher als die der Precoce-Muttern. Die jungen Kreuzungstiere standen bis zum Alter von 4–4,5 Mon. in der Schnellwüchsigkeit hinter den Precoce nicht zurück. Die Fleischqualität zeigte keine Unterschiede. K. Neumann. 4164.

Taftă, V. und Tacu, A. Cercetări asupra structurii histologice a pielii metişilor merinos × ţigaie în legătură cu gradul de metisare şi cu calitatea lînii. **(Untersuchungen über die Hautstruktur von Kreuzungstieren aus Merino × Zigaja und ihr Verhältnis zum Kreuzungsgrad und der Wollqualität.)** Lucrările ştiinţ. Inst. Cercetări zootehn. **19** (1961) S. 271–287. — 8 Abb., 1 Tab., 4 Lit. Zus. in Russ., Engl., Franz., Dtsch.

Die Hautdicke (Ober- und Lederhaut) ist bei allen Kreuzungstypen sehr ähnlich, mit großen Schwankungen und bei größerer Annäherung an die Merinorasse. Dasselbe gilt für die Wollfeinheit, die die größte Schwankungsbreite bei den F_2 ($F_1 \times F_1$) aufweist. Die Wolldichte wird ebenfalls vom Merino bestimmt und damit auch das Verhältnis von Sekundär- zu Primärfollikeln (Zigaja — **4,6:1**; F_2 — **9,9:1**). In der Gruppe der Kreuzungen von Kreuzungstieren untereinander weisen $F_2 \times F_2$ die dichteste Wolle auf.

R. Petrovszky. **4164.**

Ştefănescu, C., Ciolcă, N., Raicu, L. und Taftă, V. Noi contribuţii în problema transformării oilor ţurcane în oi cu lînă fină şi semifină, prin încrucişare. **(Ein weiterer Beitrag zur Frage der Umwandlung von Zurkanaschafen in fein- und halbfeinwollige Schafe durch Kreuzungen.)** Lucrările ştiinţ. Inst. Cercetări zootehn. **19** (1961) S. 191–218. — 3 Abb., **14** Tab., 10 Lit. Zus. in Russ., Engl., Franz., Dtsch.

Es werden die neuesten Ergebnisse über die F_3 aus Merino-Böcken und Zurkanaschafen (in Niederungsgebieten) und über die F_1 und F_2 aus Zigaja-Böcken und Zurkanaschafen (im Vorgebirge) mitgeteilt. Die Meliorationskreuzung mit Merinos soll nicht weiter als bis zu F_3 geführt werden, da diese schon zu **63%** den Vatertieren weitgehend ähnelt. Das Verhältnis zwischen grobwolligen einerseits und fein- und halbfeinwolligen Kreuzungstieren andererseits beträgt in der F_1 1:3 und in der F_2 1:1 (Zigaja × Zurkana). Die Wollfeinheit der F_1 erreicht ⌀ **33,9** μ, die der F_2 ⌀ **30,74** μ. Die Wolle ist damit bedeutend feiner als bei den Zurkanaschafen (40,68 μ).

R. Petrovszky. **4164.**

Ştefănescu, C., Ciolcă, N., Marin, L. und Dancu, D. Primele rezultate obţinute în lucrările pentru formarea unui tip local de oaie Karakul brumăriu. **(Die ersten Versuchsergebnisse über die Züchtung eines einheimischen grauen Karakulschafes.)** Lucrările ştiinţ. Inst. Cercetări zootehn. **19** (1961) S. 241–254. — 5 Tab., 10 Lit. Zus. in Russ., Engl., Franz., Dtsch.

Graue Zurkanaschafe wurden mit grauen Karakulböcken aus der Sowjetunion gekreuzt und die Methodik festgelegt, nach der ein einheimisches Karakulschaf gezüchtet werden kann, das den Umweltbedingungen des Nordostgebietes Rumäniens mit einer jährl. Niederschlagsmenge von ⌀ 550,4 mm, einer rel. Luftfeuchtigkeit von 75% und einer durchschnittl. Jahrestemperatur von 8,9 °C besser angepaßt ist. Es erwies sich, daß die F_2 die gewünschten Eigenschaften vereinigt: ein den Karakulschafen sehr ähnliches Exterieur und bes. ähnliche Fellchen, Robustheit, Widerstandsfähigkeit und gute Anpassungsfähigkeit. R. Petrovszky. **4164.**

Stepanov, D. G. und Karpova, N. Ja. (Stepanow, D. G. und Karpowa, N. Ja.); Askanija-Nowa, Gebiet Cherson, Ukrain. Iwanow-Forsch.-Inst. für Tierzucht der Steppengebiete Askanija-Nowa. Vlijanie rannego ispol'zovanija proizvoditelej askanijskoj porody na ich rost, razvitie i šerstnuju produktivnost'. **(Der Einfluß früher Zuchtverwendung von Böcken der Askanischen Rasse auf Wachstum, Entwicklung und Wollproduktion.)** Visnyk sil's'kogospodars'koï nauky, Kyïv **4** (1961) Nr. 7. S. 78–80. — 4 Tab., 3 Lit. Orig.: ukrain., Ausz.: russ.

Durch eine Überprüfung von jungen Schafböcken wurde festgestellt, daß bis zur 1. Zulassung eine Verringerung des Haarwuchses in der Länge festzustellen ist (untersucht bis zum 7. und 8. Mon.). Dagegen ist danach ein intensiveres Wachstum zu beobachten. M. Achmedowa. **4166.**

Altenkirch, W. **Die Lammzeit vom betriebswirtschaftlichen Standpunkt gesehen.** Mh. Veterinärmed. **17** (1962) Nr. 9/10. – S. 432–436.

Es werden die Lammzeiten der Merinofleischschafe, der Deutschen Veredelten Landschafe, der Leineschafe, der Rhönschafe, der Rauhwolligen Landschafe, der Milchschafe und der Karakulschafe beschrieben. Um eine begrenzte Zulassungsperiode zu erreichen, müssen Ernährungs-, Licht- und Temperaturverhältnisse berücksichtigt werden. Als brunstanregende Mittel werden gekeimter Roggen oder Futterstoß mit Silage empfohlen. Ferner werden Vor- und Nachteile von Frühjahrslammung, Herbstlammung und Winterlammung behandelt. Vf. stellt abschließend fest, daß die Wahl der Lammzeit von dem Zeitpunkt des höchsten eiweißreichen und billigen Futteranfalls, von den betriebswirtschaftlichen Verhältnissen und von der Widerstandsfähigkeit der gehaltenen Schafrassen auszugehen hat. S. Mertins. 4170.

Timaru, S., Mochnacs, M., Ciolcă, N., Păunescu, J. und Zarcada, D. Cercetări asupra avantajelor şi eficienţa economică a fătărilor timpurii în creşterea oilor cu lîna fină. **(Untersuchungen über die Vorteile und Wirtschaftlichkeit von frühzeitigen Ablammungen in der Zucht feinwolliger Schafe.)** Lucările ştiint. Inst. Cercetări zootehn. **19** (1961) S. 219–239. – 10 Tab., 28 Lit. Zus. in Russ., Engl., Franz., Dtsch.

Ohne bes. Vorbereitung wurden in den Sommermonaten 12,6–30,4% der Merinoschafe aus der Versuchsgruppe brünstig und gedeckt; es ergab sich ein unterdurchschnittlicher Befruchtungsprozentsatz (53–60,5%). Die Geburtenziffer im Winter (140,9%) übertraf jedoch sowohl die im frühen Frühjahr (125,1%) als auch die im späten Frühjahr (118,75%). Die Sterblichkeit und die Notschlachtungen bei Winterlämmern waren 2,7mal kleiner als bei frühen und 1- bis 1,7mal kleiner als bei späten Frühjahrslämmern. Die Winterlammungen ermöglichten eine Verlängerung der Laktationsperiode, die die Milchleistung je Schaf (13,12–19,27 kg) im Vergleich zu den Lammungen im frühen (14,53 kg) und im späten Frühjahr (5,7–6,21 kg) erhöhte. Die Wollleistung der Mutterschafe war an die Fütterungs- und Haltungsbedingungen gebunden, dagegen waren die der Winterlämmer viel höher als die der später geborenen. Die Wolleigenschaften erwiesen sich als unbeeinflußt. Der durch Winterlammung erzielte Leistungswert übertraf den der frühen um 113,5% und den der späten Frühjahrslammung um 50,2%. R. Petrovszky. 4170.

Knjazev, A. I. (Knjasew, A. I.) Reakcija tonkorunnych jagnjat različnych konstitucional'nych tipov na povyšennyj uroveń kormlenija v podsosnyj period. **(Die Reaktion feinwolliger Lämmer verschiedener Konstitutionstypen auf erhöhte Futtergaben in der Säugeperiode.)** Izvestija Timirjazevskoj sel'skochozjajstvennoj akademii, Moskva **1961** Nr. 5. S. **134–144**. – 8 Tab., 14 Lit. Zus. in Engl.

Eines der wesentlichsten Merkmale der Konstitution bei Schafen bilden nach Vf. die Hautfalten, die von ihm auch zur Grundlage für die Einteilung in Konstitutionstypen gemacht werden. Dabei konnte festgestellt werden, daß die Lämmer unterschiedlicher Konstitutionstypen sich in ihrer Entwicklung verschieden verhielten. Auch bei Verbesserung der Fütterung reagierten die einzelnen Typen verschieden. Die Lämmer mit starker Faltenbildung zeigten die besten Ergebnisse. Auch waren bei den unter besseren Futterbedingungen abgesetzten Lämmern weniger unerwünschte Abweichungen zur Vergröberung in der Wolle festzustellen. Es wird empfohlen, die Mutterschafe und ihre Lämmer mit starker Faltenbildung in der Säugezeit auf verbesserte Futterrationen zu setzen. Es werden 1,8–1,9 FE und 180–190 g verd. Protein für 40–45 kg schwere Mütter verlangt. Die Lämmer sollen im Durchschnitt pro Tag 0,12 FE und 11 g verd. E erhalten. W. Strack. 4196.

Spedding, C. R. W. und Brown, T. H. The effects of early weaning on the growth rate of lambs. **(Die Wirkung frühzeitigen Absetzens auf die Wachstumsrate von Lämmern.)** VIII. int. Tierzuchtkongr. Hamburg **1961** Diskuss.-Beitr. S. 180–181. — Zus. in Franz., Dtsch.
Zusammenfassung eines Diskussionsbeitrages der Vff. zum Hauptbericht Vb: Ernährung. 4196.

Cameron, C. D. T. und Hamilton, L. S.; Nappan, Nova Scotia, Canada, Dep. of Agric. Effect of age at weaning of Shropshire lambs on weight gains and carcass score. **(Der Einfluß des Absatzalters von Shropshire-Lämmern auf Gewichtszuwachs und Schlachtkörperbeurteilung.)** Canad. J. Animal Sci. **41** (1961) Nr. 2. S. 180–186. — 4 Tab., 13 Lit.
Für den Versuch standen 1956–58 144 reinrassige Shropshire-Lämmer zur Verfügung. Ca. 60 Muttertiere wurden dazu im Stall mit Gras-Leguminosen-Heu und guter Silage gefüttert. Ca. 4 Wochen vor der Lammung wurde ½ lb. Kraftfutter (Hafer-Weizenkleie 1:1) zusätzlich verabreicht, bis die Muttertiere und Lämmer zur Weide gebracht werden konnten. Zu Weidebeginn waren die Lämmer ca. 9 Wochen alt. Mineralstoffe (jodiertes Kobaltsalz und Knochenmehl 1:1) und Wasser konnten beliebig aufgenommen werden. Im Alter von 10–14 Tagen wurden die Lämmer kupiert und die Lammböcke kastriert. Die Hammellämmer kamen mit einem Mindestgewicht von 80 lb. zur Schlachtung, wenn die geforderte Schlachtreife erreicht worden war. Die Schlachtkörper wurden nach Beschaffenheit, Ausbildung und Fleischansatz von Keule, Lende, Nacken und Schulter beurteilt. Unterschiede in der Zuwachsrate von der Geburt bis zum Alter von 140 und 170 Tagen für die mit 10; 15 und 20 Wochen bei Gras-Weißklee-Weide abgesetzten Lämmer waren nicht signifikant. Die Durchschnittsgewichte beim Absetzen waren 39; 54 und 66 lb. Die Zuwachsrate der Lämmer wurde beeinflußt durch Geburtsart, Geschlecht und Zuchtjahr. Das Alter beim Absetzen, Geburtsart und Zuchtjahr hatten keine gesicherten Wirkungen auf die Einstufung der Schlachtkörper. Die Ergebnisse zeigen, daß die Vorteile des frühen Absetzens der Lämmer bei Weide mit reichlich jungem Futter ohne nachteilige Wirkung auf den Einstufungsgrad der Schlachtkörper realisiert werden konnten.
B. Kupatz. 4198.

Mihálka, T.; Budapest, Kísérletügyi Közlemények. Növendék-kos vagy ürü hizlalása megfelelöbb-e pecsenye célra? **(Ist zur Erzeugung von Fleisch für Bratzwecke die Mast von Jungböcken oder Junghammeln vorteilhafter?)** Kísérletügyi Közlemények, Állattenyésztés [Mitt. landwirtsch. Versuchsstellen Ungarn, Tierzucht] **53 /B** (1960) Nr. 2. S. 69–79. — Aus: Ung. Agrar-Rdsch. **1962** Nr. 2.
In seinen Versuchen teilte Vf. sowohl die Gruppe der Böcke als auch die der Hammel in je 2 weitere gleichgroße Gruppen auf und fütterte die Hammel und Böcke der Gr. I mit einem Eiweiß-StW-Verhältnis von 1:7–1:8, die der Gr. II mit einem Verhältnis von 1:4–1:5. Die tägl. Kraftfuttergabe der einzelnen Tiere betrug in beiden Gruppen 0,4 kg. Während der 6 Wochen dauernden Vorfütterungsperiode vor der Mast hielt er sowohl die Bock- als auch die Hammellämmer in Herden. Nach den Versuchsergebnissen erreichten die einzelnen Tiere der Gr. I (Böcke und Hammel) eine durchschnittl. Zunahme von 3,50 kg, die der Gr. II eine von 3,33 kg. In der Gr. I waren die Böcke ⌀ 2,04 kg, in II 6,56 kg schwerer als die gleichaltrigen Hammel. Zur Erzeugung von 1 kg Zunahme brauchten die Tiere in der Gr. I 6,40 kg StW mit 930 g verd. E., in der Gr. II 6,26 kg StW mit 880 g verd. E. Bei der Schlachtbeurteilung wurden beide Gruppen als „extrem“ bewertet. Das durchschnittl. Lgw. der Böcke betrug vor dem Schlachten 44,70 kg, das der Hammel 40,92 kg, die Schlachtausbeute erreichte 57,82% bzw. 60,45%, das Verhältnis des Bauchhöhlentalges 2,31% bzw. 3,78%, das des subcutanen

Talges 2,84% bzw. 2,20%. Bei der Kostprobe stellte sich heraus, daß das Fleisch der Jungböcke keinen Bockgeschmack (Bockgeruch) hatte und hinsichtlich der Faserigkeit, Saftigkeit und Farbe mit dem der Hammel gleichwertig war. Vf. stellte bei der Mast mit verschiedenen StW- und Eiweißgaben fest, daß es auf Grund des zugunsten der Gr. II erwiesenen Unterschiedes nicht begründet erscheint, die Jungtiere über 5 Mon. mit Rationen zu füttern, deren Eiweiß-StW-Verhältnis 1:4–1:5 beträgt. Auch ist eine Stallmast nicht notwendig, da die betriebsmäßig gehaltenen und auf die Weide getriebenen gleichaltrigen Jungböcke – abgesehen von unbedeutenden Unterschieden – die gleichen Schlachtergebnisse erzielten wie die in Ställen gehaltenen Versuchs-Böcke und -Hammel. Die Mast von Jungböcken hat bes. in Stammzuchten eine Bedeutung, da man die zur Zucht ungeeignet erscheinenden Böcke nicht schon im Alter von 12 Wochen zu kastrieren braucht und die Ausmerzung im Alter von 7–8 Mon. genügt. Die ausgemusterten Widder können sodann nach einer einmonatigen Stallmast zu Bratzwecken verwertet werden.
4200.

Lamming, G. E. **Richtige Fütterung vor der Paarung.** Tierzüchter **14** (1962) Nr. 8. S. 276.
Vf. erläutert die Verbraucherwünsche hinsichtlich des Lammfleischverzehrs in England und die sich hieraus ergebende Notwendigkeit der Fruchtbarkeitserhöhung des einzelnen Mutterschafes. Er führt die 3 Methoden an, die zur Leistungsverbesserung der Schafe und zur Erhöhung ihrer Wirtschaftlichkeit angewendet wurden und berichtet insbesondere über das Verfahren des „Auffutterns" der Mutterschafe vor der Paarung, mit dem Ziel, eine höhere Eiabstoßungsrate zu erzielen. Versuche ergaben, daß der Termin des Auffutterungsbeginns vor der Paarung Einfluß auf die Eiabstoßungsrate hat. Wenn frische Weide verfügbar ist, sollte man sie 30 Tage, bevor man decken läßt, freigeben. Beim Fehlen einer solchen Weide wird die Verabreichung eines energiereichen Kraftfutters empfohlen, das sich von der 4. Woche vor der Paarung bis zur 1. Woche vor und der 2. Woche nach der Paarung von 100 g auf 450 g je Mutterschaf und Tag steigert. Der Wert des zusätzlichen Lammes liegt unter englischen Verhältnissen um ein vielfaches höher als der Mehraufwand für Futter und an Arbeit. Abschließend wird betont, daß diese Methode zur Verbesserung der Ablammergebnisse ohne Schwierigkeiten anzuwenden ist. Das zusätzliche Futter regt das Tier zu verstärkter Hormonbildung an, und damit wird eine erhöhte Eiabstoßung erzielt. Außerdem bewirkt die zusätzliche Fütterung frühere Brunsterscheinungen.
E. Brauns. 4202.

Rutenbeck, U. **Das Längen- und Dickenwachstum der Wolle unter dem Einfluß von Jahreszeit, Fütterung und Haltung.** Arch. Tierzucht **5** (1962) Nr. 2. S. 109–141. – 5 Abb., 20 Tab., 43 Lit.
Es wird über die Methodik und die Ergebnisse von in den Jahren 1953–58 durchgeführten monatl. Messungen des Wollängen- und Wolldickenwachstums berichtet. Diese wurden an 5 Versuchsgruppen mit insgesamt 38 Merinofleischschafen (Mutterschafen und Hammeln) durchgeführt. Die einzelnen Gruppen hatten eine unterschiedliche Versuchsdauer und Haltung. Die bei den Gruppen in den verschiedenen Mon. des Jahres erzielten Ergebnisse werden in Tab. und Übersichten bei Angabe des Wollalters in Mon. aufgeführt. In Zusammenfassungen werden die sich aus den erzielten Ergebnissen ergebenen Einflüsse genannt, die sowohl auf das Längen- als auch auf das Dickenwachstum (Feinheit) der Wolle einwirken. Bes. betont wird, daß die unterschiedliche Fütterung der Gruppen zeigte, daß optimale Futterration bzw. gute Weide Voraussetzung für höchste Wolleistung sind. Nährstoffverbrauch und Wollwachstum ergaben positive Korrelationen. Bei den Mutterschafen war das Wollwachstum durch die einseitige Winterfütterung stärker negativ

beeinflußt als durch die Lammperiode. Die Untersuchungen des Wollwachstums an überjährigen Wollen (Wollalter 13–24 Mon.) zeigten keine Abnahme der Wachstumsrate. Es scheint ein Zusammenhang zwischen Temperatur und Wolldickenwachstum zu bestehen. E. Brauns. 4222.

Gurău, L. und Popescu, C. Studiul grupului folicular la oile cu lînă fină, semifină şi groasă, în legătură cu calitatea lînii. **(Das Studium der Follikelgruppen bei fein-, halbfein- und grobwolligen Schafen im Verhältnis zur Qualität der Wolle.)** Lucrările ştiinţ. Inst. Cercetări zootehn. **19** (1961) S. 289–301. — 3 Abb., 1 Tab., 22 Lit. Zus. in Russ., Engl., Franz., Dtsch.
Die Untersuchungen erstreckten sich auf Palas-Merino-, Zigaja- und Zurkanaschafe. Die Anzahl der Haarfollikel sowie das Verhältnis zwischen Sekundär- und Primärfollikeln (S:P) ist bei den feinwolligen Rassen am größten (Merino — 16,31 bzw. 8,8:1, Zigaja — 7,39 bzw. 5,34:1, Zurkana — 6,76 bzw. 3,58:1). Dasselbe gilt für das Verhältnis zwischen Haarfollikeln und Talgdrüsen (Merino — 1:0,97, Zigaja — 1:0,81 und Zurkana — 1:0,54). Die Wolleistung wird vom S:P-Verhältnis, Durchmesser von Haarfollikel, -wurzel und -zwiebel sowie von der Anzahl der Talgdrüsen beeinflußt. R. Petrovszky. 4222.

Hundt, K. W. **Vorzügliche Felleigenschaften in der deutschen Karakulvollblutzucht.** Tierzüchter **13** (1961) Nr. 23. S. 579–581.
Vf. berichtet vom 2. Nationalen Karakullammfell-Wettbewerb am 11. 8. 61 in Kassel. Es waren 44 Lämmer für den Einzeltier-Wettbewerb und 36 für den Sammlungswettbewerb gemeldet. Im Einzeltier- und Sammlungswettbewerb wurden bes. Punkte an Tiere der Züchter Wendeessen und Halle vergeben. S. Mertins. 4222.

Wood, G. F. und Watson, R. H. Sheep mating-identification crayons: A test of hardness for quality control in manufacture. **(Farbstifte zur Kennzeichnung der angepaarten Schafe. Ein Härtetest zur Qualitätskontrolle bei der Herstellung.)** Austral. veterin. J. **37** (1961) Nr. 8. S. 308–312. — 2 Abb., 2 Tab., 2 Lit.
Da die von verschiedenen Herstellern stammenden Stifte aus Asbestpulver unterschiedliche Härtegrade aufwiesen, die Angabe einer Formel in dieser Hinsicht jedoch nicht ausreicht, wurden diese Eigenschaften in phys. Tests geprüft. Es wurde der Gewichtsverlust der Stifte ermittelt, wenn diese unter konstanten Bedingungen über einen Wollfilz gezogen wurden. Die Unterscheidung der 3 Arten von Farbstiften, die sich unter heißen, milden oder kalten Temperaturbedingungen als brauchbar erwiesen hatten, war auf diese Weise möglich. Bei den für mildes Klima geeigneten Stiften lag der Ölsäuregehalt zwischen 17 und 19%, bei den für kühles Klima geeigneten Chargen betrug er 29 und 31%. H. Busse. 4271.

Kéès, Ch. (Kees, Ch.) O pol'ze mociona pri zimnem soderžanii baranovproizvoditelej. **(Die Bedeutung der Bewegung für Zuchtböcke während der Winterhaltung.)** Ovcevodstvo, Moskva **7** (1961) Nr. 12. S. 26–27.
In 2 Versuchen wurde der Einfluß der Bewegung auf die Entwicklung der Remonteböcke geprüft. Die Bewegung der Böcke erfolgte zwangsweise am Göpel (1–2 Std.) bzw. 6–8 Std. im freien Auslauf. Die Bewegung der Böcke während der Winterhaltung hatte einen positiven Einfluß auf Gewichtszunahme, Wolleistung sowie Menge und Qualität des Spermas. Die Gewichtszunahmen in der Prüfungszeit betrugen 27% gegenüber 21% bei der Kontrollgruppe; die Wolleistung war um 6,3% höher, und die Resistenz der Spermien betrug 142%. Im 2. Versuch (freier Auslauf) war das Lgw. der Prüfungsgruppe um 12% höher, der Brustumfang um 6,4 cm größer, während die Wolleistung gleich geblieben war. Die Spermamenge war um 38% größer. In der Aktivität der Spermien waren keine Unterschiede festzustellen. Es wird

gefordert, daß die Bockaufzucht im Winter nicht in dunklen, geschlossenen Schafställen, sondern in frischer Luft mit Unterkunft erfolgt.

W. Strack. 4273.

Horváth, Laszlo L. und *Gaál, László.* **Vidám rajzos juhtenyésztés.** (Schafzucht.) 111. umgearb. Ausg. Budapest: Mezög. Kiadó. 1962. (340 S.) 8°. (DA 1365)

Hodowla owiec i bydła w Tatrach polskich i na Podhalu. (Die Schaf- und Rinderhaltung in der polnischen Tatra und in Podhalu.) Wrocław: Zakład Narodowy im Ossolinskich. 1961. (191 S.) 4° = Pasterstwo Tatr polskich i Podhala. Tom 3. (1962 B 112, 2.3.)

SPEZIELLE KLEINTIERZUCHT

B. ZIEGEN

Thenius, E. **Capra „prisca“ Sickenberg und ihre Bedeutung für die Abstammung der Hausziegen.** Z. Tierzücht. Züchtungsbiol. **76** (1962) Nr. 2/3. S. 321–325. – 1 Tab., 11 Lit.

Vermittels des Fluortestes wird ein bronzezeitliches Alter des durch Sickenberg als pleistocän ausgegebenen Schädelrestes von Schleinbach (*Capra „prisca“*) erwiesen. Damit wird die Annahme einer wilden Stammform der „prisca“-Hausziege hinfällig.

H. Neumeister. 4506.

Anonym. Breeding dairy goats in Israel. **(Ziegenzucht in Israel.)** Tel Aviv: Ministery of Agricult.; „Asisa“ Israel Goat Breeders Association 1962. (16 S. m. 10 Abb.)

Der Ziegenbestand in Israel betrug 1962 32000 Milchziegen und ca. 100000 Herdenziegen der einheimischen Mamber-Rasse, die zahlenmäßig verringert und auf bestimmte Bezirke beschränkt werden soll. Sie kommt in 2 Typen vor, einem nördlichen mit langem, schwarzem Haar, herabhängenden Ohren und einer Milchleistung von ca. 150 l und einem südlichen Typ, der kleiner und für die Haltung in der Wüste geeignet ist. Ziegen dieses Typs bringen jährl. nur ca. 60 l Milch. Mit 80 Lämmern auf 100 Ziegen sind sie weniger fruchtbar als die Tiere des nördlichen Typs, die 130 Lämmer bringen. Böcke des nördlichen Typs wiegen 60 kg, Ziegen 40 kg. Tiere des südlichen Typs sind 20 kg leichter. Bei entspr. Beifütterung brachten Tiere des nördlichen Typs jährl. 350–450 kg Milch. Die Saanenziegen gehen auf Importe aus der Schweiz und den Niederlanden zurück. Die Böcke wiegen 70–90 kg, die Ziegen 45–55 kg. Sie stehen meist in Kleinbetrieben, wobei i. allg. nicht mehr als 2 Tiere gehalten werden, die den Familienbedarf an Milch und Milcherzeugnissen decken. Gefüttert werden Mais, Klee, Luzerne, Gras, Küchen- und Citrusabfälle. 1952 wurde durch Gesetz festgelegt, daß nur eingetragene Böcke verwendet werden dürfen; sie werden jährl. ausgetauscht. Die Mütter der Böcke müssen der Milchkontrolle angeschlossen sein und in 300 Melktagen wenigstens 1000 kg Milch bringen. Die Ablammung fällt in die Zeit von Febr.–Apr., erstmalig im Alter von 12–13 Mon. Bei 100 Geburten fallen 200 Lämmer an. Die durchschnittl. Milchleistung liegt bei 500 kg. Die Höchstleistungen liegen bei 2293 kg Milch und bei 60 kg Butterfett. Der Zuchtverband erfaßt 50% der Milchziegen und hat 1700 Mitglieder. 1961 wurden erstmalig Ziegen nach Afrika und Mittelamerika exportiert.

J. K. Hinrichsen. 4508.

Marincowitz, G. Die geslagsaktiwiteit van angorabokooie op gemengde karooveld. **(Die Geschlechtliche Aktivität von Angoraziegen, die auf gemischter Karooweide gehalten werden.)** South African J. agric. Sci. **5** (1962) Nr. 2. S. 211–223. – 1 Abb., 7 Tab., 9 Lit.

Das Auftreten von Brunsterscheinungen bei Angoraziegen wurde 28 Mon. lang 2mal tägl. mit Hilfe von sterilisierten (vasektomierten) Böcken festgestellt. Brünstigkeit tritt nur in der rel. kurzen Zuchtperiode von 117 $\pm$ 3,5 (84–147) Tagen auf (März–Sept.), wobei 5–8 (Mittel 6,55 $\pm$ 0,19) Brunstperioden pro Jahr zu verzeichnen waren. Die Brunstperioden wurden in

3 Phasen verschiedener Länge eingeteilt, nämlich Vorbrunst (1,7 Std.), aktive Brunst (29,7 Std.) und Nachbrunst (2,1 Std.), zusammen also 33,4 Std. Der Brunstzyklus wurde im Mittel mit 19,4 ± 0,33 (5,0 – 29,5) Tagen ermittelt. K. Männel. 4564.

Seeger, G. **Die 70jährige deutsche Ziegenzucht zum 5. Male in München.** Tierzüchter **14** (1962) Nr. 11. S. 420. 423. – 1 Abb., 1 Tab.
Die im Jahre 1892 in Pfungstadt/Hessen erfolgte Gründung des ersten Deutschen Ziegenzuchtvereins war richtungweisend für die Ziegenzucht Deutschlands. Im Jahre 1893 konnten erstmalig in ein Herdbuch eingetragene Tiere ausgestellt werden und 1929 fanden die ersten Bewertungen von Milchleistungen durch Auszeichnungen mit goldenen, silbernen und bronzenen Medaillen statt. Im Jahre 1937 begann man mit der systematischen Herausstellung guter Vererber. Auf der diesjährigen 47. DLG Schau wurden 73 Weiße und 50 Bunte Deutsche Edelziegen ausgestellt. Die Tiere waren durchweg von hoher Qualität und bei den züchterisch bes. bedeutsamen Bocknachzuchtsammlungen war der gute Einfluß ehemaliger Siegerböcke festzustellen („Robar“, „Robpeter“; „Robpeter“, „Rotter“; etc.). Vf. geht näher auf die Leistungen der Siegertiere ein. Als Ziege mit höchster Lebensleistung wurde „Blanka“ ZL, 10 Jahre alt, mit 407 kg Fett (8,8 – 1313 – 3,52% – 46,25) bes. herausgestellt. K. Löhle. 4598.

C. GEFLÜGEL

Hühner

Trail, J. C. M. A comparison between five breeds and crosses of commercial poultry in Uganda. I. Rearing from day-old to fifty per cent egg production. **(Ein Vergleich zwischen fünf Wirtschaftsgeflügelrassen und Kreuzungen in Uganda. 1. Mitt. Von der Aufzucht des Eintagskükens bis zur Legetätigkeit von 50%.)** Trop. Agric. **39** (1962) Nr. 3. S. 225–230. – 3 Abb., 6 Tab.,
Bei Rhodeländern, Hellen Sussex, Schwarzen Australorps und den Kreuzungen ♂ Sussex × ♀ Rhodeländer bzw. ♂ Leghorn × ♀ Rhodeländer wurden genaue Unterlagen über Wachstumsrate, Futterverbrauch, Futterverwertung, Alter bis zum 1. Ei, Sterblichkeitsquote und Produktionskosten gesammelt. Die Ergebnisse werden mitgeteilt. W. Greiner-Petter. 4608.

Whittle, Thomas E. Greater efficiency in egg production. **(Größere Leistungsfähigkeit in der Eiererzeugung.)** Scott. Agric. **41** (1962) Nr. 4. S. 187–19 2
Die Geflügel- und Eierproduktion nimmt im Jahres-Ertragswert die 2. Stelle nach der Milcherzeugung im landwirtsch. Sektor des Vereinigten Königreiches ein. An Eiern werden nahezu 95% des eigenen Bedarfs erzeugt, während die jährl. Broiler-Produktion auf 140 Mill. Tiere, das sind 3 Mastküken je Person, geschätzt wird. Verglichen mit dem Pro-Kopf-Verbrauch der USA besteht noch Spielraum für eine Erweiterung des heimischen Konsums an Geflügelprodukten. Das ist nötig, zumal es für das weitere Ansteigen der heimischen Erzeugung nur begrenzte Exportmöglichkeiten gibt. Mit Rücksicht auf die derzeitige Situation bedeutet Leistungsfähigkeit „die Herstellung eines Qualitätsartikels zum billigst möglichen Preis“. Qualität heißt, „das Ei muß sauber, nach Größe sortiert, attraktiv verpackt und vor allem frisch sein“. Vf. diskutiert die neuzeitlichen Haltungs- und Unterbringungsbedingungen, das Für und Wider der Tiefstreu, die Haltung auf Draht- und Lattenrosten, im Legekäfig, die 2-Mann-Farm als kleinste praktische Arbeitseinheit, einschließlich eines Kostenschemas. W. Greiner-Petter. 4608.

Dickerson, Gordon E. Random sample performance testing of poultry in the U.S.A. **(Stichprobenleistungsprüfung bei Hühnern in den USA.)** Animal Breeding Abstr. **30** (1962) Nr. 1. S. 1–8. – 14 Lit.

Vf. gibt einen Überblick über die geschichtliche und organisatorische Entwicklung der Hühnerleistungsprüfungen in den USA seit dem 1. Stichprobentest 1947/48 in Californien. 1961 waren 16 staatliche Prüfungsstationen in Betrieb. Beträchtliche, aber weitgehend unvorherzusehende Verschiebungen in der Rangfolge verschiedener genetischer Gruppen zwischen den Prüfungsorten im gleichen Jahr und zwischen den Jahren am gleichen Prüfungsort (= Wechselwirkungen), bes. für Sterblichkeit und Legeleistung, bedingen, daß es zweckmäßiger ist, weniger Tiere an mehreren Orten als viele Tiere an nur einem Ort zu prüfen. 1959/60 wurden von 165 Herkünften 37 an mindestens 3 und 9 an mindestens 10 Orten geprüft. Ein regelmäßig mitgeprüfter Standard Weißer Leghorn aus der Cornellherde gestattet die Abschätzung genetischer Veränderungen. Auch die Broiler- und die Putenmastleistungsprüfungen basieren auf einem Stichprobentest. Für Puten sind 8 Prüfstationen in Betrieb. A. Schaaf. 4656.

Abplanalp, Hans, Marrou, Luis F. und Goto, Etsuo; Davis, Univ. of California, Dep. of Poultry Husbandry. Genotype-environment interaction in laying tests of poultry. **(Genotyp-Umwelt-Wechselbeziehung bei Legeleistungsprüfungen von Hühnern.)** Poultry Sci. **41** (1962) Nr. 3. S. 927–936. — 6 Tab., 6 Lit.

Vff. untersuchten in 2 aufeinanderfolgenden Jahrgängen des Californischen Stichprobentestes die Herkunft × Prüfungsortwechselbeziehungen von 45 Herkünften an 10 bzw. 9 Prüfungsorten. Für Legeleistung und Sterblichkeit der Hennen waren diese Wechselbeziehungen verhältnismäßig groß, aber unbedeutend für Ei- und Körpergewicht. Die Analyse von 23 wiederholt geprüften Herkünften und 5 wiederholten Orten zeigte große Jahr × Prüfungsort × Herkunftswechselbeziehungen für Legeleistung und Sterblichkeit, während die Prüfungsort × Herkunftwechselbeziehungen für den Durchschnitt aus beiden Jahren gering waren. Eizahl und Sterblichkeit sollten daher für die Selektion von Hühnern an mehreren Orten gemessen werden, während Eigröße und Körpergewicht an einem Ort bewertet werden können.
A. Schaaf. 4656.

Gyles, N. R., Kan, J. und Smith, R. M. The heritability of breast blister condition and breast feather coverage in a White Rock broiler strain. **(Die Heritabilität für Brustblasenbildung und Brustfederndecke in einer White-Rock-Broilerzucht.)** Poultry Sci. **41** (1962) Nr. 1. S. 13–17. — 4 Tab., 4 Lit.

In einer White-Rock-Herde wurden 2 reingezüchtete Linien unterhalten, die eine mit Auswahl für vermehrtes Auftreten der Brustblasen, die andere für abnehmendes Vorkommen derselben. Nach einer Selektionsgeneration war die Trennung der beiden Linien hinsichtlich der Brustblasenbildung sowie der Unterschiede im Körpergewicht und in der Brustfederndecke hergestellt. In der „Blasenlinie" reichte die Schätzung der Heritabilität für Brustblasenbildung von 16–24%, in der anderen lag sie bei 0. Die phänotytische Korrelation zwischen dem Auftreten der Brustblasen und der Brustfederdecke betrug 0,79, die Korrelation zur Umgebung 0,67 und die geschätzte genetische Korrelation etwas über 1. W. Greiner-Petter. 4660.

Siegel, P. B.; Blacksburg, Virginia Polytechn. Inst. Selection for body weight at eight weeks of age. 1. Short term response and heritabilities. **(Selektion von Hühnern nach dem 8-Wochen-Gewicht. 1. Mitt. Kurzzeitreaktion und Heritabilitäten.)** Poultry Sci. **41** (1962) Nr. 3. S. 954–962. — 2 Abb., 4 Tab., 45 Lit.

Eine Kreuzungspopulation aus 7 Inzuchtlinien Weißer Plymouth Rock wurde bei einheitlicher Fütterung und Haltung 5 Generationen nach dem 8-Wochen-Gewicht in 2 extreme Linien selektiert. Bereits eine Generation nach der

1. Selektion in entgegengesetzte Richtungen ergaben sich stark signifikante Differenzen zwischen den Linien. In der 4. Nachkommengeneration waren die Hähnchen der schweren Linien 321 g und die Hennen 294 g schwerer als die Vergleichstiere der leichten Linie; gleichzeitig waren die Hennen der schweren Linie 116 g schwerer als die Hähne der leichten. Ein Vergleich der erwarteten mit den effektiven Selektionsdifferentialen zeigt, daß natürliche Selektion die Reaktion auf die Selektion nach dem 8-Wochen-Gewicht nur unbedeutend beeinflußt hat. — Die additive genetische Varianz betrug ca. 30% der Totalvarianz; epistatische Einflüsse waren unbedeutend. Die rel. Genauigkeit verschiedener Schätzmethoden sowie die Rolle der geschlechtsgebundenen, Dominanz- und Maternaleffekte bei der Vererbung des 8-Wochen-Gewichtes werden diskutiert. A. Schaaf. 4660.

Morris, J. A. The effect of mild inbreeding in two lines of White Leghorn. **(Die Wirkung mäßiger Inzucht in 2 Leghorn-Linien.)** Austral. J. agric. Res. **13** (1962) Nr. 2. S. 362–375.
Eine Leghorn-Herde — die M-Linie — ist seit 1947 einer fortgesetzten Selektion auf Eierleistung unterworfen worden, die andere — die C-Linie — wird im gleichen Zeitraum durch zufällige Verpaarung ohne künstliche Selektion vermehrt. Der Inzuchtkoeffizient F (nach Wright) nahm ständig zu, in der M-Linie bis zu 25,1%, in der C-Linie bis zu 16,2%. Signifikante Regressionswerte für den 72-Wochen-Produktions-Index, für das Alter bis zum 1. Ei und die Legepausen während der Wintermonate Juni-Juli wurden in der M-Linie beobachtet. Die Vitalität der Küken war durch kleine Veränderungen im Grad der Inzucht weder bis zum Alter von 3½ Wochen noch im späteren Alter von 20–72 Wochen zu beeinflussen. Hoch signifikante Unterschiede wurden bei den F-Werten zwischen den jährl. Regressionen für die Legetätigkeit und die Legepausen während der beiden Wintermonate festgestellt. Diese Differenzen bestätigen eine unterschiedliche Empfindlichkeit in der Reaktion auf Inzucht in Verbindung mit von der Jahreszeit abhängigen Widerwärtigkeiten. W. Greiner-Petter. 4669.

Ostrivnyj, I. M. (Ostriwny, I. M.); Charkow, Zootechn. und Veterinärmed. Inst. Vyroščuvannja na m jaso kurčat pomisej i porody rosijška bila. **(Broilerzucht mit Russischen Weißen Hühnern und ihren Kreuzungsprodukten.)** Visnyk sil'škogospodarškoï nauky, Kyïv **4** (1961) Nr. 11. S. 98–101. — 3 Tab. Orig.: ukrain., Ausz.: russ.
Bei der Broilerzucht müssen die Verhältnisse, die Futtergrundlage, die Rassenzusammensetzung und die Normen der lebenswichtigen Stoffe für die Fleischküken der verschiedenen Rassen und Altersstufen in Betracht gezogen werden. Diese Fragen studierte Vf. an Kreuzungen aus Fleisch-Eierrassen und Russischen Weißen Hühnern. Die Kreuzungstiere hatten eine höhere Lebensfähigkeit, eine bessere Futterverwertung und lieferten mehr qualitativ gutes Fleisch. Am besten waren die Kreuzungstiere aus ♀ Russische Weiße × ♂ New Hampshire. Vf. schildert Futternormen und Vergleichsversuche und kommt zum Schluß, daß die kombinierte Futtermethode es besser erlaubt, Zusatzfutter (Saftfutter, Hefe, Sauermilch und Brutabfälle) zu nutzen und den Getreideverbrauch für 1 kg Zuwachs auf 2,2–2,8 kg zu senken. Die Proteinverdauung war mit 90,46% sehr hoch. Org. Stoffe wurden zu 79,7–68,5% verdaut. Sehr schlecht wurde Rohfaser (7,66–4,26%) verdaut. Bei Vergleichsbestimmungen ist nicht nur der Lebendgewichtszuwachs, sondern die Ausbeute und der Nutzen des eßbaren Teils heranzuziehen. K. Neumann. 4669.

Drel', K. A. (Drel, K. A.); Lugansk, Ukrain.SSR, Med. Inst., Lehrstuhl für Biochem. Soderžanie ATF v kurinych jajcach v tečenie inkubacii. **(Gehalt an Adenosintriphosphorsäure in Hühnereiern im Verlauf der Brutperiode.)** Ukraïnškyj biochimičnyj žurnal, Kyïv **33** (1961) Nr. 6. S. 871–875. — 2 Tab., 7 Lit. Orig.: ukrain., Ausz.: russ., engl.

Der ATP-Gehalt in befruchteten und unbefruchteten Eiern der Weißen Leghorn wurde während der ganzen Brutperiode erforscht, um den Anteil der makroergischen Phosphatverbindungen am Energieaufwand in verschiedenen Stadien der Embryogenese zu klären. Im Laufe der ersten 5–6 Tage ist eine Verringerung an ATP im Ei und allen seinen Elementen signifikant, was durch den Verbrauch an makroergischen Elementen seitens des sich entwickelnden Embryos zu erklären ist. Nach dem 6. Tage wächst der Gehalt an ATP im Embryo und dem Ei, was mit der Verstärkung der glykolytischen Prozesse und der aeroben Phase des Kohlenhydrataustauschs zusammenhängt. Nach dem 15. Tag, bis Ende der Entwicklung, ist ein ständiges Sinken des ATP-Gehalts im Ei und im Embryo, das die Hauptmasse darstellt, zu beobachten. Die Muskelarbeit des Embryos erfordert Energieaufwand und verringert den Gehalt makroergischer Stoffe. In nichtbefruchteten Eiern ist das nicht der Fall. Im Dotter wurde Vergrößerung des ATP-Gehalts während der 1. Hälfte der Brutperiode festgestellt. Im Dotter nichtbefruchteter Eier finden glykolytische Prozesse statt. K. Neumann. 4676.

Mehner, A. und Torges, H.-G.; Celle, Bundesforsch.-Anst. für Kleintierzucht. **Die Wirkung von Amprolium auf die Legeleistung und die Eiqualität.** Arch. Geflügelkunde **26** (1962) Nr. 2. S. 91–103. — 4 Abb., 7 Tab. Zus. in Engl.

Da Coccidiostatica nach Abschluß des Kükenalters nicht ohne weiteres aus der Futtermischung abgesetzt werden können, wenn es nicht zu vermehrten Dünndarmcoccidiosen im Legestall kommen soll, wurde die Frage nach dem Einfluß solcher Substanzen auf Legeleistung und Eiqualität untersucht. Einjährige Weiße Leghorn-Hennen erhielten in der Versuchsperiode 0,025% Amprolium im Legemehl. Die Legeleistung scheint durch den Einfluß der Amproliumgabe geringfügig gesenkt zu sein, eine statistische Sicherung war jedoch bei der kurzen Versuchszeit und der überlagernden Einflüsse von Futterwechsel und Temperaturverlauf nicht möglich. Die Brutfähigkeit der Eier, die Ausbildung des Eiklarindexes und der Dotterfarbe wurden nicht nachteilig beeinflußt. Die Amproliumbeigabe wirkte sich ungünstig auf die Bruchfestigkeit der Eischale aus. U. Hofmann. 4700.

Wilcox, F. H. und Wilson, H. R.; Collgee Park, Univ. of Maryland, Dep. of Poultry Husbandry. Changes in albumen quality with time. **(Veränderungen der Albuminqualität im Laufe der Zeit.)** Poultry Sci. **41** (1962) Nr. 3. S. 883–886. — 3 Abb., 1 Tab., Lit.

Es wurden 2 Versuche durchgeführt mit Tieren, denen Progesteron injiziert worden war und einer Kontrollgruppe ohne Injektion. Man unterbrach durch die Injektion in der Mitte des 1. Legejahres die Eierproduktion für ca. 6 Wochen und fand, daß diese Pause einen kleinen Effekt auf das spätere Absinken der Albuminqualität hatte. Weiter wurde festgestellt, daß eine längere Pause zwischen dem ersten und zweiten Legejahr einen positiven Einfluß auf die Albuminqualität ausübt. Vff. schlußfolgern, daß das Absinken der Albuminqualität weniger eine Auswirkung des Alterns als der Erschöpfung ist. B. Rempel. 4700.

Ferrando, Raymond; Alfort, École Nat. Vétérin. Le β-apo-8' caroténal et la coloration du jaune d'oeuf. **(β-apo-8' carotenal und die Färbung des Eigelbes.)** Recueil Méd. vétérin. **138** (1962) Nr. 7. S. 547–562. — 8 Abb., 5 Tab., 6 Lit.

Die Substanz (ältere Bezeichnung β-apo-2-carotenal) ist im Körper weit verbreitet. Sie ist zusammen mit Äthylester der Carotinsäure ein Stoffwechselprodukt von all-trans-β-carotin. Beide Substanzen haben eine intensive Färbewirkung gegenüber dem Eigelb und Vitamin-ähnliche Eigenschaften. — Es werden Verfahren zur quantitativen Analyse in Nahrungsstoffen sowie Methoden zur Wirksamkeitsbestimmung bez. der Dotterfärbung und der Legetätigkeit angegeben. Die wirksame Dosis beträgt für β-apo-carotenal 1–10 mg/kg Futterration, für Äthylester der Carotinsäure 1–8 mg.

F. Lüpnitz. 4700.

Querner, H. und Becker, K. **Vergleichende Untersuchungen über Intensiv- und Extensivhaltung von Junghennen sowie deren Einfluß auf die spätere Legeleistung.** Arch. Geflügelkunde **26** (1962) Nr. 1. S. 51–68.
Mit den Untersuchungen sollte ein Beitrag zur Klärung der Frage geleistet werden, inwieweit sich die intensive gegenüber der extensiven Haltungsweise der Junghennen auf die Legeleistung auswirkt. Außerdem wurde die kombinierte Fütterung der Alleinfütterung gegenübergestellt. Als Tiermaterial standen insgesamt 590 Junghennen der Rasse Weiße Leghorn (ZGR-Linienhybriden) zur Verfügung. Im einzelnen wurde folgendes festgestellt: 1. Junghennenperiode (10.–20. Woche). a) Die Körpergewichte waren in allen Gruppen rel. ausgeglichen. b) Die „Intensivgruppen" hatten einen etwas höheren Futterverbrauch als die „Extensivgruppen". c) Der Futterverbrauch bei der kombinierten Fütterung war in beiden Haltungsformen höher als bei Alleinfütterung. 2. Legehennenperiode (21. Woche bis 500. Lebenstag). a) Unterschiede in der Gesamtlegeleistung, den Eigewichten und den Tierverlusten waren bei den „Intensiv- und Extensivgruppen" nicht zu beobachten. b) Eine Legeleistung von 50% wurde bei den „Extensivgruppen" bis zu 14 Tagen früher erreicht. c) Die Alleinfuttergruppen lagen leistungsmäßig über den Gruppen mit kombinierter Fütterung. Letztere hatten höhere Körpergewichtszunahmen und einen höheren Futterverbrauch. — Ein Wiederholungsversuch mit gleicher Problemstellung wird durchgeführt.

K. Löhle. 4707.

Schifferdecker, Siegfried; Meißen, Inst. für Betriebs- und Arbeitsökon. **Einige Probleme der zwischengenossenschaftlichen Legehennenintensivhaltung.** Wiss. Z. Hochschule LPG Meißen **5** (1962) Nr. 1. S. 33–47.
Bei der zwischengenossenschaftlichen Organisationsform sind die Hennenhaltungen aus mehreren LPG herausgelöst und in einer sozialistischen Genossenschaftseinrichtung an einem geeigneten Standort konzentriert. Vf. bespricht unter Bezugnahme auf die Legehennenintensivhaltung in Altweida, Krs. Riesa, sich aus dieser Haltungsweise ergebende Probleme. Die Sicherung der Marktproduktion ist als Kriterium für den Mindestumfang der Beteiligung der LPG an der Gemeinschaftseinrichtung anzusehen, wobei die differenzierten Produktionsverhältnisse der LPG zu berücksichtigen sind. Für die Festlegung und Verrechnung des Futteranteils der beteiligten LPG dient die Getreideeinheit (GE) als Bezugsgröße. Die auf die einzelnen LPG entfallenden Futterlieferungen sind mit der Genossenschaftseinrichtung vertraglich mit Liefertermin gebunden. Die Arbeitskräfte sollten qualifiziert sein und können entweder als Mitglied, wobei sie in ihren gesamten Rechten und Pflichten Migtlieder ihrer delegierenden LPG bleiben, oder als Lohnarbeitskraft mit entspr. Arbeitsvertrag beschäftigt werden. Die Vergütung erfolgt unter exakter Bestimmung des Arbeitsmaßes durch Zeitmessungen nach dem Produkt. Die je AE auszuzahlenden Geldbeträge errechnen sich aus dem gewogenen Mittel des Planwertes der AE aller beteiligten LPG, wobei die je AE zur Auszahlung gelangenden Naturalien unter entspr. Umrechnung in Geld mit einbezogen werden. Die Gewinnverteilung erfolgt unter Berücksichtigung der unterschiedlichen Sollverpflichtungen der beteiligten LPG an Eiern nach Maßgabe des Hennenanteils der beteiligten LPG. U. Hofmann. 4707.

Wirth, H.; Hamburg. **Superphosphat im Geflügelstall beeinflußt Stallklima und Stallhygiene.)** Tierzüchter **14** (1962) Nr. 6. S. 214. — 1 Tab.
Superphosphat, das in geringen Mengen über die Dauereinstreu und in die Kotkästen von Geflügelställen gestreut wird, übt eine N-bindende, trocknende

und bakteriostatische Wirkung aus. Eine Schädigung der Tiere durch die Aufnahme von Superphosphat ist nicht zu erwarten. So ergaben Fütterungsversuche, daß Küken freiwillig ca. 0,6% der tägl. Futterration an Superphoshat aufnahmen und daß bei zwangsweiser Beifütterung von 1% Superphosphat zur tägl. Futteraufnahme bei wachsenden Küken keinerlei Schäden zu beobachten waren. Weitere angeführte Versuche zeigen, daß der Ammoniakgehalt der Stalluft durch Superphosphateinstreu bis zu 50% und der Luftfeuchtigkeitsgehalt um 10% und darüber verringert werden können. Die tägl. Einstreu von 25–50 g Superphosphat/m² Stallgrundfläche in Geflügelställen kann deshalb, bes. in den Herbst- und Wintermonaten, zur Verbesserung der stallklimatischen und stallhygienischen Verhältnisse empfohlen werden.

J. Strecke. 4708.

Kriehn, U.; Damsdorf, Forschungsstelle des Inst. und der Klin. für Geflügelkrankh. der Humboldt-Univ. zu Berlin. **Die Vitamin-D-Mangelkrankheit.** Tierzucht **16** (1962) Nr. 7. S. 314–315. — 2 Abb.
Von den Fraktionen des fettlöslichen Vit. D sind nur 2 Verbindungen, und zwar Vit. D_2 und Vit. D_3 von Bedeutung. Die D-Vitamine entstehen aus den Provitaminen, die jedoch keine antirachitische Wirkung haben. Bei Sonnenbestrahlung können die Haustiere aus 7-Dehydrocholesterin Vit. D_3 selbst synthetisieren. In dunklen geschlossenen Ställen können daher Vit.-D-Mangelerscheinungen auftreten. Ca und P werden für den Skelettaufbau im Körper im Verhältnis 1:2 benötigt. Das Knochenskelett des wachsenden Tieres erleidet bei mangelhafter Vit.-D-Versorgung durch ungenügende Kalkablagerung ausgedehnte Verbiegungen und unförmige Auftreibungen in der Nähe der Gelenke. Hochleistungstiere weisen bei Vit.-D_3-, P- und Ca-Mangel, Knochenerweichung und ausgeprägte Brüchigkeit der Knochen auf, teilweise werden dünnschalige und schalenlose Eier gelegt. Die Behandlung erfolgt durch Vit.-D_3-Gaben sowie Ca- und P-haltige Futterkalke.

U. Hofmann. 4710.

Anonym. **Empfehlung zur Bekämpfung der Marekschen Hühnerlähmung.** Tierzucht **16** (1962) Nr. 7. S. 310–312.
Zur Verhinderung der Einschleppung der Marekschen Hühnerlähmung wird den Zuchtbetrieben empfohlen, nur von 2jährigen Hennen nachzuziehen und die Jungtiere getrennt von den Legehennen aufzuziehen. In Geflügelgroßzuchten müssen die Ställe vor Neubelegungen gründlich desinfiziert werden, die Aufzuchtanlagen sollen getrennt von den Stammzuchtanlagen sein. Erkrankte Jungtierbestände sind ohne Auslauf zu halten, es sind nur Konsumeier zu gewinnen, Bruteier dürfen nur von zwei- und mehrjährigen Hennen genommen werden. Es werden Anweisungen für eine einwandfreie Bruthygiene, Stall- und Auslaufdesinfektion gegeben. In Ablegebetrieben ist eine laufende Merzung Marekverdächtiger Tiere vorzunehmen. Die Mareksche Lähmung gilt als getilgt, wenn innerhalb des letzten Jahres die Krankheit nicht mehr ermittelt und keine verdächtigen Symptome bei den Hühnern aufgetreten sind. U. Hofmann. 4710

Enten

Anonym. **Wissenswertes über die Moschus- oder Stummente.** Geflügelhof [Zollikofen-Bern] **25** (1962) Nr. 19. S. 322–325.
Zu Beginn der Arbeit stellt Vf. Betrachtungen über die verschiedenen Rassebezeichnungen Moschusente, Warzenente, Stummente und Türkenente an. Sämtliche Namen sind nicht völlig korrekt. Im weiteren Verlaufe werden die anatomischen und physiol. Besonderheiten der Tiere geschildert. Als vorteilhaft wird die Eigenschaft der Enten genannt, viel Freifutter aufzunehmen. Vielfach genügen 30–40 g Körnerfutter/Tier/Tag, alles andere Futter suchen sich die Tiere bei entspr. Auslauf selbst. Als Legeleistung werden 80–90 Eier

angegeben, sofern den Enten die Eier weggenommen werden. Andernfalls wird die Ente jährl. 2–3 Gelege von 7–14 Eiern erbrüten und die Jungtiere großziehen. Vf. ist der Ansicht, daß sich die Moschusenten auch zum Aussetzen in die Jagdreviere eignen. K. Löhle. 4895.

Kamar, Gamal A. R. und Yamani, K. A.; Giza, Egypt, Cairo Univ., Fac. of Agric., Animal Product. Dep. Sexing day old ducklings by testing the swollen larynx. **(Die Sortierung von Eintags-Entenküken durch Testen der geschwollenen Larynx.)** Poultry Sci. **41** (1962) Nr. 4. S. 1357–1358. – 3 Abb.

Es wurde beobachtet, daß bereits Eintags-Erpelküken im Gegensatz zu Enten eine Schwellung des Larynx (!) aufweisen, die von außen fühlbar ist. Mit der linken Hand umgreift man das untere Halsende von unten her und kann mit dem Daumen die Schwellung feststellen. Mit der rechten Hand wird das Küken gehalten. Der Test soll vor der 1. Fütterung vorgenommen werden oder erst 4 Std. nach einer Fütterung. Diese Methode der Geschlechtssortierung ist leichter als die bisher üblichen und erlaubt eine 100%ige Genauigkeit. W. Rudolph. 4965.

Kruse, H.; Rostock, Bezirks-Tierzuchtinspektion, Abt. Fütterungsberat. **Richtige Fütterung — Hauptfaktor für eine erfolgreiche Entenmast.** Tierzucht **16** (1962) Nr. 7. S. 312–313. – 4 Tab., 2 Lit.

In der LPG „Der Leuchtturm“ in Bastorf, Krs. Bad Doberan, wurden 1961 in 2 Durchgängen 1700 Enten gemästet. Das im 1. Durchgang verabreichte selbst zusammengestellte und gemischte Futter hatte bei zu hohem Hafer- (28%) und Weizenkleieanteil (23%) einen erhöhten Gehalt an Rohfaser, so daß die Verwertung des Futters unbefriedigend war. Im 2. Durchgang konnte durch Verwendung von Entenmastfutter eine bessere Gewichtsentwicklung erzielt werden. Der Reingewinn je Ente lag im 1. Durchgang bei 3,55 DM und im 2. Durchgang bei 5,00 DM. Auf die Verwendung von Mineralstoffen und Wirkstoffkonzentraten wird bes. hingewiesen. U. Hofmann. 5000

Truthühner

Klein, F. W. **Die Putenaufzucht ist keine Hexerei mehr!** Tierzüchter **14** (1962) Nr. 11. S. 424–425. – 1 Abb.

Putenrassen, wie Virginische Schneeputen, Breitbrüstige Bronzeputen und Kleine Weiße Beltsville-Puten zeichnen sich durch Schnellwüchsigkeit, gutes Fleischansatzvermögen und Futterdankbarkeit aus und kamen durch Importe bes. aus den angelsächsischen Ländern in die BRD. Spez. Putenaufzuchtfutter, das dem höheren Eiweiß- und Vitaminbedarf der Putenküken gerecht wird und wirksame Präparate zur Vorbeugung und Behandlung der Enterohepatitis sind in der Putenaufzucht unentbehrlich. Für die Putenaufzucht gelten im wesentlichen die gleichen Grundsätze wie für die Aufzucht der Hühnerküken. Putenküken brauchen jedoch mehr Platz, wobei Unterschiede zwischen der Boden-, Bodenintensiv- und Batterieaufzucht bestehen. Dem Wärmebedürfnis der Putenküken entspr. soll die Temperatur in den ersten Lebenswochen mindestens 35 °C betragen. Von der 3. Lebenswoche an bäumen die Putenküken gerne auf Sitzstangen auf. U. Hofmann. 5090.

McDonogh, S. und Ward, S. Summary of breeding work in 1959 at the turkey breeding unit, Athenry Agricultural School. **(Überblick über die Zuchtarbeit des Jahres 1959 in der Putenzucht der Landwirtschaftsschule Athenry.)** J. Dep. Agric. [Dublin] **58** (1961) S. 5–13. – 7 Tab.

Die Übersicht enthält die Ergebnisse der Zuchtarbeit des Jahres 1959 für die Stämme der Großen Weißen Pute und für die Weißen Beltsville. Der wöchentl. Eieranfall von ⌀ 4 Eiern/Pute im Febr. sank bis Mitte Juli allmählich auf 1,5 Stck. Die Befruchtung schwankte zwischen 70 und 87%, bei einigen Stämmen der Großen Weißen Pute war die KB erforderlich. Die Selektion erfolgte auf Grund der Mutter- und Brutleistung, des Lebendgewichts und der Maße für Brustbreite, Brust- und Schenkellänge bis zum Alter von 26 Wochen. Weitere Angaben über die Verbreitung und Vermehrung der Putenherden, über die Nachfrage nach Putern der beiden Rassen, über die Benutzung der Zuchthähne in amtlichen Zuchtstationen sowie über die Planaufgaben der weiteren Entwicklung vervollständigen den Bericht. W. Greiner-Petter. 5090.

Goertz, Grayce E., Hooper, Anna S. und Fry, Jack L.; Manhattan, Kansas State Univ., Dep. of Foods and Nutrit.; Dep. of Poultry Sci. Edible yield of roasted breasts and thighs of Bronze and White turkeys. **(Eßbarer Anteil von gebratenem Brust- und Schenkelfleisch bei Bronze- und Weißen Puten.)** Poultry Sci. 41 (1962) Nr. 4. S. 1295–1298. – 3 Tab., 4 Lit.
Es wurde Brust- und Oberschenkelfleisch (ohne Knochen) von je 4 Putern und 4 Puten aus je 6 Herkünften der Rassen Breitbrüstige Bronze- und Weiße Beltsville-Puten untersucht. Bei Bronze-Putern war das Gewicht des bratfertigen Brust- und Schenkelfleisches höher als bei Weißen-Putern, bei den Hennen jedoch nicht. Die Gewichte der gebratenen Haut, der Schenkelknochen, des Schwundes, ferner die Bratzeiten und Bratverluste waren nicht rassenverschieden, dagegen die Bratzeiten in Min./lb. für Puter kürzer. Die Anzahl der Portionen (71 g) war je lb. Brustfleisch bei Beltsville höher als bei Bronzeputen ($p < 0,05$), für beide Geschlechter jedoch gleich.
W. Rudolph. 5100.

Vogt, Hermann, Hrsg. **Jahrbuch für die Geflügelwirtschaft 1963.** Offizielles Jahrbuch des Verbandes Deutscher Wirtschaftsgeflügelzüchter und seiner Landesverbände. Stuttgart: Eugen Ulmer. 1962. (320 S. m. Abb. u. Tab.) 10,5 × 14,5 cm. DM 4,–. In dem Jahrbuch 1963 sind die Faustzahlen diesmal geschlossen hinter das Kalendarium gestellt worden. Wie in jedem Jahr, so sind auch in diesem Jahr wieder sehr interessante Fachbeiträge über aktuelle Fragen enthalten. So wird auf moderne Formen der künstlichen Beleuchtung in der Geflügelhaltung, auf die systematische Vorbeugung gegen Hühnerkrankheiten, die Klimaregelung in Hühnerställen und auf das Bauen und die Baugenehmigung eingegangen. Ein Anhang mit Tab. über den Bedarf des Geflügels an Nähr- und Mineralstoffen sowie Aminosäuren und Tab. über den Vitamin- und Aminosäurengehalt der Futtermittel beschließen neben einem Sachregister diesen praktischen Ratgeber im Westentaschenformat. F. Schenk.

Clayton, G. A. **A system of turkey breeding.** London : H. M. S. O. 1962. (IV, 29 S.) 8° = Ministry of agriculture, fisheries and food. No. 185. Bulletin. (SR 51, 185)
Rosenwald, A. S. and *Adler, H. E.* **Controlling infectious sinusitis of turkeys.** Berkely: Univ. of California. 1962. (19 S.) 8° = California Agricultural Extention service. Circular 507. (SR 275, 507)
Naukovi osnovy intensyvnogo ptachivnyctva. (Wissenschaftliche Grundlagen der Intensivgeflügelhaltung.) Hrsg.: Ukr. akad. sil'škogosp. nauk. Ukr. naukovo-doslidnyj inst. ptachivnyctva. Kyïv: Vyd. Ukr. akad. sil'škogosp. nauk. 1960. (129 S. m. Abb.; ukrain.) 4° = Naukovi praci. Ukraïnskyj naukovo-doslidnyj instytut ptachivnyctva, Kyïv Bd. 8. (ZB 2798)

D. KANINCHEN

Radkevič, A. I. und Šunto, G. K. (Radkewitsch, A. I. und Schunto, G. K.); Witebsk, Pädagog. Inst., Lehrstuhl für Zool. Vlijanie mežporodnogo skreščivanija na mjasnuju produktivnost' krolikov. **(Einfluß der Kreuzung auf die Fleischproduktion der Kaninchen.)** Krolikovodstvo i zverovodstvo, Moskva 5 (1962) Nr. 3. S. 8–9. – 3 Tab.
Vff. führten im Jahre 1960 Kreuzungsversuche zwecks Steigerung des Wachstums bei fleischwüchsigen Kaninchenrassen durch. Sie arbeiteten mit 3 Rassen: Chinchilla (Ch), Graue Riesen (GR) und Schwarzrotes Kaninchen (SK). Von jeder Rasse wurden 6 Häsinnen in den Versuch einbezogen. In 3 Versuchsserien standen je 131, 127 und 113 Jungtiere in der Prüfung. Die Versuchs- und Kontrolltiere erhielten gleiches Futter. Die Versuchsmethode wird genau beschrieben. Die Jungtiere aus den Kreuzungen erreichten im Alter von 4 Mon. bedeutend höhere Gewichte als die Reinpaarungen: GR × GR 3200 g (100%), GR × CH (männl. Partner zuerst genannt) 4128 g (129%), GR × SK 4234 g (132%); CH × CH 2400 g (100%), CH × SK 3880 g (161%), CH × GR 3898 g (162%); SK × SK 3150 g (100%), SK × GR 3576 g (115%),

SK × CH 4560 g (147%). Durch Kreuzungen verschiedener Rassen kann die Fleischleistung erheblich gesteigert werden. K. Steiner. 5262.

Pavlov, M. K. (Pawlow, M. K.); Balaschicha, Gebiet Moskau, Landwirtsch. Unions-Inst. für Fernstudium. Ocenka mjasnoj produktivnosti krolikov. **(Bestimmung der Fleischleistung bei Kaninchen.)** Krolikovodstvo i zverovodstvo, Moskva **5** (1962) Nr. 4. S. 14–16. — 2 Tab.
Vf. berichtet über die in- und ausländische Literatur zu diesem Problem. Mit zunehmendem Wachstum vergrößert sich die Schlachtausbeute. Bei der Geburt beträgt sie nicht mehr als 30–35%, bei abgesetzten Jungtieren 40–45%, bei schlachtreifen Tieren 50–55% und bei älteren erwachsenen Kaninchen ca. 60%. In den USA wurden 2 Mon. alte Tiere nach durchgeführter Schnellmast geschlachtet. Die Tiere erreichten ein Gewicht von 1,8 kg und eine Schlachtausbeute von 50%. — Tabellarisch sind von verschiedenen Rassen die mittlere Tageszunahme und der Futterverzehr je kg Gewichtszunahme in sowjetischen Futtereinheiten angegeben. Die statistische Berechnung zeigte eine hohe negative Korrelation (—0,80 bis —0,92), d. h. je höher die mittleren Tageszunahmen sind, desto niedriger ist der Futterverbrauch je kg Zunahme. Vf. drückt die mittlere tägl. rel. Wachstumsgeschwindigkeit in einem Koeffizienten (*K*) aus, der sich wie folgt errechnet: Endlebendgewicht minus Anfangslebendgewicht, dividiert durch die Zeit in Tagen, multipliziert mit der halben Summe aus dem Endlebendgewicht und dem Anfangslebendgewicht, multipliziert mit 100. Tiere mit den höchsten Tageszunahmen hatten den höchsten Koeffizienten (größer als 1). Eine Zusammenstellung der mittleren Tageszunahmen, der Gewichtsentwicklung und der errechneten Wachstumskoeffizienten verschiedener Rassen und Kolchosen zeigt: Die höchste rel. Wachstumsgeschwindigkeit hatten die Grauen Riesen (1,74), an 2. Stelle lagen die Tiere der Rasse Chinchilla (1,54). K. Steiner. 5270.

Joppich. **Neue Allgemeine Ausstellungsbestimmungen.** Kleintierzüchter **8** (1962) Nr. 18. S. 3–4.
Vf. bespricht die wichtigsten Punkte der neu überarbeiteten Allgemeinen Ausstellungsbedingungen (AAB). Mit den neuen AAB sollen insbesondere Unklarheiten, die bei Programmgestaltungen örtlicher Schauen der Kaninchenzüchter auftraten, beseitigt werden. Die ordnungsgemäße und rechtzeitige Meldung der Tiere, Fragen um die Gestellung von Ersatztieren und die jetzt geforderte Mitlieferung eines Abstammungsnachweises für alle zum Verkauf gemeldeten Tiere sind einige wichtige Punkte der Organisation von Schauen. Die Klassenaufstellung hat durch die Neuaufnahme der Rassen Weiße Hotot und Sachsengold eine Erweiterung erfahren. Vf. bespricht ausführlich den wichtigsten Punkt der neuen AAB, die Zulassung von Sammlungen, die zukünftig im Vordergrund aller größeren Schauen stehen werden: Als Stämme sind zugelassen: 1,2 Tiere einer Rasse und eines Farbenschlages eigener Zucht. Geschwistersammlungen, deren Tiere alle aus einem Wurf des jüngsten Jahrganges und eigener Zucht sein müssen, können 3, 4, 5 oder 6 Tiere mit beliebigem Geschlechtsverhältnis umfassen. Bei Familiensammlungen sind folgende Varianten zugelassen: a) 1,0 oder 0,1 mit mindestens 2 Nachzuchttieren aus einem Wurf des jüngsten Jahrgangs; b) 1,1 Elterntiere mit mindestens 2 Nachzuchttieren aus einem Wurf wie vorstehend; c) 1,2 Elterntiere mit je 2 Nachzuchttieren, wie zu a); d) 1,2 Elterntiere mit je 4 Nachzuchttieren, wie zu a.) — Zuchthäsinnen mit Jungtieren (mindestens 6 Wochen alt) sind in einer bes. Abt. unterzubringen. Das Mindestalter für einzeln ausgestellte Jungtiere beträgt 3 Mon., das Höchstalter für Tiere in den Jungtierklassen 6 Mon. Die Bewertung und Preisvergebung sind in den AAB in mehreren Paragraphen umrissen. Vf. verweist darauf, daß unter Wegfall der Einzelpreise die gesamte Sammlung als züchterische Einheit und Leistung ausgezeichnet werden kann. K. Steiner. 5280.

E. PELZTIERE

Anonym. Pelsdyrbestanden i Danmark 1961 ifølge indberetning fra landsdelsforeningerne. **(Pelztierzucht in Dänemark 1961 auf Grund der Berichte der Züchtervereinigungen in den Landesteilen.)** Dansk Pelsdyravl **25** (1962) Nr. 12. S. 318–319. – 1 Abb., 3 Tab.

Auf Grund der jährl. am 1. April vorgenommenen Zählung werden Angaben über die Zahl der Pelztierfarmen, der Zuchttiere und der Jungtiere gemacht. Die Zahl der Nerzfarmen ist 1961 auf 3333 gestiegen, in denen 375000 Zuchtnerze gehalten und 1321000 Jungtiere erzeugt wurden. Von den Farbtypen stehen Standard und Pastell zahlenmäßig an der Spitze. Die Zahl der Mutationsnerze steigt schnellller an als die der Standardnerze. 69% der Nerzfarmen haben bis 100 ♀ Zuchttiere. – Die Zucht von Silber- und Blaufüchsen hat wieder etwas mehr Interesse gefunden. Ein starker Anstieg ist bei der Zahl der Betriebe mit Chinchillas erfolgt. 1961 wurden 1132 weibl. Chinchillas zur Zucht gehalten. J. K. Hinrichsen. 5301.

Venge, Ole. Avlsmetoder i minkavlen. **(Zuchtmethoden in der Nerzzucht.)** Dansk Pelsdyravl **25** (1962) Nr. 12. S. 301–309. – 7 Abb., 1 Tab.

Die Steigerung der Qualität und der Lebenskraft sowie des Wachstums erfolgt einerseits durch Verbesserung der Umweltverhältnisse einschließlich der Fütterung, andererseits durch Änderung der „erblichen Konstitution“. Man kann keine neuen Erbanlagen schaffen, aber vorhandene zu Genotypen kombinieren und eine Trennung von erwünschten und unerwünschten Genen vornehmen. Als Zuchtmethode wird die Inzucht der Fremdzucht gegenübergestellt. Paarung von Halbvettern und Halbkusinen bringt keine Steigerung der Inzucht mehr. Je größer die erbliche Variation ist, um so leichter ist die Zuchtarbeit. Es wird zwischen systematischen und zufälligen Zuchtsystemen unterschieden. Beim Nerz bringt die Inzucht herabgesetzte Lebenskraft und schlechte Fruchtbarkeit. Fremdzucht erfolgt in Form der Blutauffrischung. Die hierzu herangezogenen Tiere sollen aus Beständen mit ähnlichen Umweltverhältnissen kommen. Zu enge Inzucht wird dadurch vermieden, daß Vollgeschwisterpaarungen, Eltern-Nachkommenpaarungen und Halbgeschwisterpaarungen unterbleiben. In größeren Beständen ist die Hereinnahme fremder Tiere nur zur Verbesserung der Qualität notwendig. Beim Übergang zu einem anderen Farbtyp werden die neuen Rüden „rotierend“ eingesetzt. Hierfür werden Zuchtschemata angegeben. Auf die Wichtigkeit der Führung von Abstammungsnachweisen wird hingewiesen. J. K. Hinrichsen. 5302.

Reineke, E. P., Travis, Hugh F. und Dolnick, Ethel H. The effects of thyroid gland destruction and replacement therapy on fur growth in mink (Mustela vison) given a thyroxine-free diet. **(Die Auswirkungen der Schilddrüsenzerstörung und Ersatztherapie auf die Fellentwicklung des Nerzes [Mustela vision] bei Thyroxin-freier Fütterung.)** Amer. J. veterin. Res. **23** (1962) Nr. 92. S. 121–127. – 5 Abb., 2 Tab., 22 Lit.

Bei 10 Standard-Nerzrüden wurden die Schilddrüsen durch s.c. Injektionen von ^{131}J zerstört. Bei diesen Tieren traten schwere Störungen im Fellwechsel ein, die die Entwicklung von Grannen und Unterwolle stark beeinträchtigten. Bei Verabreichung von Thyreoprotein-Futter setzte die Fellentwicklung 10 Tage nach der Behandlung ein und nahm dann einen normalen Verlauf. Die Reaktion auf die Therapie und das Ergebnis histol. Untersuchungen zeigen, daß während der Zeit des Thyreoidin-Mangels die Haarfollikel lediglich inaktiviert wurden. Das Schilddrüsen-Hormon ist also einer der Faktoren, die für die normale Funktion der Haarfollikel notwendig sind.
H. Zimmermann. 5302.

Travis, Hugh F. und Schaible, Philip J. Effects of diethylstilbestrol fed periodically during gestation of female mink upon reproductive and kit per-

formance. **(Einflüsse eines zeitweiligen Diethylstilboestrol-Futters während der Trächtigkeit von Nerzfähen auf die Fortpflanzung und Welpenentwicklung.)** Amer. J. veterin. Res. **23** (1962) Nr. 93. S. 359–361. — 2 Tab., 1 Lit.
Da in der Praxis hormonhaltige Futtermittel als Ursache schlechter Wurfergebnisse vermutet werden, wird jeden 3. Tag an eine Versuchsgruppe von 6 Nerzfähen ein 150 μg Stilboestrol und an 5 Fähen ein 300 μg Stilboestrol enthaltendes Futter verfüttert. 6 weitere Standardfähen dienen als Kontrollgruppe. Von den letztgenannten werden 34 Welpen geworfen, von denen nach 2 Wochen noch 31 am Leben sind. Die 6 Versuchsfähen mit 150 μg Stilboestrol im Futter werfen 22 Junge und haben nach 14 Tagen noch 9 Welpen. Für die restlichen 5 Versuchsfähen lauten die entspr. Ergebnisse 12 und 6 Welpen. Sektionen von Versuchsfähen, die ihre Welpen verloren haben, zeigen, daß das Stilboestrol zu Störungen der Milchsekretion führt. Es besteht die Möglichkeit einer Schadwirkung auch bei Verfütterung geringerer Mengen dieses Hormonpräparates. H. Zimmermann. 5302.

Kotova, M. V. (Kotowa, M. W.); Udelnaja, Gebiet Moskau, Forsch.-Inst. für Pelztier- und Kaninchenzucht. Dejstvie antibiotikov na rost molodnjaka norok. **(Wirkung der Antibiotica auf das Wachstum der Jungnerze.)** Krolikovodstvo i zverovodstvo, Moskva **5** (1962) Nr. 5. S. 19–20. — 3 Tab.
900 abgesetzte Standardnerze wurden auf 4 Gruppen mit einheitlichen Haltungsbedingungen verteilt. Zum einheitlichen Grundfutter erhielt jedes Tier tägl. mit der Morgenfütterung in der 1. Gruppe 1 mg kristallines Biomycin, in der 2. Gruppe 1 mg Terramycin und in der 3. Gruppe 150 mg „Aurokorm", ein Präparat, das bei der Biomycinherstellung abfällt. Den Tieren der 4. Gruppe wurden keine Antibioticazusätze gefüttert. Die Versuche liefen von Juni bis Nov. 1960. Rüden der Versuchsgruppen wogen vor der Pelzung 12–14%, Fähen 2–3% mehr als die entspr. Kontrollen, wobei eine bes. gleichmäßige Entwicklung der Versuchstiere verzeichnet werden konnte. Infolge Vergrößerung der Rumpflänge bei den Versuchstieren sind die Felle gegenüber den Kontrollen um 8–11% größer. Außerdem wurde eine Senkung der Erkrankungsfälle und des Verlustquotienten erreicht, der bei Kontrolltieren 4%, bei den Versuchstieren aber nur 1,6% beträgt. Mit Antibioticazusätzen gefütterte Fähen warfen Jungtiere, die im Alter von 15 Tagen gewogen wurden. Sie unterschieden sich gewichtsmäßig fast nicht gegenüber gleichaltrigen Jungtieren von Fähen aus der Kontrollgruppe. L. Hohner. 5302.

Rodt, Peter. Automatisk vatningsanlegg for mink. **(Automatische Tränkanlage für Nerze.)** Norsk Pelsdyrbl. **36** (1962) Nr. 17. S. 264–266. — 11 Abb.
Die gebräuchlichen halbautomatischen Tränkanlagen haben erhebliche Nachteile. Es besteht daher großes Interesse für automatische Tränken. In drei Betrieben wurden Versuche mit einer Tränkventilanlage gemacht, bei der die Ventile in einen auf den Käfigen liegenden Plastikschlauch eingesetzt sind. Der Wasserdruck an den Ventilen darf nicht mehr als 0,2 kg/cm² betragen. Die Tiere gewöhnen sich schnell an die Vorrichtung. Sie entnehmen nicht mehr Wasser, als sie aufnehmen. Das Einfrieren schadet der Anlage nicht, setzt sie aber außer Betrieb. J. K. Hinrichsen. 5302.

Spence, Irwin L. Pointers on installing an automatic watering system. **(Hinweise zur Anlage einer automatischen Nerztränke.)** Amer. Fur Breeder **35** (1962) Nr. 4. S. 8–11. — 9 Abb.
Flexible Plastikrohre werden in die Nerzschuppen bis an jedes Nerzgehege verlegt. Von dem Rohr ragt in jedes Nerzgehege eine Trinkdüse hinein. Durch den Nasendruck des Nerzes auf ein Ventil läuft Wasser aus der Düse heraus und kann von dem Nerz aufgenommen werden. Die großen Vorteile sind: Kein Wassertragen mehr; keine offenen Trinkgefäße, in denen Wasser verschmutzt oder Krankheitskeime sich entwickeln; keine Reinigungsarbeiten

an Trinkgefäßen; kein Überlaufen bzw. Auskippen von Wasser auf den Boden, wodurch eine ständige Nässe oder gar Pfützenbildung unter den Nerzgehegen bei den alten Tränksystemen eingetreten war. G. Bendrat. 5302.

Holzinger, Franz. **Tätowierungsfragen in der Chinchillazucht.** Dtsch. Pelztierzüchter **36** (1962) Nr. 8. S. 147–150.
Eine ordnungsgemäße Zuchtbuchführung basiert auf den Elementen Tätowierung, Gehegekarten und Zuchtkartei. Nach internationaler Übereinkunft werden Geburtsjahr und laufende Nummer in das rechte, das Farmzeichen in das linke Ohr des Chinchillas eintätowiert. Für die Kennzeichnung des Jahrganges finden international festgelegte Buchstaben Verwendung, in der Numerierung wird in jedem Jahr wieder mit 1 begonnen. Das Farmzeichen kann aus Buchstaben und Ziffern zusammengesetzt sein, wobei sich bei Verwendung von ein-, zwei- und dreiteiligen Farmzeichen 30783 Kombinationsmöglichkeiten ergeben. H. Zimmermann. 5318.

Anonym. **Pressfutter für Chinchillas.** Chinchilla-Zucht **5** (1962) Nr. 9. S. 103 bis 108. – 1 Lit.
Da die Verdauungsorgane der Chinchillas für die Verdauung eines nährstoffarmen, aber rohfaserreichen Futters eingerichtet sind, vertragen die Tiere das meistens zu nährstoffreiche Futter in den Zuchtbetrieben schlecht. Die Beifütterung von Sägemehlen bewährt sich wegen auftretender Obstipationen nicht. Dagegen wird ein Zusatz von Strohmehlen zum Preßfutter gut vertragen. Die Höhe dieses Zusatzes soll ca. 10–25% betragen und sich danach richten, wie hoch der Rohfasergehalt der übrigen Futtermittel ist. Das Strohmehl ist deshalb gleich dem Preßfutter zuzusetzen, damit die Chinchillas gezwungen werden, auch den Rohfaseranteil mitzufressen und nicht nur die sonstigen Bestandteile des Futters aufzunehmen. Es ist daher ein Preßfutter für Chinchillas entwickelt worden, in das neben den üblichen Komponenten ein Anteil von bis zu 25% Haferstrohmehl eingearbeitet wird.
H. Zimmermann. 5318.

Lavrov, L. S. (Lawrow, L. S.); Woronesh. Bystree osvoit' promyšlennoe razvedenie bobrov. **(Die Biberzucht schneller entwickeln.)** Krolikovodstvo i zverovodstvo, Moskva **5** (1962) Nr. 3. S. 12–16. – 4 Abb.
Vf. schließt sich der Meinung Kusnezows an, daß die Zucht der Pelztiere Biber, Weißfuchs und Chinchilla bedeutend erweitert werden muß. Die Biber sind monogame Tiere, deren Familie gewöhnlich 5–6 Tiere nicht übersteigt. Wenn Jungtiere sich gut entwickeln, erreichen sie mit 2 Jahren die Geschlechtsreife. Danach müssen sie von der Familie getrennt und zu selbständigen Paaren vereinigt werden. Die Weibchen harmonischer Paare werfen regelmäßig jedes Jahr, was immer wieder beobachtet werden kann. Laufende Gewichtskontrollen und tierärztliche Überwachung des Bestandes wirken sich vorteilhaft aus. Sie sind sehr anfällig gegen Infektionskrankheiten. Die prophylaktische Methode der Krankheitsverhütung ist vorhanden, bes. bei Paratyphus. Systematische Impfungen mit einem spez. Impfstoff gegen Paratyphus verhindern fast vollständig das Jungtiersterben. Die Tiere erreichen ein hohes Alter und sind lange fruchtbar. In der Versuchsfarm leben Tiere, die mit 15 und sogar 20 Jahren noch fruchtbar sind. Die Haltungsweise mit Zugang zu fließendem Wasser bringt wertvollere Felle mit seidig glänzendem Haar.
K. Steiner. 5325.

G. BIENEN

Schweißheimer; New York. **Der größte Bienenzuchtbetrieb der Erde.** Westf. Bienenztg. **75** (1962) Nr. 10. S. 312–313.
Der Bienenzuchtgroßbetrieb von Hans Speck und Arthur Wulfrath in Cuernavaca in Mexico hat jährl. einen Umsatz von knapp $ 2 Mill. Von den 30000 Bienenvölkern werden jährl. ca. 4000 t Honig gewonnen und für $ 1,2

Mill. verkauft. Nur 500 t bleiben im Land. Für $ 300000 wurde 1961 Gelee Royale verkauft, das im Großhandel je kg $ 500–600 kostet. Im Jahr werden ca. 50000 begattete Königinnen gezüchtet, das bringt weitere $ 100000 ein. Für Pollen, der für medizinische Zwecke verkauft wird, werden $ 3000 erzielt. In den nächsten Jahren rechnet man mit jährl. $ 5000000 aus dem Verkauf von Kerzen aus eigenem Bienenwachs. Z. Z. wird die Herausgabe einer Enzyklopädie der Bienenzucht in spanischer Sprache vorbereitet.
G. Droege. 5402.

Kaufmann, Hilde. **Honigernte vor 12000 Jahren.** Bienenwelt [Graz] **4** (1962) Nr. 9. S. 198–202. – 1 Abb.
Unter den Rötelzeichnungen in den Höhlen des „Levantinischen Kunstkreises" — so nennt man diese Epoche vor 12000 Jahren — ist eine Zeichnung zu finden, die die Honiggewinnung jener Zeiten festhält. Die Höhlen von Bicorp, südlich von Valencia, in denen vor 12000 Jahren Menschen ihre Eindrücke von den Auseinandersetzungen mit der Natur an die Wände der Wohnhöhle (Cueva) malten, sind keine richtigen Höhlen, sondern nur 1 ½ Meter tiefe Felseinbuchtungen. Vf. schildert in einem ausführlichen Reisebericht ihre Fahrt in die kahlen Berge der schwer zugänglichen Sierra Martès. Sie erzählt, wie ihr einheimischer Begleiter in den Cuevas de Arrana die Felswände abwäscht, um die Rötelzeichnungen sichtbar zu machen, unter denen eine die Honiggewinnung der Jäger und Sammler jener Zeit erkennen läßt: Einen Menschen in der Krone des Baumes sitzend, mit einem schwelenden Feuerbrand die ihn umschwärmenden Bienen wehrend, das Seil, das neben dem Baumstamme in die Tiefe hängt und mit dem die Honigwaben aus der Krone herabgelassen werden und Männer unter dem Baum stehend, bereit, die Honigwaben in Empfang zu nehmen. Alles ist mit zarten Rötelstrichen gezeichnet. Dies ist der älteste Beweis dafür, daß die Menschen schon vor Jahrtausenden den Bienenhonig schätzten. K. Steiner. 5404.

Evenius; Celle. **Zur Lage der Bienenzucht im Bundesgebiet.** Dtsch. Bienenwirtsch. **13** (1962) Nr. 8. S. 245–246.
Angesichts der Schwierigkeiten in der Imkerei wurden Beihilfemittel des Bundes und der Länder bewilligt. Vf. regt an, daß ein großer Teil davon zu Schulungszwecken Verwendung findet. Bei der Behandlung der Völker bei den ungewöhnlichen Witterungsverhältnissen dieses Jahres hätten viele Fehler vermieden, viele Völker gerettet werden können. Im Zeichen des Gemeinsamen Marktes kann sich die BRD nur mit Honig bester Qualität behaupten. In Luxemburg wurde ein neues strenges Honigschutzgesetz erlassen, das für die Benelux-Staaten verbindlich wird. Es entspricht etwa den Qualitätsvorschriften des DIB. Allerdings darf der Wassergehalt bei reinem Heidehonig nur höchstens 22% und der Gehalt an Rohrzucker auch bei Honigtauhonigen nur höchstens 5% betragen. G. Droege. 5406.

Dreher, Karl; Mayen. **Die Erfahrungen mit der Carnica in Deutschland.** Bienenvater [Wien] **83** (1962) Nr. 9. S. 235–240.
Die Carnica wurde erstmals in den letzten Jahrzehnten des vergangenen Jahrhunderts aus Kärnten und Slowenien nach Deutschland eingeführt. Die umfangreichen Importe der damaligen Zeit endeten immer in einer Enttäuschung, da sich die aus der schnellen Vermischung mit der heimischen N-Rasse entstandenen Bastarde als arge Stecher erwiesen. In den Jahren nach dem ersten Weltkrieg drang die Carnica erneut nach Deutschland vor. Sklenar u. a. zeigten den deutschen Imkern den Wert und die Behandlung dieser Bienenrasse, so daß sie sich schnell in Deutschland verbreiten konnte. In der BRD werden jährl. ca. 60000 Königinnen, die zu 98% der Carnicarasse angehören, gezüchtet. Die Gründe der schnellen Verbreitung sind bes. in ihrer Sanftmut, ihrem ruhigen Wabensitz und ihrer Anflugtreue zu suchen. Aus umfangreichen

statistischen Erhebungen darf gefolgert werden, daß die reine C-Biene unsere dunkle N-Biene um 30% im Honigertrag übertrifft. Die Verschiebung der Tracht zum Frühjahr hin ließ die sich im Frühjahr schnell entwickelnde Carnica bes. für diese Gebiete geeignet erscheinen. Dies trug wesentlich zu ihrer Verbreitung bei. Vf. hält die Carnica in Spättrachtgebieten, bes. in der Heide Nordwestdeutschlands, nicht für konkurrenzfähig, weil sie sich verhältnismäßig früh auf den Winter vorbereitet. Die Einfuhr von Bienen ist seit 1923 wegen der Einschleppungsgefahr der Milbenseuche nach Deutschland verboten. Illegal gelangt aber immer wieder C-Material aus Österreich nach Deutschland, bei dem oft eine Vermilbung festgestellt werden konnte. Vf. hält deshalb einige Voraussetzungen für die Erwirkung der erforderlichen Einfuhrgenehmigungen von Zuchtmaterial nach Deutschland für notwendig. Diese Voraussetzungen organisatorischer, züchterischer und veterinärhygienischer Art müssen vom österr. Imkerverband gelöst werden. Es wird Wert auf nachweislich gutes, gesundes Zuchtmaterial von einheitlich dunkler Färbung und Schwarmträgheit gelegt. K. Steiner. 5410.

Heran, H. **Die Orientierung der Bienen.** Z. angew. Entomol. **50** (1962) Nr. 1. S. 65–66.
Bienen teilen sich Lage und Art der Ziele mit. Sie merken sich wichtige Landmarken und folgen ihrem Gedächtnisbild bei neuerlichem Ausflug. Auf ihren Flügen benutzen sie die Sonne als Kompaß. Sie beachten den Winkel zwischen Flugrichtung und Sonnenazimut und kalkulieren die Sonnenwanderung zeitgerecht ein. Die Einrechnung der Sonnenwanderung müssen sie allmählich erlernen. Das Bienenauge zeigt ein hinreichendes räumliches Auflösungsvermögen. Es ist im UV-Bereich überaus empfindlich und kann durch die rosettenförmige Anordnung der Sehzellen Schwingungsrichtungen analysieren. Die Wahrnehmung der UV-Strahlung und des polarisierten Lichtes befähigt die Biene, sich auch bei völlig bedecktem Himmel oder bei verdeckter Sonne, aber blauem Himmel, nach der Sonne orientieren zu können. Bienen können nach einer abgewinkelten Flugbahn den direkten Kurs angeben und aus einem Teil des bekannten Sonnenbogens den unbekannten extrapolieren. Bienen geben auch die Entfernung des Zieles in ihren Tänzen zur Verständigung anderer Stockgenossen an. Dabei behalten sie den Kraftaufwand im Gedächtnis. Es ist noch unbekannt, ob die gesamte in Bewegung umgesetzte Energie oder die gesamte während der Bewegung verbrauchte Energie oder eine andere ähnliche Größe als Maß für die Entfernungsweisung anzusehen ist. K. Steiner. 5425.

Dade, H. A. The flight of the honeybee. **(Der Flug der Honigbiene.)** Bee Wld. **43** (1962) Nr. 1. S. 12–20. — 9 Abb.
Zunächst wird ein kurzer Abriß der phylogenetischen Entwicklung des Insektenfluges gegeben. — Der Aufbau des Thorax entspricht seiner Hauptaufgabe, den Flug zu ermöglichen. Sein Inneres ist fast ganz von der indirekten Flugmuskulatur erfüllt, je zwei längs und vertikal verlaufenden Muskelbündeln. Bei ihrer Kontraktion verkürzt bzw. erniedrigt sich der Thorax. Mit Hilfe des kompliziert gebauten Flügelgelenkes wird diese Bewegung in eine Auf- und Niederbewegung der Flügel umgewandelt. Bei der Flugbewegung beschreiben die Flügelspitzen eine schräg liegende Acht. Ferner greifen am Flügelgelenk noch kleine direkte Flugmuskeln an, die zum Verbringen der Flügel aus der Ruhe- in die Arbeitsstellung und zur Regulierung der Flügelstellung und damit zum Steuern während des Fluges dienen. Abschließend werden noch einige kurze Angaben über den Energieverbrauch während des Fluges gemacht. M. Biedermann. 5425.

Žerebkin, M. V. (Sherebkin, M. W.) Opyt peremeščenija ličinok i jaic. **(Translokation von Bienenlarven und Eiern.)** Pčelovodstvo, Moskva **39** (1962) Nr. 6. S. 16–17. — 1 Tab.

Die Versuche von Wolossewitsch (1956/59), der bei diesen Versuchen Eier und Larven aus Drohnenzellen in Zellen von Arbeiterinnen übertrug und dabei eine Geschlechtsveränderung beobachten konnte, wurden wiederholt. Eine plötzliche Veränderung des Geschlechtes wurde nicht festgestellt. Jedoch tauschten auch bei diesen neuerlichen Versuchen einige Individuen ihr Geschlecht. Es wird angenommen, daß die Ursache für die Geschlechtsveränderung nicht auf die Änderung der Ernährung zurückzuführen ist, sondern auf „Fehler" der Königin bei der Verteilung der befruchteten und parthenogenetischen Eier. Es wurden auch Versuche zur Aufzucht von Drohnenlarven mit Weiselfuttersaft unternommen. 1½tägige Drohnenlarven wurden in Weiselzellen verschult. Über 70 Larven wurden angenommen, die Hälfte der Zellen wurde bis zur Verdeckelung gepflegt. Bei allen Versuchen gelang es nicht, aus Drohnenlarven Königinnen zu erhalten. Die Drohnen, die aus den Weiselzellen schlüpften, unterschieden sich in nichts von den aus normalen Zellen geschlüpften. H. Oschmann. 5425.

Hauck, Eva. **Mehrjährige praktische Erfahrungen mit dem freien Bauen der Bienenvölker.** Dtsch. Bienenwirtsch. **13** (1962) Nr. 8. S. 217–221. — 4 Abb.
Vf. hält das Ausschneiden der Baurahmen für sinnwidrig und gibt den Völkern statt der Mittelwände Rähmchen mit je einem schmalen Mittelwandstreifen oben und unten und etwas Wachs an der Seite, damit die Waben schleuderfähig sind. Diese Rähmchen werden an das Brutnest gehängt und nicht hinein. Die Völker können dadurch mehr sich selbst überlassen bleiben und sind selbständiger, elastischer und gesünder. Vf. schildert ihre Betriebsweise in Kuntzschzwillingen (Überwinterung im Honigraum). Es werden von den Völkern bis 2 Drohnenwaben und 2–4 Waben Arbeiterbau ausgebaut je nach Tracht, Wetter und Volksstärke. Gute Völker bauen auf der ganzen Breite des Rahmens, manche bauen mit zwei Ansätzen und schließen beide mit einer Naht. Am Bau kann man den Zustand der Völker erkennen.
G. Droege. 5480.

Hirschfelder, H.; Erlangen, Bayer. Landesanst. für Bienenzucht. **Einfüttern — langsam oder schnell?** Bienenpflege **1962** Nr. 9. S. 210–211.
Vf. fütterte eine Gruppe von 5 Völkern langsam ein (jeden 2. Tag 1 l Zuckerlösung 3:2), eine zweite Gruppe schnell (an 2 aufeinanderfolgenden Tagen je 4 l, am 3. Tag den Rest). Bei der Untersuchung des gedeckelten Futters nach 3 Wochen war der Wassergehalt und die Stärkeabbauzeit fast gleich, die 2. Gruppe enthielt geringfügig mehr Rohrzucker. Die schnelle Einfütterung bedingte keinen größeren Wintertotenfall oder höhere Nosemagefährdung. Der Versuch zeigte, daß die schnelle Einfütterung keine nachteiligen Folgen hat. Man kann sich die Methode auswählen, die zeitlich und arbeitstechnisch am günstigsten erscheint. G. Droege. 5485.

Bretschko, Josef; Graz, Imkerschule. **Das Schwarmproblem — anders gesehen. Eine Betrachtung über die ursächliche Entstehung des Schwarmtriebes.** Bienenwelt [Graz] 4 (1962) Nr. 3. S. 55–58. — 2 Tab.
Vf. unterscheidet zwischen Geschlechts- und Schwarmreife. Durch Verdünnung der königlichen Substanz bei wachsender Volksstärke wird das Volk geschlechtsreif und bläst Weiselzellen an. In diesem Zustand besteht die beste Bereitschaft zur Pflege von Weiselzellen (Pflegevolk). Die Schwarmreife stellt sich erst ein, wenn in den Weiselzellen die Maden geschlüpft sind. Solange ein Bienenvolk noch im Zustand der Geschlechtsreife ist, kann die Schwarmstimmung unterdrückt werden durch Austausch von 3 verdeckelten Brutwaben gegen 3 schlüpfende oder leere Brutwaben. Setzt unmittelbar nach Bestiften der Weiselzelle gute Tracht ein, wird die Schwarmstimmung auch unterbunden. Ein harmonisches Brutnest ist die beste Voraussetzung für eine schwarmlose Betriebsweise (Verhinderung von Legestopp, Erweitern, Umhängen). G. Droege. 5492.

Free, J. B. und Spencer-Booth, Yvette; Harpenden, Rothamsted Exp. Stat. The effect of feeding sugar syrup to honey-bee colonies. **(Die Wirkung der Fütterung von Zuckerlösungen bei Bienenvölkern.)** J. agric. Sci. **57** (1961) Nr. 2. S. 147–151. — 5 Tab., 14 Lit.

Es wurde der Einfluß von Fütterung mit verschieden stark konzentrierter Zuckerlösung auf die Brutentwicklung und das Pollensammeln der Bienenvölker untersucht. Die Fütterung erfolgte im Apr., Juni und Ende Aug. bei zwei Gruppen von Völkern. Gr. A wurde mit konzentrierter (62%), Gr. B mit dünner Zuckerlösung (40%) gefüttert, die Kontrolle (Gr. C) blieb ungefüttert. Bei Gr. A und B gab es keine Unterschiede in der Brutentwicklung. Nur die Witterungsverhältnisse beeinflußten die Brutentwicklung. In beiden Gruppen kam es in dem Jahr mit schlechtem Wetter zur Brutzunahme, während bienengünstige Witterung in keinem Fall eine Brutsteigerung herbeiführte. Die gefütterten Völker sammelten mehr Pollen als die ungefütterten Kontrollvölker. Bei der Fütterung mit konzentrierter Zuckerlösung kommt es zu einer größeren Abnahme des Nektarsammelns als bei einer Fütterung mit dünner Zuckerlösung. L. Seifert. 5494.

Lutz, W. **Erfahrungen mit der Dose.** Bienenpflege **1962** Nr. 10. S. 235–239. — 4 Abb.

Vf. geht auf einige Nachteile der Dosenfütterung ein. Es kommt oft vor, daß die Dosen nach dem Umdrehen ununterbrochen weitertropfen bzw. später wieder zu tropfen beginnen. Die Bienen können nicht alles wegtrinken, und es kommt zu einem unerwünschten Ausfließen von Zuckerwasser an einer Stelle der Beute. Als Physiker stellte Vf. Überlegungen und Versuche an, die diesen Nachteil der Dosenfütterung beseitigen. Es werden folgende Vorschläge zur Verbesserung des Vorgehens bei der Dosenfütterung als Ergebnis dieser Experimente unterbreitet: Gleiche Volumina Zucker und Wasser aufrühren und in Drehbewegung versetzen, damit die Zuckerkristalle in Schwebe bleiben, bis der Deckel aufgesetzt und die Dose umgekehrt auf eine leere Dose zum Abtropfen aufgestülpt ist. Temperatur des eingefüllten Wassers höher ansetzen als die Temperatur des Raumes, in dem die Dose zur Aufstellung kommt, damit sie nachher nicht tropft. Fütterung am besten von oben über einem versenkten Spundloch des Honigraumschiedes, bei Magazinen auf einer Abdeckfolie mit einem Ausschnitt, bei Hinterbehandlungsbeuten im Sommer bei aufgesetzten Honigräumen und Schlechtwetter von unten rückwärts mittels eines Futterkanals in einer Spanplatte; dann jedoch kleine Futtertasse einsetzen. Gegen Zersetzung des Futters und Wachstum unerwünschter Keime (Schleim- und Schimmelpilze) Zusatz von Thymol 8 g auf 40 g sog. chirurgischen Alkohol, davon ein schwacher Teelöffel pro 8 l Zuckerlösung. K. Steiner. 5494.

Wahl, Oscar; Marburg/Lahn, Lehr- und Versuchsanst. für Bienenzucht. **Über den Vitaminbedarf der Biene.** Bienepflege **1962** Nr. 9. S. 207–209.

Die Biene verwertet von den im Pollen enthaltenen Hauptnährstoffen nur Eiweiß, nicht aber Fett, Stärke und Zucker. Pollen ist reich an Vitaminen. Bei Fütterung mit vitaminfreiem Eiweiß werden Lebensdauer und Entwicklung der Futtersaftdrüse nicht beeinträchtigt. Es wird sogar gebrütet. Vitaminfrei erbrütete Bienen sind dazu nicht imstande. Die mit Pollen erbrüteten Bienen bringen aus der Larvennahrung einen Vitaminvorrat mit. Nichtbrütenden Völkern können Vitaminzugaben wegen der Überdosierung schädlich werden. Brütende können dagegen sehr hohe Vitamingaben vertragen. Es besteht eine deutliche Abhängigkeit zwischen der Größe der Futtersaft- und Wachsdrüse, dem Fettkörper, dem Brut- und Bauvermögen sowie der Lebensdauer und dem Vitamingehalt der Brutnahrung. Die Pollenvitamine sind deshalb lebensnotwendig. Eiweißfütterung mit Pollenersatzmitteln muß zugleich eine Vitaminfütterung sein. In Hefe, Trockenmilch und Soja stehen geeignete vitaminhaltige Eiweißfuttermittel zur Verfügung.

G. Droege. 5494.

Lopatina, N. G. und Ragim-Zade, M. S. (Lopatina, N. G. und Ragim-Sade, M. S.); Pawlow-Inst. für Physiol. der Akad. der Wiss. der UdSSR, Lab. für Physiol. Niederer Lebewesen. Rabotosposobnost' pčel različnych ras v raznych klimatičeskich zonach. **(Die Arbeitsleistung verschiedener Bienenrassen in unterschiedlichen klimatischen Zonen.)** Pčelovodstvo, Moskva **39** (1962) Nr. 7. S. 17–20. – 2 Abb., 1 Tab.

Untersucht werden ökologische Einflüsse auf die Flugaktivität verschiedener Bienenrassen, auf die eingebrachte Nektarmenge je Flug und Tag sowie auf das Volumen des Honigrüssels. Ergebnis: Wegen klimatischer Anpassung ist die Sammelaktivität jeder Rasse in den ihr gewohnten Umweltbedingungen optimal. Die Verpflanzung von Bienenrassen in ein ihr nicht zusagendes Klima führt zu einem erheblichen Produktivitätsrückgang. Ungewohnte Temperaturen äußern sich ebenfalls auf das Volumen des Rüssels. So ist z. B. in adäquaten Klimazonen das Rüsselvolumen der kubanischen und kabachtapaischen Bienenrassen max. (70–72 mm³), in inadäquaten Zonen verringert es sich. Bei persischen Bienen, die in ein rauhes Hochgebirgsklima versetzt wurden, verringerte sich das Rüsselvolumen um 8–14 mm³.

H. Gentz. 5496.

Maurizio, A.; Liebefeld, Schweiz. **Das Pollenbild des Honigs einzelner Völker eines Standes.** Dtsch. Bienenwirtsch. **13** (1962) Nr. 8. S. 235–239. – 3 Abb., 1 Tab., 6 Lit.

Völker im gleichen Bienenstand tragen oft Pollenhöschen aus sehr verschiedenen Quellen ein. Vf. untersuchte, ob dies auch für Honig zutrifft. Die Pollenanalyse von mehreren Versuchen ergab, daß sich die Bienenvölker auch in der Nektartracht individuell verhalten, daß die Schwankungen aber weitgehend von den Trachtverhältnissen abhängen. Bei vielen verschiedenen Trachtmöglichkeiten tragen sie Honige ganz verschiedener Herkunft ein, sie spezialisieren sich auf eine einzige Tracht oder befliegen zwei oder mehrere gleichmäßig. Selbst der Honig aus Brut- und Honigraum eines Volkes kann sehr verschieden sein. Bei artenarmen Trachtverhältnissen entsteht bei allen ein ähnlicher Honigtyp. Es ist noch nicht geklärt, ob die Auswahl der Trachtquellen durch Volksstärke, Rasse, Rüssellänge etc. beeinflußt wird.

G. Droege. 5496.

Biedermann, M.; Tälermühle, Lehr- und Forsch.-Anst. für Bienenzucht. **Der Honig, seine Nähr- und Wirkstoffe.** Leipziger Bienenztg. **75** (1961) Nr. 12. S. 383–385.

Vf. gibt einen Überblick über die Bestandteile des Honigs und beschreibt die im Honig vorhandenen Inhaltsstoffe. Es werden die Eigenschaften der verschiedenen Honigsorten und die Gründe des Kandierens des Honigs aufgezeigt.

L. Seifert. 5496.

Rizvanov, Kr. und Bižev, B. (Riswanow, Kr. und Bishew, B.) Proučvane vŭrchu antibakterialnite i antimikologičnite svojstva na pčelnija med. Predvaritelno suobštenie. **(Untersuchung der antibakteriellen und antimycetischen Eigenschaften des Bienenhonigs. Vorl. Mitt.)** Naučni trudove. Visš. selskostopanski institut „Georgi Dimitrov". Zootechničeski fakultet, Sofija **11** (1962) S. 433–443. – 7 Abb., 3 Tab., 7 Lit. Zus. in Russ., Dtsch.

Es wurden die antibakteriellen und antimycetischen Eigenschaften von 5 Honigproben aus verschiedenen Teilen des Landes untersucht. Als Kontrolle diente eine von Vff. bereitete Kunsthonigprobe. Als Testbakterien wurden *Escherichia coli 113, Bac. mesentericus, Staph. aureus 209, Saccharomyces ellipsoides, Penicillium sp.* und *Aspergillus niger* verwendet. Sie waren auf folgenden Nährböden gezüchtet: Fleichwasser-Peptonbouillon und Fleisch-

Pepton-Agar mit pH 6,8–7,2 sowie Bieragar mit pH 5–6. Die Untersuchung führte zu der Feststellung, daß der Bienenhonig sehr ausgeprägte antibakterielle und antimycetische Eigenschaften gegenüber manchen grampositiven und gramnegativen Mikroorganismen besitzt. Die Honigproben aus den einzelnen Teilen des Landes weisen verschiedene antibiotische Eigenschaften auf, die jedoch nachlassen, wenn der Honig auf 100 °C erhitzt wird.

N. Platikanow. 5496.

Maurizio, A.; Liebefeld. **Probleme der Honigforschung.** Bienenwelt [Graz] **3** (1961) Nr. 12. S. 271–275.

Nach einführender Beschreibung der Honigbereitung durch die Bienen werden die bisherigen Ergebnisse auf dem Gebiet der Honigforschung aufgeführt. Mit Hilfe der Papierchromatographie ist es möglich, die im Honig vorkommenden Zuckerarten zu erfassen. Mit dieser Methode konnte festgestellt werden, daß sich das Zuckerbild des Honigs als wesentlich reichhaltiger erwiesen hat, als bisher angenommen wurde. Der Fermentgehalt des Honigs ist von einer Reihe verschiedener Faktoren abhängig, z. B. von der botanischen Herkunft und dem Zuckergehalt des Nektars, bes. aber von den Behandlungsmethoden nach der Ernte. Um für den Fermentnachweis vergleichbare Resultate zu bekommen, ist es notwendig, die Honiglösungen in den optimalen Wirkungsbereich eines bestimmten pH-Wertes zu bringen. Die Herkunftsbestimmung eines Honigs läßt sich mit Hilfe der Pollenanalyse durchführen. Die hierbei auftretenden Schwierigkeiten bestehen darin, daß Honigtypen oft nur durch das Vorhandensein einer einzigen unterschiedlichen Pollenart bestimmt werden können. L. Seifert. 5496.

Eisfeld, F.; Friedrichsbrunn. **Bienenprodukte von medizinischer Bedeutung.** Leipziger Bienenztg. **76** (1962) Nr. 6. S. 187–189.

Vf. kennzeichnet den Wert von Bienengift und -Extrakten für verschiedene Krankheiten und ihre Anwendung in der Medizin. Es werden die wichtigsten Methoden der Heilmittelgewinnung beschrieben. Bes. ausführlich wird auf die Gewinnung des in der DDR hergestellten Bienengiftpräparates „Apisarthron" eingegangen. L. Seifert. 5496.

Kloft, W.; Würzburg. **Praktisch wichtige Probleme der Honigtau-Forschung.** Dtsch. Bienenwirtsch. **13** (1962) Nr. 8. S. 240–244.

Die Honigtauforschung gewinnt durch die versiegenden Nektarquellen in der Landwirtschaft zwangsläufig an Bedeutung. Vf. nennt die vorrangigen Forschungsprobleme, die sich aus dem Zusammenspiel von Pflanze, Pflanzensauger und Biene ergeben: Variabilität des Siebröhrensaftes zu verschiedenen Zeiten und an verschiedenen Stellen des Baumes, vegetabilischer Blatthonig nach Insektenanstich, Massenwechsel der Pflanzensauger und seine Beeinflussung, lokale und geographische Verteilung, Möglichkeiten der Trachtprognose, Attraktivität des Honigtaues, geschmacksphysiologische Untersuchungen, Möglichkeit der Duftlenkung auf Honigtautracht und die Behandlung der Bienen bei Honigtautracht. In der Arbeitsgruppe Honigtauforschung der Internationalen Kommission für Bienenbotanik arbeiten viele Spezialisten verschiedener Arbeitsrichtungen zusammen. G. Droege. 5530.

Jože, Rihar. **Neue Wege zur besseren Ausnutzung der Honigtautracht auf Koniferen.** Bienenvater [Wien] **83** (1962) Nr. 7/8. S. 199–203. — 2 Abb. 1 Tab.

Fichte und Tanne sind die ergiebigsten Honigtaulieferanten. Ihre Verbreitung in Europa ist auf einige Länder begrenzt. Jugoslawiens Waldfläche besteht zu 24,5% aus Fichte und Tanne. In Slowenien, dem nordwestlichen Teil des Landes, bilden beide 48% des Waldbestandes. Charakteristisch für die Honigtautracht aus Fichte und Tanne ist, daß sie nicht jedes Jahr vorkommt, nur in verschiedenen Jahreszeiten und in verschiedener Intensität eintritt. Um eine größere Ausnutzung der Waldtracht zu erreichen, wurde in den

Jahren 1955–61 in Slowenien ein Beobachtungs-, Melde- und Prognosedienst eingerichtet. Grundlage bildet ein Netz von 25 Beobachtungsstationen mit Kontrollstöcken. Im Rahmen dieses Programms wurde gefunden, daß in Slowenien 8 Honigtauproduzenten wirtschaftlich bedeutsam sind: auf der Fichte 2 Lecanien und eine Lachnidenart, auf der Tanne 2 Lachniden und 1 Lecanie sowie je 1 Lachnide auf der Föhre und der Lärche. Die Imker werden über den Rundfunk und die Presse bei einsetzender Waldtracht informiert. Die Transporte haben sich zweckmäßiger entwickelt, und die Pflege der Bienenvölker in der Waldtracht wurde auf Grund der ständig erfolgenden Benachrichtigungen verbessert. Für die neu entstandenen sozialistischen Bienenzuchten, sie umfassen in Slowenien 8000 Bienenvölker, ist der Prognosedienst bes. wichtig. – Es besteht eine Korrelation zwischen der max. Sonnenaktivität und der Massentracht auf Koniferen. Die biol. Beobachtungen der Honigtauerzeuger und die Kontrollen der Waagstöcke gestatten es, bei guter Lachnidensekretion im Sept. für das folgende Jahr im Juli eine gute Lachnidentracht vorauszusagen, was natürlich wetterabhängig ist.

K. Steiner. 5530.

Kettner, H. **Die Rolle der Honigbienen bei der Bestäubung der Luzerne (Medicago sativa L.).** Arch. Geflügelzucht Kleintierkunde **11** (1962) Nr. 3. S. 217–229.

Obwohl im Ausland zur Bestäubung der Luzerne Bienen planmäßig eingesetzt werden, wird der Bienennutzen für die Luzerne in Deutschland oft noch angezweifelt. Vf. untersuchte deshalb in 4 Jahren den Einfluß der Bienen auf die Samenausbildung der Luzerne. Der Samenansatz frei abgeblühter Pflanzen wurde mit dem eingegazter, Insekten nicht zugänglicher, ferner mit dem eingegazter, künstlich ausgelöster Blütenköpfe verglichen. Der Prozentsatz der Befruchtung war bei den frei abgeblühten Pflanzen 3,5mal größer als bei den umhüllten, die Samenzahl betrug sogar das 6fache. Jedoch wurde durch künstliche Auslösung ohne Insektenzugang ein noch besserer Befruchtungserfolg als bei den frei abgeblühten, Insekten zugänglichen Pflanzen erzielt. Beobachtungen ergaben, daß 2,57% aller Blütenbesuche durch Bienen den Bestäubungsmechanismus auslösten. Die meisten Auslösungen fanden bei Temperaturen über 20 °C bei einer rel. Luftfeuchtigkeit von weniger als 60% und nur geringer Luftbewegung statt. Durch Erhebungen in 43 Betrieben wurde als Auswirkung intensiveren Bienenbefluges eine Samenertragssteigerung von 23,4% festgestellt.

G. Pritsch. 5530.

Nye, William P.; Logan, Utah Agric. Exp. Stat. Management of honeybee colonies for pollination in cages. **(Die Behandlung von Bienenvölkern zur Bestäubung in Käfigen.)** Bee Wld. **43** (1962) Nr. 2. S. 37–40. – 2 Abb., 4 Lit.

Sollen Bienen auf begrenztem Raum die vorhandenen Blüten möglichst ausgiebig bestäuben, so läßt sich das dadurch erreichen, daß man den entspr. Bereich durch einen Käfig einschließt. Mit Hilfe von reichlichen Futtergaben und ständiger Wasserversorgung kann man einer hohen Bienensterblichkeit vorbeugen. Bei starkem Bruteinschlag wird empfohlen, den Völkern Pollen oder Pollenersatzstoffe zu reichen. Man kann unter Zusatz einer Zuckerlösung (2 Teile Zucker, 1 Teil Wasser) einen Teig kneten, der über das Brutnest auf die Waben gelegt wird. Um ein Verdunsten des Wassers zu verhindern, kommt über den Futterteig ein Wachspapier. Fördernd auf die Bruterzeugung wirkt neben reinem Pollen auch ein Gemisch aus Pollen (25%) und Sojamehl (75%). Auch kann ein Eiweißfutterteig aus 3 Teilen Sojamehl, 1 Teil Brauereihefe und 1 Teil Magermilchpulver bereitet werden. Der Zusatz von 10% Eigelb und 10% handelsüblichem Casein verbessert die Qualität des Futterteiges. Die Völker sollen nicht länger eingeschlossen gehalten werden, als es für die Bestäubung der im Käfig vorhandenen Pflanzen erforderlich ist.

R. Bährmann. 5530.

Rosenkranz, W. **Bienenweide in Tälermühle.** Leipziger Bienenztg. **76** (1962) Nr. 5. S. 138–140.
Die Lehr- und Forschungsanstalt für Bienenzucht in Tälermühle hat ein großes Sortiment von Bienenweidepflanzen angelegt, einmal, um die Bienenweide am Standort zu verbessern, hauptsächlich aber für Demonstrations- und Lehrzwecke. An landwirtsch. Nutzpflanzen spielen Phacelia, Stein- und Schwedenklee eine bes. Rolle. Eine ausgezeichnete Bienenweidepflanze ist auch Koriander. Unter den Blumen werden bes. die Mignondahlien und das Honigspringkraut (*Impatiens glanduligera*) hervorgehoben. Insgesamt sind 92 Staudenarten vorhanden. Eine Fläche von 1000 m² nimmt das Arboretum mit 130 verschiedenen Gehölzen ein. Als Heckengehölze haben sich Heckenkirsche und Schneebeere bes. bewährt. 20 verschiedene Weidenarten werden auf ihre Standortansprüche erprobt. Jährl. werden 800 Gehölze angezogen und verkauft. Als Besonderheit wird der Tausendblütenbaum (*Evodia daniellii*) vermehrt. In einer Obstanlage werden Hackfrüchte, Phacelia und Senf als Unterkulturen gebaut. Die Schädlingsbekämpfung wird bienengerecht und nur bei Bedarf durchgeführt. G. Pritsch. 5530.

Kettner, H. **Zur Wanderung mit Bienenvölkern innerhalb der Ortsflur.** Leipziger Bienenztg. **76** (1962) Nr. 5. S. 149–154. – 6 Abb., 9 Lit.
In der Literatur werden oft sich sehr widersprechende Angaben über die Flugweite der Bienen und die für eine Wanderung mit den Bienen erforderliche Mindestentfernung gemacht. Eine Umfrage des Vf. unter 43 Imkern ergab Flugradien, die zwischen 500 und 5000 m lagen. Nahwanderungsversuche des Vf. ließen erkennen, daß das Gewicht der Bienenvölker nach einer Nahwanderung über 2 km und mehr nur geringfügig bzw. nicht abnimmt. Es traten zwar noch Rückflüge auf, die aber nicht ins Gewicht fielen. Vf. empfiehlt deshalb Nahwanderungen auf eine Entfernung von 2 km und mehr. Bei Entfernungen über nur 1,5 km traten durch Flugbienenverluste starke Schädigungen bei den Völkern auf, die jedoch nach 4–7 Tagen wieder ausgeglichen wurden. G. Pritsch. 5540.

Anonym. **Die „Folbex-Heilkur“.** Bienenpflege **1961** Nr. 12. S. 291–293.
Es wird eine genaue Anleitung gegeben, wie die Folbexheilkur praktisch durchzuführen ist. Der Zeitpunkt der Behandlung, die Vorbereitung der Bienenvölker und die genaue Dosierung des Heilmittels werden beschrieben. L. Seifert. 5555.

Piskovoj, F. R., Kolonščakov, Ju. E., Gorbuncov, M. S., Nachkur, B. A., Nemtinov, D. I. und Puškař, P. I. (Piskowoi, F. R., Kolonstschakow, Ju. Je., Gorbunzow, M. S., Nachkur, B. A., Nemtinow, D . I. und Puschkar, P. I.) Profilaktika otravlenija pčel nektarom rododendrona. **(Prophylaxe gegen Vergiftung der Bienen durch Rhododendronnektar.)** Pčelovodstvo, Moskva **39** (1962) Nr. 6. S. 38-39. – 1 Tab.
In der waldigen Berggegend um Krasnodar wurden in jedem Jahr erhebliche Vergiftungsschäden bei Bienenvölkern durch den Nektar des Pontinischen Rhododendrons festgestellt. 1961 wurden Versuche zur Ablenkung der Bienen vom Rhododendron und Lenkung auf die zur gleichen Zeit blühenden kaukasischen Heidelbeeren, Wildkirschen und weiße Akazien mit Duftlösung durchgeführt. Herstellung und Anwendung der Duftlösung werden beschrieben. Resultat: Bei den duftgelenkten Bienenvölkern wurden nur 5 Königinnen vergiftet = 3,5% – die Zahl der vergifteten Arbeitsbienen steht nicht fest. In den Kontrollvölkern dagegen wurden 56 Königinnen = 39,4% und 42,5 kg Arbeitsbienen vergiftet. Die Versuchsgruppe brachte 353 kg Honig und 8 kg Wachs mehr als die Kontrollgruppe. Am Ende der Saison besetzten die Versuchsvölker 252 Waben mehr als die Kontrollvölker. Nach Abzug der Futterkosten ergab sich bei der Versuchsgruppe ein ökonomischer Nutzen von 2838 Rubel. H. Oschmann. 5570.

Meyerhoff, Grete; Hohen-Neuendorf, Abt. für Bienenkunde und Seidenbau des Inst. für Kleintierzucht der Humboldt-Univ. Berlin. **Die bienenschonende Wirkung des Nebelverfahrens im Pflanzenschutz.** Dtsch. Akad. Landwirtsch.-Wiss. Berlin, Tagungsber. **1961** (hrsg. 1962) Nr. 45. S. 305-309. — 2 Lit.
Im ersten Teil des Vortrages wird über die Möglichkeiten zur Verhinderung von Bienenschäden bei der notwendigen Anwendung von Pflanzenschutzmitteln in blühenden Kulturen berichtet. Das vorübergehende Einsperren der Bienen ist bei warmer Witterung und der Massenblüte von Nektarpflanzen (z. B. Raps) meist nicht möglich. Präparate mit ausreichender Repellents-Wirkung sind nicht vorhanden. Toxaphenpräparate erwiesen sich als völlig ungefährlich für Bienen, selbst wenn der Toxaphen-Staub direkt in die Beuten zog. In zahlreichen Großversuchen wurde die Wirkung von DDT-HCH-Nebelmitteln bei Ausbringung außerhalb des Bienenfluges auf die Honigbienen geprüft. Sowohl im Flugzeugeinsatz als auch bei Vernebelung vom Boden aus traten an Bienen keine Schäden auf. Es wurde gegen Kirschfruchtfliege in Obstanlagen mit 390 Bienenvölkern, im blühenden Raps und Senf sowie in stark verunkrauteten Kartoffeln außerhalb des Bienenfluges genebelt, Schäden an den 2400 untersuchten Völkern konnten praktisch nicht festgestellt werden. Bei sehr starker Taubildung und durch verzögertes Antrocknen der Präparate können früh wasserholende Bienen getötet werden. „Hin und wieder einmal auftretende geringe Verluste an Flugbienen lassen sich schwer vermeiden. Sie sind jedoch für den Imker zumutbar und meist geringer als durch ein plötzlich einsetzendes Unwetter hervorgerufene Vernichtung von Flugbienen“.
H.-A. Kirchner. 5570.

Stephen, W. A. und Hodgson, Ernest; Raleigh, North Carolina State Coll. Chlordane as a possible toxic hazard in beekeeping. **(Chlordane als eine mögliche Giftgefahr in der Bienenzucht.)** J. econ. Entomol. **55** (1962) Nr. 3. S. 409. — 5 Lit.
Chlordane ist ein Insekticid mit lang anhaltender Wirkung. Es wird u.a. gegen Termiten angewendet. In einem Lagerraum, dessen Wände mit Chlordane behandelt worden waren, starben Paketbienen 11 Mon. später innerhalb 36 Std. Wachs nimmt Chlordane-Dämpfe auf. Ein großer Pappkarton wurde mit Chlordane behandelt. Dann wurde ein Aufsatz mit frisch eingelöteten Mittelwänden für 8 Tage hineingestellt, ohne daß ein direkter Kontakt mit der behandelten Oberfläche bestand. Alle Bienen, die danach auf diese Mittelwände gebracht wurden, starben innerhalb 24 Std. Es genügte auch schon, Aufsätze mit Mittelwänden für 6 Wochen auf Balken zu stellen, die 3 Mon. vorher behandelt worden waren, um später die Bienen abzutöten. Da die Wirkung gegen Termiten nach Chlordane-Behandlung bis 15 Jahre anhält, ist es gefährlich, behandelte Gebäude oder Gegenstände für Bienen oder Wachs zu benutzen. M. Biedermann. 5570.

Brückner, F. **XVIII. Internationaler Bienenzüchterkongreß in Madrid.** Bienenvater [Wien] 82 (1961) Nr. 11. S. 299-302.
Es wird der Ablauf des Bienenzüchterkongresses geschildert, an dem 800 Gäste aus 39 Ländern teilnahmen. In wenigen Sätzen wird der Inhalt der auf dem Kongreß gehaltenen Vorträge wiedergegeben. L. Seifert. 5590.

Taranov, Georgij Filippovič. **Biologija pčelinoj semi.** (Biologie des Bienenvolkes.) Moskva: Sel'chozgiz, 1961. (335 S.) 8°. DM 3,05. (1962 A 207)

H. SEIDENRAUPEN

Kobayashi, Masatoshi, Kirimura, Jiro und Saito, Mieko; Suginami-ku, Tokyo, Sericult. Exp. Stat. Crystallization of the „brain“ hormone of an insect. **(Die Kristallisierung des „Gehirn“hormons eines Insekts.)** Nature [London] **195** (1962) Nr. 4840. S. 515-516. — 2 Abb., 2 Lit.

Aus den — von Corpora cardiaca und Corpora allata freien — Gehirnen von 200000 Puppen des Maulbeerseidenspinners (*B. mori*) wurde nach den im Orig. dargestellten Extraktionsmethoden ein ungereinigter, aber aktiver Extrakt des „Gehirn"hormons gewonnen. Durch Rekristallisation mit Azeton und Äthanol konnten Vff. 4 mg einer kristallinen Substanz gewinnen (Schmelzpunkt 142–143 °C). 0,2 μg dieser Kristalle wurden, in 0,01 ml Äthanol gelöst, 37 Tage alten „Dauerpuppen" (künstlich diapausierende, „gehirnlose" Puppen von *B. mori*) injiziert. Die 5 behandelten Puppen entwickelten sich zwischen dem 22. und dem 35. Tage nach erfolgter Injektion zu Faltern, während bei 38 Kontrolltieren, die entweder keine oder eine Scheininjektion von 0,01 ml Äthanol erhielten, innerhalb von 100 Tagen nach der Verpuppung keine Entwicklung zu erkennen war. Diese Ergebnisse zeigen, daß diese Kristalle der wichtigste Faktor des aktiven Grundstoffes des „Gehirn"hormons sind. H. Rost. 5656.

Rost, H.; Jena, Inst. für Seidenbau. **Aktuelle Probleme der Geschlechtsbestimmung in der Tierzucht.** Mitt. Seidenbauer **1962** Nr. 14. S. 17–20.
Für den Tierzüchter ist es häufig wünschenswert, die Möglichkeit für eine Geschlechtsregulierung oder frühzeitige Geschlechtsbestimmung zu haben. Vom Vf. werden die bisherigen Ergebnisse dieses Forschungsgebietes aufgeführt. Bei der Aufzucht von Seidenraupen hat man festgestellt, daß die Kokons der männl. Falter eine höhere Seidenausbeute erwarten lassen. Da es gelungen ist, das Geschlecht schon im Eistadium zu erkennen, ist die Möglichkeit gegeben, nur männl. Tiere aufzuziehen und dadurch den Seidenertrag bis zu 30% zu steigern. L. Seifert. 5660.

Anonym. **Durch Selektion zu höherer Leistung.** Mitt. Seidenbauer **1961** Nr. 13. S. 2–5.
Es wird die Methode der Leistungszucht beschrieben. Durch ständige Selektion der leistungsfähigsten Stämme einer Rasse ist es möglich, dauernd die höchsten Kokonerträge zu gewährleisten. Eine Aufstellung der Durchschnittsrenditen zeigt, daß auf Grund der züchterischen Arbeit die Erträge von Jahr zu Jahr ansteigen. L. Seifert. 5660.

Deodikar, G. B. und Thakar, C. V. Cytogenetic studies in Indian silkworms. I. Preliminary observations on spermatogenesis in Castor silkworm Attacus ricini. **(Cytogenetische Untersuchungen am Indischen Seidenspinner. 1. Mitt. Vorläufige Bemerkungen zur Spermatogenese von Attacus ricini.)** Current Sci. [Bangalore] **27** (1958) Nr. 11. S. 457–458. 5660.

Tsujita, Mitsuo; Misima, Nat. Inst. of Genetics. Maternal effect of $+^{lem}$-gene on pterine reductase of Bombyx mori. **(Mütterlicher Effekt des $+^{lem}$-Gens auf die Pterinreduktase von Bombyx mori.)** Jap. J. Genetics **36** (1961) Nr. 9/10. S. 337–346. — 5 Abb., 4 Tab., 24 Lit. Orig.: engl.
Das in der Hypodermis der $+^{lem}$-, lem- und lem^l-Stämme von *B. mori* enthaltene gelbe Pigment ist Xanthopterin B (trennbar in B-I und B-II) und entspricht dem Sepiapterin des Sepiastammes von *Drosophila melanogaster*. In dem Pterinmetabolismus der Seidenraupe wirkt die Pterinreduktase spez. auf den Reaktionsschritt, der vom Dihydropterin zum Tetrahydropterin führt, ein. Es besteht eine unterschiedliche Enzymtätigkeit zwischen den Geweben normaler Individuen und der Mutanten lem und lem^l. So ist sie in dem Integument der normalen Raupen stark, bei den lem-Raupen schwach bis sehr schwach und fehlt in dem Integument der lem^l-Raupen fast vollständig. Ein Vergleich der Pterinreduktase bei *B. mori* mit der Folsäurereduktase in der Hühnchenleber ergibt eine Gleichartigkeit der beiden Stoffe. Der mütterliche Effekt des Gens $+^{lem}$ auf die Pterinreduktase wird durch die reziproken Kreuzungen zwischen $+^{lem}/lem^l$ und lem/lem^l nachgewiesen, seine Beziehungen zu dem Stadium des Absterbens der Raupen werden aus-

führlich diskutiert. Wechselseitige Ovartransplantationen zwischen normalen und lemon-Raupen lassen die Schlußfolgerung zu, daß die Enzymtätigkeit der Eier nicht durch den Genotyp der Eier, sondern durch den des Weibchens, in dessen Körper sie heranwachsen, determiniert wird. H. Rost. 5660.

Donev, K. und Ermenkov, K. (Donew, K. und Ermenkow, K.) Proučvane vlijanieto na kalcij vŭrchu žiznesposobnostta i produktivnostta na koprinenata buba (Bombyx mori L.). **(Untersuchung des Calciumeinflusses auf die Lebensfähigkeit und Produktivität der Seidenraupe [Bombyx mori L.].)** Naučni trudove. Visš selskostopanski institut „Georgi Dimitrov". Zootechničeski fakultet, Sofija **11** (1962) S. 383–389. – 5 Tab., 7 Lit. Zus. in Russ., Dtsch.
Es wurden drei Gruppen von je 200 Raupen des einheimischen Gelbspinners nach dem zweiten Häutungsschlaf bei 23–20 °C Lufttemperatur und 80% Luftfeuchtigkeit aufgezogen. In Gr. II waren die Maulbeerblätter mit 0,75-%iger und in Gr. III mit 3,0%iger Calciumlaugelösung gespritzt worden. Ergebnisse (in der Reihenfolge der Gruppen): Dauer der Raupenfütterung 35, 34 und 35 Tage; Lebensfähigkeit der Raupen 74,17, 85,00 und 82,00%; Kokonertrag 57,0, 64,8 und 71,0 kg; Kokonlänge 32,8, 33,7 und 33,0 mm; Kokonbreite 16,7, 17,5 und 16,7 mm; abspinnbare Seide 42,0, 42,52 und 42,72%. Der Artikel enthält auch Untersuchungsergebnisse über das Blutbild der Raupen. N. Platikanow. 5665.

Petkov, P. (Petkow, P.) Golemina i forma na paškulite ot bjalata bagdatska poroda – ordinski tip na koprinenata peperuda. **(Größe und Form der Kokons der Bagdader Weißspinnerrasse — Adrianopeler Seidenraupentyp.)** Naučni trudove. Visš selskostopanski institut „Georgi Dimitrov". Zootechničeskie fakultet, Sofija **11** (1962) S. 233–247. – 4 Tab., 11 Lit. Zus. in Russ., Engl.
Meßergebnisse von 1005 Kokons aus dem Jahre 1949 (in Klammern) und von 1252 Kokons aus dem Jahre 1957 der BagdaderWeißspinnerrasse,Adrianopeler Typ: Kokonlänge 34,1–49,3 (32,3–43,5) mm; größte Breite 16,3–25,6 (16,6 bis 22,1) mm; kleinste Breite 16,1–25,5, (15,2–21,6) mm; Mittelbreite 16,2–25,55 (16,2–22,3) mm; Kokons mit schwacher (0,1–1,0 mm) Einschnürung 29,03 (8,86) %, mit mittlerer (1,1–3,0 mm) Einschnürung 52,3 (69,15)%, mit starker (3,1–7,0 mm) Einschnürung 9,57 (20,90) %. Gesamtkennzahl (mittlere Breite in % zur Länge) 65,8 (63,50). N. Platikanow. 5672.

TIERERNÄHRUNG

B. CHEMISCHE BESTANDTEILE DES TIERKÖRPERS UND DER FUTTERMITTEL

Fisher, H. J.; New Haven, Connecticut Agric. Exp. Stat. The 63rd report on food products and the 51st report on drug products, 1958. **(63. Bericht über die Untersuchung von Lebensmitteln und 51. Bericht über die Untersuchung von Drogen 1958.)** Connecticut agric. Exp. Stat., Bull. **1960** Nr. 635. S. 1–78. – 14 Tab.
Es wird ein detaillierter Bericht über die Untersuchungsbefunde der 1958 in der Conn. agric. Exp. Stat. zur Überprüfung gelangten Proben der verschiedensten Lebens- und Genußmittel, von industriell hergestelltem Futter für kleine Haustiere sowie von verschiedenen Drogen und Kosmetika gegeben. Bes. Gewicht wird dabei der Kontrolle von Markenwaren beigemessen, und jede auf Grund von Nichteinhaltung gegebener Garantien notwendig werdende Aberkennung der Marke wird ausführlich begründet. Bei der Milchuntersuchung nahm die Feststellung des DDT-Gehaltes in der Milch bes. Raum ein. Die zur DDT-Bestimmung in Milch verwendete colorimetrische Methode wird ausführlich beschrieben. W. Laube. 7100.

Carroll, K. K.; London, Canada, Univ. of Western Ontario, Collip Med. Res. Lab. The fatty acids of beef brain and spinal cord sphingolipid preparations. **(Die Fettsäuren von Rinderhirn- und Rückenmark-Sphingolipoid-Präparationen.)** J. Lipid Res. **3** (1962) Nr 2. S. 263-268. – 2 Abb., 3 Tab., 22 Lit.
Aus Rinderrückenmark und aus einer Mischung von Rinderhirn und -Rückenmark wurden die Shingomyeline abgetrennt und die Fettsäuren daraus analysiert. Die Identifizierung der methylierten Fettsäuren erfolgte durch fraktionierte Destillation, Säulenchromatographie und Gasflüssig-Chromatographie. Es wurden etwa 20 Fettsäuren festgestellt und gekennzeichnet. Mysistinsäure 14 = 0, 15 = 0; Palmitinsäure 16 = 0, 17 = 0; Ölsäure 18 = 1; Stearinsäure 18 = 0, 19 = 0; Hydroxystearinsäure 18 = 0 (OH); Eikosensäure 20 = 1; Arachidinsäure 20 = 0; Erukasäure 22 = 1; Behensäure 22 = 0; Tricosansäure 23 = 0; Hydroxybehensäure 22 = 0 (OH); Nervonsäure 24 = 1; Lignocerinsäure 24 = 0; Hydroxytricosansäure 23 = 0 (OH); Hydroxynervonsäure 24 = 1 (OH); α-Hydroxylignocerinsäure 24 = 0 (OH). 2 Säuren konnten nicht näher bestimmt werden. H. Steger. 7170.

Wang, D. Y., Slater, T. F. und Greenbaum, A. L. Base composition of ribonucleic acid from rat mammary gland during pregnancy and late lactation. **(Basenzusammensetzung von Ribonucleinsäure aus der Rattenmilchdrüse während der Trächtigkeit und später Laktation.)** Nature [London] **188** (1960) Nr. 4747. S. 320-321. – 2 Tab., 11 Lit. 7170.
Osawa, Syozo. The nucleotide composition of ribonucleic acids from subcellular components of yeast, Escherichia coli and rat liver, with special reference to the occurrence of pseudouridylic acid in soluble ribonucleic acid. **(Die Nucleotidzusammensetzung von Ribonucleinsäuren aus subcellularen Komponenten von Hefe, Escherichia coli und Rattenleber mit besonderer Berücksichtigung des Vorkommens von Pseudouridylsäure in löslicher Ribonucleinsäure.)** Biochim. biophysica Acta [Amsterdam] **45** (1960) Nr. 2. S. 244–254. 7170.

Nelson, Gary J. The lipid composition of normal mouse liver. **(Die Lipidzusammensetzung normaler Mäuseleber.)** J. Lipid Res. **3** (1962) Nr. 2. S. 256 bis 262. – 2 Abb., 4 Tab., 31 Lit.
Mittels stufenweiser Elution bei Kielselsäure-Chromatographie, Dünnschicht-Chromatographie, Infrarot-Spektrophotometrie und Gas-Flüssig-Chromatographie sind die Lipoide normaler ♂ Albinomäuse (Alter 5 Mon.) getrennt und bestimmt worden. Die Ergebnisse stimmen im wesentlichen mit denen anderer Autoren, die teilweise noch auf ungenauere Methoden angewiesen waren, überein. Die Neutralfette bestehen vorwiegend aus Triglyceriden, Cholesterin und Cholesterinestern; dagegen fehlen freie Fettsäuren. An Fettsäuren findet man vor allem Palmitinsäure, Ölsäure und Linolsäure. Die Phosphatide enthalten neben Lecithin Phosphadidylcolamin, Phosphadidylserin, Monophosphoinositid, Sphingomyelin und Cardiolipin mehrfach ungesättigte Fettsäuren (C_{20} und C_{22}) sowie Stearinsäure. R. Maune. 7180.

Avigan, Joel, Steinberg, Daniel und Berman, Mones. Distribution of labeled cholesterol in animal tissues. **Die Verteilung von markiertem Cholesterin in tierischem Gewebe.)** J. Lipid Res. **3** (1962) Nr. 2. S. 216–221. – 4 Abb., 3 Tab., 18 Lit.
Nachdem 7 erwachsene ♂ Ratten eine einmalige Dosis von $^{14}C_{(4)}$-Cholesterin (2–20 μc) in 1 ml Wessonöl mittels Schlundsonde erhalten haben, sind sie 1; 3; 7; 14; 21; 35 oder 49 Tage danach getötet worden. Bei der Isolierung des markierten Cholesterins aus Serum und Geweben wird festgestellt, daß die spez. Aktivität in Serum, Darm und Leber allmählich absinkt, während sie in den Geweben, vor allem in den Muskeln und den Nieren, nach einer Woche ansteigt. Ähnliche Ergebnisse erhält man, wenn man ein Kaninchen mit 20 μc

markiertem Cholesterin füttert, es nach 24 Std. tötet und die isolierten und gereinigten Lipoproteine, die markiertes Cholesterin enthalten, 2 anderen Kaninchen i. v. injiziert. Es wird daraus geschlossen, daß man aus dem Verschwinden von markiertem Cholesterin aus dem Serum nicht ohne weiteres auf den Abbau und die Ausscheidung des Cholesterins schließen kann.
R. Maune. 7200.

Tove, S. B.; Raleigh, North Carolina State Coll., Dep. of Animal Ind., Animal Nutrit. Sect. The esterolytic activity of serum albumin. **(Die esterolytische Aktivität von Serumalbumin.)** Biochim. biophysica Acta [Amsterdam] **57** (1962) Nr. 2. S. 230–235. – 3 Abb., 2 Tab., 18 Lit.
Kristallines Rinderserumalbumin katalysiert die Hydrolyse von β-Napthylester kurz- und langkettiger Fettsäuren und von Tripalmitin. Die esterolytische Aktivität wurde auch bei kristallinem Menschenserumalbumin und bei den Fraktion V-Serumalbuminen von Hund, Schwein und Pferd nachgewiesen. Die Substratspezifität ist abhängig von der Tierart. Es wurde der Einfluß verschiedener Inhibitoren auf die esterolytische Aktivität von Serumalbumin untersucht und das Albumin an DEAE-Cellulose fraktioniert. Die Trennung der enzymatischen Aktivität vom Albumin wurde nicht ermöglicht. Die Frage, ob die esterolytische Aktivität eine Eigenschaft des Albumins ist oder auf eine Verunreinigung zurückgeführt werden muß, wird diskutiert.
I. Schröder. 7225.

Sutton, D. D. und Lampen, J. O.; New Brunswick, N. J., Rutgers State Univ., Inst. of Microbiol. Localization of sucrose and maltose fermenting systems in Saccharomyces cerevisiae. **(Die Lokalisation von Fermentsystemen in Saccharomyces cerevisiae, die Saccharose und Maltose vergären.)** Biochim. biophysica Acta [Amsterdam] **56** (1962) Nr. 2. S. 303–312. – 3 Abb., 6 Tab., 18 Lit.
Es wird gezeigt, daß isolierte Zellwände von Bäckerhefe (Saccharomyces cerevisiae, LK_2G_{12}) die Hauptmenge an Invertase (β-Fructosidase) enthalten, während die Maltase (α-Glucosidase) offenbar nur intracellulär vorhanden ist und durch die Wirkung eines induzierenden Systems in der Membran zur Maltose zugängig ist. I. Schröder. 7300.

Coleman, R. und Hübscher, G.; Birmingham, Great Britain, Med. School, Dep. of Med. Biochem. and Pharmacol. Metabolism of phospholipids. V. Studies of phosphatidic acid phosphatase. **(Stoffwechsel der Phospholipide. 5. Mitt. Untersuchungen über die Phosphatidsäurephosphatase.)** Biochim. biophysica Acta [Amsterdam] **56** (1962) Nr. 3. S. 479–490. – 6 Abb., 5 Tab., 34 Lit.
Vff. untersuchten die Verteilung der Phosphatidsäurephosphatase in Leber, Niere, Hirn und Darmmucosa von Ochse, Schwein, Kaninchen, Meerschweinchen und Ratte. Zellfraktionen von Schweineniere zeigten, daß 63% der Gesamtaktivität in den Mikrosomen lokalisiert sind. Das Enzym der Schweinenierenmikrosomen hat ein pH-Optimum von 6,0 und wird durch Fluoridionen gehemmt, seine Aktivität scheint von der SH-Gruppe abhängig zu sein. Es wird der Einfluß von Metallionen, Detergentien, hydrolytischen Enzymen und höheren Alkoholen auf das Enzym untersucht und zur Reinigung ein Verfahren beschrieben. Das gereinigte Enzym ist hoch spez. für Phosphatidsäure und hydrolysiert nur die Phosphorsäureesterbindung. I. Schröder. 7300.

Plagemann, Peter G. W., Gregory, Kenneth F. und Wróblewski, Felix. The electrophoretically distinct forms of mammalian lactic dehydrogenase. I. Distribution of lactic dehydrogenases in rabbit and human tissues. **(Die elektrophoretisch getrennten Formen der Säugetier-Milchsäuredehydrogenase. 1. Mitt. Verteilung der Milchsäuredehydrogenasen in Kaninchen- und Humangeweben.)** J. biol. Chemistry **235** (1960) Nr. 8. S. 2282–2287. 7300.

Plagemann, Peter G. W., Gregory, Kenneth F. und Wróblewski, Felix. The electrophoretically distinct forms of mammalian lactic dehydrogenase. II. Properties and interrelationships of rabbit and human lactic dehydrogenase isozymes. **(Die elektrophoretisch getrennten Formen der Säugetier-Milchsäuredehydrogenase. 2. Mitt. Eigenschaften und Wechselbeziehungen von Kaninchen- und Human-Milchsäuredehydrogenase Isozymen.)** J. biol. Chemistry **235** (1960) Nr. 8. S. 2288–2293. – 1. Mitt. vgl. vorst. Titel. 7300.

Cohn, Waldo E. Pseudouridine, a carbon-carbon linked ribonucleoside in ribonucleic acids: Isolation, structure, and chemical characteristics. **(Pseudouridin, ein C-C-gebundenes Ribonucleosid in Ribonucleinsäuren: Isolierung, Struktur und chemische Charakteristik.)** J. biol. Chemistry **235** (1960) Nr. 5. S. 1488–1498. 7330.

Olson jun., Theodore A.; Minneapolis, Gen. Mills, Centr. Res. Lab. Strontium-90 in the 1959 United States wheat crop. **(^{90}Strontium in der Weizenernte der Vereinigten Staaten, 1959.)** Science [Washington] **135** (1962) Nr. 3508. S. 1064. – 1 Tab., 2 Lit.

88 Weizenproben aus 18 Staaten wurden auf ihren ^{90}Sr-Gehalt untersucht. Die Werte schwankten von 4,7 bis 132 pc/kg. Die höchsten Werte wurden in den südlichen Zentralstaaten, sehr geringe Werte in den Weststaaten gefunden. Differenzen zwischen diesen Werten und Untersuchungsergebnissen anderer Autoren aus dem Jahre 1958 werden auf die jährlich unterschiedlichen Niederschlagsmengen zurückgeführt. O. Knabe. 7370.

C. UNTERSUCHUNGS- UND VERSUCHSMETHODIK

Pampiglione, G., Stewart, R. J. C. und Platt, B. S. Electroencephalographic and electrocardiographic technique in nutritional studies on laboratory animals. **(Elektroencephalographische und elektrocardiographische Technik in Ernährungsstudien mit Laboratoriumstieren.)** Proc. Nutrit. Soc. **19** (1960) Nr. 1. S. IX–X. 7450.

Schwane, Robert A. und Kowkabany, George N.; Washington, Catholic Univ. of America. A study of trailing in the paper chromatography of sugars. **(Eine Untersuchung der Schwanzbildung in der Papierchromatographie von Zuckern.)** Analyt. Chem. **34** (1962) Nr. 3. S. 325–329. – 3 Abb., 6 Tab., 11 Lit.

Es wurden in der Zuckerchromatographie quantitativ die Schwanzbildung sowie ihre Ursache untersucht. Um die geringen Mengen bestimmen zu können, fanden ^{14}C markierte Verbindungen Verwendung (D-Arabinose-1-^{14}C, D-Glucose-1-^{14}C, D-Glucuron-6-^{14}C, Maltose-1-^{14}C und Na-D-Gluconat-1-^{14}C). Das Lösungsmittelgemisch war in allen Fällen: Butanol-Essigsäure-H_2O (4:1:5). Es wurde nach der absteigenden Methode mit Whatman No. 1 gearbeitet. Variiert wurden die Fleckenkonzentration, die Laufzeit, Temperatur (6°–49°) und die Art des Papiers (gewaschen und ungewaschen), um den Einfluß auf die Schwanzbildung zu bestimmen. Die Messung der Aktivitätsverteilung auf den Chromatogrammen mit Hilfe eines Gasflußzählers ergab, daß im Durchschnitt bei der Maltose 0,1% bei der Glucose, Arabinose und beim Na-Glucuronat 0,2% und beim Na-Gluconat 2% hinter dem Fleck zurückbleiben. Als Ursache der Schwanzbildung wird der Adsorptionseffekt nachgewiesen. I. Schröder. 7485.

Aso, Kiyoshi, Shibasaki, Kazuo, Watanabe, Toshiyuki und Yamauchi, Fumio. Studieson sugars in acid and enzyme hydrolysates of polysaccharides. III. On the sugar composition of the commercial glucoses produced by acid or by enzyme hydrolysis from sweet potato starch. **(Untersuchungen über Zucker in Säure- und enzymatischen Hydrolysaten von Polysacchariden. 3. Mitt. Über die Zuckerzusammensetzung der Handelsglucose, erzeugt durch**

Säure- oder enzymatische Hydrolyse von süßer Kartoffelstärke.) Tohoku J. agric. Res. **11** (1960) Nr. 3. S. 245–254. – 1 Abb., 2 Tab., 16 Lit. Orig.: engl. 2. Mitt. vgl. Nippon Nogei Kagaku Kaiski **31** (1957) S. 1. 7485.

Aso, Kiyoshi, Shibasaki, Kazuo, Yamauchi, Fumio und Watanabe, Toshiyuki. Studies on sugars in acid and enzyme hydrolysates of polysaccharides. IV. On the β-linked sugars in the oligosaccharides fraction of the commercial glucoses produced by acid or by enzyme hydrolysis from sweet potato starch. **(Untersuchungen über Zucker in Säure- und enzymatischen Hydrolysaten von Polysacchariden. 4. Mitt. Über die β-gebundenen Zucker in der Oligosaccharidfraktion der Handelsglucose, erzeugt durch Säure- oder enzymatische Hydrolyse von süßer Kartoffelstärke.)** Tohoku J. agric. Res. **11** (1960) Nr. 3. S. 255–264. – 8 Tab., 10 Lit. 3. Mitt. vgl. vorst. Titel. 7485.

Schiller, Sara, Slover, Ann Gwendolyn und Dorfman, Albert; Chicago, Ill., La Rabida-Univ.; Univ. of Chicago, Dep. of Biochem. and Pediatrics. A method for the separation of acid mucopolysaccharides: Its application to the isolation of heparin from the skin of rats. **(Eine Methode zur Trennung von sauren Mucopolysacchariden: Seine Anwendung zur Isolierung von Heparin aus Rattenhaut.)** J. biol. Chemistry **236** (1961) Nr. 4. S. 983–987. – 3 Abb., 5 Tab., 18 Lit.
Aus Rattenhaut konnten etwa 25 mg Heparin pro 100 g Tr.-Subst. isoliert werden. In der Haut von Schwein, Kamel, Kaninchen, Kalb (Fötus) Meerschweinchen und Mensch war mit Sicherheit kein Heparin nachzuweisen. Es werden Methoden zur quantitativen Extraktion und Trennung von Hyaluronsäure, Heparin und den Chondroitinschwefelsäuren beschrieben, die auf der verschiedenen Löslichkeit der Mucopolysaccharidcetylpyridinkomplexe in NaCl beruhen. Die Trennung der sauren Mucopolysaccharide erfolgt durch Ionenaustauschchromatographie an dem Anionenaustauscherharz Dowex 1-x2 (200–400 mesh) in der Chloridform. Nach schrittweiser Elution mit NaCl steigender Molarität, werden die mittels eines automatischen Fraktionssammlers aufgefangenen Eluate nach der Carbazol-Reaktion auf ihren Gehalt an Uronsäure untersucht. U. Zelck. 7485.

Paloheimo, L., Herkola, Eine und Kero, M.-L.; Helsinki, Univ., Dep. of Animal Husbandry. A method for cellulose determination. **(Eine Methode zur Cellulosebestimmung.)** Maataloustieteellinen Aikakauskirja [J. sci. agric. Soc. Finland] **34** (1962) Nr. 2. S. 57–65. – 1 Abb., 3 Tab., 17 Lit. Zus. in Finn.
Nach kurzer Erwähnung der Vor- und Nachteile bereits bestehender Cellulosebestimmungsverfahren wird die vorgeschlagene Methode beschrieben. 3 Proben des zu untersuchenden Futtermittels werden mit 75%igem Alkohol im Soxhlet extrahiert. Der getrocknete Rückstand wird mit 3 n NaOH gekocht, abfiltriert, mit 0,1 n HCl und Wasser ausgewaschen und getrocknet. In der 1. Probe wird durch Wägen, Glühen und Rückwägen der Rohcellulosegehalt ermittelt. Danach erfolgt in der zweiten Probe die Bestimmung des Rohlignins durch kalte Hydrolyse mit 70%iger H_2SO_4 und in der dritten die Bestimmung der Pentosane nach der Methode von Tollens. Der Reincellulosegehalt ergibt sich nach Abzug des Rohlignins und der Pentosane von der Rohcellulose. Der Vorteil der Methode soll in der genauen Berücksichtigung nichtcelluloseartiger Bestandteile im Analysenendprodukt bestehen. Auch das noch verbliebene Rohprotein wird indirekt in Abzug gebracht, weil es fast quantitativ im Rohlignin erscheint. Es werden weiterhin Untersuchungen beschrieben, in denen Einzelbestandteile der Rohcellulose papierchromatographisch aufgetrennt werden. Hier zeigte sich u. a., daß in der Rohcellulose von Holzproben auch Mannan enthalten ist. Die Methode gibt daher für Hölzer zu hohe Werte, ist aber für Futtermittel gut geeignet.
W. Laube. 7490.

Hozumi, Keiichiro und Kirsten, Wolfgang J.; Uppsala, Sweden, Univ. of Uppsala, Inst. of Med. Chem. New method for the ultramicrodetermination of nitrogen. **(Eine neue Methode für die Ultramikrobestimmung von Stickstoff.)** Analyt. Chem. **34** (1962) Nr. 3. S. 434–435, — 1 Abb., 1 Tab., 3 Lit.
Die Methode beruht auf einer Trockenverbrennung im geschlossenen Glasrohr bei 700° (1 Std.). Die Substanz wird in reinem O_2 in Gegenwart von Cu-Gaze und NaOH verbrannt. Die Verbrennungsprodukte sowie der Überschuß an O_2 werden absorbiert und die entstandenen Stickoxyde durch das Cu zum elementaren N_2 reduziert. Die Bestimmung des N_2Volumens erfolgt in der Weise, daß nach der Abkühlung das kapillar ausgezogene Ende des Glasrohrs in einem Gefäß mit Hg geöffnet wird und nach dem Eindringen des Hg der Meniskus markiert wird. Ein Verdrängen des N_2 durch eine entspr. Menge an Hg und Auswägen des Hg erlaubt eine genaue N_2-Bestimmung (13,5 mg = 1 μl). I. Schröder. 7495.

Sandev, S. (Sandew, S.); Kostinbrod, Zentralinst. für Tierzuchtforsch. Edna denzitometrična metoda za opredeljane na aminokiselini vŭrchu chartieni chromatogrami. **(Eine densitometrische Methode zur Bestimmung der Aminosäuren auf Papierchromatogrammen).** Izvestija na Centralnija naučnoizsledovatelski institut po životnovŭdstvo „Georgi Dimitrov" — Kostinbrod, Sofija **12** (1961) S. 409–415. — 2 Abb., 1 Tab. Zus. in Russ., Dtsch.
Es wurde eine densitometrische Methode zur Bestimmung der Aminosäuren mittels Extinktionsschreibers II der Firma Zeiss-Opton erarbeitet, wobei anstatt runde Flecke gerade Streifen photometriert wurden, die man durch 1 dimensionale Chromatographie auf Papierstreifen bestimmten Formats erhält. Bei der Messung der optischen Dichte nach dieser Methode erhält man deutlichere Maxima. Als Reagentien wurden verwendet: 78% n-Propanol, 72% n-Propanol, n-Butanol-Essigsäure-Wasser (450:50:125) und Amylalkohol-Pyridin-Wasser (35:35:30). Bei der Anwendung dieser Methode zur Bestimmung der essentiellen Aminosäuren in Mais, Gerste und Hafer beträgt der mittlere rel. Fehler $\pm$ 1,5% bis $\pm$5%. N. Platikanow. 7505.

Pion, R. und Belsunce, C. de; Jouy-en-Josas, France, Centre Nat. de Rech. Zootechn. Détermination des acides aminés de quelques aliments à l'aide de la méthode de Moore et Stein. **(Die Bestimmung der Aminosäuren einiger Futtermittel mit der Moore- und Steinmethode.)** VIII. int. Tierzuchtkongr. Hamburg **1961** Schlußber. S. 116–119. — 2 Tab., 10 Lit.
Folgende Stoffe wurden untersucht: Eier, Heringsmehl, Milchpulver, Mais (INRA 258), „Dactyl". Als Hydrolysebedingung wurde gewählt: 6 n HCl, 24 bzw. 48 Std. Cystin wurde nach Schram mit Perameisensäure oxydiert und als Cysteinsäure (Amberlite CG 120) bestimmt. I. allg. stimmten die Ergebnisse mit denen anderer Autoren überein. In einigen Fällen wurden Abweichungen erhalten: Bei Methionin (Milchpulver) statt 2,66–2,78 — 2,36%, bei Lysin (Ei) statt 6,1–7,1%, bei Isoleucin (Ei) statt 5,2, 5,6, 6,2 (nach anderen Autoren.) — 5,5%, bei Isoleucin (Milchpulver) statt 5,6, 6,0, 7,0 (nach anderen Autoren) — 5,6%, bei Valin (Milchpulver) statt 6,3, 5,2 (nach anderen Autoren) — 6,9%. I. Schröder. 7505.

Steven, F. S. und Tristram, G. R.; St. Andrews, Univ., St. Salvator's Coll., Dep. of Physiol. and Biochem. The presence in commercial sulphonated-polystyrene resins of some amino acids. **(Das Vorhandensein einiger Aminosäuren in handelsüblichen sulfonierten Polystyrol-Harzen.)** Biochem. J. **83** (1962) Nr. 2. S. 245. — 2 Lit.
In frisch erhaltenen Proben von Dowex 50 und Zeo-Karb 225 wurden Spuren von Aminosäuren nach ihrer Verdrängung vom Harz mit destilliertem 1 n Ammoniak gefunden. Die Menge dieser Aminosäuren reicht aus, um Irrtümer bei der Mikroanalyse der Nicht-Protein-Stickstofffraktion zu verursachen,

wenn man vor der Papierchromatographie eine Entsalzung mittels der Austauscher vornimmt. In absteigender Reihenfolge nach ihrer Konzentration wurden Glycin, Serin, Alanin, Asparaginsäure, Glutaminsäure, Threonin und Leucin erhalten. In Wasser, das mit Austauschern entionisiert wurde, fanden sich ebenfalls signifikante Mengen Aminosäuren. Das Vorhandensein der genannten Aminosäuren in den frischen handelsüblichen Austauscherharzen wurde auch von anderer Seite bestätigt und der α-Aminostickstoff mit 1 μg/ml Harz angegeben. H. Kreienbring. 7505.

Elliott, W. H. und Coleman, G.; Canberra, Australian Nat. Univ., John Curtin School of Med. Res., Dep. of Biochem. A method for studying amino acid activation in crude enzyme preparations. **(Eine Methode zur Untersuchung der Aminosäureaktivierung in rohen Enzympräparaten.)** Biochim. biophysica Acta [Amsterdam] **57** (1962) Nr. 2. S. 236–244. — 4 Abb., 2 Tab., 25 Lit.
Es wird eine Methode zur Messung der Aminosäureaktivierung entwickelt. Sie beruht auf der selektiven Absorption von Aminoacylhydroxamaten an gepufferten Amberlite IRC-50 Säulen. Die Herstellung der Hydroxamate sowie die Aminosäureaktivierungsversuche werden ausführlich beschrieben. Das Verfahren ist unabhängig von der Höhe der in den Extrakten vorhandenen endogenen Substrate. Die Trennung der Aminoacylhydroxamate erfolgt an Cellulosecitrat-Kationenaustauscherpapier durch kombinierte Elektrophorese und Chromatographie. I. Schröder. 7505.

Weygand, Friedrich, Kolb, Bruno, Prox, Axel, Tilak, Monohar A. und Tomida, Ichiro; München, TH, Org.-Chem. Inst. **N-Trifluoracetyl-aminosäuren. XIX. Gaschromatographische Trennung von N-TFA-Dipeptidmethylestern.** Hoppe-Seyler's Z. physiol. Chem. **322** (1960) Nr. 1/2. S. 38–51. — 9 Abb., 4 Tab., 11 Lit. Zus. in Engl.
Dargestellt und gaschromatographisch getrennt werden N-TFA-Aminosäuremethylester, wobei Celite, imprägniert mit Siliconfett und Polyester (Reoplex), als stationäre Phase verwendet wurden. Bei Anwendung der mit Siliconfett imprägnierten Säulenfüllung wurden Alanin und Glycin, Leucin und Isoleucin nicht getrennt. Asparaginsäure und Prolin zeigen eine starke Überlappung, während Threonin stark vom Verhalten der anderen Komponenten abweicht Bei Anwendung von Reoplex als stationäre Phase überlappen sich lediglich die Banden von Valin und Alanin + Isoleucin. Auf der Polyestersäule zeigt Threonin kein von den anderen Verbindungen abweichendes Verhalten. Beim Hintereinanderschalten beider Säulen, Polyester und Siliconfett als stationäre Phase, werden alle Verbindungen gut getrennt. Gearbeitet wurde dabei mit Säulen von je 1 m Länge, bei einer Temperatur von 200 °, einer Strömungsgeschwindigkeit von 107 ml He/min. N-TFA-Dipeptid-methylester wurden durch Kondensation von N-TFA-Aminosäure-thiophenylestern mit freien Aminosäuren in heißem Eisessig und anschließender Veresterung mit Diazomethan dargestellt. Die Trennung erfolgte analog der N-TFA-Aminosäuremethylester. Da eine Reihe von N-TFA-Dipeptid-methylestern dieselbe Retentionszeit besitzen, wendet man für die Sequenzanalyse zwei Identifizierungsmöglichkeiten an. Die aus dem Gaschromatographen austretenden Proben werden in kleinen Röhren aufgefangen und a) mit verdünnter Natronlauge hydrolysiert und das freie Dipeptid bestimmt; b) die aufgefangene Probe wird einer massenspektrometrischen Analyse unterworfen. Dies wird an mehreren synthetischen Peptiden demonstriert. Ein Diastereoisomerenpaar, N-TFA-L-Ala·L-Phe-OCH_3 und N-TFA-L-Ala·D-Phe-OCH_3, wurde gaschromatographisch getrennt. J. Wagner. 7505.

Schwerdtfeger, E.; Rostock, Oskar-Kellner-Inst. für Tierernähr. der Dtsch. Akad. der Landwirtsch.-Wiss. zu Berlin. **Zur Säulenchromatographie von**

Aminosäuren. 3. Mitt. Die säulenchromatographische Bestimmung von ε-Dinitrophenyllysin. Z. Tierphysiol., Tierernähr. Futtermittelkunde **16** (1961) Nr. 5. S. 262–266. – 4 Abb., 17 Lit. Zus. in Engl. 2. Mitt. vgl. LZ. Abt. III **7** (1962) Nr. 12. S. 2569.
ε-Dinitrophenyllysin (als „verfügbares Lysin") von Nahrungs- und Futterprotein kann schnell und sicher durch Säulenchromatographie an Polyamidpulver bestimmt werden. Elution der Säule (9 × 200 mm) erfolgt mit Citratpuffer pH 5,28 bei 50°, die direkte Messung des Eluats wird mit registrierendem Photometer kontinuierlich bei 440 mμ ausgeführt.
H. Kreienbring. 7505.

Schwerdtfeger, E. und Nehring, K.; Rostock, Oskar-Kellner-Inst. für Tierernähr. der Dtsch. Akad. der Landwirtsch.-Wiss. zu Berlin. **Zur Säulenchromatographie von Aminosäuren. 5. Mitt. Die Chromatographie der basischen Aminosäuren an Wofatit KPS.** Pharmazie **17** (1962) Nr. 1. S. 19 bis 22. – 10 Abb., 7 Lit. 3. Mitt. vgl. vorst. Ref.
Vff. untersuchten die verschiedenen Harztypen der Wofatite KPS (VEB Farbenfabrik Wolfen) in Hinsicht auf ihre Trennfähigkeit für die basischen Aminosäuren. Die Versuche wurden mit den Wofatiten KPS 6% und 16% (vernetzt mit Divinylbenzol) durchgeführt. Beide erwiesen sich für diesen Zweck als geeignet. Der Einfluß der Füllhöhe der Säulen und die Vergrößerung der Fließgeschwindigkeit werden besprochen. H. Kreienbring. 7505.

Starbuck, Wesley C. und Busch, Harris; Houston, Tex., Baylor Univ., Coll. of Med., Dep. of Pharmacol. Programming system for the automatic amino acid analyzer. **(Programm-System für die automatische Apparatur zur Aminosäurenbestimmung.)** Analyt. Chem. **34** (1962) Nr. 7. S. 875–876. – 2 Abb., 1 Tab.
Eine Programm-Schaltuhr-Einheit und ihr Einbau in die elektrische Anlage einer automatischen Apparatur zur Bestimmung der Aminosäuren (Spinco Model 120 Amino Acid Analyzer) werden erläutert. Für die Arbeit der Programm-Schaltuhr wird ein System angegeben, das den Einsatz für verschiedene Funktionen beschreibt. H. Kreienbring. 7505.

Randerath, K.; Darmstadt, TH, Inst. für Org. Chem. Thin-layer chromatography of nucleotides on layers of cellulose ion-exchangers. **(Dünnschichtchromatographie von Nucleotiden auf Cellulose-Ionenaustauschern.)** Nature [London] **194** (1962) Nr. 4830. S. 768–769. – 1 Tab., 3 Lit.
Zur Herstellung von Schichten aus ECTEOLA- und DEAE-Cellulose werden 10 g des Ionenaustauscherpulvers mit ca. 60 ml Wasser 30–45 Sek. kräftig geschüttelt und in der üblichen Weise auf saubere Glasplatten aufgetragen (7–10 Platten, Größe 10 × 20 cm). Die Schichten trocknen bei Raumtemperatur. Auf einer Linie 3 cm vom Rand der Platte werden mittels Mikropipette (10 μl) die Lösungen der Nucleotide (gewöhnlich 10^{-3}–10^{-1} μmol jeder Komponente) aufgetragen. Die Chromatographie kann in einem offenen Gefäß erfolgen, das ca. 1,2 cm hoch mit dem Lösungsmittel gefüllt ist. Mit einer kurzwelligen UV-Lampe läßt sich die Trennung verfolgen. Verdünnte HCl ist für viele Fälle ein ausreichendes Lösungsmittel; so lassen sich mit 0,04 n HCl die Ribonucleotide ATP, GTP, und UTP oder CTP, GTP und UTP vollständig trennen (60–100 Min.) Für ATP und CTP, die sich so nicht trennen lassen, eignet sich 0,1 m NaCl auf DEAE-Celluloseschichten. Die einander entspr. Di- und Triphosphate unterscheiden sich stark in ihren R_F-Werten, so daß ihre Trennung in 5–10 Min. erfolgt ist. H. Kreienbring. 7510.

Horrocks, Lloyd A. und Cornwell, David G.; Columbus, Ohio State Univ., Dep. of Physiol Chem. The simultaneous determination of glycerol and fatty acids in glycerides by gas-liquid chromatography. **(Die gleichzeitige**

Bestimmung von Glycerin und Fettsäuren in Glyceriden durch Gas-flüssig-Chromatographie.) J. Lipid Res. **3** (1962) Nr. 2. S. 165–169. – 6 Tab., 15 Lit.
Glycerinester lassen sich mit Li-Al-Hydrid und durch anschließende Acetylierung quantitativ zu den entspr. Li-Al-Alkoholaten und diese zusammen mit dem Glycerin in Acetatester umsetzen. Die nach der ausführlich beschriebenen Methode erhaltenen Ester lassen sich mit Hilfe der Dünnschichtchromatographie (Kieselgel, Entwickler: Chloroform-Methanol-Eisessig, 96:2:2 V/V) und der Gas-flüssig-Chromatographie quantitativ bestimmen. Es konnte gezeigt werden, daß sich unter den beschriebenen Verhältnissen Mono-, Di- und Triglycerinester quantitativ umsetzen. Die Methode erlaubt eine gleichzeitige Bestimmung der Fettsäurezusammensetzung und des Ester-Glycerinverhältnisses. H. Steger. 7520.

Chang, Ta-Chuang Lo und Sweeley, Charles C.; Pittsburgh, Univ., Graduate School of Public Health, Dep. of Biochem and Nutrit. Studies of canine adrenal polyenoic acids: locating double bonds by periodate-permanganate oxidation and gas-liquid chromatography. **(Studien an Hundenebennierenpolyensäuren: Lokalisierung der Doppelbindungen durch Perjodat-permanganatoxydation und Gas-flüssig-Chromatographie.)** J. Lipid Res. **3** (1962) Nr. 2. S. 170–176. – 3 Abb., 2 Tab., 20 Lit.
Aus dem Nebennierenfett von 4 jungen Hunden ließen sich durch Gaschromatographie (Säulenpackung 15% Äthylenglycoladipat auf Chromosorb W, Temperatur 200 °, Trägergas Argon, eingespritzte Menge 1 μg in 2% Hexan) folgende Fettsäuren bestimmen. 14=0, 15=0, 16=0, 16=1, 16=2, 17=0, 17=1, 18=0, 18=1, 18=2, 20=3, 20=4, 22=4. Die Polyensäuren wurden durch präparative Gasflüssig-Chromatographie isoliert und der Ozonolyse sowie der Perjodat-permanganatoxydation unterworfen. Die resultierenden Säurefragmente wurden gaschromatographisch bestimmt und daraus die Lokalisation der Doppelbindungen mit Hilfe einer angegebenen Formel berechnet. Auf diese Weise konnten im Nebennierensaft von Hunden 8,11,14-Eicosatriensäure, 5,8,11,14-Eikosatetraensäure und 7,10,13,16 DOKosatetraensäure festgestellt werden. H. Steger. 7520.

Bader, Hermann und Morgan, H. E.; Nashville, Tenn., Vanderbilt Univ., Dep. of Physiol. Gradient elution of phosphatides from silicic acid column. **(Gradienten-Elution von Phosphatiden an einer Kieselsäure-Säule.)** Biochim. biophysica Acta [Amsterdam] **57** (1962) Nr. 3. S. 562–568. – 3 Abb., 1 Tab., 16 Lit.
Aus gefrosteten, pulverisierten Rattenherzen wurden bei 0° mit Chloroform-Methanol (2:1, v:v) die Lipoide extrahiert. Der gesamte Lipoid-P-Gehalt betrug 28 μmol/g Herz. Zur Chromatographie auf Kieselsäuresäulen (18 g spez. zur Chromatographie hergestellt) wurden jeweils etwa 100 μmol Lipoid-P eingesetzt. Als Elutionslösung wurde Chloroform mit einem konkav ansteigenden Methanol-Gradienten benutzt. Das zur Erzeugung des Methanol-Gradienten verwendete einfache Gerät wird ausführlich besprochen. Bei der Elution (3–5 ml/Min. 22°) wurden 7 Fraktionen bei sehr guter Reproduzierbarkeit des Verfahrens gefunden. Die Fraktionen wurden auf ihren Gehalt an P, Gesamt-N, Amino-N und Cholin untersucht. Der gesamte Lipoid-P wurde zu 100% wiedergefunden. Die Reihenfolge der Phosphatide: N-freie Phosphatide, Phosphatidylserin und Phosphatidylcolamin, Phosphatidylcholin und Sphingomyelin. F. Kreienbring. 7525.

Cornatzer, W. E., Sandstrom, Will A. und Reiter, John H.; Grand Forks, Univ. of North Dakota, Med. School, Dep. of Biochem., Guy and Bertha Ireland Res. Lab. Silicic acid-impregnated glass-paper chromatography of phosphatides. **(Chromatographie von Phosphatiden auf kieselsäureimprägniertem Glasfaserpapier.)** Biochim. biophysica Acta [Amsterdam] **57** (1962) Nr. 3. S. 568–572. – 2 Abb., 11 Lit.

Für die Trennung verschiedener Phosphatide wird ein schnelles quantitatives Verfahren angegeben. Auf mit Kieselsäure imprägniertem Glasfaserpapier werden 10 μl, die 1–3 γLipoid-P/1 μl in Chloroform oder Isoamylalkohol/Benzin (1:1,v:v) enthalten, aufgetragen und mit Diisobutylketon/Essigsäure/Wasser/Benzin (160:50:8:7, v:v) aufsteigend 6–8 Std. entwickelt. Die entwickelten Chromatogramme werden für 5 Min. in eine Lösung getaucht, die 10 mg Rhodamin 6G in 1 l aqua dest. enthält, und noch feucht unter UV-Licht beobachtet. Phosphatidylserin und Inositphosphatid sind blau, alle anderen gelb. Aus 10 unterschiedlichen Chromatogrammen ergeben sich folgende R_F-Werte: Inositphosphatid 0,35, Sphingomyelin 0,48, Lecithin, 0,59, Phosphatidylserin 0,67, Phosphatidylcolamin 0,73. Die günstigste Trennwirkung liegt im Bereich von 3–45 γ Lipoid-P. Bei der Untersuchung von Rattenleberextrakten wurden Recovery-Werte von über 90% gefunden.

F. Kreienbring. 7525.

Strickland, E. H. und Benson, A. A. Neutron activation paper chromatographic analysis of phosphatides in mammalian cell fractions. **(Neutronaktivierungspapierchromatographie von Phosphatiden in Säugetierzellfraktionen.)** Arch. Biochem. Bicphysics **88** (1960) Nr. 2. S. 344–348. — 4 Abb., 2 Tab., 18 Lit. 7525.

Merwin, Richard T.; New Haven, Connecticut Agric. Exp. Stat. p-aminobenzoic acid in feeds. **(p-Aminobenzoesäure in Futtermitteln.)** J. Assoc. off. agric. Chemists **45** (1962) Nr. 2. S. 289–291. — 1 Tab., 3 Lit.

Vf. berichtet über die Ergebnisse einer Gemeinschaftsuntersuchung zur chem. Bestimmung von p-Aminobenzoesäure in Futtermitteln. In 7 Laboratorien wurde eine einheitliche Probe (theoretischer Gehalt 0,01%) mit einem einheitlichen Standard nach einer genau vorgeschriebenen Methode (Eiweißfällung mit Trichloressigsäure, Reaktion mit 0,10%iger wässeriger Lösung von N-1-Naphtyläthylendiamin·2 HCl, Absorptionsmessung in einem Spektrophotometer bei 545 mμ) auf ihren Gehalt an p-Aminobenzoesäure untersucht. Obwohl die Reproduzierbarkeit der Methode bei den einzelnen Untersuchern gut war, streuten die Ergebnisse zwischen den einzelnen Untersuchern stark. Es wurden 77 bis 101% des theoretischen Wertes wiedergefunden. Nur die Ergebnisse von 3 Untersuchern stimmten mit 95, 98 bzw. 101% des theoretischen Wertes annähernd überein. Es wird empfohlen, die Gemeinschaftsmethode zu überprüfen und die Untersuchungen fortzusetzen. J. Wünsche. 7572.

Maver, Mary E. und Greco, Antoinette E.; Bethesda, Md., U. S. Dep. of Health, Education and Welfare, Public Health Serv., Nat. Cancer Inst., Lab. of Biochem. The chromatographic separation and characterization of the acid and alkaline ribonucleases of bovine spleen and liver. **(Die chromatographische Trennung und Charakterisierung der sauren und alkalischen Ribonucleasen von Rindermilz und -leber.)** J. biol. Chemistry **237** (1962) Nr. 3. S. 736–741. — 7 Abb., 5 Tab., 20 Lit.

Durch Chromatographie an Säulen (1 × 52 cm) von DEAE- und CM-Cellulose wurden die sauren und alkalischen Ribonucleasen (RNasen) von Rindermilz und -leber von anderen verunreinigenden Enzymen getrennt. Zur Elution wurden Na-Acetatpuffer mit Konzentrations- und pH-Gradienten angewandt. Substrat zur Bestimmung der RNase-Aktivitäten war hochpolymere (Molgew. 250000) Rattenleber-Ribonucleinsäure. Durch Mg-Ionen wurden die Aktivitäten der sauren RNasen herabgesetzt und zu niederen pH-Werten verschoben. Die saure Milz-RNase verlor durch Erhitzen auf 70 °C (10 Min., pH 4,2,1 m gProtein/ml) 85% ihrer Aktivität, das alkalische Enzym unter den gleichen Bedingungen nur 20%. Beide RNasen wurden durch ihre hydrolytische Wirkung auf die Heferibonucleinsäure, und Substrate charakterisiert. Bei der Hydrolyse der Hefe-RNS wurden in allen Fällen cyclische und nichtcyclische Purin und Pyrimidinnucleotide gefunden. Die alkalischen RNasen spalten Polycytidylsäure in stärkerem Maße als Polyadenylsäuren. Cyclische Cytidyl- und Uridylsäure wurden durch die alkalischen RNasen der Leber schneller hydrolysiert als durch die der Milz. H. Kreienbring. 7580.

Geratz, J. D.; Chapel Hill, Univ. of North Carolina, School of Med., Dep. of Pathol. The effect of aliphatic amino acids on the activation of trypsinogen and on the stability of trypsin solutions. **(Der Einfluß von aliphatischen Aminosäuren auf die Aktivierung von Trypsinogen und auf die Stabilität von Trypsinlösungen.)** Biochim. biophysica Acta [Amsterdam] **56** (1962) Nr. 3. S. 599–601. — 4 Tab., 8 Lit.
Aliphatische Aminosäuren mit endständigen Aminogruppen hemmen die autokatalytische Aktivität von Trypsinogen, die Aktivierung durch Enterokinase und haben eine stabilisierende Wirkung auf Trypsinlösungen. Vf. untersuchte folgende Aminosäuren hinsichtlich ihrer Wirkung auf Trypsinogen- bzw. Trypsinlösungen: β-Alanin, γ-Aminobuttersäure, ε-Aminocapronsäure, δ-Aminovaleriansäure, ω-Aminocaprylsäure. Es wurde bei 3 verschiedenen Konzentrationen (0,1 m, 0,05 m, 0,01 m) in der angegebenen Reihenfolge der Aminosäuren eine Zunahme der hemmenden Wirkung gefunden. Bei der Hemmung der autokatalytischen Aktivierung (0,1 m): 59,9%, 90,5%, 96,2%, 100%, 100%. Bei der Hemmung der Aktivierung durch Enterokinase (0,1 m): 2,5%, 26,2%, 76,6%, 100%, 100%. Der Stabilisierungseinfluß auf die Trypsinaktivität nimmt folgendermaßen zu: Ohne Aminosäurezusatz wurden 7% der Aktivität wiedergefunden, mit γ-Aminobuttersäure 22,7% mit β-Alanin 28%, mit ε-Aminocapronsäure 47,9%, mit ω-Aminocaprylsäure 53,2%, mit δ-Aminovaleriansäure 62,5% der Aktivität. I. Schröder. 7580.

Johnston, John M. und Bearden, James H.; Dallas, Univ. of Texas, Southwestern Med. School, Dep. of Biochem. Intestinal phosphatidate phosphatase. **(Darmphosphatidphosphatase.)** Biochim. biophysica Acta [Amsterdam] **56** (1962) Nr. 2. S. 365–367. — 2 Tab., 13 Lit.
Es wird über die intracelluläre Verteilung der Phosphatidphosphatase (Phosphatidsäurephosphatase) im Darmgewebe und über die Spezifität des Enzyms hinsichtlich der Phosphatfreisetzung und der Produktion von gewissen phosphorylierten Basen berichtet. Das Enzym wurde, wie ausführlich beschrieben, aus der Darmmucosa des Goldhamsters isoliert. Ferner wurden isoliert bzw. synthetisiert: Phosphatidsäuren, Lysophosphatidsäure und Phosphatidylcholin (Lit.). Das anorg. Phosphat wurde in einem Trichloressigsäurefiltrat (Lit.), phosphorylierte Basen wurden chromatographisch bestimmt (Lit.). Es wird gezeigt, daß die Phosphatidphosphataseaktivität in erster Linie auf die Mitochondrien und Mikrosomen beschränkt ist und bei Inkubation der Mitochondrienfraktion nur Phosphatidsäure (isolierte und synthetische) und Lysophosphatidsäure als geeignete Substrate fungieren. I. Schröder. 7580.

Shortman, Ken. Studies on cellular inhibitors of ribonuclease. I. The assey of the ribonuclease-inhibitor system, and the purification of the inhibitor from rat liver. **(Untersuchungen über Cellularinhibitoren von Ribonuclease. 1. Mitt. Die Prüfung des Ribonuclease-Inhibitor-Systems und die Reinigung des Inhibitors der Rattenleber.)** Biochim. biophysica Acta [Amsterdam] **51** (1961) Nr. 1. S. 37–49. — 3 Abb., 4 Tab., 29 Lit. 7580.

Shortman, Ken; Melbourne, Australia, Walter and Eliza Hall Inst. of Med. Res. Studies on cellular inhibitors of ribonuclease. II. Some properties of the inhibitor from rat liver. **(Untersuchungen über Cellularinhibitoren**

von Ribonuclease. 2. Mitt. Einige Eigenschaften des Inhibitors der Rattenleber.) Biochim. biophysica Acta [Amsterdam] **55** (1962) Nr. 1/2. S. 88–96. – 5 Tab., 18 Lit. 1. Mitt. vgl. vorst. Titel.
Der nach einer früher beschriebenen Methode gereinigte Rattenleberinhibitor wurde auf seine chemischen Eigenschaften und spez. Wirkung untersucht und mit dem Inhibitor Heparin verglichen. Ergebnis: Während beide Inhibitoren die Pankreas RNA-ase (Rind) hemmen, werden eine saure RNA-ase (aus Pflanzengewebe) nur durch Heparin und 2 alkalische RNA-ase Präparate durch Rattenleberinhibitor, aber wenig durch Heparin gehemmt. Der Rattenleberinhibitor wird durch Papain, Perjodat, Protamin und durch hohe Salzkonzentrationen inaktiviert. Die Ergebnisse beweisen die Proteinnatur des Rattenleberinhibitors, aber lassen auch ein Kohlenhydrat als essentielle Komponente vermuten. I. Schröder. 7580.

Brown jun., G. W. und Cohen, Philip P. Comparative biochemistry of urea synthesis. I. Methods for the quantitative assay of urea cycle enzymes in liver. **(Vergleichende Biochemie der Harnstoffsynthese. 1. Mitt. Methoden zur quantitativen Bestimmung von Harnstoffcyclus-Enzymen in der Leber.)** J. biol. Chemistry **234** (1959) Nr. 7. S. 1769–1774. – 12 Abb., 29 Lit. 7580.

Louis, R. **Nachweis der Antibiotika in Futtermitteln.** Mitt. Gebiete Lebensmittelunters. Hyg. [Bern] **52** (1961) Nr. 6. S. 575–580.
Für den qualitativen Nachweis wird ein fester Nährboden mit einem empfindlichen Testorganismus (*Staphylococcus aureus*) beimpft. Anschließend werden mit einem Korkbohrer Löcher in den Nährboden gestanzt und in diese befeuchtete Futterproben eingefüllt. Nach Bebrütung der Platten bei 37° zeigt sich bei einem antibioticahaltigen Futter eine Zone gehemmten Wachstums rund um die betr. Probe. Aus der Größe der Hemmzonen, die von der Antibioticakonzentration abhängig sind, läßt sich durch Vergleichsproben mit bekannten Gehalten die Menge der antibiotisch wirksamen Substanz ermitteln. Turbidinetrische Methoden eignen sich ebenfalls für die quantitative Bestimmung. Sie haben gegenüber dem Agarplattenverfahren den Vorteil einer kürzeren Inkubationszeit. Zur Bestimmung von Chlortetracyclin in Konzentraten eignet sich eine colorimetrische Bestimmungsmethode. Da sich unter dem Einfluß von heißer HCl aus Chlortetracyclin Anhydrochlortetracyclin bildet, welches ein Absorptionsmax. bei 445 mμ besitzt und ein bei pH 7,5 erhitztes Chlortetracyclin Isochlortetracyclin liefert, welches durch nachfolgende Erhitzung mit HCl nicht mehr verändert wird und kein Absorptionsmaximum bei 445 mμ hat, läßt sich aus diesem Verhalten der Gehalt ermitteln. Für den qualitativen Nachweis von Aureo- und Terramycin ist das von Selzer und Wright (vgl. Antibioticis and Chermotherapy **7** [1957] S. 292.) ausgearbeitete papierchromatographische Verfahren geeignet. Stationäre Phase: Citronensäure-Phosphatpuffer (pH 3,5), mobile Phase: Chloroform-Nitromethan-Pyridin (10:20:3). Im UV-Licht fluoreszieren beide Tetracycline gelb. NH_3 verstärkt den Effekt. Nachweisgrenze ca 10 mg/l kg. Der Nachweis geringer Konzentrationen gelingt mit Hilfe der Autobiographie, indem man das Chromatogramm auf beimpfte Agarplatten legt und bebrütet. Eine Hemmung des Bakterienwachstums ist an der ihrem Rf-Wert entspr. Stelle zu erkennen. H. Steger. 7600.

Scharrer, K. und Judel, G. K.; Gießen, Justus-Liebig-Univ., Agrikulturchem. Inst. **Über die quantitative spektrochemische Analyse der Makronährstoffe in biologischem Material.** Agrochimica [Pisa] **4** (1960) Nr. 2. S. 135–141. – 11 Lit.
Es wird ein Verfahren für die spektrochem. Analyse pflanzlicher und tierischer Produkte auch für Makronährstoffe beschrieben. 40 mg Pflanzeng oder sonstige Substanzasche werden mit 240 mg einer Graphitpulvermischun; (50 g spektralreines Graphitpulver plus 5,660 g RbCl; 0,975 g $NiSO_4 \cdot 7\,H_2O$-

0,393 g $BeSO_4 \cdot 4\,H_2O$; 0,190 g $SnCl_2 \cdot 2\,H_2O$; 0,365 g Cr_2O_3 und 25,000 g Li_2CO_3) gemischt und dann in eine als Anode dienende Graphitelektrode gestopft. Für die Aufstellung von Eichkurven wurden Proben verschiedener Kulturpflanzen benutzt, deren Gehalt an den einzelnen Elementen durch andere chem. Methoden bestimmt worden war. Die Schwankungen innerhalb der Parallelbestimmungen lagen teilweise aber über $\pm$ 10%, so daß die Methode für exakte Untersuchungen nicht anwendbar ist. Zur schnellen Ermittlung von Übersichtswerten ist sie jedoch sehr gut geeignet.
W. Bergmann. 7620.

Humphreys, E. R. und Scott, Patricia P.; London, Roy. Free Hospital, School of Med. Observations on the use of markers in determining food transit times in the cat. **(Untersuchungen über die Verwendung von Indikatoren zur Bestimmung der Futterdurchgangszeiten bei der Katze.)** J. Physiol. [London] **162** (1962) Nr. 1. S. 28P–29P. — 1 Lit.
Um den Einfluß der Größe und des spez. Gew. der Indikatorpartikel auf die Verwendungsfähigkeit zur Untersuchung der Futterdurchgangszeiten zu ermitteln, wurden an 23 Katzen neben einer Standardmahlzeit von 50 g Hackfleisch gesiebtes Cr_2O_3 (Wichte 5,2) und Nylonkugeln (⌀ 2,3 mm; Wichte 1,1) als Indikator verabreicht. Die Katzen wurden in stdl. Abständen von 1–8 Std. nach der Mahlzeit getötet, wonach die Verteilung der Indikatoren im Verdauungstrakt untersucht wurde. Es zeigte sich ein starkes Zurückhalten der Nylonkugeln im Magen, während das Cr_2O_3 bereits mit der Nahrung weiterbefördert wurde. Somit bewirkt die Größe der Indikatorpartikel eine stärkere Ungleichmäßigkeit im Durchlauf von Nahrung und Indikator als das spez. Gew. Am Ende des Dickdarmes wurde geformter Kot gefunden, in dem sowohl Reste des vorherigen Futters als auch des mit Cr_2O_3 versetzten Futters gut abgetrennt vorlagen. Der Wert einer Verwendung von Indikatoren zur Bestimmung von Anfang und Ende einzelner Perioden in Stoffwechselversuchen wird daher angezweifelt. W. Laube. 7751.

Keuren, R. W. van und Heinemann, W. W.; Washington Agric. Exp. Stat. Study of a nylon bag technique for in vivo estimation of forage digestibility. **(Untersuchungen mit Nylonbeuteln zur Bestimmung der Futterverdaulichkeit in vivo.)** J. Animal Sci. **21** (1962) Nr. 2. S. 340–345. — 1 Abb., 6 Tab., 7 Lit.
Zur raschen und genauen Bestimmung der Verdaulichkeit wurde das zu prüfende Material bei 65 ° getrocknet, fein gemahlen und in Mengen von 5–10 g in einen Nylonbeutel (eng gewebt, 72 Fäden, 2 × 4,5 inch) gebracht. 8 dieser Beutel wurden an einem aus Plexiglas bestehenden Halter befestigt und in den Pansen gebracht. Die Mahlfeinheit des Materials hatte geringen Einfluß, größeren hingegen die Verweildauer der Proben im Pansen und die Größe der Proben (5 oder 10 g). So war der verdaute Anteil nach 24 Std. in den 10 g-Proben um 10% niedriger als bei 5 g. Der VK stieg allg. bis zu 72 Std. Luzerne hat nach 24 Std. eine höhere Verdaulichkeit als Gras. Weiterhin ergab sich, daß das Nahrungsregim des Fisteltieres sich auf die Verdaulichkeit der Proben auswirkt. B. Piatkowski. 7755.

Nehring, K. und Laube, W. **Untersuchungen über die kontinuierliche Bestimmung der Verdaulichkeit von Grünfutter und Grünfutterkonservaten im Verlauf der Vegetation.** VIII. int. Tierzuchtkongr. Hamburg **1961** Diskuss.-Beitr. S. 188–189. — Zus. in Engl., Franz.
Zusammenfassung eines Diskussionsbeitrages der Vff. zum Hauptbericht Vb: Ernährung. 7755.

Clanton, Donald C.; Lincoln, Nebraska Agric. Exp. Stat. Variation in chromic oxide methods of determining digestibility of hand-fed beef cattle rations. **(Die Variation in den Chromoxydmethoden zur Bestimmung der Verdaulichkeit von Rationen handgefütterter Mastrinder.)** J. Animal Sci. **21** (1962) Nr. 2. S. 214–218. — 1 Abb., 6 Tab., 14 Lit.

In Versuchen an Rindern (Ochsen und Färsen) ergab sich, daß die mit Hilfe von Cr_2O_3 ermittelte Verdaulichkeit bei totaler Kotsammlung um ca. 2% niedriger lag, als die im konventionellen Versuch festgestellte, da nur 95,1% des verabreichten Cr_2O_3 wiedergefunden wurden. Eine weitere Erniedrigung des VK ergab sich bei 1- bzw. 2maliger Probenahme, wobei kein Unterschied zwischen 1- und 2maliger Kotentnahme vorlag. Die Cr_2O_3-Konzentration an den verschiedenen Versuchstagen schwankte deutlich. In Rationen mit einem niedrigen Energiegehalt wurde mehr Cr_2O_3 wiedergefunden als verabreicht war. Vf. führt dies auf die Schwierigkeit des Einmischens zurück. Die Cr_2O_3-Bestimmung in feuchtem Kot ist sicherer. B. Piatkowski. 7760.

Elam, C. J., Reynolds, P. J., Davis, R. E. und Everson, D. O. Digestibility studies by means of chromic oxide, lignin and total collection techniques with sheep. **(Verdauungsuntersuchungen mit Hilfe von Chromoxyd, Lignin und nach der konventionellen Methode an Schafen.)** J. Animal Sci. 21 (1962) Nr. 2. S. 189–192. — 2 Tab., 23 Lit.

Der Indikator wurde mit der gesamten Ration (pelletiert) in einer Konzentration von 0,5% verabreicht. Die Ration bestand aus 60% gemahlenem Luzerneheu und 40% Gerstenschrot. Im Kot wurden 100,2–101,1% Cr_2O_3 bzw. 88,4–92,1% des in der Ration enthaltenen Lignins wiedergefunden. Die mit Hilfe von Lignin ermittelten VK fielen entsprechend niedrig aus; die nach der Cr_2O_3-Methode festgestellten stimmten fast genau mit denen der konventionellen Methode überein. (65,6 bzw. 65,4). Hohe Futtergaben erniedrigten die Verdaulichkeit der Ration (66,0 bzw. 62,0).
B. Piatkowski. 7760.

Czarnocki, Jadwiga, Sibbald, I. R. und Evans, E. V. The determination of chromic oxide in samples of feed and excreta by acid digestion and spectrophotometry. **(Die Bestimmung von Chromoxyd in Futter- und Exkretproben durch Säureaufschluß und Spektrophotometrie.)** Canad. J. Animal Sci. **41** (1961) Nr. 2. S. 167–179.

In systematischen Untersuchungen wurde die von Hill und Anderson (vgl. LZ. Abt. III **5** [1960] Nr. 9 S. 1580.) angewandte Cr_2O_3-Bestimmungsmethode überprüft und folgende Abänderung vorgeschlagen: Die zu untersuchende Probe, ca. 10 mg Cr_2O_3 enthaltend, wird in Filtrierpapier eingewickelt und in einen 100 ml Kjeldahlkolben überführt. Man fügt 10 ml konz. HNO_3 zu, läßt über Nacht stehen, erhitzt mit Mikrobrenner bis zur Trockene und fügt 15 ml Aufschlußmischung zu. (10 g Natriummolybdat gelöst in 150 ml H_2O, danach langsames Zufügen von 150 ml konz. H_2SO_4. Nach Abkühlen in Eiswasser weiteres langsames Zufügen von 200 ml 70%iger $HClO_4$). Das Ganze wird über freier Flamme erhitzt, bis die Farbe des Aufschlusses von grün in orange oder rot umschlägt. Von diesem Zeitpunkt ab erhitzt man noch 15 Min., anschließend füllt man mit Wasser auf 500 ml auf und läßt die Mischung über Nacht stehen. Die klare Flüssigkeit wird bei 350 mμ gemessen. Zur Herstellung der Eichkurve geht man von eingewogenem Cr_2O_3 aus, das man wie beschrieben aufschließt und zu 500 ml auffüllt. Zugehörige Verdünnungen bereitet man mit 0,18 mol H_2SO_4. Das berechnete Cr_2O_3-Verhältnis $\frac{Cr_2O_3\ \text{Futter}}{Cr_2O_3\ \text{Exkret}}$ sollte für die Hintergrundlichtabsorption bei 350 mμ durch die Gleichung $Y = 1{,}110\ X - 0{,}045$ korrigiert werden (Y = korrigiertes, X beobachtetes Verhältnis).
H. Steger. 7760.

Sandstedt, Rudolph M., Strahan, Donna, Ueda, S. und Abbot, R. S.; Nebraska Agric. Exp. Stat. The digestibility of high-amylose corn starches

compared to that of other starches. The apparent effect of the ae gene on susceptibility to amylase action. **(Die Verdaulichkeit von Maisstärken mit hohem Amylose-Gehalt im Vergleich zu der Verdaulichkeit anderer Stärken. Der scheinbare Einfluß des ae-Gens auf die Empfindlichkeit gegen Amylaseeinwirkung.)** Cereal Chem. **39** (1962) Nr. 2. S. 123–131. 4 Abb., 13 Lit.
Zwischen der Verdaulichkeit und dem Gehalt an Amylose in der Stärke besteht i. allg. keine Beziehung. Eine Maisstärke mit 40% Amylose weist die höchste Verdaulichkeit auf (ca. 90%), eine Maisstärke mit fast 0% Amylose dagegen eine fast ebenso hohe (über 80%). Markerbsenstärke mit 65% Amylose zeigt eine mittlere Verdaulichkeit, Maisstärke mit 61% eine nur geringe, der Wert liegt jedoch über dem der Kartoffelstärke (22% Amylose). Unter den Maisstärken mit hohem Amylosegehalt sind die, die homozygot für das du oder su_2 (oder für beide) Gen sind, hochverdaulich, dagegen die, die homozygot für das ae-Gen allein oder in Verbindung mit su_2 oder du sind, gering verdaulich. Ergebnisse von Fütterungsversuchen mit Ratten und Hühnchen entsprechen diesem in vitro Befund. Das ae-Gen scheint zur Erzeugung eines sehr hohen Amylose-Anteils im Mais nötig zu sein, führt jedoch zu einer geringen Verdaulichkeit, was für industrielle Zwecke berücksichtigt werden muß. F. Kreienbring. 7770.

Derse, Philip H.; Madison, Wisconsin Alumni Res. Foundation. Evaluation of protein quality (biological method). **(Bewertung der Proteinqualität [Biologische Methode].)** J. Assoc. off. agric. Chemists **45** (1962) Nr. 2. S. 418–422. — 5 Tab., 2 Lit.
In 10 Instituten wurde eine Enquête über die biol. Proteinbewertung an Albinoratten nach der P. E. R.-Methode mit Casein, Trockenvollei, Sojagrütze und angereichertem Weißmehl durchgeführt. Die Streuung betrug in allen Gruppen um 20%. Vollei hatte jeweils die höchste Proteinqualität (P. E. R. = 3.51), Casein (2,85), Sojagrütze (2,46) und Mehl (0,56) folgten. Bei Ergänzung mit Mehl wies die Casein-Mehl-Mischung die höchste Proteinqualität (3,00) vor Sojagrütze + Mehl (2,44) und Vollei + Mehl (2,33) auf.
H.-D. Bock. 7785.

Till, A. R. und Downes, A. M. The measurement of total body water in the sheep. **(Die Messung des totalen Körperwassers beim Schaf.)** Austral. J. agric. Res. **13** (1962) Nr. 2. S. 335–342. — 2 Abb., 3 Tab., 14 Lit.
Vff. beschreiben Versuche an 13 Schafen zur Aufstellung einer Standardmethodik für die Bestimmung des Körperwassers mit Hilfe der Tritium-Verteilung. Mit Tritium markiertes Wasser (TOH) wurde i. v. und über Pansenfisteln injiziert. Die Verteilungszeit betrug 5 bzw. 6–12 Std. Die Verluste an TOH während der Verteilungszeit durch Ausscheidungen im Kot, Harn und Wasserverdunstung wurden zu rund 2% ermittelt. Der Anteil des Körperwassers am Lgw. variierte bei 6 Schafen von 48–78%; die Streuung der Einzelmessung betrug ± 3%. Es wird angenommen, daß die Tritium-Methodik um 2% höhere Werte für das Körperwasser liefert als dem tatsächlichen Wert entspricht. L. Hoffmann. 7820.

Ichikawa, Ryushi, Eto, Masako und Abe, Michiko; Chiba City, Nat. Inst. of Radiol. Sci. Strontium-90 and cesium-137 absorbed by rice plants in Japan, 1960. **(^{90}Strontium- und ^{137}Cäsiumabsorption durch Reispflanzen in Japan, 1960.)** Science [Washington] **135** (1962) Nr. 3508. S. 1072. — 2 Tab., 5 Lit.
In der Periode vom Ährenschieben bis zur Ernte wurden Reispflanzen mit Polyäthylenplatten bedeckt und nach der Ernte der ^{90}Sr- und ^{137}Cs-Gehalt in diesen und in frei aufgewachsenen Pflanzen bestimmt. Etwa 40% des ^{90}Sr-Gehaltes von polierten Reiskörnern wurde aus den radioaktiven Niederschlägen der Luft, etwa 60% aus dem Boden aufgenommen. Der ^{90}Sr-Gehalt der Reiskleie und -ähren ist in freigewachsenen Pflanzen bes. hoch. Etwa

20% des ^{137}Cs-Gehaltes der Reispflanzen wurden zwischen Ährenschieben und Ernte aus radioaktiven Niederschlägen aufgenommen.
O. Knabe. 7830.

Stein, Patricia, C.; Los Alamos, Univ. of California, Los Alamos Sci. Lab. Separation of strontium-90 and yttrium-90 with ion exchange papers. **(Die Trennung von Strontium-90 und Yttrium-90 mit Ionenaustauscherpapieren.)** Analyt. Chem. **34** (1962) Nr. 3. S. 352–354. — 3 Abb., 1 Tab., 4 Lit.
Mit der beschriebenen Methode werden unter Verwendung 3 verschiedener Ionenaustauscherpapiere 3 Trennungen von ^{90}Sr und ^{90}Y durchgeführt: 1. die Trennung an Amberlite IR-120 Papier mit einem Citrateluent bei pH 3,8, 2. die Trennung an IR-4B Austauscherpapier mit H_2O als Eluent und 3. die Trennung an Cellulosephosphat imprägniertem Papier mit 5 n HCl als Eluent. Als Stammlösung werden in allen Fällen eine ^{90}Sr-^{90}Y-Lösung in 1 n HCl verwendet. Die Anwendung dieser Methode und die Verwendung der angeführten Papiere bringen verschiedene Vorteile wie Einfachheit und Sicherheit sowie Schnelligkeit der Trennung. I. Schröder. 7830.

Done, J. und Payne, P. R.; Mill Hill, London, Nat. Inst. for Med. Res., Nutrit. Building, Human Nutrit. Res. Unit. The use of isotopes in nutrition research with special reference to tritium. **(Die Verwendung von Isotopen in der Ernährungsforschung unter besonderer Berücksichtigung des Tritiums.)** Wld. Rev. Nutrit. Dietetics **1** (1959) S. 203–227. — 4 Abb., 3 Tab., 156 Lit.
Übersichtsreferat. Die Arbeit ist wie folgt gegliedert: I. Einleitung. II. In der Ernährungsforschung verwendete Isotope. III. Untersuchungen unter Anwendung der Isotopenverdünnungsmethode (H_2O, Cl, Na, K). IV. Untersuchungen über das Schickal einiger mineral. Nährstoffe (Fe, Cu, Co, Ca, P, J, S). V. Untersuchungen über das Schicksal der Hauptnährstoffe unter Verwendung von Isotopen des H, C und N (Kohlenhydrate, Fette, Eiweiß). VI. Tritium (^3H). Der letzte Abschnitt ist ausführlicher behandelt und enthält eine Reihe von Beispielen aus Untersuchungen der Vff. Er ist wie folgt untergliedert: 1. Die Verwendung von ^3H als Markierungssubstanz. 2. Synthese von ^3H-markiertem Leucin und Lysin. 3. Die Bestimmung der radioaktiven Isotope unter bes. Berücksichtigung des ^3H. 4. Einige Anwendungen der routinemäßigen ^3H-Bestimmung. Folgende Anwendungsbeispiele werden beschrieben: a) Gleichgewicht und Verdünnung von ^3H-markiertem Wasser bei Versuchstieren und Versuchspersonen. b. Verteilung von ^3H in Proteinen eines jungen Schweins nach Verabfolgung von [^3H]-DL-Lysin. c) Aktivitätsverteilung in verschiedenen Körperproteinen und im Körperwasser. d) Absorption von Lysin aus markiertem Schweinefleisch durch Ratten und Einfluß der Wärmebehandlung auf die Verfügbarkeit des Lysins. e) Wiederauffinden der Radioaktivität im Kot von Ratten nach Verabfolgung einer einzelnen Fütterung mit markiertem Protein. R. Schiemann. 7830.

D. ERNÄHRUNGSPHYSIOLOGIE

Verdauung und Resorption

Brobeck, John R.; Univ. of Pennsylvania, School of Med., Dep. of Physiol. Hormones and metabolism. Food and temperature. **(Hormone und Stoffwechsel. Futter und Temperatur.)** Recent Progr. Hormone Res. **16** (1960) S. 439–466. — 11 Abb., 56 Lit.
In einem aufschlußreichen Sammelreferat stellt Vf. die Wechselbeziehungen zwischen der Regulation der Körpertemperatur und der Futteraufnahme bei Rindern, Schweinen, Ratten, Kaninchen, Honigbienen und Kröten heraus. Während sich bei Kröten die Futteraufnahme mit steigender T° erhöht, ist es bei den anderen Tierarten in vorauszusehendem Umfang umgekehrt. Die entstehende Wärme signalisiert an zentrale Stellen (Hypothalamus),

inwieweit eine Nahrungsaufnahme erforderlich ist bzw. stattgefunden hat. Die Rolle des Hypothalamus bei Hunger, Appetit und Sättigung wird beschrieben. B. Piatkowski. 7852.

Lupien, P. J., Sauer, F. und Hatina, G. V.; Ottawa, Ontario, Canada Dep. of Agric., Animal Res. Inst., Res. Branch. Effects of removing the rumen, reticulum, omasum, and proximal third of the abomasum on digestion and blood changes in calves. **(Wirkungen der Extirpation von Pansen, Netzmagen, Blättermagen und des oberen Labmagendrittels auf die Verdauung und den Blutstatus bei Kälbern.)** J. Dairy Sci. **45** (1962) Nr. 2. S. 210–217. — 8 Abb., 2 Tab., 33 Lit.

Unter Schonung des den Labmagen versorgenden Vagusstranges wurden die Vormägen, das obere Labmagendrittel sowie die Milz mehreren Kälbern im Alter von 3 bis 4 Wochen total entfernt, um ihr verdauungsphysiol. Verhalten als „monogastrische" Tiere zu studieren. Man beobachtete bei allen Tieren trotz der Extirpation die typischen Wiederkäureflexe, welche allerdings sehr unregelmäßig über den Tag verstreut waren, wobei die Verabreichung rohfaserreicher Futtermittel stimulierend wirkte. Die Futterdurchgangszeit war der der wahren monogastrischen Tiere angenähert. Nach Haltung bis zu 30 Wochen stellte man anhand der Sektion fest, daß bei allen Tieren eine gewisse Rumenregeneration eingesetzt hatte. Die „monogastrischen" Kälber waren im Hinblick auf Haltungs- und Fütterungsveränderungen außerordentlich empfindlich. Der Abfall des Blutzuckerspiegels ist bei jungen Kälbern offensichtlich von der Pansenentwicklung und dem Nahrungswechsel abhängig. Weitere Angaben beziehen sich auf das Verhalten des Acetonkörperspiegels und den Blutgehalt flüchtiger Fettsäuren.
H. H. Budzier. 7862.

Noller, C. H., Dickson, I. A. und Hill, D. L.; Lafayette, Ind., Purdue Univ., Dairy Dep. Value of hay and rumen inoculation in an early-weaning system for dairy calves. **(Wert von Heu und Pansenbeimpfung im Aufzuchtsystem des Früh-Absetzens von Kälbern.)** J. Dairy Sci. **45** (1962) Nr. 2. S. 197–201. — 5 Tab., 22 Lit.

28 Bullenkälber, im Rahmen eines Aufzuchtsystems nach 21 Tagen abgesetzt, wurden in 4 Gruppen eingeteilt: **I** heufreies Aufzuchtfutter mit Heu ad lib. vom 43. Tag an, **II** heufreies Aufzuchtfutter mit Heu ad lib. vom 8. Tag an, **III** und **IV** Aufzuchtfutter mit 32,5% gemahlenem Heu. **I** bis **III** erhielten eine Pansenbeimpfung mit Panseninhalt im Alter von 14, 21, 28, 35 und 42 Tagen. In der Gewichtsentwicklung waren die Differenzen aller Gruppen statistisch nicht zu sichern, sie betrugen im Durchschnitt für **I** 1,04, **II** 1,12, **III** 1,09 und **IV** 1,00 lb. innerhalb der Zeit vom 8. bis 70. Lebenstag; mit dem Absetzen der Milchgaben nahm die Aufnahme des Aufzuchtfutters zu. Unter der Bedingung der fakultativen Heuaufnahme ad lib. wurde wesentlich weniger Heu gefressen (12,4 bzw. 18,2 lb.) als wenn es im Aufzuchtfutter (53,8 bzw. 58,9 lb.) zur Verabreichung gelangte. **III** und **IV** sparten 28,5 lb. Getreide, büßten aber insgesamt nur 2,2 lb. Gewicht ein. Eine zusätzliche Pansenbeimpfung hatte offensichtlich nur eine geringe Wirkung.
H. H. Budzier. 7862.

Campling, R. C., Freer, M. und Balch, C. C.; Shinfield, Reading, Nat. Inst. for Res. in Dairying. Factors affecting the voluntary intake of food by cows. III. The effects of urea on the voluntary intake of oat straw. **(Faktoren, die die freiwillige Futteraufnahme bei Kühen beeinflussen. 3. Mitt. Die Wirkung von Harnstoff auf die freiwillige Aufnahme an Haferstroh.)** Brit. J. Nutrit. **16** (1962) Nr. 1. S. 115–124. — 6 Tab., 17 Lit. 2. Mitt. vgl. LZ. Abt. III **7** (1962) Nr. 8. S. 1670.

In den früheren Mitt. konnte gezeigt werden, daß die Verzehrshöhe von der Aufenthaltsdauer im Reticulo-Rumen abhängt. In diesen Versuchen weisen

Vff. nach, daß bei einer tägl. Gabe von 75 g Harnstoff per Fistel die Aufnahme von Haferstroh schlechter Qualität um 40% erhöht wird. Die Verdaulichkeit der org. Subst. wurde bei einer Tagesgabe von 150 g Harnstoff von 41 auf 50% erhöht. Der Abbau von Cellulose ist von der Menge und Art der cellulolytischen Bakterien abhängig. Bryant (1960) weist nach, daß die wichtigsten Arten ihren gesamten N-Bedarf mit Ammoniak decken. Der weitere Zusatz von Glucose übte keinen Einfluß aus. Die Aufenthaltsdauer des Futters im Pansen wurde verkürzt infolge schnelleren Abbaues zu Teilchen, die den Pansen schneller verlassen. Ein Einfluß auf die Verdaulichkeit im Bereich des Blättermagens und des folgenden Teils bzw. eine Steigerung der Motalität des Pansens infolge höherer N-Aufnahme lag nicht vor. Vff. stellen in Übereinstimmung mit Blaxter fest, daß die Schmackhaftigkeit von geringer Bedeutung für die Höhe des Rauhfutterverzehrs ist, da in diesem Versuch Harnstoff über die Fistel zugeführt wurde. B. Piatkowski. 7862.

Campling, R. C. und Freer, M. Some factors affecting the voluntary intake of roughage by cattle. **(Einige Faktoren, die die uneingeschränkte Aufnahme von Rauhfutter bei Rindern beeinflussen.)** VIII. int. Tierzuchtkongr. Hamburg **1961** Diskuss.-Beitr. S. 50–51. — Zus. in Franz., Dtsch.
Zusammenfassung eines Diskussionsbeitrages der Vff. zum Hauptbericht IIA Nutritional physiology of the rumen. 7862.

Paloheimo, L. und Mäkelä, A.; Univ. of Helsinki, Dep. of Animal Husbandry. Further quantitative data on the role of the ruminant proventriculi in the digestion an absorption of nitrogen-free organic matter. **(Weitere quantitative Angaben über die Rolle der Vormägen bei der Verdauung und Resorption von N-fr. org. Substanz.)** Maataloustieteellinen Aikakauskirja [J. sci. agric. Soc. Finland] **32** (1960) Nr. 4. S. 219-222. — 1 Tab., 6 Lit. Zus. in Finn.
Die Kühe erhielten: **I** Heu, **II** Heu + Kraftfutter (1:0,5), **III** dasselbe (1:1), **IV** Heu + Rüben (1:0,5 auf Tr.-Subst.) und **V** Heu + Wasserrüben (1:0,5). Bei Fütterung von **IV** und **V** war der in den Vormägen resorbierte Anteil von nicht ligninhaltiger N-fr. og. Subst. weit höher (69–96 bzw. 76–95%) als bei **I** (59–84) oder **II** (28–81) bzw. **III** (3–79%). Die größte Resorption wurde nach Ration **V**, die niedrigste nach **II** und **III** festgestellt.
B. Piatkowski. 7862.

Mudd, C. H. The use of bulky feedingstuffs in the rearing of dairy heifers. **(Die Verwendung von sperrigen Futtermitteln bei der Aufzucht von Färsen von Milchrassen.)** VIII. int. Tierzuchtkongr. Hamburg **1961** Diskuss.-Beitr. S. 53. — Zus. in Franz., Dtsch.
Zusammenfassung eines Diskussionsbeitrages des Vf. zum Hauptbericht IIA Nutritional physiology of the rumen. 7862.

Glawischnig, E. **„Fütterung" von Pansenfistelkühen mit Langheu.** Wiener tierärztl. Mschr. **49** (1962) Nr. 2. S. 230–235. — 1 Tab., 53 Lit.
Zur Vorbereitung der Tiere zum Versuch erhielten diese einen halben Tag vor Versuchsbeginn kein Futter mehr. 3 Tage vorher wurde bei allen Tieren der Panseninhalt auf Geruch, Farbe, Säuregrad, Gärung, Celluloseverdauung und Nitritreduktionsvermögen sowie den Gehalt an flüchtigen Fettsäuren untersucht. Am Versuchstage wurde den Tieren 4 kg Langheu durch die Pansenfistel verabreicht. Dadurch wurde der Wiederkauakt gestört bzw. völlig aufgehoben. Das nicht gekaute und nicht eingespeichelte Futter wurde aber anscheinend durch die Pansenmikroben innerhalb von 72 bis 96 Std. verdaut. Farbe, pH-Wert, Geruch, Nitritbindung, Celluloseindigestion, Gärungsprobe und flüchtige Fettsäuren sowie mikroskopische Nativpräparate und Gramfärbung zeigten außer einer geringen Verminderung der Gesamtmenge an flüchtigen Fettsäuren am 2. und 3. Versuchstage keine we-

sentlichen Abweichungen von der Norm. Zu Beginn des 5. Versuchstages waren bei allen Versuchstieren sowohl die Futteraufnahme als auch das Wiederkauen normal, und der Panseninhalt wies einen höheren Gehalt an flüchtigen Fettsäuren auf. Gehäckseltes Rauhfutter (5–7 cm lang) in einer tägl. Menge von 6 kg. in den Pansen verabreicht, störte den Wiederkauakt und die Pansenbewegungen nicht. H. Busse. 7862.

Prabucki, A. L. **Der Einfluß des Wassergehaltes des Futters auf den Gärprozeß im Pansen des Schafes.** VIII. int. Tierzuchtkongr. Hamburg **1961** Diskuss.-Beitr. S. 41–42. – Zus. in Engl., Franz.
Zusammenfassung eines Diskussionsbeitrages des Vf. zum Hauptbericht IIa. Nutritional physiology of the rumen. 7862.

Dougherty, R. W., Hill, K. J., Campeti, F. L., McClure, R. C. und Habel, R. E. Studies of pharyngeal and laryngeal activity during eructation in ruminants. **(Arbeiten über die pharyngeale und laryngeale Aktivität während des Ructus bei Wiederkäuern.)** Amer. J. veterin. Res. **23** (1962) Nr. 93. S. 213–219. – 1 Abb., 16 Lit. Zus. in Interlingua.
An 12 Schafen mit Pansenfisteln wurden Untersuchungen über die physiologischen Vorgänge im Pharynx-Larynx-Bereich während des Ructus angestellt und der Weg der Darmgase analysiert. Folgende Ergebnisse wurden veröffentlicht: 1. Ein nasopharyngealer Sphinkter schließt sich während des Ructus und verhindert den Ausstoß der Gase durch die Nase. 2. Die *Glottis* bleibt während der aktiven Phase des Ructus offen und ermöglicht somit das Einströmen des Gases in die Trachea. Weiterhin werden anatomische Studien in diesem Bereich angestellt und über Aufbau des nasopharyngealen Sphinkters beschrieben. Er setzt sich aus dem *M. levator veli palatini* und dem pharyngealen Konstriktoren-Muskeln zusammen.
W. Richter/Kleinmachnow. 7862.

Dougherty, R. W., Stewart, W. E., Nold, M. M., Lindahl, I. L., Mullenax, C. H. und Leek, B. F. Pulmonary absorption of eructated gas in ruminants. **(Pulmonale Resorption von aufgestoßenenen Gasen bei Wiederkäuern.)** Amer. J. veterin. Res. **23** (1962) Nr. 93. S. 205–212. – 6 Abb., 15 Lit.
An Schafen wurden Untersuchungen durchgeführt, die eine pulmonale Resorption von Magengasen nachweisen sollten. Es wurde festgestellt, daß dieses aufgestoßene Gas in die Trachea und tief in die Lungen gelangt. Bei Gasanalysen im Blut wurde eine CO_2-Erhöhung im arteriellen System beim Ructus ermittelt. Aus dieser Tatsache wurde die Schlußfolgerung gezogen, daß eine direkte CO_2-Passage in der Lunge während des Ructus in das Blut erfolgt. Es konnte weiterhin nachgewiesen werden, daß neben dem SO_2 auch noch CO, H_2S und O_2 nach dem Aufstoßen resorbiert werden. Vff. stellten aus diesen Erkenntnissen heraus die Frage, ob nicht diese Tatsache ein unterstützender Faktor bei einer Reihe von Krankheiten, wie dem Lungenemphysem, der Pneumonie und dem „Schiffsfieber" bei den Wiederkäuern sein könnte. W. Richter/Kleinmachnow. 7862.

Michal'cov, K. P. (Michalzow, K. P.); Jakutsk, Univ., Lehrstuhl für Physiol. der Menschen und Tiere. K voprosu o sokraščenijach predželudkov u teljat. **(Zur Frage der Kontraktionen der Vormägen bei Kälbern.)** Fiziologičeskij žurnal SSSR imeni I. M. Sečenova, Moskva-Leningrad **47** (1961) Nr. 3. S. 349–355. – 6 Abb., 5 Lit.
Es wurde mit Kälbern im Alter von 20 Tagen bis ein Jahr gearbeitet. Den Kälbern wurden Fisteln an die Vormägen gelegt, die Kontraktion graphisch registriert. Vor jeder Kontraktionsperiode vollführen die Kälber einen Schluckakt. Gekoppelt mit dem letzten Reiz des Schluckaktes beginnt der reflektorische Einfluß auf die Schlundrinne und die Muskulatur anderer Teile der

Vormägen. Nach dem Abschlucken erfolgt die 1. zweiphasische Kontraktion der Schlundrinne, danach eine 2. Kontraktionswelle in der Muskulatur des Netz- und Blättermagens, sie geht weiter über die Haube und endet im Pansen. Die Kontraktionsperiode dauert 10–15 Sek., darauf tritt eine Ruhepause von 45–50 Sek. ein. Die Großhirnrinde übt einen regulierenden Einfluß auf die Kontraktion der Vormägen aus. G. Leisner. 7862.

Cuthbertson, D. P. und Hobson, P. N.; Aberdeen, Scotland, Rowett Res. Inst. Microbiology of digestion. **(Mikrobiologie der Verdauung.)** World Rev. Nutrit. Dietetics 2 (1960) S. 68–99. — 359 Lit.
Umfassendes Sammelreferat über folgende Gebiete: Infektion und Entwicklung der Mikroorganismenpopulation im Verdauungstraktus bei Mensch, Wiederkäuern und Vögeln; Protozoen, besonders bei den Wiederkäuern; Bakterien im Pansen, im Verdauungstraktus von Schweinen, im Dickdarm des Pferdes, im Blinddarm von Vögeln, Gärung im Kaninchenmagen; Stoffwechsel innerhalb des Pansens; Verwertung der Mikroorganismen und ihrer Stoffwechselprodukte bei Wiederkäuern, Vitaminsynthese, Einfluß auf die Resorption, Vitamin-Abbau; Wirkung von Antibioticis auf den Nährstoffbedarf, Einfluß auf die Bakterien, (Hemmung, Stimulation), nicht-bakterieller Wirkungsmechanismus, Ausbildung resistenter Stämme, Effekt auf das Wirtsgewebe; keimfreies Leben. H. H. Budzier. 7862.

Elam, C. J. und Davis, R. E.; Beltsville, Md., U. S. Dep. of Agric., A. R. C., A. R. S., Animal Husbandry Res. Div., Beef Cattle Res. Branch. Ruminal characteristics and bloat incidence in cattle as influenced by feeding synthetic saliva salts and sodium chloride. **(Die Beeinflussung von Pansenmerkmalen und des Auftretens der Blähsucht bei Rindern durch Fütterung synthetischer Speichelsalze und Natriumchlorid.)** J. Animal Sci. 21 (1962) Nr. 2. S. 327–330. — 4 Tab., 16 Lit.
Um den Einfluß des Speichels, der darin enthaltenen Salze und einer erhöhten Wasseraufnahme auf die Verdünnung des Panseninhalts und auf das Aufblähen festzustellen, wurden 8 blähanfällige Ochsen mit einer das Aufblähen fördernden Grundration und Zusätzen einer synthetischen Speichelsalzmischung bzw. mit zusätzl. 5% NaCl gefüttert. Das Auftreten der Blähsucht wurde durch die übermäßige NaCl-Aufnahme und die synthetischen Speichelsalze nicht beeinflußt, die Wasseraufnahme jedoch beträchtlich erhöht. Der pH-Wert der Pansenproben stieg durch die Speichelsalze an. Zwischen dem pH-Wert und dem Aufblähen bestand keine signifikante Korrelation. Die Oberflächenspannung wurde durch die Zusätze nicht verändert; sie korrelierte auch nicht mit dem Aufblähen. Die Mikrobenaktivität im Pansen verringerte sich bei der kombinierten Verabreichung von Speichelsalzen und NaCl, es bestand jedoch auch hier keine Beziehung zum Aufblähen. Die Fettsäuren des Pansens blieben durch die Zusätze unbeeinflußt; gewisse Korrelationen zwischen dem Gehalt an flüchtigen Fettsäuren im Pansen und dem Aufblähen waren jedoch vorhanden. J. Wünsche. 7862.

Fraser, J. G.; Palmerston North, Dep. of Sci. and Ind. Res., Plant Chem. Div. Bloat in cattle. XXI. Variation in lipid content of pasture and rumen liquor. **(Blähungen im Rind. 21. Mitt. Variation im Lipoid-Gehalt der Weide und der Pansenflüssigkeit.)** New Zealand J. agric. Res. 4 (1961) Nr. 3/4. S. 224–231. -- 1 Abb., 6 Tab., 7 Lit. 20. Mitt. vgl. LZ. Abt. III 8 (1963) Nr. 2. S. 341.
Von Raygras, rotem Klee und weißem Klee wurde der Lipoid-Gehalt bestimmt. Der Gesamt-Lipoid-Extrakt ist in 4 Komponenten fraktioniert worden. Ähnliche Analysen sind von der Pansenflüssigkeit blähender und nichtblähender fistulierter Kühe gemacht worden. Die Relation zwischen Gesamt-Lipoid-Spiegel und den Blähungen wurden diskutiert.
K.-J. Rojahn. 7862.

Oltjen, R. R., Sirny, R. J. und Tillman, A. D.; Oklahoma Agric. Exp. Stat. Purified diet studies with sheep. **(Untersuchungen mit halbsynthetischen Rationen am Schaf.)** J. Animal Sci. **21** (1962) Nr. 2. S. 277-283. — 2 Abb., 8 Tab., 24 Lit.
Unter Wahrung gleichen N-Gehaltes wurden Harnstoff (**I**), Casein (**II**), isoliertes Sojaprotein (**III**) und Sojabohnenmehl (**IV**) in halbsynthetischen Rationen verglichen und ihr Einfluß wie auch der von gemahlenem Polyäthylen (**V**) auf die Dauer der Wiederkäuzeit untersucht. Weiterhin prüfte man Methionin- (**IV**), Alanin- (**VII**) und Diaethylstilboestrol (**VIII**) -Zusätze in Rationen mit Harnstoffergänzung. Im Gewichtszuwachs und Futteraufwand zeigte **III** das beste Resultat ($P < 0{,}05$). Im übrigen waren **I** und **II** gleich, **IV** lag zwischen diesen und **III**. Die Zugabe von **V** in Höhe von 2% bis 4% zu **I** verlängerte das Wiederkäuen ebenso wie eine solche zu **III** ($P < 0{,}01$). **VI, VII** und **VIII** zeigten keine Wirkung auf die Gewichtszunahme innerhalb von 50 Tagen. H. H. Budzier. 7862.

Barrow, N. J. und Lambourne, L. J.; Armidale, C. S. I. R. O., Div. of Plant Ind.; Div. of Animal Physiol. Partition of excreted nitrogen, sulphur and phosphorus between the faeces and urine of sheep being fed pasture. **(Partition des ausgeschiedenen Stickstoffs, Schwefels und Phosphors zwischen Kot und Harn der mit Weidegras gefütterten Schafe.)** Austral. J. agric. Res. **13** (1962) Nr. 3. S. 461–471. — 5 Abb., 23 Lit.
An Hammel wurde Weidegras verabreicht und die Ausscheidung von N, S und P in Kot und Harn gemessen. Vom Kot-P wurde der Anteil an org. und anorg. P bestimmt. Die Ausscheidungen im Kot wurden weder durch den N-, S- und P-Gehalt im Futter noch durch die Rationshöhe signifikant beeinflußt, sondern korrelierten mit der Tr.-Subst.-Einnahme. N- und S-Gehalt im Harn hingen von dem des Futters ab, desgleichen die Ausscheidung von anorg. P im Kot. Die Harnwerte waren auch von der Rationshöhe abhängig, besonders bei niedrigen Rationen mit negativen Bilanzen. Das N/S-Verhältnis war im Kot enger und im Harn weiter als im Futter. Die Korrelationen zwischen N-, S- und P-Ausscheidungen im Kot und Futter-Tr.-Subst.-Verzehr und die Regressionsgleichungen wurden angegeben.
W. Jentsch. 7862.

Kameoka, K. und Morimoto, H. Effect of feed composition on the amount of nitrogen absorbed in the rumen. **(Einfluß der Futterbestandteile auf die vom Pansen resorbierte Stickstoffmenge.)** VIII. int. Tierzuchtkongr. Hamburg **1961** Diskuss.-Beitr. S. 52. — Zus. in Franz., Dtsch.
Zusammenfassung eines Diskussionsbeitrages der Vff. zum Hauptbericht IIA Nutritional physiology of the rumen. 7862.

Orth, A. und Kaufmann, W. **Über die Bedeutung des Futtereiweißes für die Verdauungsvorgänge im Pansen.** VIII. int. Tierzuchtkongr. Hamburg. **1961** Diskuss.-Beitr. S. 60–61. — Zus. in Engl., Franz.
Zusammenfassung eines Diskussionsbeitrages der Vff. zum Hauptbericht IIA Nutritional physiology of the rumen. 7862.

Henderickx, H. und Martin, J. La dégradation de la zéine dans le rumen. **(Über den bakteriellen Maiskleberabbau im Pansen.)** VIII. int. Tierzuchtkongr. Hamburg **1961** Diskuss.-Beitr. S. 45. — Zus. in Engl., Dtsch.
Zusammenfassung eines Diskussionsbeitrages der Vff. zum Hauptbericht IIa. Nutritional physiology of the rumen. 7862.

Fauconneau, G. und Gausseres, B. Les bactéries et les protozoaires libres du rumen. Variations aves le régime alimentaire et le repas. **(Die Menge der freien Pansenbakterien und -protozoen in Abhängigkeit von Fütterung und Futterzusammensetzung.)** VIII. int. Tierzuchtkongr. Hamburg **1961** Diskuss.-Beitr. S. 39–40. — Zus. in Engl., Dtsch.

Zusammenfassung eines Diskussionsbeitrages der Vff. zum Hauptbericht IIa. Nutrional physiology of he rumen. 7862.

Alexander, R. A., Hentges jun., J. F., McCall, J. T. und Ash, W. O.; Gainesville, Florida Agric. Exp. Stat. Comparative digestibility of nutrients in roughages by cattle and sheep. **(Die Verdaulichkeit von Nährstoffen im Grundfutter beim Rind und Schaf.)** J. Animal Sci. **21** (1962) Nr. 2. S. 373-376. — 3 Tab., 12 Lit.
17 verschiedene Rationen (Hafer- bzw. Maissilage, Heu von Bermudagras) wurden unter gleichen Bedingungen auf ihre Verdaulichkeit an Rindern und Schafen geprüft. Zwischen den VK beider Wiederkäuerarten bestanden hohe signifikante Korrelationen (Tr.-Subst. 0,86, Rohprot. 0,77, Rohfaser 0,95, N-fr. E. 0,87, Rohfett 0,83, TDN 0,89). Heu schlechter Qualität wurde von Schafen besser verdaut als von Rindern. Die individuellen Abweichungen waren bei Schafen höher. B. Piatkowski. 7862.

Budyka, I. Ch., Krasnova, A. G. und Leušin, S. G. (Budyka, I. Ch., Krasnowa, A. G. und Leuschin, S. G.); Orenburg, Landwirtsch. Inst. Perevarimost' ovcami pitatel'nych veščestv pri različnoj nasyščennosti racionov kukuruznym silosom. **(Das Verdauungsvermögen der Schafe bei unterschiedlichem Gehalt der Rationen an Maissilage.)** Ovcevodstvo, Moskva **8** (1962) Nr. 5. S. 26-29. — 3 Tab.
Zur Klärung des Verdauungsvermögens war eine Serie von 6 Fütterungsversuchen mit 4 Hammeln (der VII. Versuch — nur Steppengras — diente als Kontrolle) angelegt worden. In den ersten 3 Versuchen erhielten die Tiere 1330-3000 g Maissilage, 875-357 g Steppenheu und 145-78 g Gerstenschrot. Im IV. Versuch 4000 g Maissilage und 200 g Heu, im V. Versuch die gleiche Ration, jedoch war hier die Silage mit einer 10%igen Lösung calcinierter Soda versetzt worden (200 ml/1 kg Silage). Im VI. Versuch sollte geklärt werden, inwieweit sich der Zusatz von Harnstoff auf das Verdauungsvermögen der übrigen Nährstoffe auswirkt. Ergebnis; I.— org. Subst. wurde zu 71,3% und N-fr. E. zu 75% verdaut; II.— erhöhte Verdaulichkeit für Fett und Rohfaser; III.— durch erhöhten Anteil der Maissilage erhöhte VK für fast alle Nährstoffe der Ration; IV.—V.— durch den Zusatz von calcinierter Soda erhöhte VK der Nährstoffe, jedoch merklicher Rückgang der Rohfaser-Proteinverdauung; VI.— gegenüber Versuch I. Erhöhung der VK entspr. auf 103,1 bis 103,8%; 108,9 bis 111%; 104, und 104,3%. Maissilage kann somit auf 60–65% des Nährwertes der Ration gesteigert werden, wobei sich auch Fruchtbarkeit und Milchergiebigkeit der Schafe erhöhen. E. Kahn. 7862.

Hoflund, S. und Nordqvist, M. **Über die Pansenfunktion beim Renntier. Eine experimentelle Studie besonders der Pansenflora im Hinblick auf die Entwicklung eines geeigneten Ersatzfutters für Renntiermoos.** VIII. int. Tierzuchtkongr. Hamburg **1961** Diskuss.-Beitr. S.62–63. — Zus. in Engl., Franz.
Zusammenfassung eines Diskussionsbeitrages der Vff. zum Hauptbericht IIa. Nutritional physiology of the rumen. 7862.

Varela, G., Ferrer, J. und Boza, J. Expériences de digestibilité chez les chèvres de race grenadine. **(Verdauungsversuche mit Granadischen Ziegen.)** VIII. int. Tierzuchtkongr. Hambrug **1961** Diskuss.-Beitr. S. 182–183. — Zus. in Engl., Dtsch.
Zusammenfassung eines Diskussionsbeitrages der Vff. zum Hauptbericht Vb: Ernährung. 7862.

Jasiorowski, H. Latest results in the field of animal feeding. **(Neueste Ergebnisse auf dem Gebiete der Tierernährung.)** VIII. int. Tierzuchtkongr. Hamburg **1961** Diskuss.-Beitr. S. 46–47. — Zus. in Franz., Dtsch.

Zusammenfassung eines Diskussionsbeitrages des Vf. zum Hauptbericht IIa. Nutritional physiology of the rumen. 7862.

Lazarov, Jončo und Stančeva, Lilija. (Lasarow, Jontscho und Stantschewa, Lilija.); Kostinbrod, Zentralinst. für Tierzuchtforsch. Stomašnoto sokootdeljane i motorika u svinete pri sucho i obiknovoeno (mokro) chranene. **(Die Magensaftabsonderung und Magenperistaltik der Schweine bei Trocken- und gewöhnlicher [Naß-]Fütterung.)** Izvestija na Centralnija naučnoizsledovatelski institut po životnovŭdstvo „Georgi Dimitrov" – Kostinbrod, Sofija **12** (1961) S. 397-407. – 2 Abb., 2 Tab., 8 Lit. Zus. in Russ., Engl.

Bei 2 2-5 Mon. alten Schweinen mit isoliertem kleinen Magen nach Pawlow und einem dritten Schwein mit Bassowscher Magenfistel wurden Magensaft und Magenperistaltik bei Trocken- und bei Naßfütterung (mit Wasser 1:1 3 Std. vor der Fütterung überbrüht) mit Kraftfuttergemisch untersucht. Ergebnisse (in Klammern bei Naßfütterung) a) beim Schwein mit isoliertem kleinen Magen: abgesonderter Magensaft 436,0 (297,3) ml, freie HCl 81,7 (58,5%) gebundene HCl 9,8 (11,7)%, Gesamtsäure 96,9 (76,5)%, pH 1,14 (1,24), Verdauungskraft 8 (6); b) beim Schwein mit Magenfistel; freie HCl 51,9 (46,0)%, gebundene HCl 20,3 (36,5)%, Gesamtsäure 99,2 (84,7)%, pH 1,43 (1,51)%, Verdauungskraft 3,4 (2,6). Die Kontraktionen des Magens haben bei Trockenfütterung einen ausgesprochen tonischen Charakter und sind langsamer als bei Naßfütterung. N. Platikanow. 7870.

Santiago y Redel, Enrique de. Contribucion al estudio de la microflora del contenido ingluvial de la gallina. **(Beitrag zum Studium der Mikroflora im Kropfinhalt des Geflügels.)** Arch. Zootecnia **9** (1960) Nr. 35. S. 210–238. – 3 Abb., 9 Tab., 28 Lit. Zus. in Engl.

Der Kropfinhalt gesunder Hühner wurde im Zeitraum bis zu 9 Std. nach der Futteraufnahme untersucht. Es fanden sich Aerobier, Anaerobier, Lactobacillen, Enterococcen, coliforme Keime sowie Pilze und Hefen. Der pH-Wert ging von 6,2 auf 4,75 zurück. In Korrelation dazu nahm die Zahl der Anaerobier und Lactobacillen zu, die der Coliformen und Enterococcen ab. Die Konzentration der Aerobier und Lactobacillen stieg bis zur 4. bzw. 5. Std. und ging dann zurück, die Anaerobier vermehrten sich zahlenmäßig bis zur 7. Std. und nahmen dann bis zur 9. Std. wieder ab. Die Konzentration der Coliformen sowie der Pilze und Hefen fiel progressiv. Die Enterococcen wiesen einen leichten, nicht signifikanten Rückgang auf. – Die höchsten Konzentrationen ergaben sich bei Aerobiern, Anaerobiern und Lactobacillen. H. D. Hennig. 7872.

Johnson, R. R., Dehority, B. A., Conrad, H. R. und Davis, R. R.; Wooster, Ohio Agric. Exp. Stat. Relationship of in vitro cellulose digestibility of undried and dried mixed forages to their in vivo dry matter digestibility. **(Beziehung zwischen der Celluloseverdaulichkeit von nicht getrockneten und getrockneten gemischten Grünfutterstoffen in vitro und ihrer Trockenmasseverdaulichkeit in vivo.)** J. Dairy Sci. **45** (1962) Nr. 2. S. 250–252. – 1 Abb., 2 Tab., 4 Lit.

Von insgesamt 30 Luzerne-Trespen-Mischungen wurde in 5tägigen Verdauungsversuchen mit Kühen die Verdaulichkeit der Tr.-Subst. bestimmt. Die gleichzeitig gezogenen Proben wurden frisch und bei 65° C getrocknet einer 12- bzw. 24stündigen Celluloseverdauung in vitro unterzogen. Die nicht getrockneten Proben waren ca. 7% besser verdaulich als die getrockneten; der Unterschied war statistisch hoch gesichert ($P < 0{,}001$). Der Korrelationskoeffizient zwischen der Tr.-Subst.-Verdaulichkeit in vivo und der Celluloseverdaulichkeit in vitro betrug für die nicht getrockneten Proben $r = 0{,}859$ und für die getrockneten Proben $r = 0{,}711$. Obwohl der Unterschied zwischen beiden r-Werten statistisch nicht gesichert war, erscheinen die nicht getrockneten Proben für eine Voraussage der Tr.-Subst.-Verdaulichkeit besser geeignet als die getrockneten Proben. J. Wünsche. 7888.

Intermediärer Stoffwechsel

Williamson, J. R.; Oxford, Univ., Med. Res. Council, Unit. for Res. in Cell Metabolism, Dep. of Biochem. Effects of insulin and diet on the metabolism of L(+)-lactate and glucose by the perfused rat heart. **(Einfluß des Insulins und der Nahrung auf den Stoffwechsel von L(+)-Lactat und Glucose im durchströmten Rattenherz.)** Biochem. J. **83** (1962) Nr. 2. S. 377–383. – 6 Tab., 30 Lit.

Im durchströmten präparierten Herzen von gefütterten und 24 Std. hungernden Ratten wurden der Abbau von L(+)-Lactat und Glucose, die Bildung von Lactat, der O_2-Verbrauch und die Änderungen im Glykogengehalt gemessen. Vom Lactat wurden 52% im Herzen gefütterter Ratten oxydiert, von der Glucose 24%. Insulin beeinflußt die Lactatoxydation nicht, die von Glucose wird auf 57% erhöht. Lactat vermindert mit und ohne Insulin die Glucoseoxydation und stimuliert die Glykogensynthese. Die Lactatoxydation wird durch Glucose ohne Insulin um 25% vermindert und mit Insulin vollständig unterdrückt. Hunger erhöht die Glykogenolyse und vermindert die Oxydation von Lactat, Glucose und Glykogen wenn Glucose, Lactat und Insulin getrennt oder in Kombination zugefügt werden.
W. Jentsch. 7910.

Newsholme, E. A. und Randle, P. J.; Cambridge, Univ., Dep. of Biochem. Regulation of glucose uptake by muscle. 6. Fructose 1,6-diphosphatase activity of rat heart and rat diaphragm. **(Regulierung der Glucose-Aufnahme durch den Muskel. 6. Mitt. Aktivität der Fructose-1,6-diphosphatase im Herz und Diaphragma der Ratte.)** Biochem. J. **83** (1962) Nr. 2. S. 389–392. – 4 Tab., 13 Lit. 5. Mitt. vgl. LZ. Abt. III **7** (1962) Nr. 9. S. 1905.

Die Aktivität der Fructose-1,6-diphosphatase (**F**) in Herz und Diaphragma der Ratte wurde an der Bildungsgeschwindigkeit von Fructose-6-phosphat und anorg. Phosphat aus Fructose-1,6-diphosphat gemessen. Die **F**-Aktivität von Herz- und Diaphragmaextrakten von normalen (18–30 Std. hungernden) oder von alloxandiabetischen Ratten war extrem niedrig und betrug nur 5% vergleichbarer Rattenleberextrakte. Sie war auch extrem niedrig im Vergleich zur Aktivität der Phosphofructokinase (**P**) der Herzextrakte. Es wird die Schlußfolgerung gezogen, daß (wenn überhaupt) nur wenig **F** in den 2 Geweben vorkommt. Die geringe Phosphorylierung von Fructose-6-phosphat muß durch Änderung der **P**-Aktivität zustandekommen.
W. Jentsch. 7910.

Mistry, S. P., Dakshinamurti, K. und Modi, V. V.; Urbana, Univ. of Illinois, Div. of Animal Nutrit. Impairment of glucose utilization in biotin deficiency. **(Verminderung der Glucoseverwertung bei Biotinmangel.)** Arch. Biochem. Biophysics **96** (1962) Nr. 3. S. 674–675. – 1 Tab., 4 Lit.

An ♂ Albinoratten in verschiedenen Biotinmangelstadien wurden Biotin, Insulin oder Biotin + Insulin verabreicht, während die 4. Gruppe weiterhin unter Biotinmangel gehalten wurde. Nach kurzem Hungern wurde den Tieren L-^{14}C-Leucin verabreicht. Nach 30 Min. wurden die Tiere getötet und man stellte fest, daß bei Biotinmangel der Aminosäureeinbau in Leberprotein vermindert ist, der bei Zugabe von Biotin, Insulin oder Insulin + Biotin normale Werte annimmt. Bei Biotinmangel ist auch die TPNH-Produktion reduziert, als Reflexion der Verminderung der Glucoseverwertung. Diese Blockierung wird durch Insulin oder Fructose- und Sorbitverfütterung gelockert. W. Jentsch. 7910.

Hayashi, Kohei, Kanoh, Tadao, Shimizu, Shojiro, Kai, Mutsuoki und Yamazoe, Saburo; Maebashi, Univ. of Gunma, School of Med., Dep. of Biochem. Studies on the brain phospholipids. I. Incorporation of P^{32} into phospholipids in Guinea-pig brain slices. **(Untersuchungen über die Hirnphospholipide. 1. Mitt. Inkorporation von ^{32}P in Phospholipide von Meerschweinchenhirnschnitten.)** J. Biochemistry [Tokyo] **51** (1962) Nr. 1. S. 63 bis 71. — 8 Abb., 2 Tab., 20 Lit. Orig.: engl.

Durch kombinierte Säulen- und Papierchromatographie verbessern Vff. die Trennung der Phospholipide und untersuchen mit der kombinierten Technik die in vivo Inkorporation von ^{32}P in Phospholipide. Die mit ^{32}P (als Orthophosphat) inkubierten Hirnrindenschnitten wurden nach beschriebener Methode aufgearbeitet und der Endextrakt zunächst säulenchromatographisch (Kieselsäure) in Fraktionen aufgetrennt und anschließend einer papierchromatographischen Analyse unterworfen (kieselsäureimprägniertes Papier mit Diisobutylketon-Essigsäure-Wasser (40:25:5), 20–25 Std.). Es wurden 2 Typen von Phosphatidsäuren unterschieden. Die Phosphatidsäuren und eine mit 6–7% Methanol in Chloroform eluierte Fraktion (Cardiolipin, Inositolphosphatid und ein unbekanntes Phospholipid) zeigen eine sehr hohe spez. Radioaktivität. Die Inkorporation von ^{32}P wird durch Zugabe von Acetylcholin auffallend stimuliert. Eine weitere Auftrennung von Inositolphosphatid in 2 weitere Phosphoinositide konnte säulenchromatographisch erreicht werden. I. Schröder. 7920.

Hayashi, Kohei, Kanoh, Tadao, Shimizu, Shojiro, Kai, Mutsuoki und Yamazoe, Saburo; Maebashi, Univ. of Gunma, School of Med., Dep. of Biochem. Studies on the brain phospholipids. II. The effect of electrically induced convulsions on the incorporation of P^{32} into rabbit brain phospholipids. **(Untersuchungen über die Hirnphospholipide. 2. Mitt. Der Einfluß von elektrisch induzierten Konvulsionen auf die Inkorporation von ^{32}P in Kaninchenhirnphospholipide.)** J. Biochemistry [Tokyo] **51** (1962) Nr. 1. S. 72–77. — 3 Abb., 1 Tab., 4 Lit. Orig.: engl. 1. Mitt. vgl. vorst. Ref.

Kaninchen wurden nach der Injektion von ^{32}P in die cysterna magna getötet und die graue Hirnrinde nach beschriebener Methode aufbereitet. Die Inkorporation von ^{32}P in die einzelnen Phospholipide wurde durch kombinierte säulen- und papierchromatographische Methodik untersucht. Inositolphosphatid I zeigt eine hohe Rate der ^{32}P-Aufnahme mit der höchsten spez. Aktivität. Die ^{32}P-Inkorporation ist sehr niedrig bei Cardiolipin und dem unbekannten Phospholipid. Bei Phosphatidyläthanolamin erfolgte die Inkorporation sehr langsam, wobei die Radioaktivität in stärkerem Maße konstant bleibt als in den anderen Fraktionen. Es wird daher auf eine sehr langsame Umsatzrate geschlossen. Während nach experimentell induzierten Konvulsionen 2 Std. nach der ^{32}P-Injektion keine ^{32}P-Aktivität im Inositolphosphatid I nachweisbar war, vergrößerte sie sich im Inositolphosphatid II in starkem Maße. Die Beziehungen der beiden Typen der Inositolphosphatide sowie die Funktion des Hirns wird diskutiert.

I. Schröder. 7920.

Machlin, Lawrence J.; St. Louis, Mo., Mousanto Chem. Co., Lab. of Biochem. and Nutrit. Effect of dietary linolenate on the proportion of linoleate and arachidonite in liver fat. **(Wirkung von Linolenat-Diät auf das Verhältnis von Linoleat und Arachidonat in Leberfett.)** Nature [London[**194** (1962) Nr. 4831. S. 868–869. — 1 Tab., 3 Lit.

1 Tag alte Nicholsküken wurden zunächst für 7 Tage fettarm ernährt. In Gruppen zu je 8 Stück erhielten diese Tiere einmal Äthyllinoleat oder Leinsaatfettsäuren mit Glucose verabreicht. Nach 35 Tagen wurden die Tiere geschlachtet und die Fettsäuren der Leber gaschromatographisch ana-

lysiert. Obwohl beide Diäten nahezu die gleichen Mengen Linolsäure enthielten, wurde in den Lebern der Tiere, die Leinölfettsäuren verabreicht bekamen, ein 2mal höherer Wert an dieser Säure gefunden als bei den mit Äthyllinoleat ernährten Küken. Dagegen wurden bei den Leinsaatfettsäuregruppen signifikant ($P < 0{,}05$) niedrige Arachidonsäuregehalte festgestellt. Da Arachidonsäure aus Linolsäure synthetisiert wird, weisen die Beobachtungen darauf hin, daß die Linolensäure in den Leinsaatfettsäuren die Umwandlung von Linol- zu Arachidonsäure hemmt. H. Steger. 7920.

McCaman, Richard E.; Indianapolis, Indiana Univ. School of Med., Inst. of Psychiatr. Res. Intermediary metabolism of phospholipids in brain tissue. Microdetermination of choline phosphokinase. **(Intermediärer Stoffwechsel der Phospholipoide im Gehirngewebe. Mikrobestimmung der Cholinphosphokinase.)** J. biol. Chemistry **237** (1962) Nr. 3. S. 672–676. – 2 Abb., 6 Tab., 14 Lit.

Die Aktivität der Cholinphosphokinase wurde mit einer vom Vf. entwickelten Methode in verschiedenen Nervengeweben des Kaninchens bestimmt. Die Aktivität des Enzyms ist im degenerierten Nervengewebe höher als im normalen. Fördernd auf die Aktivität des Enzyms wirken Mn und in stärkerem Maße Mg, während es durch KF gehemmt wird.

A. Hennig. 7920.

Hagen, Jean Himms und Ball, Eric G.; Boston, Mass., Harvard Med. School, Dep. of Biol. Chem. Studies on the metabolism of adipose tissue. IV. The effect of insulin and adrenaline on glucose utilization, lactate production, and net gas exchange. **(Untersuchungen über den Stoffwechsel von Fettgewebe. 4. Mitt. Der Einfluß von Insulin und Adrenalin auf die Glucoseverwertung, die Lactatproduktion und den Nettogasaustausch.)** J. biol. Chemistry **235** (1960) Nr. 6. S. 1545–1549. — 4 Abb., 1 Tab., 19 Lit. 3 Mitt. vgl. LZ. Abt. III 8 (1963) Nr. 1. S. 135.

Aus manometrischen Messungen in der Warburgapparatur über den Einfluß von Adrenalin und Insulin auf den Glucoseumsatz durch epididymales Fettgewebe von Ratten ergab sich, daß die durch Insulin bewirkte erhöhte Glucoseverwertung zur Fettsynthese durch Adrenalin vermindert wurde, wobei durch Adrenalin vornehmlich die Bildung von Milchsäure aus Glucose gefördert wurde. R. Schiemann. 7920.

Jungas, Robert L. und Ball, Eric G.; Boston, Mass., Harvard Med. School, Dep. of Biol. Chem. Studies on the metabolism of adipose tissue. V. The effect of a growth hormone preparation and insulin on the oxygen consumption, glucose uptake, and lactic acid production. **(Untersuchungen über den Stoffwechsel von Fettgewebe. 5. Mitt. Der Einfluß eines Wachstumshormonpräparates und von Insulin auf Sauerstoffverbrauch, Glucoseaufnahme und Milchsäureproduktion.)** J. biol. Chemistry **235** (1960) Nr. 7. S. 1894–1899. – 3 Abb., 3 Tab., 31 Lit. 4. Mitt. vgl. vorst. Ref.

Es wurden Nettogasaustausch, O_2 und Glucoseaufnahme sowie Milchsäureproduktion durch epididymale Fettgewebe von Ratten unter dem Einfluß von Wachstumshormon (I) und Insulin (II), einzeln und kombiniert, untersucht. Der Nettogasaustausch wurde durch I nicht beeinflußt. I hatte auch keinen zusätzlichen Einfluß auf die durch II erhöhte CO_2-Produktion. Dagegen wurde die O_2-Aufnahme auch in Anwesenheit von II durch I erhöht; II allein war ohne Wirkung auf die O_2-Aufnahme. Bei der Glucoseaufnahme hatten I und II eine stimulierende Wirkung. Die Milchsäurebildung aus Glucose wurde durch II stimuliert; durch I wurde diese Stimulierung vermindert. I allein hatte keinen Einfluß auf die Milchsäurebildung. Die Ergebnisse sind hinsichtlich des Wirkungsmechanismus diskutiert.

R. Schiemann. 7920.

Jungas, Robert L. und Ball, Eric G; Boston, Mass., Harvard Med. School, Dep. of Biol. Chem. Studies on the metabolism of adipose tissue. VII. A comparison of the effects of insulin and a growth-hormone preparation on oxygen consumption in bicarbonate and phosphate buffers. **(Untersuchungen über den Stoffwechsel von Fettgewebe. 7. Mitt. Ein Vergleich der Wirkungen von Insulin und einem Wachstumshormonpräparat auf den Sauerstoffverbrauch in Bicarbonat- und Phosphatpuffern.)** Biochim. biophysica Acta [Amsterdam] **54** (1961) Nr. 2. S. 304–314. — 2 Abb., 4 Tab., 29 Lit. 5. Mitt. vgl. vorst. Ref.

Vff. maßen den O_2-Verbrauch von epididymalem Fettgewebe von Ratten in vitro unter verschiedenen Substratbedingungen vergleichsweise in Bicarbonat- und Phosphatpuffern. Zur O_2-Messung in Bicarbonatpuffer wurde eine spez. Apparatur mit O_2-Elektrode konstruiert, die im einzelnen beschrieben wird und innerhalb 5% die gleichen Werte lieferte, wie die durch die Warburgtechnik erhaltenen. Letztere wurde bei den phosphatgepufferten Medien angewendet. Der O_2-Verbrauch war bei unbehandelten Geweben auch bei Glucosezusatz in beiden Puffern gleich. Wachstumshormon steigerte den O_2-Verbrauch in beiden Puffern, während Insulinzugabe in Gegenwart von Glucose den O_2-Verbrauch nur im Bicarbonatmedium steigerte. Dagegen zeigten Insulin plus Wachstumshormon in beiden Puffern eine additive stimulierende Wirkung auf den O_2-Verbrauch. R. Schiemann. 7920.

Nonaka, Yoshimi und Ariyama, Hisashi; Tohoku, Univ., Fac. of Agric., Dep. of Food Chem. On the form of amino acids in the excreta from rats on a polished rice diet. **(Über die Form der Aminosäuren in den Exkreten von Ratten bei polierter Reisdiät.)** Agric. biol. Chem. [Tokyo] **25** (1961) Nr. 9. S. 731–732. — 1 Tab., 4 Lit. Orig.: engl.

Ratten wurden 1. bei Reis-Glutelin Diät, 2. bei Milch-Casein Diät und 3. bei Nichtprotein Diät 10 Tage gehalten und ihre Exkrete auf Peptide papierchromatographisch untersucht. Es wurde die 2 dimensionale Methode angewendet (Toyoroshi No. 50 Filterpapier, Phenol-Wasser (4:1), Butanol-Essigsäure-Wasser (4:1:5). Die Peptide wurden mit 0,2% Ninhydrin in wassergesättigtem Butanol angefärbt. Die Aminosäuresequenz wurde untersucht. Ergebnis: Es wird gezeigt, daß in den 3 Fällen eine recht unterschiedliche, zum Teil beträchtliche Menge an Aminosäuren in Peptidform zur Ausscheidung gelangt, insbesondere bei polierter Reisdiät. Bei dieser Diät wird die höchste Menge an Peptiden mit Threonin als Baustein erhalten (besonders ausgeprägt im Harn). Im Falle der Nichtprotein-Diät ist nur eine geringe Anzahl von essentiellen Aminosäuren in Peptidform vorhanden. I. Schröder. 7930.

Mills, Gordon C.; Galveston, Univ. of Texas, Med. Branch, Dep. of Biochem. and Nutrit. Hemoglobin catabolism. III. Conversion of hemoglobin to choleglobin by rat liver preparations. **(Hämoglobinabbau. 3. Mitt. Umwandlung des Hämoglobins in Choleglobin durch Rattenleberpräparate.)** J. Biochemistry [Tokyo] **51** (1962) Nr. 1. S. 41–47. — 1 Abb., 3 Tab., 22 Lit. Orig.: engl.

Es wurde spektrophotometrisch der Abbau von Hämoglobin, Oxyhämoglobin, Carboxyhämoglobin und Methämoglobin zu Choleglobin durch Schnitte bzw. Homogenate von Rattenlebern untersucht. Purinkomponenten, die bei ihrem Abbau Wasserstoffperoxyd bilden, stimulieren den Abbau der Hämoglobine zu Choleglobin. Durch Dialyse der Leberschnitte geht ihre Fähigkeit zum Hämoglobinabbau verloren. Die in vitro erhaltenen Ergebnisse sind hinsichtlich möglicher Parallelen zu den Vorgängen in vivo diskutiert. R. Schiemann. 7930.

Graves, D. J., Boldt, R. E. und Boyer, P. D.; Minneapolis, Univ. of Minnesota, Med. School, Dep. of Physiol. Chem. The lack of incorporation of canavanine into rabbit-muscle protein in vivo. **(Das Fehlen der Inkorporation von Canavanin in Kaninchenmuskelprotein in vivo.)** Biochim. biophysica Acta [Amsterdam] **57** (1962) Nr. 1. S. 165–167. — 2 Abb., 9 Lit.

♂Kaninchen erhalten zur Diät 1) 1,0% Arginin, 2) 1,0% Canavanin und 3) 2,0% Canavanin. Während die Kontrolltiere eine wöchentliche Zuwachsrate von 340 g aufwiesen, zeigten die Tiere bei 2) Zuwachsraten von 160 g, bei 3) von 40 g. Das Muskelprotein der 30 Tage mit 3) gefütterten Tiere wurde untersucht. Zu diesem Zweck erfolgte eine Hydrolyse des Proteins (125 mg Protein mit 100 ml 6 n HCl für 24 Std. bei 110°). Vff. entwickelten eine Methode zur chromatographischen Bestimmung von Canavanin im Hydrolysat. Mit Hilfe dieser ausführlich beschriebenen Methode wird gezeigt, daß Kaninchen, die mit einer toxischen Menge an Canavanin gefüttert werden, kein Canavanin in das Muskelprotein inkorporieren.

I. Schröder. 7930.

Acs, George, Neidle, Amos und Schneiderman, Natalie; New York New York State Psychiatric Inst.; Columbia Univ., Coll. of Physicians and Surgeons, Dep. of Biochem. The effect of fatty acids on amino acid incorporation. **(Der Einfluß von Fettsäuren auf die Aminosäureinkorporation.)** Biochim. biophysica Acta [Amsterdam] **56** (1962) Nr. 2. S. 373–374. — 2 Abb., 1 Tab., 4 Lit.

Vff. untersuchten die Inkorporation von Aminosäuren in Hirnribosomen, da sich die Ribosomen hinsichtlich der Inkorporation von Aminosäuren beträchtlich aktiver erwiesen hatten als die Mikrosomen, aus denen sie gewonnen wurden. (Biochim. biophysica Acta [Amsterdam] **50** [1961] Nr. 2. S. 403.). Während Lecithin, Kephalin und neutrale Fette nur wenig oder keinen Einfluß auf die Inkorporation von Aminosäuren haben, wurde in Gegenwart von freien Fettsäuren eine deutliche Hemmung der Inkorporation beobachtet. Bei folgenden Fettsäuren wurde eine Hemmung gefunden: Caprinsäure (19% Hemmung), Stearinsäure (21%), Palmitinsäure (27%) und Laurinsäure (56%). I. Schröder. 7930.

Goldstein, Avram, Goldstein, Dora B., Brown, Beverly J. und Chou, Shao-Chia.; Calif., Stanford Univ. School of Med., Dep. of Pharmacol. Amino acid starvation in an Escherichia coli auxotroph. I. Effects on protein and nucleic acid synthesis and on cell division. **(Aminosäuremangel bei einer auxotrophen Escherichia coli. 1. Mitt. Wirkungen auf Protein-, Nucleinsäuresynthese und Zellteilung.)** Biochim. biophysica Acta [Amsterdam] **36** (1959) Nr. 1. S. 163–172. — 3 Abb., 1 Tab., 12 Lit.

Es wurden die Wirkungen von Aminosäure-Mangelernährung (**I**) mit nachfolgendem Wiedereinsetzen in das Nährmedium bei einem Leucin-auxotrophen Stamm von *Escheria coli* (K-12) untersucht. Unter **I** setzt die Protein- und RNS-Synthes aus, die von DNS wird dagegen aber in begrenztem Umfang fortgesetzt, die Zellteilung verläuft nicht mehr vollständig, Ribonucleotide akkumulieren sich in den Zellen. Wird nach 90 Min. Leucin zum Medium zugesetzt, normalisieren sich die genannten Stoffwechselvorgänge schnell bis auf die Zellteilung. Nach einer Verzögerung bis zur halben Zeitdauer einer Generationsphase, während dessen die meisten Zellen absterben, setzt sie dann wieder ein. RNS-Synthese setzt also gleichzeitige Proteinbildung voraus, was nicht für DNS gilt. H. H. Budzier. 7930.

Goldstein, Dora B., Brown, Beverly J. und Goldstein, Avram; Palo Alto, Calif., Stanford Univ., School of Med., Dep. of Pharmacol. Amino acid starvation in an Escherichia coli auxotroph. II. Acid-soluble purine and pyrimidine derivatives in normal and starved cells. **(Aminosäuremangel bei einer auxotrophen Escherichia coli. 2. Mitt. Säurelösliche Purin- und**

Pyrimidinderivate in normalen und Mangel-Zellen.) Biochim. biophysica Acta [Amsterdam] **43** (1960) Nr. 1. S. 55–61. — 2 Abb., 1 Tab., 14 Lit. 1. Mitt. vgl. vorst. Ref.

Die säurelöslichen Purin- und Pyrimidinverbindungen aus Zellmaterial eines Leucin-auxotrophen *Escherichia coli*-Stammes (K_{12}) wurden über eine Dowex-Säule, dann papierchromatographisch und schließlich elektrophoretisch aufgetrennt. Die säurelösliche Fraktion enthält größere Mengen freies Hypoxanthin und Uracil, auch Nucleotid-Co-Enzyme und einige Nucleosid-Di- und Triphosphate, aber nur geringe Mengen von Nucleosid-Monophosphaten. Adenin- wie Uracilderivate herrschen vor. Unter Leucin-Mangel steigt die Konzentration der meisten, aber nicht aller der genannten Basen und Nucleotide an. Neue Nucleotidverbindungen waren in Mangelzellen nicht nachzuweisen. H. H. Budzier. 7930.

Goldstein, Avram und Brown, Beverly J.; Palo Alto, Calif., Stanford Univ., School of Med., Dep. of Pharmacol. Amino acid starvation in an Escherichia coli auxotroph. III. Incorporation of ^{32}P into ribonucleic acid and other cell components. **(Aminosäuremangel bei einer auxotrophen Escherichia coli. 3. Mitt. Inkorporation von ^{32}P in Ribonucleinsäure und andere Zellkomponenten.)** Biochim. biophysica Acta [Amsterdam] **44** (1960) Nr. 3. S. 491–500. — 1 Abb., 4 Tab., 18 Lit. 2. Mitt. vgl. vorst. Ref.

Während der Aminosäuremangel-Phase eines Leucin- und Prolin-auxotrophen *Escherichia coli*-Stammes findet eine fortwährende ^{32}P Inkorporation statt, obwohl weder eine Protein- noch RNS-Synthese erfolgt. Die Inkorporationsrate beträgt anfangs fast 10% pro Std. und ist nahezu in der Zelltrümmer-, Ribosom- und löslichen Fraktion gleich. Die spez. Radioaktivität der RNS-Nucleotide war in allen Varianten des Mangelzustandes sowie in jeder Zentrifugatfraktion praktisch gleich. Eingehende Diskussion dieser Resultate im Hinblick auf die Beziehung der RNS- zur Proteinsynthese schließt den Bericht. H. H. Budzier. 7930.

Brown jun., G. W.; Galveston, Univ. of Texas, Med. Branch, Dep. of Biochem. and Nutrit. Urea cycle and cellular deoxyribonucleic acid content. **(Harnstoffcyclus und cellulärer Desoxyribonucleinsäuregehalt.)** Nature [London] **194** (1962) Nr. 4835. S. 1279–1280. — 1 Tab., 6 Lit.

Der Desoxyribonucleinsäure(**D**)-gehalt liegt bei 73 Vertebratenspecies zwischen $0{,}94 \times 10^{-12}$ und 168×10^{-12} g pro Körperzelle. Species mit mehr als $5{,}0 \times 10^{-12}$ g **D** pro Körperzelle verfügen über die Fähigkeit der Harnstoffsynthese über den Ornithin-Harnstoff-Cyclus. Auf Grund der Schwierigkeit der **D**-Bestimmung in der Zelle kann nicht mit Bestimmtheit gesagt werden, ob Überschneidungen vorhanden sind. Bei den Invertebraten, die keinen Harnstoffcyclus haben, liegen die **D**-Werte unterhalb von $5{,}0 \times 10^{-12}$ g. Die **D**-Gehalte verschiedener Species werden mitgeteilt, die Beziehungen zum Vorhandensein des Harnstoffcyclus dargestellt und Rückschlüsse auf die Verhältnisse verschiedener Stufen der Phylogenese gezogen.
W. Jentsch. 7930.

Stone, Neville und Meister, Alton; Boston, Mass., Tufts Univ., School of Med., Dep. of Biochem. Function of ascorbic acid in the conversion of proline to collagen hydroxyproline. **(Wirkung der Ascorbinsäure bei der Umwandlung des Prolins in Kollagen-Hydroxyprolin.)** Nature [London] **194** (1962) Nr. 4828. S. 555–557. — 2 Abb., 2 Tab., 12 Lit.

Im Granulombrei skorbutischer und normaler Meerschweinchen wurde mit ^{14}C- und tritiumhaltigem Prolin die Überführung dieser Aminosäure in Hydroxyprolin untersucht. Bei Mangeltieren ist die Prolinoxydation gestört, durch Zugabe des Vit. C zum Granulombrei der Mangeltiere wird die Umwandlungsrate der Normaltiere erreicht (gemessen an der Bildung tritiumhaltigen Wassers). Es wird die Hypothese aufgestellt, daß Ascorbinsäure für die Synthese eines Zwischenprodukts bei der Umwandlung von Prolin in Kollagen-Hydroxyprolin erforderlich ist. A. Hennig. 7930.

Allen, Esther H. und Schweet, Richard S.; Duarte, Calif., City of Hope Med. Center, Biochem. Dep.; Lexington Univ. of Kentucky, Coll. of Med., Biochem. Dep. Synthesis of hemoglobin in a cell-free system. I. Properties of the complete system. **(Hämoglobinsynthese in einem zellfreien System. 1. Mitt. Eigenschaften eines kompletten Systems.)** J. biol. Chemistry **237** (1962) Nr. 3. S. 760–767. — 7 Abb., 4 Tab., 36 Lit.

An einem zellfreien System (teilweise gereinigte Ribosomenfraktion, RNS-freie Enzyme, ATP, Mineralstoffe) wurde der Einbau von ^{14}C-Aminosäuren untersucht. Die Ribosomenkonzentration bestimmt das Ausmaß der ^{14}C-Fixierung. Von der Ribosomenfraktion werden Zwischenprodukte bei der Eiweißsynthese gebildet. Der Einbau wird durch Zusatz der Transfer-RNS gefördert, während das Antibiotikum Puromycin, Ribonuclease und Spermin inhibierend wirken. Das Puromycin tritt im Ribosom an die Stelle des Hämoglobin-Precursor. A. Hennig. 7930.

Meister, Alton und Bukenberger, Martha, W.; Boston, Mass., Tufts Univ., School of Med., Dep. of Biochem. Enzymatic conversion of D-glutamic acid to D-pyrrolidone carboxylic acid by mammalian tissues. **(Enzymatische Umwandlung der D-Glutaminsäure in D-Pyrrolidon-Carbonsäure durch Säugetiergewebe.)** Nature [London] **194** (1962) Nr. 4828. S. 557–559. — 1 Abb., 1 Tab., 10 Lit.

In Leber und Niere der Ratte, der Maus und des Menschen wird D-Glutaminsäure (I) in D-Pyrrolidonsäure (II) umgewandelt. Durch Zentrifugieren des Nierenhomogenats, anschließende Ausfällung des Überstandes mit einer $(NH_4)_2SO_4$-Lösung bei pH 7 und 0° sowie nach Entfernung einiger Fremdbestandteile mittels Säulenchromatographie wird eine angereicherte Fraktion erhalten, welche die Umwandlung von I in II bei Anwesenheit von Mg- und Mn-Ionen katalysiert. Über die möglichen Aufgaben des Enzyms im Stoffwechsel der D-Aminosäuren wird diskutiert. A. Hennig. 7930.

Williams jun., J. N.; Bethesda, Md., Nat. Inst. of Health; Nat. Inst. of Arthritis and Metabolic Diseases, Lab. of Nutrit. and Endocrinol. Response of the liver to prolonged protein depletion. I. Liver weight, nitrogen, and deoxyribonucleic acid. **(Reaktion der Leber auf länger währende Proteinverarmung. 1. Mitt. Lebergewicht, Stickstoff und Desoxyribonucleinsäure.)** J. of Nutrit. **73** (1961) Nr. 3. S. 199–209. — 6 Abb., 14 Lit.

3 Gruppen ausgewachsener ♂ Ratten erhielten eine synthetische vollwertige Diät mit 20% Casein + 0,3% DL-Methionin als Proteinkomponente. Nach 10 Tagen Vorfütterung wurde bei Gruppe 1 das Casein vollständig entzogen und durch Kohlenhydrate ersetzt. Gruppe 2 erhielt die gleiche Futtermenge der proteinhaltigen Diät, die Gruppe 1 aufnahm, und Gruppe 3 wurde mit der vollwertigen Diät ad libitum gefüttert. Nach jeweils 10 Tagen wurden Tiere der 3 Gruppen getötet und die Lebern auf N- und Desoxyribonucleinsäure(DNA)-gehalt untersucht. Einige Tiere der Gruppe 1 verendeten (am 36., 53., 82., bzw. 83. u. 84. Tag), so daß vom 84. Tag die verbliebenen Tiere, die erhebliche Schwächezustände zeigten, wie Gruppe 3 und vom 89. Tag auch die Tiere der Gruppe 2 ad libitum gefüttert wurden. Ergebnisse: Die DNA-Konzentration der Leber (d. h. die Zahl der Zellen pro Einheit des Lebergewichts) stieg bei der Gruppe 1 und 2 auf das 1,5 bis 1,8fache der der Gruppe 3. Der N-Gehalt der Leberzelle fiel bei der Gruppe 1 auf 68–74% des der Gruppe 2 und dieser auf 68–84% des der Gruppe 3. Diese Veränderungen traten allmählich ohne Ausbildung ausgesprochener Maxima auf. Das Verhältnis Lebergewicht : Körpergewicht war bei Gruppe 1 größer als bei Gruppe 2 u. 3. Nach der Futterumstellung erreichten Gruppe 1 und

2 die Gruppe 3 nach 48 Tagen hinsichtlich Körpergewicht- sowie N-gehalt der Leber pro Gewichtseinheit bzw. pro Zelle. Das Lebergewicht pro 100 g Körpergewicht war bei Gruppe 1 nach der Wiederauffüllung durch Protein größer als bei den Gruppen 2 und 3. R. Schiemann. 7930.

Williams jun., J. N.; Bethesda, Md., Nat. Inst. of Health; Nat. Inst. of Arthritis and Metabolic Diseases, Lab. of Nutrit and Endocrinol. Response of the liver to prolonged protein depletion. II. The succinic oxidase system and its component enzymes. **(Reaktion der Leber auf länger währende Proteinverarmung. 2. Mitt. Das Bernsteinsäureoxydasesystem und seine Enzymkomponenten.)** J. of Nutrit. **73** (1961) Nr. 3. S. 210–228. – 15 Abb., 9 Lit. 1. Mitt. vgl. vorst. Ref.

An dem gleichen Tiermaterial wie in der 1. Mitt. untersuchte Vf. die Aktivitäten der Bernsteinsäureoxydase (SO), der Bernsteinsäuredehydrogenase (SD) die Antimycin A-empfindliche Aktivität (AAS), den Cytochrom c-(Cy) sowie den Cytochromoxydasegehalt (CO) der Lebern. Bezogen auf das Leberfrischgewicht ergab sich für die 3 Rattengruppen (Gruppe 1: Proteinmangelfütterung; Gruppe 2: begrenzte, vollwertige Fütterung; Gruppe 3: vollwertige ad libitum-Fütterung) folgendes: die SO-Aktivität fiel bei Gruppe 1 nach 10 Tagen auf 50% gegenüber Gruppe 3 und stieg nach 30 Tagen auf höhere Werte als bei Gruppe 3. Bei Gruppe 2 ergab sich entsprechend der Mangelfütterung ebenfalls ein Anstieg. Nach Futterumstellung (Proteinauffüllung) normalisierten sich die Werte schnell. Die SD verhielt sich im Prinzip wie die SO, wobei jedoch nach der Proteinauffüllung die SD bei Gruppe 1 höher lag als bei Gruppe 2 u. 3. Die AAS-Aktivität stieg in den Gruppen 1 u. 2 mit der Dauer der Proteinverarmung kontinuierlich an. Nach der Proteinauffüllung ging die Aktivität langsam auf normal zurück. Der Cy-Gehalt erreichte bereits nach 30 Tagen Proteinverarmung seinen Höchstwert. Nach Proteinauffüllung stellten sich in beiden Gruppen wieder normale Werte ein. Der CO-Gehalt fiel in Gruppe 1 schnell auf 25% gegenüber dem der Gruppen 2 u. 3. Nach der Futterumstellung erreichte er schnell wieder normale Werte. Die Ergebnisse sind ferner auf den N- sowie den DNA-Gehalt der Lebern bezogen und im einzelnen diskutiert.

R. Schiemann. 7930.

Robinson, Charlotte Lea und Novelli, G. David.; Oak Ridge, Tenn., Oak Ridge Nat. Lab., Biol. Div. Binding sites as a limiting factor in amino acid incorporation. **(Bindungsplätze als limitierender Faktor beim Aminosäureeinbau.)** Arch. Biochem. Biophysics **96** (1962) Nr. 3. S. 459–464. – 2 Abb., 4 Tab., 15 Lit.

Aus Mäuselebern isolierten Vff. Mikrosomen, Ribosomen und verschiedene Fraktionen des Überstandes. Aufbewahrung der Leberfraktionen bei –20 ° führt zu einer schnellen Inaktivierung der Fähigkeit zum Einbau von Aminosäuren. Die Ribosomen lassen sich jedoch durch Behandlung mit Desoxycholat stabilisieren. Zugabe von Glutathion führt zu einer wesentlichen Stabilisierung des Überstandes. Es werden die Eigenschaften des stabilisierten, zellfreien Aminosäuren einbauenden Systems durch Inkorporationsversuche mit ^{14}C-markiertem L-Leucin bzw. DL-Valin untersucht. Für max. Einbau besteht folgender Bedarf an Cofaktoren: Mg^{++}, K^{+}, Glutathion, Guanosin- und Adenosintriphosphat sowie ein energieliefferndes System. Aus kinetischen Studien wird geschlossen, daß als limitierender Faktor für den Einbau von Aminosäuren die Zahl der Bindungsplätze für die einzelnen Aminosäuren an der Oberfläche der Zellpartikel angesehen werden kann. Eine Freisetzung von säureunlöslicher Radioaktivität aus den Zellpartikeln wurde nicht beobachtet. R. Schiemann. 7930.

Wang, D. Y. und Greenbaum, A. L.; London, Univ. Coll., Dep. of Biochem. The incorporation of (2-^{14}C) glycine and (6-^{14}C) orotic acid into the acid-

soluble ribonucleotides and ribonucleic acids of the rat mammary gland. **(Die Inkorporation von Glycin-2-^{14}C und Orotsäure-6-^{14}C in die säurelöslichen Ribonucleotide und Ribonucleinsäuren der Milchdrüse der Ratte.)** Biochem. J. **83** (1962) Nr. 3. S. 626–632. — 4 Abb., 4 Tab., 21 Lit.
Während der Geburt wurde ein stärkerer Anstieg der Inkorporation von Glycin-2-^{14}C und Orotsäure-6-^{14}C in die säurelöslichen Ribonucleotide gemessen und danach ein schwächerer Anstieg. Die Inkorporation dieser Verbindungen in die Ribonucleinsäuren der Milchdrüse steigt bei der Geburt und bis zu 24 Std. danach an und fällt dann wieder ab, so daß die Inkorporation bei der höchsten Laktation niedriger als in der Trächtigkeitsperiode ist. Die Relationen zwischen Inkorporationsmax. und cytologischen und biochemischen Veränderungen werden diskutiert. Die beobachteten Veränderungen der Ribonucleinsäuresynthese während der Laktation betreffen alle 4 Nucleotide der Nucleinsäuren. Eine Anomalie ist die stärkere Markierung der Cytidylsäure der Ribonucleinsäuren der Milchdrüsen als die der Uridylsäure und der säurelöslichen Cytidylsäure. W. Jentsch. 7930.

Rees, K. R., Ross, Hazel F. und Rowland, G. F.; London, Univ. Coll., Hospital Med. School, Dep. of Chem. Pathol. The metabolism of isolated rat-kidney nuclei. **(Der Stoffwechsel isolierter Nuclei der Rattenniere.)** Biochem. J. **83** (1962) Nr. 3. S. 523–527. — 6 Tab., 10 Lit.
Die Nucleinsäure- und Phospholipoidgehalte isolierter Nuclei der Rattenniere werden angegeben. Die Nuclei inkorporieren Glycin-2-^{14}C (**I**) und Valin-1-^{14}C (**II**) in das Protein und Orotsäure-6-^{14}C (**III**) und Adenin-8-^{14}C (**IV**) in Nucleinsäuren. Anoxie und 2,4-Dinitrophenol inhibieren die Inkorporation von **I–IV**, Chlorpromazin inhibiert die von **II** aber nicht die von **III**. Die spez. Aktivitäten von ATPase, Succinoxydase, Cytochromoxydase, DPNH-Cytochrom-c-reduktase, DPNH-Neotetrazoleum-reduktase und Milchsäure-dehydrogenase werden mitgeteilt. Chemische Zusammensetzung und Stoffwechsel der Nuclei der Niere und der Leber werden verglichen.
W. Jentsch. 7940.

Bremer, Jon.; Oslo, Norway, Univ. of Oslo, Rikshospitalet, Inst. of Clin. Biochem. Carnitine precursors in the rat. **(Carnitinvorstufen in der Ratte.)** Biochim. biophysica Acta [Amsterdam] **57** (1962) Nr. 2. S. 327–335. — 3 Abb., 1 Tab., 14 Lit.
Folgende Carnitinvorstufen werden getestet: γ-(Carboxy-^{14}C) butyrobetain-(I), γ-Dimethylamino-(carboxy-^{14}C)buttersäure (II) und γ-Amino-(carboxy-^{14}C)buttersäure (III). Während (I) bereits 9 Std. nach Injektion der markierten Verbindungen zum größten Teil als Carnitin aus Gewebe und Harn isoliert werden konnte, wird (II) nur zu etwa 0,1% in Carnitin umgewandelt. Eine beträchtliche Menge wurde als unbekannter Metabolit wiedergefunden, der als β-Hydroxy-γ-dimethylaminobuttersäure angenommen wurde. Eine direkte Umwandlung von (III) in Carnitin konnte nicht mit Sicherheit nachgewiesen werden. Der Mechanismus der Carnitinbiosynthese wird diskutiert
I. Schröder. 7960.

Energiewechsel

Klingenberg, Martin und Schollmeyer, Peter; Marburg, Philipps-Univ., Physiol.-Chem. Inst. **Zur Reversibilität der oxydativen Phosphorylierung. II. Der Einfluß von Adenosintriphosphat auf die Atmungskette in atmenden Mitochondrien.** Biochem. Z. **335** (1961) Nr. 3. S. 231–242. — 6 Abb., 12 Lit. Zus. in Engl. 1. Mitt. vgl. LZ. Abt. III **7** (1962) Nr. 4. S. 819.
Vff. untersuchten auf spektrophotometrischem Wege und mittels Pt-Elektrode an Skelettmuskelmitochondrien von Ratten den Einfluß von ATP auf die verschiedenen Glieder der Atmungskette mit den beiden „nicht-DPN-spez.“ Substraten Glycerin-1-phosphat und Succinat. ATP wirkt im gesamten

Bereich der Atmungskette in der Rückreaktion der oxydativen Phosphorylierung mit. Der Redoxeffekt des ATP kann durch schwache Acidkonzentrationen verstärkt werden. Diese Wirkungen sind für ATP spez. und werden durch andere Nucleosidtriphosphate nicht ausgelöst. Der ATP-Effekt auf den Redoxzustand der Atmungskettenkomponenten hat einen Umkehrbereich zwischen Cytochrom b und c und entspricht demnach dem „kontrollierten Status" der Mitochondrien, da ATP gleichzeitig atmungshemmend wirkt und alle Merkmale der Atmungskontrolle durch die oxydative Phosphorylierung zeigt. Eine analoge Wirkung wie ATP zeigt Serumalbumin, nur ist hier die Kinetik eine andere, indem die Wirkung langsamer — wahrscheinlich durch Bindung endogener Entkoppler und damit rel. Anreicherung von ATP — erfolgt. Vff. deuten den ATP-abhängigen Funktionszustand der Atmungskette so, daß der „kontrollierte Status" durch ein echtes Gleichgewicht zwischen dem Adenosinnucleotidsystem und den Komponenten der Atmungskette charakterisiert wird, das von einem Fließgleichgewicht infolge der ATP-Hydrolyse überlagert wird. R. Schiemann. 8008.

Klingenberg, Martin und Schollmeyer, Peter; Marburg, Philipps-Univ., Physiol.-Chem. Inst. **Zur Reversibilität der oxydativen Phosphorylierung. III. Der Einfluß von Adenosintriphosphat auf die Atmungskette in atmungsgehemmten Mitochondrien.** Biochem. Z. **335** (1961) Nr. 3. S. 243–262. — 13 Abb., 2 Tab., 14 Lit. Zus. in Engl. 2. Mitt. vgl. vorst. Ref.

An atmungsgehemmten (Cyanid bzw. anaerobe Bedingungen) Lebermitochondrien von Ratten wird auf spektrophotometrischem Wege und mittels Pt-Elektrode der Einfluß von ATP und DPNH-oxydierenden Substraten (Oxalacetat, α-Ketoglutarat + NH_3, Acetacetat) auf den Redoxzustand der Glieder der Atmungskette untersucht. Die unter diesen Bedingungen erfolgende Oxydation der Cytochrome und Flavoproteine wird durch ADP, Phosphat, Mg^{++}, Dinitrophenol, Amytal und H-Donatoren gehemmt. Antimycin A verhindert die ATP-abhängige Oxydation der Cytochrome, nicht dagegen die der Flavoproteine. Unter dem Einfluß von ATP zeigten Cytochrom c und DPN über einen weiten Bereich eine lineare Abhängigkeit in ihrem Redoxzustand. Vff. vergleichen die an atmungsgehemmten Mitochondrien erhaltenen Befunde mit früheren an atmenden Mitochondrien erhaltenen und schlußfolgern, daß die ATP-Wirkung im Prinzip die gleiche ist. Durch Vergleich des ATP-abhängigen Funktionszustandes der Atmungskette mit dem „kontrollierten Status" ergibt sich die Folgerung, daß ein Gleichgewicht in der gesamten Atmungskette vorliegen muß, das ursprünglich nur für den Bereich der Pyridinnucleotide und Flavoproteine postuliert worden war. Die Bedeutung dieses Redoxgleichgewichts in der Atmungskette für die Energieverwertung in vivo wird diskutiert.

R. Schiemann. 8008.

Klingenberg, Martin; Marburg, Philipps-Univ., Physiol.-Chem. Inst. **Zur Reversibilität der oxydativen Phosphorylierung. IV. Die Beziehung zwischen dem Redoxzustand des Cytochrom c und dem Phosphorylierungspotential des Adenosintriphosphates.** Biochem. Z. **335** (1961) Nr. 3. S. 263–272. — 5 Abb., 2 Tab., 7 Lit. Zus. in Engl. 3. Mitt. vgl. vorst. Ref.

Vf. untersuchte an atmungsgehemmten Lebermitochondrien mittels spez. „Titrationsexperimente" die Abhängigkeit des Redoxzustandes des Cytochrom c von dem Quotienten [ADP]·[P]/[ATP]. Zwischen beiden besteht eine einfache funktionelle lineare Abhängigkeit. Die Funktion kann gleichzeitig zur Ermittlung der freien Energie der energiereichen Zwischenverbindung bei den respiratorischen Komponenten herangezogen werden. Die Rechnung ergibt für $\Delta F_0'$ – 12,8 kcal entsprechend einer Potentialdifferenz von 0,280 mV. Damit würde das Normalpotential des Cytochrom c dem des Flavoproteins angeglichen. Es würden also 2 Phosphorylierungsschritte ausreichen, Cytochrom c mit dem DPN-System ins energetische Gleichgewicht zu setzen, einmal zwischen Cytochrom c und Flavoprotein und zum anderen zwischen Flavoprotein und DPN. Daraus ergäbe sich gleichzeitig der Verbrauch von 2 Molen ATP bei der paarigen Elektronenüberführung von Cytochrom c zum DPN als Rückreaktion der oxydativen Phosphorylierung. R. Schiemann. 8008.

Beyer, Robert E., Noble, Walter M. und Hirschfeld, Thomas J.; Boston, Mass., Tufts Univ., School of Med. Coenzyme Q (ubiquinone) levels of tissues of rats during acclimation to cold. **(Coenzym Q [Ubichinon]-Gehalte der Gewebe von Ratten während der Akklimatisation an Kälte.)** Canad. J. Biochem. Physiol. **40** (1962) Nr. 4. S. 511–518. — 1 Abb., 3 Tab., 54 Lit.
Vff. hielten ♂ Ratten bei 0–2° und 25°C und bestimmten nach 1 Tag, 2 Wochen, 1, 3 und 6 Mon. vergleichend die CoQ-Gehalte in 5 Geweben (Leber, Herz, Niere, Gehirn, Skelettmuskulatur). Eine 1tägige Kältebehandlung verursachte eine geringe Abnahme des CoQ-Gehaltes in der Leber. Durch Kältebehandlung über 2 Wochen und länger ergaben sich in allen Geweben mit Ausnahme des Gehirns erhöhte CoQ-Gehalte, die nach 1monatiger Kältebehandlung das Max. erreichten und sich dann während der 6monatigen Versuchszeit auf gleicher Höhe hielten. Die Ergebnisse werden im Zusammenhang mit dem Energiestoffwechsel der Ratte unter Kälteeinfluß eingehend diskutiert. L. Hoffmann. 8012.

Héroux, O. und Willmer, J. S.; Ottawa, Ontario, Nat. Res. Council; Div. of Appl. Biol., Canada Dep. of Agric., Animal Res. Inst., Res. Branch. Respiratory rate (QO_2) of liver slices from summer-and winter-captured wild rats (Rattus norwegicus). **(Respirationsrate [QO_2] von Leberschnitten von im Sommer und Winter gefangenen wilden Ratten [Rattus norwegicus].)** Canad. J. Biochem. Physiol. **40** (1962) Nr. 5. S. 687–688. — 1 Tab., 5 Lit.
An insgesamt 18 im Sommer und Winter gefangenen wilden Ratten verschiedenen Geschlechts wurden Lgw., Lebergewicht und O_2-Verbrauch des Lebergewebes bestimmt. Im Lgw. und Lebergewicht ergaben sich weder Unterschiede zwischen ♂ und ☿ Tieren noch zwischen den Zeitpunkten der Gefangennahme. Bei beiden Geschlechtern war jedoch die Respirationsrate der Leber von im Sommer gefangenen Ratten signifikant höher als die der im Winter gefangenen. L. Hoffmann. 8012.

Hellberg, A. The reactions of pigs to low temperatures. **(Die Reaktionen der Schweine auf niedrige Temperaturen.)** VIII. int. Tierzuchtkongr. Hamburg **1961** Schlußber. S. 138–141. — 2 Abb., 2 Tab.
Vf. vertritt die Ansicht, daß wachsende Schweine auch bei niedrigeren Umgebungstemperaturen erfolgreich gehalten werden können. 8012.

Morris, R. J. H., Howard, Beth und MacFarlane, W. V.; Canberra, Australia, Nat. Univ., Dep. of Physiol. Interaction of nutrition and air temperature with water metabolism of Merino wethers shorn in winter. **(Wechselwirkung der Nahrung und der Lufttemperatur mit dem Wasser-Stoffwechsel im Winter geschorener Merino-Hammel.)** Austral. J. agric. Res. **13** (1962) Nr. 2. S. 320–334. — 5 Abb., 3 Tab., 20 Lit.
An 2 Gruppen von je 4 Merino-Hammeln mit unterschiedlicher Ernährungsweise (Weidebesatz 6 bzw. 9 Tiere per acre) wurden Futteraufnahme, Verdaulichkeit, Wasser-Stoffwechsel, Körpergewicht, Haut- und Rectaltemperatur und Körperzusammensetzung bestimmt. Vor dem Scheren hatten die schlechter gefütterten Tiere einen um 16% höheren Gewichtsverlust gegenüber den Tieren mit reichlicherer Futterzufuhr. Die Verteilung des Körperwassers war in beiden Gruppen gleich. Nach dem Scheren verloren beide Gruppen innerhalb von 2 Wochen über 3 kg Gewicht. Die schlechter ernährten

Tiere verloren dabei 30,7% ihrer festen Gewebe, die besser ernährten dagegen nur 7,5%; das Körperwasser stieg um 8,7% bzw. nahm um 4,4% ab. Die schlechter ernährten Tiere hatten eine niedrigere Rectal- und höhere Hauttemperatur. Haut- und Rectaltemperatur verhielten sich reziprok zur Windgeschwindigkeit. L. Hoffmann. 8012.

Anonym. Cold and adipose tissue. **(Kälte und Fettgewebe.)** Nutrit Rev. **20** (1962) Nr. 6. S. 189–190.
Untersuchungen an isoliertem, von an Kälte gewöhnten Ratten stammendem Fettgewebe zeigten eine gößere Syntheseleistung dieser Gewebe für Fettsäuren gegenüber Fettgewebe, welches von Ratten stammte, die bei Zimmertemperatur gehalten wurden. Es wird angenommen, daß die erhöhten Mengen synthetisierter Fettsäuren in nicht veresterte Fettsäuren umgeformt und als solche vornehmlich in der Leber zur Abdeckung des gesteigerten Energiebedarfs bei geringer Umgebungstemperatur oxydiert werden.
L. Hoffmann. 8015.

Eiweißstoffwechsel

Bender, A. E. und Doell, B. H.; London, Bovril Ltd., Res. Dep. Diet and plasma protein composition. **(Diät und Plasmaprotein-Zusammensetzung.)** Brit. J. Nutrit. **16** (1962) Nr. 2. S. 191–197. — 2 Tab., 42 Lit.
Wachsende Albinoratten erhielten 2 bzw. 4 Wochen und wachsende Schweine 8 Wochen lang je eine Lysin-arme und eine Lysin-freie Ration. Im Vergleich zu den jeweiligen Kontrollgruppen (synth. Aminosäurediät und proteinfreie Ration) waren im Lysin- und Arginingehalt des Plasmaproteins der Tiere keine Veränderungen festzustellen. Damit ist die Behauptung von Albanese (J. biol. Chemistry **200** [1953] S. 787.) widerlegt, wonach Veränderungen in der Diät die Aminosäurezusammensetzung des Plasmaproteins beeinflussen sollen. H.-D. Bock. 8042.

Loo, Yen Hoong, Diller, Erold und Owen jun., John E.; Indianapolis, Eli Lilly and Co. Effect of phenylalanine diet on learning in the rat. **(Der Einfluß von Phenylalanin in der Diät auf die Gelehrsamkeit von Ratten.)** Nature [London] **194** (1962) Nr. 4835. S. 1286–1287. — 4 Abb., 4 Lit.
Von 2 Gruppen trächtiger Ratten wurde eine Gruppe mit einer Grundration gefüttert, die 2. erhielt zusätzlich 1% DL-Phenylalanin. Die Jungen erhielten mit 4 Wochen die gleichen Rationen wie die Mütter. Die Gewichtsunterschiede zwischen den Gruppen waren bei 160 g nicht signifikant. Die Ratten wurden in Käfigen gehalten, wo sie genötigt wurden, als Gelehrigkeitstest ein Rad zu bewegen. Zwischen Phenylalanin-Aufnahme und Gelehrsamkeit wurde eine negative Korrelation gefunden. Beim Weglassen des Phenylalanin in der Diät ergab sich ein Angleich der beiden Gruppen. Die mikrobiol. Bestimmung von Phenylalanin im Blut ergab bei der Versuchsgruppe höhere Werte, die Ketosäuregehalte im Harn waren gleich. Beim Weglassen des Phenylalanin in der Diät glichen sich die Gehalte im Blut an die der Kontrollgruppe an. W. Jentsch. 8042.

Gossett, W. H., Perry, T. W., Mohler, M. T., Plumlee, M. P. und Beeson, W. M.; Lafayette, Ind., Purdue Univ., Agric. Exp. Stat., Dep. of Animal Sci. Value of supplemental lysine, methionine, methionine analog, and trace minerals on high urea fattening rations for beef steers. **(Ergänzungswert von Lysin, Methionin, einem Methioninanalogon und Spurenelementen auf harnstoffreiche Mastrationen für Mastochsen.)** J. Animal Sci. **21** (1962) Nr. 2. S. 248–251. — 4 Tab., 9 Lit.
Vff. berichten über die Ergebnisse von 3 Fütterungsversuchen mit Mastochsen, in denen die Wirkung einer Zugabe von L-Lysin, DL-Methionin, Methioninhydroxyanalogon, Spurenelementen (Mn, Fe, Cu, Co, J, Zn) und Zn-Bacitracin

auf Mastrationen festgestellt wurde, die entweder nur natürliches Protein oder aber steigende Harnstoffmengen enthielten. Die Zugabe von Lysin allein oder in Verbindung mit Methionin zur nur natürliches Protein enthaltenden Ration hatte keine Vorteile. Bei teilweisem Ersatz des Proteins durch Harnstoff bewirkten die Lysinzugaben gleiche Gewichtszunahmen und Futterverwertung wie die Kontrollration ohne Harnstoff. Methionin verbesserte die Harnstoff enthaltende Ration nur geringfügig. Das Methioninanalogon, die Spurenelemente und das Zn-Bacitracin hatten keine günstige Wirkung auf Gewichtszunahmen oder Futterverwertung. J. Wünsche. 8042.

Leveille, G. A. und Sauberlich, H. E.; Denver, Colo., U. S. Army Med. Res.; Fitzsimons Gen. Hospital, Nutrit. Lab. Influence of dietary protein level on serum protein components and cholesterol in the growing chick. **(Der Einfluß der Höhe der Proteingaben auf die Serumproteinkomponenten und das Cholesterin von wachsenden Küken.)** J. of Nutrit. **74** (1961) Nr. 4. S. 500–504. — 3 Abb., 1 Tab., 20 Lit.
14 ♂ Hyline-Leghorn-Eintagsküken wurden in jede der 4 Gruppen nach 1 Woche mit einem 7-Tage-Gewicht von 59 g in den 3-Wochenversuch genommen. 10, 15, 20 und 25% Protein im Futter wurden in Form von Sesamextraktionsschrot gegeben. Der Proteinbedarf für maximales Wachstum lag bei 20,5%. Das Serumprotein und -cholesterin in 100 ml Blut waren dagegen bis 25% Protein steigend bzw. fallend. Bei konstantem Gehalt der Globulinfraktionen und ansteigender Albuminfraktion zeigte auch das Albumin/Globulin-Verhältnis eine Entwicklung von 1,14 bei 10% Protein im Futter auf 1,81 bei 25%. Dies zeigte sich bei konstantem Plasmavolumen. Das Serumalbumin wird als Indikator der Proteinreserven des Tieres angesehen. G. Gebhardt. 8042.

Schilling, E.; Mariensee-Trenthorst, Max-Planck-Inst. für Tierzucht und Tierernähr. **Der Einfluß einer mehrjährigen Eiweißüberfütterung auf die Gewichte der Stoffwechselorgane schwarzbunter Rinder.** VIII. int. Tierzuchtkongr. Hamburg **1961** Schlußber. S. 101–105. — 2 Tab.
Der Versuch dauerte 3 Jahre und wurde an 18 Paaren schwarzbunter Kühe durchgeführt. Durch eine zusätzliche Verabreichung von 1000 g Rohprotein über den Erhaltungs- und Leistungsbedarf hinaus wurde das Gewicht der Nieren um 19,6%, der Leber um 12,3%, der Nebennieren um 15,5%, des Herzens um 13,2% signifikant gegenüber den betr. Organen der Kontrolltiere erhöht. Die Gewichtserhöhung von Schilddrüse (9,4%) und Milz (11,5%) war statistisch nicht zu sichern. Der prozentuale Anteil der Rinden- und Marksubstanz wies zwischen beiden Gruppen keine Differenzen auf. Die verstärkte Eiweißfütterung bewirkte jedoch eine Vergrößerung der Malpighischen Körperchen und damit des sezernierenden Volumens um 14,3%. Die Eiweißüberfütterung führt zu einer Arbeitshypertrophie, wodurch der allgemeine Gesundheitszustand nicht beeinträchtigt wird.
B. Piatkowski. 8042.

Schilling, E. **Der Einfluß einer mehrjährigen Eiweißüberfütterung auf die Stoffwechselorgane schwarzbunter Rinder.** VIII. int. Tierzuchtkongr. Hamburg **1961** Diskuss.-Beitr. S. 89–91. — Zus. in Engl., Franz.
Zusammenfassung eines Diskussionsbeitrages des Vf. zum Hauptbericht IIB Mlode d'action des antibiotiques sur la croissance. Donnés récentes sur l'efficacité des lipides selon lesmodalitées de leur emploi dans la ration des vollailles. 8042.

Piatkowski, B. **Untersuchungen über den Protein- und Mineralstoffwechsel an hochleistenden Kühen während der Trockenperiode und beginnenden Laktation.** VIII. int. Tierzuchtkongr. Hamburg **1961** Diskuss.-Beitr. S. 84–85. — Zus. in Engl., Franz.

Zusammenfassung eines Diskussionsbeitrages des Vf. zum Hauptbericht IIB Mode d'action des antibiotiques sur la croissance. Données récentes sur l'efficacité des lipides selon les modalitées de leur emplio dans la ration des vollailles. 8042.

Charlet-Lery, G. und Zelter, S. Z. Nouvelles données relatives aux dépenses azotées métabolique fécale et endogène urinaire du porc. **(Neue Ergebnisse über die Ausscheidung von Darmverluststickstoff [DVN] und endogenem Harnstickstoff [EHN] beim Schwein.)** VIII. int. Tierzuchtkongr. Hamburg **1961** Diskuss.-Beitr. S. 67–69. — Zus. in Engl., Dtsch.
Zusammenfassung eines Diskussionsbeitrages der Vff. zum Hauptbericht IIB Mode d'action des antibiotiques sur la croissance. Données récentes sur l'efficacité des lipides selon les modalitées de leur emploi dans la ration des vollailles. 8042.

Schiller, K.; Braunschweig-Völkenrode, Forsch.-Anst. für Landwirtsch., Inst. für Tierernähr. **Untersuchungen zur Frage der Wirkung von Alpha-Amino-Buttersäure auf den Stickstoff-Stoffwechsel.** VIII. int. Tierzuchtkongr. Hamburg **1961** Schlußber. S. 254–255. — 5 Abb.
Alpha-Amino-Buttersäure verbessert kaum bzw. nur in ganz geringem Umfang die BW von Methionin-armem Eiweiß. 8042.

McLaren, G. A., Anderson, G. C., Barth, K. M. und Welch, J. A.; Morgantown, West Virginia Univ., Agric. Exp. Stat., Dep. of Agric. Biochem. and Nutrit.; Dep. of Animal and Veterin. Sci. Casein and its degradation products in the utilization of urea nitrogen by lambs. **(Casein und seine Abbauprodukte bei der Verwertung von Harnstoff-Stickstoff durch Lämmer.)** J. Animal Sci. **21** (1962) Nr. 2. S. 258–261. — 4 Tab., 13 Lit.
Mit Schaflämmern wurden 2 Verdauungs- und N-Bilanz-Versuche durchgeführt, um den Einfluß von intaktem, säurehydrolysiertem und enzymatisch hydrolysiertem Casein auf die Harnstoff-Verwertung festzustellen. 87% des N-Gehalts der Ration bestand aus Harnstoff- oder Casein-N. Wurde 8% des Harnstoff-N durch enzymatisch hydrolysierten Casein-N ersetzt, ergab sich im 1. Versuch eine zwar verbesserte, statistisch jedoch nicht gesicherte N-Retention. Im 2. Versuch bewirkte der Ersatz von 4, 8 und 16% des Harnstoff-N durch enzymatisch hydrolysiertes Casein keine Verbesserung von Nährstoffverdaulichkeit oder N-Verwertung. Bei gemeinsamer Auswertung beider Versuche konnte durch 8% enzymatisch hydrolysierten Casein-N gegenüber 100% Harnstoff-N eine statistisch gesicherte Verbesserung der Tr.-Subst.-Verdaulichkeit ($P < 0,05$) und der N-Retention ($P < 0,01$) nachgewiesen werden. J. Wünsche. 8042.

Gärtner, Klaus; Hannover, Tierärztl. Hochschule, Physiol. Inst. **Untersuchungen über die Größe des Verteilungsraumes von Harnstoff bei Ziegen.** Z. Tierphysiol., Tierernähr. Futtermittelkunde **16** (1961) Nr. 6. S. 366–373. — 2 Abb., 2 Tab., 21 Lit.
Der Verteilungsraum von Harnstoff wurde an Ziegen mittels der Extrapolationsmethode unter Verwendung von ^{14}C-Harnstoff ermittelt. 4 ausgewertete Versuche ergaben Werte von 42,0–52,4% des Lgw. Bei Verwendung der Extrapolationsmethode nach i. v.-Belastung mit inaktivem Harnstoff ergaben 17 Versuche einen Verteilungsraum von $44,7 \pm 3,26\%$ des Lgw. Der Umsatz körpereignen Harnstoffs im Pansen und sein Einfluß auf die verwendeten Bestimmungsmethoden werden diskutiert. Das Harnstoffverteilungsvolumen entspricht in seiner Größe beim Wiederkäuer weitgehend der des Körperwassers mit Ausnahme des Ingestawassers. Das Harnstoffverteilungsvolumen scheint damit für die Bestimmung des Gesamtkörperwassers unter bestimmten Bedingungen geeignet zu sein.
H. Bergner. 8050.

Gärtner, K., Decker, P. und Hill, H. **Untersuchungen über die Passage von Harnstoff und Ammoniak durch die Pansenwand.** VIII. int. Tierzuchtkongr. Hamburg **1961** Diskuss.-Beitr. S. 56. — Zus. in Engl., Franz. Zusammenfassung eines Diskussionsbeitrages der Vff. zum Hauptbericht IIA Nutritional physiology of the rumen. 8050.

Decker, P., Gärtner, K., Hörnicke, H. und Hill, H. **Fortlaufende Messungen von Harnstoffbildung und Harnstoffrückfluß in den Pansen in Abhängigkeit vom Harnfluß mit Hilfe von ^{14}C-Harnstoff bei Ziegen.** VIII. int. Tierzuchtkongr. Hamburg **1961** Diskuss.-Beitr. S. 57–59. — Zus. in Engl., Franz. Zusammenfassung eines Diskussionsbeitrages der Vff. zum Hauptbericht IIA Nutritional physiology in the rumen. 8050.

Perry, J. S. und Stanier, Margaret W.; Babraham, Cambridge, Univ., Med. Res. Council, Dep. of Exp. Med.; Agric. Res. Council, Inst. of Animal Physiol. The rate of flow of urine of foetal pigs. **(Die Harnflußrate bei fetalen Schweinen.)** J. Physiol. [London] **161** (1962) Nr. 2. S. 344–350. — 2 Tab., 12 Lit.
Bei Schweinefoeten im Alter von 44–71 Tagen wird der Harnfluß bei optimaler Umgebungstemperatur und bei der Aufrechterhaltung der Nabelstrangdurchblutung untersucht. In Abhängigkeit vom Alter der Foeten wird ein Harnfluß von 4,6–8,5 μ l/Min., das entspricht einem Wert von 0,28–0,39 ml/Min./kg bestimmt. Im foetalen Schweineharn werden Werte für die Harnstoffkonzentration zwischen 30–82 mg%, für die Fructosekonzentration zwischen 74–125 mg% angegeben. Die entsprechenden Werte im foetalen Plasma liegen zwischen 10–32 mg% bzw. 58-210 mg%.
H.-A. Ketz. 8050.

Stoffwechsel stickstofffreier Nährstoffe

Boda, J. M., Riley, P. und Wegner, T.; Davis, Univ. of California. Tissue glycogen levels in relation to age and some parameters of rumen development in lambs. **(Glykogenkonzentrationen im Gewebe in Beziehung zum Alter und einiger Hilfsgrößen der Pansenentwicklung von Lämmern.)** J. Animal Sci. **21** (1962) Nr. 2. S. 252–257. — 3 Tab., 16 Lit.
Es werden Leber-, Herz- und Skelettmuskel-Glykogenkonzentration von Lämmern unmittelbar post partum beginnend bis zu einem Alter von 114 Tagen und an 5 zweijährigen Mutterschafen ermittelt und mit dem Lgw. sowie den die Pansenentwicklung charakterisierenden Hilfsgrößen „Rumen-Reticulum-Gewicht (**I**), Omasum-Abomasum-Gewicht“ und dem ruminalen Gehalt an Gesamt-flüchtigen-Fettsäuren (**II**) verglichen. Relativ waren **I** und **II** in der 8. und 9. Lebenswoche am größten. Das neonatale Blutglucosemaximum fiel bis zur 6. und 7. Woche ab und zeigte dann Werte adulter Tiere. Die foetalen Leber- und Skelettmuskel-Glykogenvorräte sind schon kurz post partum nahezu völlig verbraucht, werden aber mit Einsetzen der extrauterinen Ernährung schnell auf den Umfang adulter Tiere angehoben. 16stündiges Hungern läßt im Alter von 4 bis 7 Wochen das Leberglykogen praktisch ganz, das Muskelglykogen weitgehend abbauen. Der Herzglykogenspiegel ist dagegen ziemlich stabil. Zwischen den Glykogenkonzentrationen und den ruminalen Hilfsgrößen besteht keine signifikante Beziehung.
H. H. Budzier. 8062.

Davis, C. L. und Brown, R. E.; Urbana, Univ. of Illinois, Dep. of Dairy Sci. Availability and metabolism of various substrates in ruminants. IV. Glucose metabolism in the young calf and growing steer. **(Verwertung und Stoffwechsel von verschiedenen Substraten durch Wiederkäuer. 4. Mitt. Glucose-Stoffwechsel im jungen Kalb und wachsenden Stier.)** J. Dairy Sci. **45** (1962) Nr. 4. S. 513–516. — 1 Abb., 1 Tab., 4 Lit. 3. Mitt. vgl. LZ. Abt. III **6** (1961) Nr. 12. S. 2152.

Der Glucose-Pool war bei Kälbern, bezogen auf 100 lb. Lgw., um 41% größer als bei Stieren. Der Blutzuckergehalt spiegelte die relativen Differenzen wider. Je 100 lb. Lgw. wurde ein Glucose-Pool von 7,55 g, 13,07 g und 14,20 g bei den Kälbern sowie 7,05 g, 8,06 g und 8,99 g bei den Stieren festgestellt. Bei den Kälbern wurden 8,3 g Glucose je Std./100 lb. Lgw. verwertet, bei den Stieren 4,7 g; das bedeutet eine Abnahme von 43%. Aus den Ergebnissen wird geschlossen, daß die Glucoseverwertung davon abhängt, in welcher Höhe sie durch Gewebe ausgenutzt werden kann. B. Piatkowski. 8062.

Coles, Betty L. und McDonald, I.; London, Roy. Free Hospital, School of Med., Dep. of Physiol.; Guy's Hospital Med. School. The influence of dietary carbohydrate on serum proteins. **(Der Einfluß der Nahrungskohlenhydrate auf die Serumproteine.)** J. Physiol. [London] **162** (1962) Nr. 1. S. 22P. — 2 Lit.
Ausgewachsene Kaninchen wurden durch proteinarme Rationen mit Maisstärke oder Saccharose oder Glucose ernährt. Nachdem die Tiere $^1/_3$ ihres Anfangsgewichtes verloren hatten, wurden sie getötet und die Serumproteinfraktionen bestimmt. Die Albuminfraktion nahm entsprechend den Kohlenhydratanteilen in den Futterrationen ab. Infolge der höheren Futteraufnahme und der damit verbundenen höheren Proteineinnahme bei der Stärkeration fiel die Albuminfraktion im Blut der Tiere mit Zuckerfütterung stärker ab als mit Stärkefütterung. W. Jentsch. 8062.

Haubold, H., Heuer, E., Loew, W. und Rohuschinskyj; München, Forschungsstelle für Mangelkrankh. **Histologische Beiträge zur Resorption von Fetten und Fettemulsionen.** Fette, Seifen, Anstrichmittel **64** (1962) Nr. 7. S. 606–614. — 14 Abb., 41 Lit.
In histologischen Untersuchungen wurde das Resorptionsbild von Butter und anderen Nahrungsfetten und Ölen bzw. deren Emulsionen untersucht. Es zeigte sich, daß das Nahrungsfett, sobald es mit einem geeigneten Emulgator auf eine bestimmte Teilchengröße emulgiert wird, überwiegend auf dem Lymphweg ohne vorherige enzymatische Aufspaltung im Darmlumen und in der Darmwand weiter transportiert wird. Selbst Paraffinöl, das normalerweise im Stoffwechsel weder resorbiert noch verwertet werden kann, wird nach entsprechender Emulgierung corpuskulär im Lymphsystem aufgenommen. Da der Körper aber über keine geeigneten Abbaumöglichkeiten verfügt, werden nekrotische Schäden in den Geweben hervorgerufen. In der Lebensmittelindustrie wird angestrebt, Fette so zu emulgieren, daß diese ebenso wie Butter korpuskulär auf dem Lymphweg resorbiert werden. Da aber die Fettkügelchen des Milchfettes mit Proteinphospholipoidhüllen umgeben sind, welche auch Enzyme enthalten und im Gewebe leicht resorbiert werden können, ist bei emulgierten Industrieprodukten zu prüfen, wie sich die verwendeten Emulgatoren und Fette bzw. Öle im Intermediärstoffwechsel verhalten.
H. Steger. 8066.

Bohman, V. R., Wade, M. A. und Torell, C. R.; Reno, Univ. of Nevada, Dep. of Animal Husbandry. Effect of dietary fat and graded levels of alfalfa on growth and tissue lipids of the bovine. **(Wirkung von Nahrungsfett und von abgestuften Luzernemengen auf Wachstum und Gewebefette des Rindes.)** J. Animal Sci. **21** (1962) Nr. 2. S. 241–247. — 4 Abb., 6 Tab., 21 Lit.
Um den Einfluß des Nahrungseiweißes auf die Fettverwertung beim Rind zu untersuchen, wurden an Absatzkälber in 2 Winterfütterungsperioden zusätzlich zur Grundration 2 verschiedene Gaben an Rindertalg kombiniert mit 3 verschieden hohen Luzernegaben verabreicht. Jede Erhöhung der Gaben an Luzernepellets erhöhte die Gewichtszunahmen und die Futterverwertung. Das Nahrungsfett schien keinen Einfluß auf die Zunahmen während des Winters zu haben. Es erhöhte die Gehalte an Fett, Cholesterin, Carotin und Vit. A im Plasma, wobei die verschiedenen Proteingehalte der Ration diese Wirkung

etwas beeinflußten. Das Nahrungsfett steigerte ferner den P-Gehalt des Plasmafettes und die Cholesterin- und Carotingehalte der Leber. Der Vit.-A-Gehalt der Leber nahm mit steigenden Luzernegehalten in der Ration ab; das Fett hatte darauf offenbar keinen Einfluß. Die verschiedenen Fütterungssysteme während des Winters zeigten — außer bei den Leber-Carotin-Werten und den durch hohe Luzernegaben verursachten erhöhten Hämatokrit-Werten — keinen Einfluß auf die Blut- und Leberzusammensetzung während der nachfolgenden Sommerperioden. J. Wünsche. 8066.

Ward, R. J. und Amos, Catherine C.; Hull, Reckitt and Sons Ltd. Growth of rats given cod-liver oil. **(Wachstum von Ratten durch Lebertrangaben.)** Brit. J. Nutrit. **16** (1962) Nr. 2. S. 219–222. — 2 Tab., 4 Lit.
Albinoratten (♂ und ♀) erhielten eine fettarme Grunddiät mit folgenden Zusätzen: 10% Lebertran (I); I mit einem Peroxydwert von 20; I + 0,05% α-Tocopherol; I + 0,05% Santoquin; I + 0,05% BHT (2,6-Di-t-butyl-4-methylphenol); I + 0,02% MBQ (Mono-t-butyl-chinol) bzw. 10% Baumwollsamenöl. Es wurde weder eine Verringerung der Gewichtszunahme durch I noch eine Beeinflussung dieser durch Peroxyde und Antioxydanszusatz gefunden. Auch Diarrhöe konnte — im Gegensatz zu früheren Berichten — nach I-Zugaben nicht beobachtet werden. H. Ackermann. 8066.

Nath, Narindar, Seidel, John C. und Harper, Alfred E.; Madison, Univ. of Wisconsin, Dep. of Biochem. Diet and cholesterolemia. VI. Comparative effects of wheat gluten lipids and some other lipids in presence of adequate and inadequate dietary protein. **(Ernährung und Cholesterolämie. 6. Mitt. Wirkungsvergleiche von Weizenglutenlipoiden und einigen anderen Lipoiden in Anwesenheit von adaequaten und nicht adaequaten Nahrungsprotein.)** J. of Nutrit. **74** (1961) Nr. 4. S. 389–396. — 1 Abb., 4 Tab., 36 Lit. 5. Mitt. vgl. J. Lipid Res. **1** (1960) Nr. 4. S. 474.
6 ♂ abgesetzte Raten mit einem Gewicht von 50–55 g wurden in jeder Gruppe zum Versuch herangezogen. Der hohe Cholesteringehalt in Blut und Leber bei der Grunddiät mit 25% gehärtetem Kokosöl (neben 1% Cholesterin, 0,5% Cholinsäure, 5% Mineralstoffmischung, Vitamin und Zucker als Kohlenhydratquelle) und bei einem Caseingehalt von 25 bzw. 10% wurde durch die Lipoidextrakte erheblich herabgesetzt. Steigende Mengen extrahierten Klebers (67,5%) senkten ebenfalls den Cholesteringehalt im Blut, aber nicht in der Leber. Das wird auf die S-haltigen Aminosäuren und verbliebenen Lipoidreste im Kleber zurückgeführt. Ebenso konnte der Cholesterinspiegel durch Ersatz (0–8%) des gehärteten Kokosfetts durch Maisöl bzw. Weizenkleberlipoide leicht gesenkt werden. Weiterhin wurde bei 10 bzw. 25% Casein das gehärtete Kokosfett durch ein Gemisch mehrfach ungesättigter Fettsäuren im Vergleich mit Maisöl und Weizenkleberlipoiden geprüft. Die Caseinwirkung (S-haltige AS) wurde durch Maisöl bzw. Weizenkleberlipoide erhöht, bei Zugabe der ungesättigten Fettsäuren kam es bei Substitution von 2–4% zu einem niedrigen Cholesterinwert, der unabhängig von dem Caseingehalt war. Ein weiterer Versuch bestätigte das günstige Zusammenwirken von mehrfach ungesättigten Fettsäuren und Methioninen. Es wird auf den Zusammenhang mit den Serumlipoproteinen verwiesen. G. Gebhardt. 8066.

Mineralstoffwechsel

Brune, H. und Bredehorn, H. **Zur Physiologie des bakteriellen Calciumoxalatabbaues und der Verwertungsmöglichkeit von Calcium aus Calciumoxalat beim Schwein.** Z. Tierphysiol., Tierernähr. Futtermittelkunde **16** (1961) Nr. 4. S. 214–236. — 8 Abb., 4 Tab., 18 Lit.
In Stoffwechselversuchen mit 2 Börgen konnte bei einer Zulage von 20 g Ca-Oxalat [$Ca(COO)_2$, $^{45}Ca(COO)_2$ oder $Ca(^{14}COO)_2$] zu einer Ca-armen Grund-

ration nachgewiesen werden, daß 76% des im Ca-Oxalat enthaltenen Ca infolge bakteriellen Abbaues der Oxalsäure im Verdauungstrakt zur Resorption zur Verfügung stehen und 35,5% des Ca retiniert werden. Die bakterielle Zersetzung des Ca-Oxalates findet zu mindestens 15% bereits im Magen statt. Das bakteriell aus $Ca(^{14}COO)_2$ im Intestinaltrakt gebildete $^{14}CO_2$ war gleich nach der Fütterung in der Expirationsluft der Schweine nachweisbar. ^{45}Ca wird sofort nach der Fütterung aus ^{45}Ca-Oxalat resorbiert. Die heute noch empfohlene Ergänzung Ca-Oxalat-haltiger Rationen mit Schlämmkreide ist auf Grund dieser Ergebnisse physiologisch ungerechtfertigt.
G. Rubach. 8110.

Maymone, B., Tiberio, M., Dattilio, M. und Giacomini, A. Oxalic acid metabolism in ruminants on prolonged diet of Oxalis cernua thunb. **(Oxalsäure-Stoffwechsel der Wiederkäuer bei längererFütterung mit einer Sauerkleeart [Oxalis cernua thunb].)** VIII. int. Tierzuchtkongr. Hamburg **1961** Diskuss.-Beitr. S. 54–55. — Zus. in Franz., Dtsch.
Zusammenfassung eines Diskussionsbeitrages der Vff. zum Hauptbericht IIa Nutritional physiology of the rumen. 8110.

Winkler, H., Theil, S. und Goetze, E.; Jena, Friedrich-Schiller-Univ., Inst. für Pathol. Physiol. Effect of additions of sodium and potassium and of peritoneal dialysis with a hypotonic solution of sodium chloride on the sodium and potassium contents of the maternal and foetal serum and the amniotic fluid of rats. **(Die Wirkungen von Natrium- und Kaliumgaben sowie einer peritonealen Dialyse mit einer hypertonischen Natriumchloridlösung auf den Natrium- und Kaliumgehalt des mütterlichen und fetalen Serums und der Amnionflüssigkeit von Ratten.)** Nature [London] **194** (1962) Nr. 4830. S. 779 bis 780. — 3 Abb., 9 Lit.
Über 200 g schwere Ratten erhielten am 19. Tag der Trächtigkeit 1,7 mval Na pro 100 g Lgw. in 20%iger Lösung von NaCl (I) oder 0,8–1,5 mval Na, welches durch peritoneale Dialyse mit 0,5%iger NaCl-Lösung wieder beseitigt wurde (II). Weiterhin wurden 1,5 mval K in isotonischer KCl-Lösung i.p. verabfolgt (III) oder 1,0 mval K nach bilateraler Nephrectomie (IV). Zu bestimmten Zeiten wurde mütterliches Blut (a), Amnionflüssigkeit (b) und Foetalblut (c) unter Äthernarkose entnommen und darin Na bzw. K bestimmt. In Ia erreichte Na nach ca. 1 Std., bei Ib und Ic nach 2,3 Std. ein Maximum. In II lag das Maximum des Na-Verlustes in der Reihenfolge absoluter Höhen = a, c und b. K-Einzelwerte zu III und IV werden ebenfalls mitgeteilt. Die mütterlichen Nieren scheiden K schnell aus, so daß K in c nur wenig ansteigt. Alle Versuchs-Muttertiere zeigten apatisches Verhalten und Krämpfe und die Foeten eine geringe Beweglichkeit. H. Bergner. 8122.

Ptaškin, A. A., Starkova, V. E. und Li, A. B. (Ptaschkin, A. A., Starkowa, W. Je. und Li, A. B.); Unions-Forsch.-Inst. für Karakulschafzucht. Opredelenie dejstvitel'nogo usvoenija kormovogo kal'cija karakul'skimi ovcami s pomošč'ju Ca^{45}. **(Bestimmung der tatsächlichen Aufnahme von Futtercalcium bei Karakulschafen mit Hilfe von ^{45}Ca.)** Uzbekskij biologičeskij žurnal, Taškent **6** (1962) Nr. 1. S. 57–62. — 2 Tab., 3 Lit. Orig.: russ., Ausz.: usbek.
Das herkömmliche Verfahren zur Ermittlung der Verdaulichkeit dieser oder jener Stoffe durch Ermittlung der Anteile in der aufgenommenen Nahrung und in den Exkrementen führt besonders bei Ca zu Trugschlüssen, da in den Exkrementen sowohl exogenes als auch endogenes Ca enthalten ist. Entsprechend der Methode zur Bestimmung des endogenen Kot-Ca nach Comar, Monroe u. a. für Großvieh, wurde durch den Vf. eine ähnliche Methode für Schafe angewendet. Die Methode und ihre Prüfungsergebnisse werden beschrieben. Der Grundgedanke der Methode beruht auf der Injektion von ^{45}Ca in die Venen und auf der Ermittlung der unterschiedlichen Aktivitäten des

in den Exkrementen und im Blut ermittelten Ca-Gehaltes, welcher unterschiedlich ist, da er sich aus beiden Anteilen zusammensetzt (aus Nahrungs-Ca und ^{45}Ca). Nach der herkömmlichen Methode wurde eine 11 bis 26%ige Verdaulichkeit des Nahrungs-Ca ermittelt. Unter Berücksichtigung des endogenen Kot-Ca beträgt dieser Anteil jedoch 20 bis 35%.
M. Achmedowa. 8123.

Lenkeit, W., Molnár, S., Lantzsch, H. J. und Gütte, J. O.; Göttingen, Univ., Inst. für Tierphysiol. und Tierernähr. **Untersuchungen über den Beginn der Mobilisierung der eingelagerten Körperreserven von Ca, P und N im Graviditäts-Laktations-Zyklus bei Sauen.** Z. Tierphysiol., Tierernähr. Futtermittelkunde **17** (1962) Nr. 2. S. 65–90. — 9 Abb., 14 Tab., 29 Lit.
Der Zeitpunkt der Mobilisierung der eingelagerten N-, Ca- und P-Reserven wurde an 2 Sauen untersucht. Zu diesem Zweck erfolgte die Bestimmung von N, Ca und P in Kot, Harn und Milch täglich. Der gespeicherte N wurde unmittelbar nach der Geburt der Ferkel vor der Abgabe der Placenta mobilisiert. Ein Maximum wurde am 5. Laktationstag erreicht. Vff. messen neben der Placenta auch den Foeten eine bedeutsame Rolle bei der Regulierung des N-Stoffwechsels in dieser Phase zu, für die des Ca- und P-Stoffwechsels scheint die Placenta maßgebender zu sein. Eine verstärkte Ca- und P-Abgabe erfolgt erst nach dem Ausstoß der Placenta. Die intensivste Mobilisierung wurde hier am 7.–10. Laktationstag registriert. B. Piatkowski. 8123.

Engstrom, G. W. und DeLuca, H. F.; Madison, Univ. of Wisconsin, Dep. of Biochem. The action of vitamin D in vivo and in vitro on the release of calcium from kidney mitochondria. **(Der Einfluß von Vitamin D in vivo und in vitro auf die Freisetzung von Calcium aus Nierenmitochondrien.)** J. biol. Chemistry **237** (1962) Nr. 3. S. PC974–PC975. — 3 Abb., 10 Lit.
Mitochondrien wurden in einer Lösung bestehend aus 45 μMol Bernsteinsäure 3 bis 6 μMol ATP, 0,08 μMol Cytochrom c, 10 μMol $MgCl_2$, 40 μMol KCl, 10 μMol Trispuffer (pH 7,4), 300 μMol Rohrzucker, 0,6 bis 0,9 μMol ^{40}Ca-^{45}Ca und entweder 0 oder 10 μMol Phosphatpuffer (pH 7,4) in einem Gesamtvol. von 3 ml inkubiert. Nach 10 Min. wurden 1 mg Hexokinase und 50 μMol Glucose in 0,2 ml H_2O zugesetzt. Die Aufnahme und Abgabe des Ca durch die Mitochondrien wurde im Abstand von 10 Min. bestimmt. Nach 10 Min. war das Maximum der Ca-Aufnahme erreicht. Bei Vit.-D-Ratten geben die Mitochondrien das Ca rasch wieder ab. Bei Vit.-D-Mangelratten fällt der Ca-Gehalt der Mitochondrien bei anorg. P-freiem Medium nach 40 Min. und bei P-haltigem Medium nach 60 Min. ab. Annähernd gleiche Verhältnisse ergeben sich bei in vitro Versuchen, wenn 100 μ g Vit. D_2 bzw. D_3 in 0,1 ml Propylenglycol zum Medium zugesetzt werden. Unwirksam waren Ergosterin, 7-Dehydrocholesterin, Δ^7-Cholesterol und Cholesterin, sowie Sr an Stelle von Ca.
H. Ackermann. 8123.

Groot, Th. de. Magnesium intake and utilization. **(Magnesium-Aufnahme und -Verwertung.)** Tijdschr. Diergeneeskunde **86** (1961) Nr. 19. S. 1265–1277. — 2 Abb., 3 Tab., 37 Lit. Zus. in Engl., Franz., Dtsch.
Die Hypomagnesämie ist in den Niederlanden eine der verlustreichen Rinderkrankheiten. Durch die Erkrankung werden ferner die Milchproduktion und das Lebensalter nachteilig beeinflußt. Die Mg-Aufnahme der Tiere hängt in erster Linie vom Gehalt in den Futtermitteln sowie von der Verwertbarkeit und der Resorption ab. Ein hoher Ammoniakgehalt des Pansens setzt die Mg-Aufnahme herab, da sich ein unlösliches Mg-Ammonium-Phosphat bildet. Auch ein hoher K-Gehalt des Grases wirkt sich negativ auf die Mg-Resorption aus, insbes. wenn gleichzeitig ein hoher N-Gehalt vorhanden ist. Durch richtige Fütterung und entspr. Pflege der Weiden kann eine wirksame Prophylaxe betrieben werden. W. Kuhlmann. 8123.

Slesareva, E. N. (Slessarewa, Je. N.) Obmen stroncija i barija i značenie ėtich ėlementov dlja kostnoj tkani sel'skochozjajstvennych životnych. **(Der Strontium- und Bariumstoffwechsel und die Bedeutung dieser Elemente für das Knochengewebe landwirtschaftlicher Nutztiere.)** Izvestija Timirjazevskoj sel'skochozjajstvennoj akademii, Moskva **1961** Nr. 6. S. 146–159. — 4 Abb., 13 Tab., 12 Lit. Zus. in Engl.

Nach den experimentellen Untersuchungen sind Sr und Ba konstante Komponenten des Knochengewebes. Der Gehalt schwankt stark und ist von vielen Faktoren abhängig wie Gehalt des Futters, Ca-Versorgung der Tiere, Alter der Tiere. Gering ist der Gehalt in den kompakten Teilen der Diaphyse. Der Austausch von Sr und Ba verändert sich mit dem Alter. Bei wachsenden Tieren ist der Aufenthalt im Körper größer. Der Austausch von Sr und Ba vollzieht sich unterschiedlich, besonders bei einer laufenden Erhöhung der Gaben an diesen Elementen. G. Leisner. 8123.

Carr, T. E. F., Harrison, G. E. und Sutton, Alice (unter Mitarb. von Comar, C. L.); Harwell, Berks., England, M. R. C. Radiobiol. Res. Unit. Availability to man of strontium in cow's milk. **(Die Verfügbarkeit des in der Kuhmilch enthaltenen Strontiums für den Menschen.)** Proc. Soc. exp. Biol. Med. **110** (1962) Nr. 1. S. 151–154. — 2 Tab., 8 Lit.

Nach Austestung der Doppelmarkierungsmethodik mit ^{85}Sr und ^{87m}Sr bei 2 Versuchspersonen wurde an 6 weitere erwachsene Versuchspersonen eine Mischung aus Milch von einer Kuh, der ^{85}Sr injiziert worden war, und Wasser, dem etwa gleiche Aktivitäten ^{87m}Sr zugesetzt waren, peroral gegeben. Bis zu 4 Std. nach Aufnahme wurde der Urin gesammelt und auf den Gehalt an den beiden Sr-Isotopen untersucht. Das relative Isotopenverhältnis wurde zu $0{,}990 \pm 0{,}14$ bestimmt, woraus sich ergibt, daß das Sr der Kuhmilch in gleicher Weise resorbiert wird wie das in Wasser gelöste. Die Bedeutung dieses Befundes ist im Hinblick auf die zunehmende radioaktive Verseuchung der Erdoberfläche diskutiert. R. Schiemann. 8123.

Schreiber, R.; Gießen, Justus-Liebig-Univ., Agrikulturchem. Inst. **Phosphor, eine Lebensfrage für Tier und Mensch.** Phosphorsäure **22** (1962) Nr. 1/2. S. 61 bis 73. — 2 Abb.

Vf. stellt in übersichtlicher Form den Kreislauf des P, die Bedeutung für die menschliche und tierische Ernährung sowie den Stoffwechsel im Organismus dar. Er gelangt zu der Schlußfolgerung, daß dem tierischen Organismus P am zweckmäßigsten über die Pflanze zugeführt wird. 8124.

Lantzsch, H. J., Gütte, J. O., Molnar, S. und Lenkeit, W. **Veränderung der wahren Verdaulichkeit des Futter-P während der Gravidität und Laktation des Schweines bei konstanter Ernährung.** VIII. int. Tierzuchtkongr. Hamburg **1961** Diskuss.-Beitr. S. 80–81. — Zus. in Engl., Franz.

Zusammenfassung eines Diskussionsbeitrages der Vff. zum Hauptbericht IIB Mode d'action des antibiotiques sur la croissance. Données récentes sur l'efficacité des lipides selon des modalitées de leur emploi dans la ration des vollailles. 8124.

Barber, R. S., Braude, R., Chamberlain, A. G. und Mitchell, K. G.; Shinfield, Reading, Nat. Inst. for Res. in Dairying. Effect of feeding copper sulphate to Bacon pigs for different intervals during the growing period. **(Die Wirkung der Beifütterung von Kupfersulfat an Baconschweine in verschiedenen Intervallen während des Wachstums.)** VIII. int. Tierzuchtkongr. Hamburg **1961** Schlußber. S. 86–95. — 1 Abb., 4 Tab., 11 Lit.

Wie aus der Literatur ersichtlich wird, erbrachte die Beigabe von 0,1% $CuSO_4$ (250 ppm Cu) nicht in allen Fällen übereinstimmende Ergebnisse. Die Vff. verabreichten daher die genannte Dosis in verschiedenen Wachstumsabschnitten. Die Cu-Beigabe während der gesamten Wachstumsperiode bzw. bis

185 lb. Lgw. bewirkte einen signifikant höheren Zuwachs (11%) und eine bessere Futterverwertung (7,7%) gegenüber der Kontrolle. Eine bei 125 lb. Lgw. beendete Beifütterung zeitigte einen geringeren Zuwachs im letzten Abschnitt (125–208 lb.) als bei den Kontrolltieren, während eine bei 125 lb. einsetzende Cu-Ergänzung eine leichte Verbesserung herbeiführt. Leber und Nieren der während des gesamten Versuchs mit Cu gefütterten Schweine wiesen einen signifikant höheren Cu-Gehalt (506 mg bzw. 41 mg/kg Tr.-Subst.) auf als die Kontrolltiere (47 bzw. 27 mg) oder die bis 125 bzw. 185 lb. (102 bzw. 26 mg) (170 bzw. 26 mg) mit Cu versorgten Tiere. Bei Schweinen, die eine Cu-Gabe ab 125 lb. Lgw. erhielten, wurde ein Cu-Gehalt von 342 mg in der Leber und 76 mg in der Niere gefunden. B. Piatkowski. 8127.

Doctor, V. M.; Houston, Univ. of Texas, Dep. of Physiol. and Biochem.; M. D. Anderson Hospital, Dep. of Med.; Tumor Inst. Uptake of I^{131} by rat organs and body fluids following injection of different I^{131} preparations. **(^{131}J-Aufnahme in Rattenorganen und Körperflüssigkeiten nach Injektion von verschiedenen ^{131}J-Präparationen.)** Proc. Soc. exp. Biol. Med. **110** (1962) Nr. 1. S. 181–185. — 7 Abb., 9 Lit.

Gealterte $Na^{131}J$-Lösungen enthalten ^{131}J, das nichtjodidförmig vorliegt und als „extraneous"-^{131}J (**I**) bezeichnet wird. Vf. isolierte **I** aus cysteinfreien Radiojodpräparaten durch chromatographische Trennung und Elution. 1 μC $Na^{131}J$ bzw. **I**-^{131}J wurde an je 4 ausgewachsenen Ratten i.p. injiziert. 1, 3 oder 24 Std. nach der Injektion wurden die Tiere getötet und die Radioaktivität in verschiedenen Organen und Körperflüssigkeiten gemessen. 1 oder 3 Std. nach der Injektion war in Magen, Schilddrüse, Leber, Darm und Plasma die $Na^{131}J$-Aufnahme signifikant höher als diejenige aus **I**-^{131}J. Nach 24 Std. sank die Aktivität in Magen, Leber, Darm und Plasma beträchtlich ab, und es waren zwischen den beiden Gruppen keine Unterschiede mehr vorhanden. Die J-Aufnahme der Schilddrüse stieg weiter an und die signifikant höhere $Na^{131}J$-Aktivität im Vgl. zur **I**-^{131}J-Gruppe blieb auch nach 24 Std. erhalten. Die Jodausscheidung im Urin war zwischen beiden Gruppen nicht unterschiedlich. Ein Radioautogramm des Urins (1 Std. nach Injektion) zeigte, daß im Falle des **I**-^{131}J 50% der Jodausscheidung **I**-^{131}J darstellen. Demnach wird **I**-^{131}J im Körper nicht so schnell zu Jodid reduziert, wie dies für Jodat berichtet wird. H. Bergner. 8127.

Kirchgeßner, M.; Stuttgart-Hohenheim, Inst. für Tierernährungslehre. **Der Einfluß einer Antibioticum-Zulage auf die Retention verschiedener Spurenelemente bei wachsenden Schweinen.** VIII. int. Tierzuchtkongr. Hamburg **1961** Schlußber. S. 95–97. — 6 Abb.

Die Retention von P und Mg wurde beim Schwein durch eine Chlortetracyclin-Beigabe (33 mg) im 1. Wachstumsabschnitt um 70 bzw. 100% erhöht, nicht jedoch im weiteren Verlauf des Wachstums. Das gleiche Ergebnis konnte bei den Spurenelementen Zn, Mn, Co, Cu und Fe festgestellt werden. Die höhere Zn-Retention beruht insbesondere auf einer verminderten Zn-Ausscheidung im Harn, die der anderen o. a. genannten Spurenelemente auf einer geringeren Ausscheidung im Kot. B. Piatkowski. 8127.

Kirchgeßner, M. **Der Einfluß einer Antibiotikum-Zulage auf die Retention verschiedener Spurenelemente bei wachsenden Schweinen.** VIII. int. Tierzucht-kongr. Hamburg **1961** Diskuss.-Beitr. S. 82–83. — Zus. in Engl., Franz.

Zusammenfassung eines Diskussionsbeitrages des Vf. zum Hauptbericht IIb Mode d'action des antibiotiques sur lacoissance. Données récentes sur l'efficacité des lipides selon les modalitées de leur emploi dans la ration des vollailles. 8127.

Barber, R. S., Braude, R., Chamberlain, A. G. und Mitchell, K. G. Effect of feeding copper sulphate to Bacon pigs at different stages of their growth period. **(Die Auswirkung der Fütterung von Kupfersulfat bei Baconschweinen in verschiedenen Wachstumsstadien.)** VIII. int. Tierzuchtkongr. Hamburg **1961** Diskuss.-Beitr. S. 78–79. — Zus. in Franz., Dtsch.

Zusammenfassung eines Diskussionsbeitrages der Vff. zum Hauptbericht IIb Mode d'action des antibiotiques sur la croissance. Données récentes sur l'efficacité des lipides selon les modalitées de leur emploi dans la ration des volloilles. 8127.

Zeigler, T. R., Leach jun., R. M., Norris, L. C. und Scott, M. L.; Ithaca, N. Y., Cornell Univ., Dep. of Poultry Husbandry. Zinc requirement of the chick: Factors affecting requirement. **(Der Zinkbedarf des Kükens: Den Bedarf beeinflussende Faktoren.)** Poultry Sci. **40** (1961) Nr. 6. S. 1584–1593. — 6 Tab., 18 Lit.

In **4**wöchigen Kükenwuchsprüfungen mit WPR-Küken ergab sich ein Zn-Bedarf von 12–14 mg/kg Diät, der durch Fettgaben von 3–10% nicht verändert wurde. Ersetzte man das Casein in diesen gereinigten Diäten durch isoliertes Sojaprotein, stieg der Bedarf auf 27–29 mg/kg Diät an. Fettgaben von 3–10% steigerten hier den Zn-Bedarf um 45%. Je Gewichtseinheit war der Zn-Bedarf bei Sojaprotein 2,2 mal größer im Vergleich zu Casein. Sojaprotein soll einen Faktor enthalten, der den Zinkbedarf erhöht, während Casein die Verwertung des Zinks verbessert. In praxisüblichen Futtermischungen ist nicht immer genügend Zink enthalten. W. Rudolph. 8127.

Nilsson, Agnar. **Strontium 90 induced bone and bonemarrow changes.** An experimental study with special reference to the histogenesis and histopathology of osteosarcomas. Uppsala: Almqvist & Wiksells boktr. 1962. (20 S. m. Abb.) 8°. (Diss 8351)

Stoffwechsel der Vitamine und anderer Wirkstoffe

Methfessel, J.; Halle/S., Martin-Luther-Univ., Physiol.-Chem. Inst. **Wirkstoff-Hemmstoff-Antagonismen und ihre Bedeutung für Biologie und Medizin.** Pharmazie **17** (1962) Nr. 4. S. 203–208. — 12 Abb., 4 Lit.

Es wird das Prinzip des Wirkstoff-Hemmstoff-Antagonismus (konkurrierende oder kompetitive Hemmung, Verdrängungsreaktion) erklärt und auf die Bedeutung des Antagonismus durch Anführen und Erläuterung verschiedener Beispiele hingewiesen. Für den als allgemein gültiges biologisches Prinzip betrachteten Antagonismus werden folgende Beispiele angeführt: Blutgerinnung-Fibrinolyse, Resistenz-Immunität, Sulfonamid- und Antibioticawirkung, Bernsteinsäure-Malonsäure, D-Histidin-L-Histidin, CO-O, Antivitamine, Dicumarin-Vit. K, Gammexan-Inosit, Antihistaminica, Strukturanaloge des Acetylcholins, Diisopropylfluorphosphat, Triorthokresylphosphat, Diäthyl-p-nitrophenylthiophosphat (E 605), Methylalkohol-Äthylalkohol, N-Allylnormorphin-Morphin, K-Na, Cl^--Br, Ca-Mg. I. Schröder. 8145.

Boguth, W. und Sarl, Ö.; Gießen, Univ., Inst. für Biochem. und Endokrinol. der Haustiere. **Zur Frage der Bedeutung der Schilddrüse für die Umwandlung von β-Carotin in Vitamin A bei der weißen Ratte.** Int. Z. Vitaminforsch. [Bern] **32** (1962) Nr. 2. S. 131–134. — 1 Tab., 5 Lit. Zus. in Engl., Franz.

Untersuchungen an unter Vit.-A-Mangel stehenden hypophysektomierten Ratten (Ausschaltung der glandotropen Stimulierung der Schilddrüse durch Thiouracil) ergaben, daß nach Verabreichung von tägl. 100 μg trans-β-Carotin die Tiere nach **4** bis 5 Tagen frei von Vit.-A-Mangelerscheinungen sind. Die Gewichtszunahmen betrugen innerhalb von 15 Tagen im Mittel bei Carotin allein **4**,1 g, bei Carotin + Testosteronpropionat 13,0 g. Daraus ist zu schließen, daß die β-Carotinumwandlung in Vit. A unabhängig von der Schilddrüse ist. H. Ackermann. 8152.

McGillivray, W. A.; Palmerston North, New Zealand, Dairy Res. Inst. The role of carotene and vitamin A. **(Die Rolle des Carotins und Vitamin A in der Tierernährung.)** Wld. Rev. Nutrit. Dietetics **2** (1960) S. 132–155. – 1 Abb., 3 Tab., 124 Lit.

Es wird eine ausführliche Zusammenstellung über die Bedeutung des Carotins (**I**) und des Vit. A (**II**) für die Tierernährung gegeben. Als erstes wird die Umwandlung des **I** in **II** abgehandelt (Vorstufen des **II**, Aufnahme im allgemeinen, sowie speziell beim Wiederkäuer, Ort der Umwandlung, Umwandlungsmechanismus, Unterschiede im Carotinstoffwechsel zwischen den verschiedenen Tierarten). Weitere Kapitel umfassen Transport, Ablagerung und Mobilisierung des **II** sowie die Übertragung der Carotinoide (**III**) und des **II** in tierische Produkte, wobei im Besonderen auf die Beeinflussung des **II**-Gehaltes, die Herkunft des **II** und der **III** in Milch und Eiern und auf die Färbung der tierischen Produkte durch **III** eingegangen wird. Zum Schluß werden der **II**-Bedarf und allgemeine **II**-Mangelsymptome der Haustiere beschrieben.
H. Ackermann. 8152.

Edwin, E. E., Bunyan, J., Green, J. und Diplock, A. T.; Tadworth, Surrey, Walton Oaks Exp. Stat. The effect of vitamin A on ubiquinone and ubichromenol in the rat, and its relation to the effect of vitamin E. **(Der Einfluß von Vitamin A auf Ubichinon und Ubichromenol bei Ratten und die Beziehungen zur Vitamin-E-Wirkung.)** Brit. J. Nutrit. **16** (1962) Nr. 1. S. 135–149. – 11 Tab., 20 Lit.

Ubichinon wurde zuerst bei Vit.-A-Mangelratten beobachtet und zwar durch Anreicherung in der Leber. Die Untersuchungen hatten zum Ziel, festzustellen, ob Vit. A ohne die vermittelnde Wirkung des Vit. E einen Einfluß auf das Ubichinon hat. Dazu erhielten Ratten eine von 2 verschiedenen Vit.-A- oder Vit.-A- und Vit.-E-Mangeldiäten. Es wurden Ubichinon, Vit. A, Ubichromenol, und α-Tocopherol in Herz, Leber, Niere und Gehirn bestimmt. Im Frühzustand des Vit.-A-Mangels wird Ubichinon in der Leber erhöht, später im Herzgewebe. Dafür scheinen 3 Haupteffekte verantwortlich zu sein: 1. Verringerung der Leistung verschiedener Organe, 2. die Erhöhung der α-Tocopherol-Konzentration, die bei Vit.-A-Mangel fast immer zu beobachten ist und 3. Veränderung des Lipoidstoffwechsels. Ein Beweis dafür, daß Vit. A in Beziehung zur Ubichinon-Synthese steht, konnte nicht gefunden werden. Durch Thiouracil wird im Endstadium des Vit.-A-Mangels die Ubichinon-Konzentration nicht herabgesetzt. H. Ackermann. 8152.

Smith, Barbara M. und Malthus, Eileen M.; Dunedin, New Zealand, Univ. of Otago, Med. School, Med. Res. Council of New Zealand, Nutrit, Res. Dep. Vitamin A content of human liver from autopsies in New Zealand. **(Vitamin-A-Gehalt der menschlichen Leber in Neuseeland – bestimmt an Leichen.)** Brit. J. Nutrit. **16** (1962) Nr. 2. S. 213–218. – 1 Abb., 3 Tab., 22 Lit.

In Leberproben von Leichen wurde der Vit.-A-Gehalt nach einer modifizierten U.S. Pharmakopoeia XIV (1950)-Methode bestimmt. Die Auswertung erfolgte nach Höhe der Vit.-A-Werte (61,3% der Werte liegen zwischen 600 bis 890 IE/g), nach der Altersverteilung (die niedrigsten Durchschnittswerte wurden im 1. Lebensjahr – 327 IE/g –, die höchsten vom 2. bis 10. Lebensjahr – 2409 IE/g – gefunden) sowie nach Todesart. Im Vergleich mit Untersuchungen in anderen Ländern ergibt sich, daß die Vit.-A-Werte in Neuseeland sehr hoch liegen, was auf den hohen Butterverbrauch zurückgeführt wird.
H. Ackermann. 8152.

Anderson, T. A., Taylor, R. E., Diven, R. H., Hubbert jun., Farris und Hale, W. H.; Tucson, Univ. of Arizona. Reliability of the liver biopsy technique for estimating hepatic vitamin A. **(Zuverlässigkeit der Leberbiopsietechnik zur Abschätzung des Vitamin-A-Gehaltes der Leber.)** J. Animal Sci. **21** (1962) Nr. 2. S. 369–372. – 1 Abb., 2 Tab., 8 Lit.

In 96 Lebern von Rindern und Schafen verschiedenen Alters und unterschiedlicher Ernährung wurden von 4 Leberteilen (Dorsallappen oben und unten, Ventrallappen und Caudallappen) Proben entnommen und der Vit.-A-Gehalt nach Gallup und Höfer bestimmt. Die Untersuchungen zeigen, daß das Vertrauensintervall zwischen den verschiedenen Leberteilen bei einem Vit.-A-Gehalt unter 30 μg/g $\pm$ 62% beträgt und bei Werten von 40 bis 160 μg/g $\pm$ 21,5% nicht überschreitet. H. Ackermann. 8152.

Ascarelli, I. und Senger, Miriam; Rehovot, Israel, Hebrew Univ., Fac. of Agric. Vitamin-A utilisation by the chick as affected by type of vitamin-A concentrate and other dietary factors. **(Vitamin-A-Verwertung durch Küken in Abhängigkeit von der Art des Vitamin-A-Konzentrats und anderer Nahrungsfaktoren.)** J. Sci. Food Agric. **13** (1962) Nr. 6. S. 332–338. — 4 Tab., 28 Lit.
Neben der Stabilität des Vit. A in Konzentraten spielt seine Verwertung aus diesen eine wesentliche Rolle. Es wurden 8 Vit.-A-Präparate geprüft. Bestimmt wurde bei verschieden hohen Vit.-A-Mengen (150 bis 500 IE/100 g Futter) das durchschnittliche Gewicht der Küken und die Vit.-A-Speicherung in der Leber nach 6 Versuchswochen, sowie die mittlere Überlebensdauer in Tagen. Das beste Ergebnis wurde mit dem Präparat AGP (gelatinestabilisiert — es enthält neben 20000 IE Vit. A/g die Vit. B und E, sowie Antioxydantien) erzielt. Eine Beeinflussung der Vit.-A-Aufnahme durch unterschiedlichen Eiweißgehalt des Futters (16,8 bzw. 26,2%) war nicht vorhanden; durch Fettzusatz (Sojaöl bzw. entsäuerten Soja-Seifenstock) wurde dagegen die Vit.-A-Verwertung erhöht. Es wird angenommen, daß diese auf den erhöhten Vit.-E-Gehalt des fetthaltigen Futters zurückzuführen ist.
H. Ackermann. 8152.

Kramer, Magdalene und Tarján, R.; Budapest, Inst. für Ernähr. **Die Wirkung von Konservierungsmitteln auf die Verwertung von Carotin.** Int. Z. Vitaminforsch. [Bern] **32** (1962) Nr. 2. S. 149–157. — 2 Abb., 2 Tab., 9 Lit. Zus. in Engl., Franz.
Es wurde der Einfluß von Ameisensäure, Sorbinsäure und Natriumbenzoat auf die Carotinausnutzung durch Ratten untersucht. Eine Beeinflussung des Wachstums wurde nicht festgestellt; die Lebern der Sorbinsäuretiere waren etwas vergrößert. Eine Herabsetzung der Lebercarotinwerte trat deutlich nach 14 Versuchstagen bei Zugabe von Ameisensäure, weniger ausgeprägt bei Sorbinsäure auf. Bilanzuntersuchungen ergaben bei beiden eine erhöhte Carotinausscheidung. H. Ackermann. 8152.

Yokoyama, H., Nakayama, T. O. M. und Chichester, C. O.; Davis, Univ. of California, Dep. of Food Sci. and Technol. Biosynthesis of β-carotene by cell-free extracts of Phycomyces blakesleeanus. **(Biosynthese des β-Carotins durch zellfreie Extrakte von Phycomyces blakesleeanus.)** J. biol. Chemistry **237** (1962) Nr. 3. S. 681–686. — 4 Abb., 8 Tab., 23 Lit.
Es konnte ein zellfreies Enzymsystem aus *Phycomyces blakesleeanus* isoliert werden, das in der Lage ist, β-Carotin zu synthetisieren. Das Isolierverfahren, die Inkubationsbedingungen des Enzymsystems sowie dessen Cofaktorbedarf und seine Zusammensetzung werden im einzelnen beschrieben. Mevalonsäure erwies sich von zahlreichen als die weit besteVorstufe für die in vitro-Synthese.
H. H. Budzier. 8152.

Feldheim, Walter, Gažo, Mikuláš und Sladka, Olga; Potsdam-Rehbrücke, Inst. für Ernähr.; Ivanka pri Dunaji, ČSSR, Inst. für Geflügelzucht. **Untersuchungen über den Vitamin-Stoffwechsel bei Geflügel. 1. Mitt. Der Vitamin-A-Gehalt im Serum und in der Leber in Abhängigkeit vom Alter bei Hähnen.** Int. Z. Vitaminforsch. [Bern] **32** (1962) Nr. 2. S. 157–163. — 2 Abb., 1 Tab., 3 Lit. Zus. in Engl., Franz.
Vergleichende Gesamtvit.-A-Bestimmungen bis zur 12. Lebenswoche bei Verabreichung eines Standardfutter mit suboptimalem Vit.-A-Gehalt (2000 IE/kg

Futter) zeigten in beiden Instituten einen annähernd gleichen Trend. Ferner wurde Vit.-A-Alkohol und -Ester, sowie das Alkohol/Ester-Verhältnis bestimmt Während der 2. Versuchswoche wurde ein starker Abfall des Vit.-A-Gehaltes in Serum und Leber festgestellt. Es wird daraus geschlossen, daß in diesem Entwicklungsstadium für die Tiere ein höherer Vit.-A-Gehalt im Futter erforderlich ist. H. Ackermann. 8152.

Feldheim, Walter, Gažo, Mikuláš und Sladka, Olga; Potsdam-Rehbrücke, Inst. für Ernähr.; Ivanka pri Dunaji, ČSSR, Inst. für Geflügelzucht. **Untersuchungen über den Vitamin-Stoffwechsel bei Geflügel. 2. Mitt. Untersuchungen über die Speicherung von Vitamin A in der Leber in Abhängigkeit vom Alter bei Hähnen.** Int. Z. Vitaminforsch. [Bern] **32** (1962) Nr. 2. S. 161–170. — 2 Abb., 2 Tab., 6 Lit. Zus. in Engl., Franz. 1. Mitt. vgl. vorst. Ref.
Bei Verabreichung eines Standardfutters mit suboptimalem Vit.-A Gehalt (2000 IE/kg Futter) wurde der Vit.-A Resorptionsquotient nach zusätzlichen Gaben von 20 IE Vit. A am 2., 14., 28., 56. und 84. Lebenstag bestimmt. Die Werte ließen in den ersten Versuchswochen keinen einheitlichen Verlauf zwischen beiden Untersuchungsorten erkennen. Bei beiden konnte jedoch während der 2. Lebenswoche eine Herabsetzung des Resorptionsquotienten beobachtet werden. H. Ackermann. 8152.

Palludan, B. **Die teratogene Wirkung des Vitamin-A-Mangels bei Schweinen.** VIII. int. Tierzuchtkongr. Hamburg **1961** Diskuss.-Beitr. S. 93–94. — Zus. in Engl., Franz.
Zusammenfassung eines Diskussionsbeitrages des Vf. zum Hauptbericht IIB Mod'edaction des antibiotiques sur la croissance. Données récentes sur l'efficacité des lipides selon les modalitées de leur emploi dans la ration des vollailles. 8152.

Dalgarno, A. C., Hill, R. und McDonald, I.; Bucksburn, Aberdeen, Rowett Res. Inst. Vitamin D in the blood of sheep. **(Vitamin D im Blut von Schafen.)** Brit. J. Nutrit. **16** (1962) Nr. 1. S. 91–97. — 2 Tab., 22 Lit.
6 Mon. alte Schaflämmer erhielten $^1/_2$ Jahr lang folgende Diäten: **I**) Grunddiät mit niedrigem P-Gehalt ohne Vit. D, **II**) wie **I**) jedoch zusätzlich tägl. 500 IE Vit. D, **III**) wie **I**) mit NaH_2PO_4-zusatz. Die Tiere wurden 8 Mon. im Stall gehalten. Als Vergleichsgruppe wurden Tiere im Freien mit Heu- und Silagefütterung gehalten (**IV**). Die Vit.-D-Bestimmung erfolgte mittels biologischen Rattentests zu Versuchsbeginn, sowie nach 3, 6 und 12 Mon. Die letzte Bestimmung wurde bei geschorenen und ungeschorenen Tieren vorgenommen. Es konnte eine jahreszeitliche, sowie eine fütterungsbedingte Abhängigkeit des Vit.-D-Gehaltes im Blut gefunden werden. Die Vit.-D-Werte lagen bei **I** und **III** in der gleichen Größenordnung; die höchsten Werte wies Gruppe **IV** zur letzten Bestimmung auf. H. Ackermann. 8154.

Rako, A., Kalivoda, M. und Dumanovsky, F. **Über den Einfluß von Vitamin E auf die Verwertung von Fettstoffen im Futter bei der Kükenmast.** Schweiz. Arch. Tierheilkunde **104** (1962) Nr. 7. S. 450–457. — 6 Tab., 22 Lit. Zus. in Engl.
Vorliegende Untersuchungen bestätigen die Annahme, daß die Verwertung von mengenmäßig angepaßten Fetten und Eiweißen in Verbindung mit Vit.-E-haltigen Stoffen zu guten Gewichtszunahmen führt. Aus den Ergebnissen ist jedoch ersichtlich, daß Vit. E einen großen Einfluß auf diese Gewichtszunahmen ausübt, d. h. es werden nur dann größere Gewichtszunahmen erzielt, wenn mit dem Futter neben gleichen Mengen von Fett- und Eiweißstoffen auch Vit. E aufgenommen wird. Die Ergebnisse zeigen, daß beste Zunahmen bei den Tieren erzielt wurden, die während der ersten 30 Tage nur 5 % Fett verabreicht bekamen gegenüber einer anderen Gruppe mit 10% Fett. Die Konzentration des gesamten Vit. E im Blut läßt die gleiche Schlußfolgerung

zu: sie ist höher bei 5% fetthaltigem Futter gegenüber 10%igem, wenn Eiweißstoffe und Vit.E in der Nahrung mengenmäßig gleich sind.
M. Richter. 8156.

Diplock, A. T., Bunyan, J., Edwin, E. E. und Green, J.; Tadworth, Surrey, Walton Oaks Exp. Stat. Tocopherol, selenium and ubiquinone in the turkey and the pigeon. **(Tocopherol, Selen und Ubichinon bei Truthahn und Taube.)** Brit. J. Nutrit. **16** (1962) Nr. 1. S. 109–115. — 2 Tab., 10 Lit.
Truthähne undTauben erhielten einVit.-E-armes bzw. einVit.-E- und Se-Mangelfutter. Die Tiere wurden in jeweils 3 Gruppen eingeteilt: a) ohne Zusatz, b) 50 mg DL-α-Tocopherolacetat (I)/kg Futter, c) 50 ppm Se als Na-Selenit zum Futter. In Herz, Leber, Brust- und Schenkelmuskulatur wurden Ubichinon (**II**), Ubichromenol (**III**) und α-Tocopherol (**IV**) bestimmt. Durch **I** wird außer **III** in allen untersuchten Geweben **II** in den Muskelgeweben von Truthähnen und in der Brustmuskulatur von Tauben erhöht, sowie durch Se in der Leber. Der **III**-Gehalt wird nur gering beeinflußt. H. Ackermann. 8156.

Menke, K. H. **Zur Frage der Vitamin-B_{12}-Versorgung durch intestinale Synthese.** VIII. int. Tierzuchtkongr. Hamburg **1961** Diskuss.-Beitr. S. 75–77. — Zus. in Engl., Franz.
Zusammenfassung eines Diskussionsbeitrages des Vf. zum Hauptbericht IIb Mode d'action des antibiotiques sur la croissance. Données récentes sur l'efficacité des lipides selon les modalitées de leur emploi dans la ration des vollailles. 8158.

Konoplev, A. I. und Roś, I. F. (Konoplew, A. I. und Ros, I. F.); Charkow, Veterinärmed. Inst., Lehrstuhl für Futtermittel Landwirtsch. Nutztiere; Lehrstuhl für Klin. Diagnostik. Rost porosjat-sosunov i nekotorych trubčatych kostej u nich pri vvedenii v racion vitamina C. **(Das Wachstum von Saugferkeln und einiger ihrer Röhrenknochen bei Zufütterung von Vitamin C.)** Sbornik trudov Charkovskogo veterinarnogo instituta **24** (1960) S. 108–111. — 2 Tab.
Von 18 Ferkeln wurden je 3 am Tage der Geburt und am 5. Lebenstag geschlachtet. Die restlichen 12 wurden in 2 Gruppen aufgeteilt, von denen die Tiere der einen Gruppe (Versuchsgruppe) tägl. 75 mg Ascorbinsäure peroral verabreicht bekamen. Aus jeder Gruppe wurden je 3 Tiere am 36. und am 60. Lebenstag geschlachtet. Das mittlere Lgw. der Versuchsferkel lag im Alter von 30 Tagen um 18% und im Alter von 60 Tagen um 20% über dem der Kontrolltiere. Die genommenen Körpermaße (Körperlänge, schräge Länge und Widerristhöhe) waren im Alter von 30 Tagen bei den Versuchstieren um 7–12% größer als bei den Kontrolltieren. Es zeigte sich eine starke Gewichtserhöhung der Knochen um 20 bzw. 34% am 30. und von 9,5 bzw. 12% am 60. Lebenstag. G. Häßler. 8160.

Franke, W.; Bonn, Univ., Inst. für Landwirtsch. Bot. **Über die Bildung von Vitamin C in Grünfutter, das in einem Keimschrank produziert wird.** Landwirtsch. Forsch. **15** (1962) Nr. 1. S. 96–101. — 2 Tab., 2 Lit.
In einem Keimschrank der Firma „Prometec" Antwerpen (R. Bouillenne und M. Bouilenne-Walrand, vgl. Bull. Soc. roy. Sci. Liège **30** [1961] S. 258.) wurde Gerstensaatgut zum Keimen gebracht. 15 Tage lang wurden tägl. 2–3 Proben auf ihren Ascorbinsäure- und Vitamin C-Gehalt untersucht. Er stieg von 1,47 mg% in Gerstenkörnern bis zum 9. Tag, dem Termin der Frischfutterernte, auf 8,65 mg% an. Aus 1 kg Gerste wurden 5,7 kg Frischfutter mit 479 mg Vitamin C gewonnen. Nach 9 Tagen sank der Vitamin C-Gehalt wieder ab. H.-D. Bock. 8160.

Chatagner, Fernande und Trautmann, Odile; Paris, Univ., Fac. des Sci., Lab. de Chim. Biol. „Soluble" cysteine desulphurase of rat liver as an adaptive enzyme. (**„Lösliche" Cysteindesulfurase der Rattenleber als ein adaptives Enzym.**) Nature [London] **194** (1962) Nr. 4835. S. 1281–1282. – 2 Tab., 7 Lit.

Ratten wurde i.p. L-Methionin, DL-Homoserin, L-Alanin bzw. DL-Tryptophan injiziert. 4 Std. nach der Injektion wurden die Tiere getötet, die Lebern homogenisiert und im Überstand unter bestimmten Bedingungen die enzymatische Aktivität der Desulfurierung von L-Cystein sowie der Desaminierung von L-Cystein, DL-allo-Cystathionin und DL-Homoserin bestimmt. Homoserin- und Methioninbehandlung steigerten die Desulfurierungs- sowie die Desaminierungsaktivitäten gegenüber unbehandelten Kontrolltieren. Behandlungen mit Alanin bzw. Tryptophan waren ohne Einfluß auf die Aktivität der Desulfurase. Aus der gleichmäßigen Steigerung der Enzymaktivität bei der Desulfurierung und den angegebenen Desaminierungsreaktionen schließen Vff., daß alle Reaktionen durch das gleiche Ferment katalysiert werden, dem weiterhin adaptive Eigenschaften zukommen. Das Ferment unterliegt ferner einer hormonalen Regelung, da Thyroxinbehandlung einen Abfall und Thyreoidektomie einen Anstieg der enzymatischen Aktivität bewirkte. Adrenalektomie war ohne Einfluß auf die Enzymaktivität, während Hydrocortison diese steigerte. R. Schiemann. 8170.

Dvornikova, P. D. und Pečenova, T. N. (Dwornikowa, P. D. und Petschenowa, T. N.); Kiew, Inst. für Biochem. der Akad. der Wiss. der Ukrain. SSR. Aktivnost nekotorych fermentov glikogenoliza v raznych myšcach vzroslych krolikov i ėmbrionov. (**Aktivität einiger Fermente der Glykogenolyse in verschiedenen Muskeln erwachsener Kaninchen und Embryonen.**) Ukrainskij biochimičeskij žurnal, Kiew **34** (1962) Nr. 1. S. 118–129. – 3 Abb., 22 Lit. Orig.: ukrain., Ausz.: russ., engl.

Vff. untersuchten die Enzymaktivitäten der Phosphoglucomutase, Phosphofructokinase, Aldolase und Enolase in verschiedenen Muskeln ausgewachsener Kaninchen. Die höchsten Enzymaktivitäten zeigten sich in den Rückenmuskeln. In den Femur-, Herz- und Zwerchfellmuskeln waren die Aktivitäten wesentlich geringer (44 bis 20%). Bei 14–16 Tage alten Kaninchen konnte in der Skelettmuskulatur keine Phosphorylase (**P**) gefunden werden, am 30. Lebenstag erreichte die **P**-Aktivität bereits die Werte ausgewachsener Tiere. Die Hexokinase-Aktivität war bei den Neugeborenen am höchsten und sank nach dem 10.–12. Lebenstag auf die Hälfte. Die Aktivitäten der anderen genannten Enzyme stiegen bis zum 30. Lebenstag an, um dann das jeweilige Niveau von ausgewachsenen Kaninchen zu erreichen.
H.-D. Bock. 8170.

Wang, D. Y.; London, Univ. Coll., Dep. of Biochem. Variation of 5'-nucleotidase activity of the rat mammary gland during pregnancy, lactation and involution. (**Variation der 5'-Nucleotidase-Aktivität in der Rattenmilchdrüse während der Trage- und Säugezeit und nach dem Absetzen.**) Biochem. J. **83** (1962) Nr. 3. S. 633–637. – 4 Tab., 22 Lit.

In Homogenaten der Rattenmilchdrüse wurde die Aktivität der 5'-Nucleotidase nach Heppel und Hilmoe (vgl. Methods Enzymol. **2** [1958] S. 547.) bestimmt. Als Maßstab für die Enzymaktivität diente die freigesetzte Menge P aus Desoxyribonucleinsäure (DNS). Die Aktivität der 5'-Nucleotidase – bezogen auf DNS-Gehalt – ist in der Säugezeit geringer als während der Gravidität und nach dem Absetzen. Je Einheit Gewebe ist die durch das Enzym freigesetzte Menge in der Laktation zwei- bis dreimal größer als in der Tragezeit. Während der Laktation ist die Enzymaktivität relativ konstant. In der Milch ist das Enzym nur in geringer Menge enthalten. In der Drüse ist etwa 60% der 5'-Nucleotidaseaktivität in der Cytoplasmafraktion enthalten. Es wird angenommen, daß in der Milchdrüse für die Dephosphorylierung der 5'-Nucleotide nur ein Enzym vorhanden ist. A. Hennig. 8170.

Myers, D. K. (unter techn. Mitarb. von De Wolfe, Donna E.); Chalk River, Ontario, Atomic Energy of Canada Ltd., Biol. Branch. Effects of X irradiation on enzyme synthesis during liver regeneration. **(Einflüsse der Röntgenbestrahlung auf die Enzymsynthese während der Leberregeneration.)** Canad. J. Biochem. Physiol. **40** (1962) Nr. 5. S. 619–630. — 4 Tab., 40 Lit.
Nach partieller Hepatectomie bei 180 g schweren ♀ Ratten wurde ein Teil der Tiere Röntgenbestrahlung (1500 r) ausgesetzt. In den sich regenerierenden Rattenlebern der bestrahlten und der Kontrolltiere wurden 24 Enzyme bestimmt. Totale oder partielle Röntgenbestrahlung der Lebern bewirkte die Akkumulation von 3 Enzymen: Desoxy-cytidylsäure-Desaminase, Thymidin-Phosphorylase und Nicotin-amid-adenin-dinucleotid-Pyrophosphorylase. Auf die Synthese der Adenosin- und Guanin-Desaminasen, des Inosins und der Uridin-Phosphorylasenhatte die Bestrahlung keinen Einfluß. Offenbar wirkt Röntgen-Bestrahlung auf die Enzym-Synthese in der sich regenerierenden Leber stark selektiv. H.-D. Bock. 8170.

Vandersall, J. H., Hibbs, J. W. und Conrad, H. R.; Wooster, Ohio Agric. Exp. Stat., Dep. of Dairy Sci. Effect of changes in forage ration on the thyroidal I^{131} release rates of young dairy animals. **(Einfluß von Veränderungen in der Futterration auf die Freisetzungsraten von Schilddrüsen-^{131}J bei jungen Milchtieren.)** J. Dairy Sci. **45** (1962) Nr. 2. S. 218–222. — 3 Tab., 12 Lit.
Vff. wiesen nach, daß bei Färsen die ^{131}J-Freisetzungsgeschwindigkeit aus der Schilddrüse kurz nach der Futterumstellung auf Leguminosen-Gras-Silage signifikant höher war als bei der Fütterung von Luzerneheu. Bei Fütterung von Leguminosen-Gras-Silage aus einem freistehenden Plastiksilo oder von Gras-Klee-Luzerne-Mischheu wurden signifikant höhere ^{131}J-Freisetzungsraten festgestellt als bei Verabreichung von Leguminosen-Gras-Silage aus einem Hochsilo. Die Veränderungen in der ^{131}J-Freisetzung weisen darauf hin, daß noch nicht identifizierte Faktoren in gewissen Futterstoffen einen Einfluß auf die Schilddrüsenaktivität ausüben. Durch Futterumstellungen hervorgerufene Veränderungen in der Schilddrüsenaktivität können möglicherweise die Ursache für den in solchen Fällen oft beobachteten starken Abfall der Milchleistung sein. J. Wünsche. 8175.

Howes, J. R., Feaster, J. P. und Hentges jun., J. F.; Gainesville, Fla., Agric. Exp. Stat. Comparision of the thyroid release of I-131 by Hereford and Brahman cattle maintained under indentical environmental conditions. **(Vergleich der ^{131}J Freisetzung der Schilddrüse von Hereford- und Brahman-Kühen die unter gleichen Umgebungsbedingungen gehalten wurden.)** J. Animal Sci. **21** (1962) Nr. 2. S. 210–213. — 1 Abb., 2 Tab. 15 Lit.
Je 12 Jungtiere der Hereford (I)- und der Brahmanrasse (II) (alle 2jährig, nicht trächtig) wurden jeweils in 2 Untergruppen geteilt und einmal normal ernährt (a) oder mit 50% niedrigerem Rohproteinanteil (b). Jedes Tier erhielt eine Einzeldosis von 5 μC ^{131}J in die vena jugularis injiziert. Mit Hilfe von 2 Scintillationszählern wurde die ^{131}J Freisetzung aus der Schilddrüse in verschiedenen Zeitabständen bis zu 406 Std. nach der Injektion verfolgt. Das Maximum der ^{131}J-Aufnahme lag bei I nach 70 Std. und bei II nach 94 Std. Die I-Tiere nahmen in gleicher Zeit einen signifikant höheren Prozentsatz des verabreichten ^{131}J auf als die II-Tiere. Ib lag im Vgl. zu Ia und IIb im Vgl. zu IIa in der ^{131}J-Anreicherung in der Schilddrüse niedriger. Die geringere Schilddrüsenaktivität von II kann mit ein Faktor für die größere Hitzetoleranz dieser Tiere sein. H. Bergner. 8175.

Pitt-Rivers, Rosalind und Cavalieri, R. R.; London, Inst. for Med. Res. The free iodotyrosines of the thyroid. **(Die freien Jodtyrosine der Schilddrüse.)** Biochem. J. **83** (1962) Nr. 3. S. 25P–26P. — 2 Lit.

Vff. injizierten Ratten ^{131}J und töteten sie in Zeitabständen von 0,5 bis 72 Std. nach der Injektion. Die Schilddrüsen wurden eingefroren und dann gegen 0,01 n Ammoniaklösung bei 2 °C 16 Std. lang dialysiert. 72 Std. nach einer ^{131}J-Einzeldosis betrug die ^{131}-J-Aktivität im freien Monojodtyrosin (I) 0,009% der gesamten Radioaktivität der Schilddrüse. Die relativen spez. Aktivitäten von freiem **I**, gebundenem **I** und Jodid im sekundären Pol wurden verglichen. Die spez. Aktivität von **I** übertraf die der anderen Bestandteile bis zu 6 Std. nach der ^{131}J-Injektion. **I** kann deshalb ein Vorläufer des sekundären Jodidpols sein. Freies Dijodtyrosin wird wahrscheinlich ebenfalls zu diesem Prozeß beitragen können. Jedenfalls ist die durchschnittliche spez. Aktivität der freien Jodtyrosine größer als die des sekundären Jodidpools. Freie Jodtyrosine können durch Proteolyse von Thyreoglobulin oder durch Jodierung von Tyrosin in der Schilddrüse entstehen. H. Bergner. 8175.

Makarevič-Gal'perin, L M. (Makarewitsch-Galperin, L. M.); Charkow, Ukrain. Inst. für Exp. Endokrinol. Sravnitel'noe izučenie dejstvija natural'nogo i nenatural'nogo estrogenov na soderžanie glikogena v organach. **(Vergleichende Erforschung der Wirkung natürlicher und nichtnatürlicher Oestrogene auf den Glykogengehalt in Organen.)** Ukraïnśkyj biochimičnyj žurnal, Kyïv **34** (1962) Nr. 1. S. 108–117. — 5 Tab., 7 Lit. Orig.: ukrain., Ausz.: russ., engl.
In vergleichenden Untersuchungen wurde die Wirkung von Oestron und seines synthetischen Analogen-Synoestrol- auf Glykogen-Gehalt und Gewicht von Lebern und Uteri verschiedener Tierarten (Maus, Ratte, Kaninchen, Meerschweinchen, Frosch, Taube) untersucht. Bei Mäusen, Kaninchen, Ratten und Fröschen bewirkten beide Oestrogene einen Anstieg des Glykogengehaltes und des Gewichtes der Lebern. Dabei war der Einfluß des Synoestrol stärker. Auch die Erhöhung des Uterusgewichtes wurde von Synoestrol mehr stimuliert. Bei Kaninchen bewirkten beide Oestrogene außerdem eine Zunahme des Glykogengehaltes im Myocard. H.-D. Bock. 8175.

Heinemann, W. W. und Keuren, R. W. van. The influence of progesterone-estradiol treatment upon steers grazing irrigated legume, grass-legume and grass-pastures. **(Der Einfluß von Progesteron-Oestradiol auf Ochsen, die auf bewässerten Leguminosen-, Gras-Leguminosen und reinen Grasweiden gehalten wurden.)** VIII. int. Tierzuchtkongr. Hamburg **1961** Diskuss.-Beitr. S. 190–191. — Zus. in Franz., Dtsch.
Zusammenfassung eines Diskussionsbeitrages der Vff. zum Hauptbericht Vb: Ernährung. 8175.

Février, R. Influence de deux antibiotiques (auréomycine, spiramycine) sur la composition corporelle du porc, avec une ration hypoprothéique. **(Der Einfluß von 2 Antibiotica [Aureomycin, Spiramycin] auf die Körperzusammensetzung beim Schwein bei geringen Eiweißgaben.)** VIII. int. Tierzuchtkongr. Hamburg **1961** Diskuss.-Beitr. S. 73. — Zus. in Engl., Dtsch.
Zusammenfassung eines Diskussionsbeitrages des Vf. zum Hauptbericht IIb Mode d'action des antibiotiques sur la croissance. Données récentes sur l'efficacité des lipides selon les modalitées de leur emploi dans la ration des vollailles. 8185.

Salmon-Legagneur, E. Action de la spiramycine sur la croissance du porcelet avant et après le sevrage. **(Die Wirkung des Spiramycins auf das Wachstum von Ferkeln vor und nach dem Absetzen.)** VIII. int. Tierzuchtkongr. Hamburg **1961** Diskuss.-Beitr. S. 74. — Zus. in Engl., Dtsch.
Zusammenfassung eines Diskussionsbeitrages des Vf. zum Hauptbericht IIB Mode d'action des antibiotiques sur la croissance. Données récentes sue l'efficacité des lipides selon les modalitées de leur emploi dans la ration des vollailles. 8185.

Lanz, E.; Bern, Univ., Veterin. Ambulator. Klin. **Erfahrungen mit „Vetacalm", einem neuen Traq nuilizer-Präparat, beim Rind.** Schweiz. Arch. Tierheilkunde **104** (1962) Nr. **4.** S. **418–423.**
Das unter der Bezeichnung „Vetacalm" in den Handel gelangende Präparat ist ein umgewandelter Thioxanthen-Körper (-2-Chlor-9-(3-dimethylaminopropyliden)-thioxanthen). Nach den gemachten Erfahrungen übertrifft dieses Präparat die bis dahin gebräuchlichen Tranquilizer infolge seiner raschen, zuverlässigen Wirkung und seiner guten Verträglichkeit. O. Dietz. 8195.

Biddiscombe, E. F., Arnold, G. W. und Scurfield, G.; Canberra, C. S. I. R. O., Div. of Plant Ind. Effects of gibberellic acid on pasture and animal production in winter. **(Wirkungen der Gibberellinsäure auf Weideertrag und tierische Produktion im Winter.)** Austral. J. agric. Res. **13** (1962) Nr. **3.** S. **400–413.** — **2** Abb., **4** Tab., **17** Lit.
Weideversuche mit Schafen wurden zwischen Juni und September auf einem Kleegrasbestand mit *Trifolium subterraneum* + *Phalaris tuberosa* durchgeführt, der bis zu 105 g/acre Gibberellinsäure (G.) erhalten hatte. Wuchsfreudigkeit der Pflanzen und Aufnahme pro Tier wurden durch G. gefördert, auch stieg die Gewichtszunahme pro Tier von 2,9 auf 5,8 in einem und von 11,0 auf 14,1 lb. (in 12 Wochen) im anderen Falle. Es traten jedoch höhere Geburtensterblichkeit und geringere Lammgewichte nach G.-Behandlung auf, so daß diese Maßnahme generell noch nicht empfohlen wird, zumal sich der Pflanzensbestand in der Folgezeit verschlechterte. H. Pätzold. 8195.

Gilbreath, J. C., Welch, Q. B., Drye, K. J. und Waggoner, R. E.; Oklahoma State Univ., Dep. of Poultry Sci. The effect of reserpine on mature chickens. **(Der Einfluß von Reserpin auf erwachsene Hühner.)** Oklahoma State Univ., Extens. Serv., Bull. Nr. **B-551** (1960) S. 1–16. — 11 Tab., 5 Lit.
Aus den Versuchen mit 990 erwachsenen Hähnen geht hervor, daß 0,5 und 1,0 mg Reserpin je kg Futter keinen Einfluß auf die Gewichtszunahme ausüben. Ebenso waren die Sterblichkeit und der Futterverbrauch von der Droge unabhängig, obwohl die Mehrzahl der Todesfälle in den Abteilen zu je 30 Hähnen auf Beißereien zurückzuführen war. In 2 Versuchen mit **480** Legehennen von der 16. Lebenswoche an wurde durch die Droge (2,0 mg/kg Futter) das Eigewicht und die Schalendicke günstig beeinflußt; ebenso ging der Futterverbrauch etwas zurück, obwohl dieser eher mit der geringeren Legeleistung als mit der Reserpingabe in Zusammenhang stehen dürfte. C. Engelmann. 8195.

Haenel, H., Gerriets, E. und Rieche, A.; Potsdam-Rehbrücke, Bereich Biol. der Ernähr. des Inst. für Ernähr. der Dtsch. Akad. der Wiss. zu Berlin; Berlin, Humboldt-Univ., Inst. und Klin. für Geflügelkrankh.; Berlin-Adlershof, Inst. für Org. Chem. der Dtsch. Akad. der Wiss. zu Berlin. **Synthetische senfölbildende Verbindungen mit wachstumsfördernden Eigenschaften.** Naturwissenschaften **49** (1962) Nr. 5. S. 117. — 2 Tab., 3 Lit.
Senfölglykosinhaltige Pflanzen wirken bei Verfütterung an Jungtiere günstig auf Wachstum, Futterverwertung und Vitalität. Die Anwendung freier Senföle ist dagegen infolge ihres Geruches und ihrer Ätzwirkung nicht möglich. Es wurden daher senfölabspaltende Verbindungen aus der Gruppe der Carbothialdine und Thiourethane geprüft. Die Wirkungen waren bei Verfütterung an Leghornküken denen verfütterter Antibiotica und senfölglykosidhaltiger Pflanzen ähnlich. Anwendungsmöglichkeiten für die Praxis der Tierernährung werden noch untersucht. Die Stoffe sind billiger als Antibiotica und führen möglicherweise nicht zur Entwicklung von Resistenzerscheinungen bei pathogenen Keimen. H. Opel. 8195.

Gerriets, E. und Haenel, H. (unter Mitarb. von Müller-Beuthow, W. und Plessing, H.); Berlin, Humboldt-Univ., Inst. für Geflügelkrankh.; Potsdam-Rehbrücke, Inst. für Ernähr., Bereich Biol. der Ernähr. **Nutritive**

Wirkungen synthetischer senfölbildender Verbindungen bei Hühnerküken. 2. Mitt. Arch. Geflügelkunde **26** (1962) Nr. 2. S. 104–110. — 1 Abb., 4 Tab., 5 Lit. Zus. in Engl. 1. Mitt. vgl. LZ. Abt. III 8 (1963) Nr. 1. S. 159.
Vff. untersuchen an eiweißarm und vollwertig ernährten 800 Leghornküken den Einfluß von 50 ppm Aureomycin, 100 ppm D 4733 oder 100 ppm D 47 auf Wachstum, Futterverwertung, Futterverzehr, Verluste, Mikroökologie des Caecums und Vit.-A-Gehalt der Lebern. Während Aureomycin wohl das Wachstum, nicht aber die Futterverwertung verbessert (4–6%), bewirkt von den senfölabspaltenden Präparaten D 4733 in beiden Fällen eine Verbesserung (11 und 3–4%). Der Vit.-A-Gehalt bleibt wie die Zahl der Keime im Caecalinhalt stets unbeeinflußt. Als Ursache des allgemein langsamen Wachstums, der geringeren nutritiven Wirkung von Aureomycin und der depressiven Wirkung des D 47 vermuten Vff. eine bisher nicht beobachtete Besonderheit in der Darmbesiedlung (hohe Anteile an gramnegativen anaeroben Keimen, die wahrscheinlich zur Gattung *Bacteroides* gehören).
B. Gaßmann. 8195.

Burgess, T. L., Burgess, C. L. und Wilson, J. D. Effect of MER-29 on egg production in the chicken. **(Die Wirkung von MER-29 auf die Eiproduktion bei Hühnern.)** Proc. Soc. exp. Biol. Med. **109** (1962) Nr. 1. S. 218-221.
MER-29 (Äthanolverbindung), ein Präparat der Firma S. Merell&Co., wurde in einem üblichen Legehennen-Alleinfutter in Mengen von 0,5% an Hühner verfüttert. Die täglich anfallenden Eier wurden in Gewicht und Zusammensetzung gemessen und nach der Methode von Frantz auf ihren Cholesteringehalt untersucht. Die Beifütterung von MER-29 dauerte 18, der gesamte Versuch 40 Tage. Am Versuchsende wurden einige Tiere geschlachtet. Das Ergebnis des Versuches ist wie folgt zusammenzufassen: die Eiproduktion der Versuchstiere ging nach 12 Tagen zurück. Die Eigewichte sanken bei gleichem Dotteranteit. Die Körpergewichte der Tiere blieben unbeeinflußt. MER-29 vermochte den Gehalt an Cholesterin im Eidotter zu senken, stattdessen wurde Desmosterol, ein Desmoferment entwickelt. Bei gleichem Gehalt der Gesamtstearine erhöhte sich im Laufe der Zeit die Menge der veresterten Formen. Die Ovarien der Versuchstiere bildeten sich unter MER-29-Einfluß zurück. Die möglichen Erklärungen dafür werden von den Vff. diskutiert. S. Scholtyssek. 8195.

E. VERWERTUNG DER NÄHRSTOFFE UND FUTTERMITTEL

Nehring, K., Jentsch, W. und Schiemann, R.; Rostock, Oskar-Kellner-Inst. für Tierernähr. der Dtsch. Akad. der Landwirtsch.-Wiss. zu Berlin. **Die Verwertung reiner Nährstoffe. 1. Mitt. Versuche mit Kaninchen und Ratten.** Arch. Tierernähr. **11** (1962) Nr. 4. S. 233–264. — 17 Tab., 32 Lit.
In 205 Gesamtstoffwechselversuchen an Kaninchen und 361 Gesamtstoffwechselversuchen an Ratten wurden die Fettproduktionswerte der reinen Nährstoffe Erdnußöl, Dorschmehlprotein, Stärke, Saccharose, Lactose, Glucose Fructose und Galactose ermittelt. Der Verwertungskoeffizient für Stärke betrug bei Kaninchen 67,0% und bei Ratten 75,5%. Zwischen Stärke und den Zuckerarten (außer Fructose) wurden keine gesicherten Verwertungsunterschiede gefunden. Gegenüber den Kohlenhydraten wurde Erdnußöl hochsignifikant höher und Dorschmehlprotein hochsignifikant niedriger verwertet. — Im methodischen Teil der Arbeit wird auf die Anordnung der Grundfutter- und Zulageperioden, die fehlerkritische Auswertung der Versuche, die Abhängigkeit der Anzahl der Parallelversuche von der Höhe der Zulage und den Einfluß der reinen Nährstoffe auf die Futterverdaulichkeit, die Harnausscheidung und den Gaswechsel eingegangen. Diese methodischen Schlußfolgerungen bzw. die jeweils entsprechenden Angaben gelten auch für die nachstehenden Mitteilungen. M. Zausch. 8225.

Schiemann, R., Hoffmann, L. und Nehring, K.; Rostock, Oskar-Kellner-Inst. für Tierernähr. der Dtsch. Akad. der Landwirtsch.-Wiss. zu Berlin. **Die Verwertung reiner Nährstoffe. 2. Mitt. Versuche mit Schweinen.** Arch. Tierernähr. **11** (1962) Nr. 4. S. 265–283. — 16 Tab., 11 Lit. 1 Mitt. vgl. vorst. Ref.

Die Fettproduktionswerte der reinen Nährstoffe Erdnußöl, Dorschmehlprotein, Weizenkleberprotein, Kartoffelstärke und Saccharose wurden in 88 Gesamtstoffwechselversuchen an Schweinen gemessen. Stärke und Zucker wurden von Schweinen zu 75,7% bzw. 74,6% verwertet; diese Übereinstimmung in der Verwertungshöhe steht in Einklang mit den Vorstellungen über den Verlauf im Intermediärstoffwechsel. Erdnußöl wurde hochsignifikant höher, Dorschmehlprotein und Weizenkleberprotein signifikant niedriger verwertet als Stärke und Zucker. M. Zausch. 8225.

Hoffmann, L., Schiemann, R. und Nehring, K.; Rostock, Oskar-Kellner-Inst. für Tierernähr. der Dtsch. Akad. der Landwirtsch.-Wiss. zu Berlin. **Die Verwertung reiner Nährstoffe. 3. Mitt. Versuche mit Ochsen und Hammeln.** Arch. Tierernähr. **11** (1962) Nr. 5. S. 337–358. — 14 Tab., 16 Lit. 2. Mitt. vgl. vorst. Ref.

In 54 Gesamtstoffwechselversuchen an Ochsen und 52 Gesamtstoffwechselversuchen an Hammeln wurden die Fettproduktionswerte der reinen Nährstoffe Erdnußöl, Dorschmehlprotein, Weizenkleberprotein und Kartoffelstärke ermittelt. Bei Kartoffelstärke sowie den geprüften Proteinen wurden mit Ansatzwerten von 2401 cal/g bzw. 2279 cal/g verd. Nährstoff sowie den entsprechenden Verwertungskoeffizienten von 64,1% und 50,5% die von KELLNER bestimmten Grundzahlen von 2356 cal/g bzw. 2220 cal/g innerhalb der Fehlergrenze bestätigt. Während für Protein signifikant niedrigere Ansatzwerte gegenüber Kartoffelstärke gemessen wurden, konnte der energetische Produktionswert des Erdnußöls nach dem Differenzverfahren nicht ermittelt werden, da durch die Fettzulage unphysiologische Bedingungen mit Beeinflussung der Verdaulichkeit des Grundfutters geschaffen wurden. M. Zausch. 8225.

Nehring, K., Schiemann, R., Hoffmann, L. und Jentsch, W.; Rostock, Oskar-Kellner-Inst. für Tierernähr. der Dtsch. Akad. der Landwirtsch.-Wiss. zu Berlin. **Die Verwertung reiner Nährstoffe. 4. Mitt. Vergleich der Tierarten.** Arch. Tierernähr. **11** (1962) Nr. 5. S. 359–369. — 8 Tab., 10 Lit. 3. Mitt. vgl. vorst. Ref.

Die an den Tierarten Rind, Schaf, Schwein, Kaninchen und Ratte ermittelten energetischen Produktionswerte reiner Nährstoffe (vgl. Mitt. 1–3), die einen Beitrag zum Ausbau der KELLNERschen Futterbewertung auf der Grundlage der Fettansatzleistung im tierischen Organismus darstellen, wurden tabellarisch zusammengestellt und vergleichend besprochen; so u. a. die Energieansatzwerte, die Verwertungskoeffizienten, das relative Fettbildungsvermögen der Nährstoffe bei den 5 Tierarten. Bei Schwein und Ratte ergaben sich ca. 30% höhere Ansatzwerte als beim Rind; beim Kaninchen wurden mittlere Ansatzleistungen gemessen. Die vorliegenden Befunde gestatten eine direkte Übertragbarkeit der Werte zwischen Schwein und Ratte sowie eine relative Übertragbarkeit der Werte zwischen Rind und Schaf. Bei den Versuchstieren waren gesicherte individuelle Unterschiede im Fettansatz nicht nachweisbar; hingegen bestanden bei den 5 Tierarten signifikante individuelle Unterschiede im Erhaltungsstoffwechsel. Die vorliegenden Versuchsergebnisse haben als Grundlage für die Prüfung und nettoenergetische Bewertung von Futterstoffen zu gelten. M. Zausch. 8225.

Nehring, K. und Schiemann, R.; Rostock, Inst. für Tierernähr. **Die energetische Verwertung der Nährstoffe bei verschiedenen Tierarten.** VIII. int. Tierzuchtkongr. Hamburg **1961** Schlußber. S. 242–245. — 4 Tab.

An den Tierarten Rind, Schaf, Schwein, Kaninchen und Ratte wurden durch Gesamtstoffwechselversuche (**343** Zulageperioden) die energetischen Ansatzwerte (Nettoenergie) und Verwertung einer Reihe reiner Nährstoffe (Erdnußöl, Dorschmehlprotein, Weizenkleberprotein, Kartoffelstärke, Saccharose, Lactose, Glucose, Fructose und Galaktose) bei der Fettmast ausgewachsener Tiere mit einer Streuung von im allgemeinen $< \pm 5\%$ bestimmt. Die von Kellner ermittelten Energieansätze für Stärke und Protein wurden bestätigt. Für Kartoffelstärke wurde folgende Nettoenergie (cal/g) und Verwertung (%) gemessen: Rind 2401, 64,1; Schaf 2628, 64,1; Kaninchen 2729, 67,0; Schwein 3083, 75,7; Ratte 3081, 75,5. Für Ratte und Schwein ergaben sich für die bei beiden Tierarten geprüften Nährstoffe gleiche Energieumsätze. Vff. bringen auf Grund der Untersuchungsergebnisse zum Ausdruck, daß eine relative Übertragbarkeit der Nettoenergie reiner Nährstoffe zwischen Rind und Schaf und eine direkte Übertragbarkeit zwischen Schwein und Ratte möglich erscheint. Eine Übertragung der bei Wiederkäuern gemessenen Nettoenergie auf monogastrische Tierarten ist abzulehnen.
L. Hoffmann. 8225.

Wöhlbier, W. und Schneider, W. **Bemerkung zum Gaswechsel der Wiederkäuer.** VIII. int. Tierzuchtkongr. Hamburg. **1961** Disskuss.-Beitr. S. 43–44. – Zus. in Engl., Franz.
Zusammenfassung eines Diskussionsbeitrages des Vf. zum Hauptbericht IIa. Nutritional physiology of the rumen. 8225.

Sibbald, I. R., Slinger, S. J. und Ashton, G. C.; Guelph, Ontario, Canada, Ontario Agric. Coll., Dep. of Nutrit.; Dep. of Poultry Sci.; Dep. of Physics and Mathematics. The utilization of a number of fats, fatty materials and mixtures thereof evaluated in terms of metabolizable energy, chick weight gains and gain: feed ratios. **(Die Ausnutzung einiger Fette, von fetthaltigem Material und deren Mischungen, bewertet nach Einheiten an umsetzbarer Energie, Gewichtszunahme der Küken und dem Verhältnis Zunahme : Futter.)** Poultry Sci. **41** (1962) Nr. 1. S. 46–61. – 8 Tab., 23 Lit.
Der Einfluß verschiedener Fette und deren Mischungen auf die Gewichtszunahme wachsender Küken wurde in 16 Rationen untersucht. Die verabreichten Fette wurden durch Angaben über den Gehalt an freien Fettsäuren, Feuchtigkeit, Bruttoenergie, durch Jodzahl, Verseifungszahl, Schmelzpunkt und Fettsäurezusammensetzung charakterisiert. Durch Kombination von 1–3% getrockneten Sojabohnenharzen oder 1–3% Lecithin von Sojabohnen, nicht entharztem Sojabohnenöl oder angesäuerten Seifen mit Talg wurde die Verwertung des Talges erhöht. Der beobachtete Anstieg des Gehaltes an umsetzbarer Energie des Talges bei ansteigender Jodzahl, abfallendem Schmelzpunkt und zunehmendem Linolensäuregehalt traf nicht für die anderen untersuchten Fette zu. Die aus Seifen gewonnenen Fettsäuren waren eine gute Energiequelle für Küken. W. Jentsch. 8255.

El-Samman, S.; Wageningen, Agric. Fac., Lab. of Animal Physiol. The biological value of proteins in mixed grass hays. **(Die biologische Wertigkeit der Proteine in gemischten Wiesengrasheuproben.)** Meded. Landbouwhogeschool Wageningen **61** (1961) Nr. 3. S. 1–83. – 1 Abb., 20 Tab., 99 Lit.
In 9 Stoffwechselversuchen mit 6 ♂ Lämmern wurde die BW des Eiweißes von verschiedenen Wiesengrasheuproben nach der Methode von Thomas und Mitchell untersucht. Herbstheu hatte bei höherem Proteingehalt eine geringere BW (60,5) als Frühjahrsheu (80,8). Diskussion methodischer Probleme. H.-D. Bock. 8265.

Nehring, K. und Bock, H.-D.; Rostock, Oskar-Kellner-Inst. für Tierernähr. der Dtsch. Akad. der Landwirtsch.-Wiss. zu Berlin. **Untersuchungen über**

die biologische Wertigkeit von Eiweißfutterstoffen an Ratten. 2. Mitt. Arch. Tierernähr. **11** (1961) Nr. 5. S. 370–392. — 16 Tab., 27 Lir. 1. Mitt. vgl. LZ. Abt. III. **1** (1956) Nr. 5. S. 839.
Die BW des Eiweißes von Getreide, Leguminosen, Grünfutter, Kohlblättern, Ölsaatrückständen, Hefe, Kartoffeln und tierischen Futterstoffen (insges. 53 Futtermittel) wurden an Ratten nach dem N-Bilanzverfahren von Thomas-Mitchell bestimmt. Die Arbeit enthält folgende Angaben: Rohnährstoffgehalt der Futtermittel, Zahl der Versuchstiere, BW, wahre N-Verdaulichkeit, EAA-Index, z. T. auch physiologischer Nutzwert, AS-Gehalt sowie Wertigkeitszahlen nach einem mikrobiologischen Schnellbestimmungsverfahren. Bei der Diskussion der BW-Werte wird auf die Einflüsse von Witterung, Sorte, Materialbeschaffenheit, Verarbeitungsprozeß und Lagerungsdauer hingewiesen. Die Ergebnisse werden mit Literaturangaben und den an Schweinen erhaltenen Werten verglichen. M. Zausch. 8265.

Nehring, K. und Bock, H. D.; Rostock, Oskar Kellner Inst. für Tierernähr. der Dtsch. Akad. der Landwirtsch.-Wiss. zu Berlin. **Untersuchungen über die biologische Wertigkeit von Eiweißfutterstoffen an Ratten. 3. Mitt. Untersuchungen über die Ergänzung des Eiweißes verschiedener Nahrungs- und Futtermittel.** Arch. Tierernähr. **12** (1962) Nr. 1. S. 53–63. — 3 Abb., 8 Tab., 29 Lit. 2. Mitt. vgl. vorst. Ref.
Eine Ergänzung einer Winterweizendiät mit 1,5; 3 bzw. 5% DL-Lysinsulfat (**I**) brachte keine signifikante Verbesserung der BW des Eiweißes (Thomas und Mitchell Methode). Wurden 5% **I** einer Reisdiät zugesetzt, so stieg die BW von 59 auf 69. Ein Zusatz von 6% DL-Methionin (**II**) zu Futterhefe erhöhte die BW von 67 auf 79. Eine Zulage von 3% **II** verbesserte die BW von Süßlupinenschrot (55 auf 65) und Erbsenschrot (60 auf 77). Bei einer Mischung pflanzlicher Eiweißfuttermittel (Soja, Sesam, Erdnuß, Hefe) (**III**) konnte durch Zugabe von 5% **I** und 1% **II** die BW von 69 auf 80 erhöht werden. Wurden zu einer fischmehlergänzten (10,4%) Diät von **III** 3% **I** und 0,75% **II** hinzugefügt so stieg die BW von 55 auf 74. Aminosäureanalysen von **III** werden angegeben. Die Mischung von 3 Leguminosenproteinen (Bohnen, Erbsen, Wicken und von Erbsen, Sojaextraktionschrot und Weizenkleie ergab ebenfalls eine Verbesserung der BW der Gemische gegenüber den Einzelkomponenten. H. Bergner. 8265.

Nehring, K.; Rostock, Oskar-Kellner-Inst. für Tierernähr. **Untersuchungen über die biologische Wertigkeit von Eiweißfutterstoffen.** VIII. int. Tierzuchtkongr. Hamburg **1961** Schlußber. S. 119–123. — 2 Tab., 10 Lit.
Die Futterstoffe wurden 1. auf ihren Gehalt an Aminosäuren, 2. auf ihre BW des Eiweißes (Ratte und Schwein) und 3. zum Teil nach einer mikrobiol. Schnellmethode untersucht. Es wurden insgesamt 89 Nahrungs- und Futtermittel in 296 Versuchsperioden an 311 Ratten und 47 Futtermittelsorten in 64 Versuchen an 65 Schweinen geprüft sowie der Einfluß zusätzlicher N-Düngung zu Getreidearten in ihrer Auswirkung auf die Proteinqualität in 23 Versuchsperioden mit 11 Getreidearten an 355 Ratten und durch parallel laufende Aminosäurebestimmungen ermittelt. Ergebnis: Gerste, Weizen und Hafer zeigen mit ca. 70 eine günstige BW. Die Unterschiede sind gering. Vergleiche zwischen verschiedenen Weizensorten ergaben bei deutschen und chinesichen Sorten keinen Unterschied, während die österreichischen Sorten bei extrem hohem Proteingehalt in der BW abfallen. Die gute BW des Kartoffeleiweißes wird bestätigt. Das Eiweiß der verschiedenen Kohlarten erwies sich von mittlerer bis guter Qualität. Die Sulfitablaugenhefe weist eine günstige Wertigkeit auf, das Eiweiß der Leguminosen ist mittelmäßig. Die vergleichenden Untersuchungen zwischen chemischen und biol. Methoden ergaben bei 21 untersuchten Futtermitteln folgende Ergebnisse: Bei 5 Futtermitteln ergibt sich eine recht gute Übereinstimmung zwi-

schen biol. (Ratte, Schwein) und chemischen Verfahren (EAA-Index), bei 5 Futtermitteln besteht Übereinstimmung zwischen allen 3 biol. Verfahren und bei 13 stimmen die Werte aus den Versuchen mit Ratten und Schweinen befriedigend überein. Die N-Düngungsversuche zeigen ohne statistische Sicherung eine gewisse Tendenz zur Minderung der BW bei erhöhtem Proteingehalt. Die Versuche über die Ergänzung einzelner Futterstoffe durch synthetische Aminosäuren (Methionin und Lysin) ergaben bei Erbsen, Lupinen, Hefe und Mischfuttermitteln eine deutliche Erhöhung der BW.

I. Schröder. 8265.

Nehring, K. **Untersuchungen über die biologische Wertigkeit von Eiweißfutterstoffen.** VIII. int. Tierzuchtkongr. Hamburg **1961** Diskuss.-Beitr. S. 100–101. – Zus. in Engl., Franz.
Zusammenfassung eines Diskussionsbeitrages des Vf. zum Hauptbericht IIb Mode d'action des antibiotiques sur la croissance. Données récentes sur l'efficacité des lipides selon sel modalitées de leur emploi dans la ration des vollailles. 8265.

Donoso, G., Lewis, O. A. M., Miller, D. S. und Payne, P. R.; Mill Hill, London, Nat. Inst. for Med. Res., Human Nutrit. Res. Unit. Effect of heat treatment on the nutritive value of proteins: Chemical and balance studies. **(Einfluß der Hitzebehandlung auf den Nährwert des Proteins: Chemische Bilanzstudien.)** J. Sci. Food Agric. **13** (1962) Nr. 3. S. 192–196. – 1 Abb., 3 Tab., 20 Lit.
Ein 9 Tage altes Ferkel (3 kg) wurde 2mal mit ^{3}H-DL-Lysin injiziert und 17 Std. nach der letzten Injektion getötet. Ein Teil des Schweineproteins wurde nach beschriebener Aufbereitung mit der gleichen Menge Wasser in einem geschlossenen Gefäß 24 Std. auf 110° erhitzt und auf Tr.-Subst., N, S und Aminosäuren quantitativ untersucht. Es wurde ein Verlust an Tr.-Subst. (3%), N (7%), S (3%) und an Aminosäuren festgestellt. Am höchsten liegen die Verluste bei folgenden Aminosäuren: Cystin (544%), verfügbares Lysin (34%), Prolin (33%), Gesamtgehalt aller S-haltigen Aminosäuren (25%), Lysin (20%), Leucin (20%), Serin (17%), Methionin (16%), Threonin (13%). Die Abnahme der NPU_{St} beträgt 49%. Der Proteinwert des erhitzten Materials (bestimmt durch Biotest) nimmt in einem größeren Umfange ab als durch den Verlust von Lysin, verfügbarem Lysin oder den S-haltigen Aminosäuren erklärt werden kann. Die limitierenden Aminosäuren sind in beiden Proben (erhitzt und nicht erhitzt) die S-haltigen Aminosäuren. Das erhitzte und unbehandelte Protein wurde an Ratten bis zu 8% verfüttert und Bilanzstudien durchgeführt. Es konnte gezeigt werden, daß gegenüber der unbehandelten Probe die Abnahme der Verdaulichkeit bei N 18%, S 17% und Lysin 27% beträgt, die entsprechenden Abnahmen der Nettoverwertung betragen bei N 49%, S 55% und Lysin 36%. Die Abnahme des Proteinwertes durch den Erhitzungsvorgang wird durch 3 Typen von Reaktionen diskutiert. I. Schröder. 8265.

Tillman, Allen D. und Kruse, Karl; Stillwater, Oklahoma, Agric. Exp. Stat., Dep. of Animal Husbandry. Effect of gossypol and heat on the digestibility and utilization of soybean protein by sheep. **(Wirkung von Gossypol und Hitze auf die Verdaulichkeit und Verwertung von Sojabohnenprotein durch Schafe.)** J. Animal Sci. 21 (1962) Nr. 2. S. 290–292. – 2 Tab., 8 Lit.
In einem 2×2-Faktoren-Versuch mit 24 Lämmern wurde die Wirkung von Gossypol-Essigsäure und/oder Hitzeeinwirkung (Autoklavierung 45 Min. bei 1 atü) auf Verdaulichkeit und Verwertung des an sich gossypolfreien Sojaproteins geprüft. Das Autoklavieren oder der Gossypolzusatz allein hatten keinen signifikanten Einfluß auf die Eiweißverdaulichkeit. Die Kombination bewirkte jedoch eine statistisch gesicherte Verringerung der Protein-

verdaulichkeit. Die N-Ausscheidung im Harn wurde durch Gossypolzusatz erhöht, die N-Retention jedoch nur bei Verabreichung der autoklavierten Protein-Gossypol-Mischung verringert. J. Wünsche. 8265.

Oslage, H. J.; Braunschweig-Völkenrode, Forsch.-Anst. für Landwirtsch., Inst. für Tierernähr. **Ein Beitrag zum Verlauf des Eiweißansatzes wachsender Schweine.)** VIII. int. Tierzuchtkongr. Hamburg **1961** Schlußber. S. 278–283. — 2 Abb., 1 Tab., 6 Lit.
Vf. ermittelte im Gewichtsabschnitt 25–40 kg, 40–60 kg, 60–90 kg und 90–110 kg einen Proteinansatz von 87 g, 86 g, 88 g und 115 g. Der N-Gehalt im Schlachtkörper liegt in den verschiedenen Stufen auf einer Geraden bis auf den Wert des Abschnittes 90–110 kg, der etwas höher liegt. Danach wäre die Vermehrung der N-Menge in der Zeiteinheit, außer der letzten Versuchsperiode, gleich. B. Piatkowski. 8265.

Oslage, H. J. **Ein Beitrag zum Verlauf des Eiweißansatzes wachsender Schweine.** VIII. int. Tierzuchtkongr. Hamburg **1961** Diskuss.-Beitr. S. 186–187. — Zus. in Engl., Franz.
Zusammenfassung eines Diskussionsbeitrages des Vf. zum Hauptbericht Vb: Ernährung. 8265.

Thorbek, G. und Ludvigsen, J. B.; Copenhagen, Denmark, Nat. Res. Inst. of Animal Husbandry, Dep. of Physiol. The effect on the nitrogen metabolism in artificially reared piglets by feeding different sources of carbohydrates. **(Die Wirkung verschiedener Kohlenhydratquellen auf den N-Stoffwechsel künstlich aufgezogener Ferkel.)** VIII. int. Tierzuchtkongr. Hamburg **1961** Schlußber. S. 114–116. — 2 Tab.
Sauenmilchersatz wurde durch Magermilchpulver, Casein + Lactose bzw. Casein + Glucose zu ca. $^1/_3$ ergänzt und an 7–56 Tage alten Ferkeln auf den N-Ansatz überprüft. Die mit Casein + Lactose bzw. + Glucose versorgten Tiere wiesen eine niedrigere N-Retention auf. Die Untersuchungen zeigen, daß bei Lactosefütterung nur dann ein zufriedenstellender N-Ansatz gezeitigt wird, wenn eine Diarrhöe verhindert wird. Der Anteil an Kohlenhydraten soll daher in der Ration 16% nicht überschreiten. B. Piatkowski. 8265.

Thorbek, G. und Ludvigsen, J. B. The effect on the nitrogen metabolism in artificially reared piglets by feeding different sources of carbohydrates. **(Die Verfütterung verschiedener Kohlehydratträger und deren Einfluß auf den Stickstoffwechsel künstlich aufgezogener Ferkel.)** VIII. int. Tierzuchtkongr. Hamburg **1961** Diskuss.-Beitr. S. 95–96. — Zus. in Franz., Dtsch.
Zusammenfassung eines Diskussionsbeitrages der Vff. zum Hauptbericht IIb Mode d'action des antibiotiques sur la croissance. Données récentes sur l'-efficacité des lipides selon les modalitées de leur emploi dans la ration des vollailles. 8265.

Gütte, J. O., und Fiegenbaum, G.; Göttingen, Univ., Inst. für Tierphysiol. und Tierernähr. **Der Einfluß von „Verdauungsstörungen" auf den N-Umsatz bei früh abgesetzten Ferkeln.** Z. Tierphysiol., Tierernähr. Futtermittelkunde **17** (1962) Nr. 1. S. 1–7. — 3 Tab., 17 Lit. Zus. in Engl.
Aus Aufzuchtversuchen mit 14–28 Tage alten Ferkeln wurden 6mal 2 Wurfgeschwister ausgesondert, von denen das eine normalen und das andere einen leicht bis stark veränderten Kot (Durchfall) aufwies. In insgesamt 8 Versuchsperioden wurden an diesen Tieren Futteraufnahme, N-Bilanz und Verdaulichkeit von Rohfett und Energie bestimmt. Die Nahrung bestand aus Sauenmilchersatz auf der Basis von Buttermilch oder mit Wasser angerührten Magermilchpulvers. Verschiedene Zusätze ergänzten den Sauenmilchersatz. Ein Vergleich von antibioticahaltigem und -freiem Sauenmilchersatz wurde ebenfalls in die Versuchsmethodik aufgenommen. Die Kotveränderung in Richtung Durchfall bewirkte eine Verminderung der Futteraufnahme, der

N-Verwertung und des N-Ansatzes, während die scheinbare Verdaulichkeit von N, Energie und Rohfett nicht in allen Fällen erniedrigt wurde. „Toxische" mikrobielle Stoffwechselprodukte können daher über Futteraufnahme und N-Verwertung Wachstumsdepressionen auslösen. Die Erscheinungen traten unabhängig von der Antibioticazufuhr auf. W. Laube. 8265.

Preston, T. R. und Whitelaw, F. G.; Bucksburn, Aberdeen, Scotland, Rowett Res. Inst. The effect of solubility and amino acid composition on the utilisation of protein by weaned calves. **(Die Wirkung der Löslichkeit und Aminosäurenzusammensetzung auf die Verwertung von Protein bei entwöhnten Kälbern.)** VIII. int. Tierzuchtkongr. Hamburg **1961** Schlußber. S. 256–258. — 1 Abb., 2 Tab., 5 Lit.
Es wurde die Wirkung von normalem Erdnußschrot (**I**), „unlöslichem" Erdnußschrot (Wasserdampfbehandelt zwecks Denaturierung des Proteins) (**II**), Fischmehl (**III**) und „unlöslichem" Fischmehl (erhitzt) (**IV**) verglichen. Der tägl. Zuwachs belief sich in o. a. Reihenfolge auf 560 g, 560 g, 530 g und 770 g, die N-Retention auf 18 g, 17,4 g, 15,0 g und 19,7 g. Der Blutharnstoff war bei Fischmehl niedriger als bei Erdnußschrot, die „Löslichkeit" übte keinen Einfluß aus. Die BW des Proteins und die Löslichkeit erklären nicht die geringere Retention des normalen Fischmehls. B. Piatkowski. 8265.

Jones, A. S. und Hepburn, W. R. The influence of lysine and methionine supplement of rations on nitrogen retention, rate of live weight gain, feed conversion and carcass composition of young pigs. **(Der Einfluß eines Lysin- und Methioninzusatzes im Futter auf Stickstoffretention, Lebendgewichtzunahme, Futterverwertung und Schlachtkörperzusammensetzung bei jungen Schweinen.)** VIII. int. Tierzuchtkongr. Hamburg **1961** Diskuss.-Beitr. S. 70–71. — Zus. in Franz., Dtsch.
Zusammenfassung eines Diskussionsbeitrages der Vff. zum Hauptbericht IIb Mode d'action des antibiotiques sur la croissance. Données récentes sur l'efficacité des lipides selon les modalitées de leur emploi dans la ration des vollailles. 8265.

Calet, C. und Baratou, J. Influence de la nature des matières azotées du régime sur la valeur du rapport calorie/protéine. **(Einfluß der Beschaffenheit stickstoffhaltiger Substanzen im Futter auf das Kalorien-Eiweißverhältnis.)** VIII. int. Tierzuchtkongr. Hamburg **1961** Diskuss.-Beitr. S. 72. — Zus. in Engl., Dtsch.
Zusammenfassung eines Diskussionsbeitrages der Vff. zum Hauptbericht IIb Mode d'action des antibiotiques sur la croissance. Données récentes sur l'efficacité des lipides selon les modalitées de leur emploi dans la ration des vollailles. 8265.

F. ERNÄHRUNGSSTÖRUNGEN UND MANGELKRANKHEITEN

Köhler, H. und Swoboda, R. **Durch Erdnußschrote ausgelöste Leberzirrhosen bei Enten.** Wiener tierärztl. Mschr. **49** (1962) Nr. 2. S. 205–219. — 5 Abb., 3 Tab. Zus. in Engl., Franz., Ital.
Die Erkrankungen traten bei sehr jungen Enten mit hoher, bei älteren Enten mit geringer Mortalität oder sogar ohne klinische Krankheitsanzeichen je nach Dosis auf. Hühnerküken erkrankten auch bei einer Zufütterung von 22% Erdnußschrot nicht. Eigentümlicherweise gelten die indischen Erdnußmehle als nicht toxisch, während bei Enten in Afrika ähnliche Krankheitserscheinungen durch Erdnußmehl ausgelöst wurden. Es wird der Verdacht ausgesprochen, daß die in Brasilien und Afrika wachsenden Erdnüsse toxische Substanzen bilden oder enthalten könnten, die in Indien gebauten aber nicht. H. Busse. 8320.

Wadsworth, G. R.; London, School of Hyg. and Trop. Med. Nutritional factors in anaemia **(Ernährungsfaktoren bei der Anaemie.)** Wld. Rev. Nutrit. Dietetics **1** (1959) S. 145–175. — 4 Abb., 2 Tab., 390 Lit.
In einem umfassenden Übersichtsbericht wird der sehr komplexe Einfluß gewisser Ernährungsfaktoren auf die Anaemie behandelt und das Problem von Ernährung und Anaemie in engem Zusammenhang mit den Bedürfnissen aller Nährstoffe und Faktoren betrachtet, die für die norale Funktion der Gewebezellen nötig sind. Nach grundlegender Abhandlung der Definition der Anaemie, des normalen Haemoglobinspiegels und dessen Einfluß auf die Anaemie und der Erythropoese wird die Wirkung gewisser Nahrungsfaktoren auf die Haemotopoese behandelt (Vitamine, Fett, Kobalt, Kupfer, Eiweiß, Eisen). Auch die Einflüsse einer ausgeglichenen Bilanz der Nährstoffe im Körper (Resorption und Exkretion) und andere Faktoren werden in diese Betrachtung einbezogen. H. Steger. 8320.

Gupta, J. und Nichols, R. E. A possible enzymatic cause of viscid ruminal contents. Its relationship to legume bloat. **(Eine mögliche enzymatische Ursache der Verklebung des Panseninhaltes. — Ihre Beziehung zum Aufblähen bei Leguminosenfütterung.)** Amer. J. veterin. Res. **23** (1962) Nr. 92. S. 128–133. — 4 Tab., 11 Lit. Zus. in Span.
Die Polymere der pektinierenden Substanzen mit höherem Molekulargewicht haben anscheinend die Eigenschaften hydrophiler Kolloide. Diese entstehen durch Demethylierung durch die Pektin-Methylesterase (PME). Wurde sie dem Panseninhalt in kleinen Mengen zugefügt, bewirkte sie eine beträchtliche Zunahme seiner Viskosität. Die Pektinase verhinderte die Viskositätszunahme nicht. Durch Zusatz der Säurepolymere kam es zur Gasbildung im Panseninhalt, jedoch nicht mit der beim Zusatz der leichter löslichen Zitronensäure üblichen Geschwindigkeit. Die Stabilität des im Panseninhalte gebildeten Schaumes war bei Zugabe der Polymere erheblich stärker als bei den Vergleichsproben oder den Proben, denen Zitronensäure zugesetzt worden war. Die bei Zugabe von PME zu einer pektinhaltigen Ca-Bicarbonatlösung entstehende Pektinsäure gab langsam kleine CO_2-Perlen in das gebildete Gel ab. Fehlte die PME, wurde weder ein Gel noch CO_2 gebildet. Ein wäßriger Extrakt aus frischer Luzerne wies eine deutliche PME-Aktivität auf, während sie in den Preßsäften der Pflanze fehlte. In der Pansenflüssigkeit war sie vorhanden. Alkyloxylsulfonat, jedoch nicht als Lecithin, und das Luzernesaponin hemmten die PME-Aktivität. H. Busse. 8330.

Jackson, H. D., DeVault, R. L., McNairy jun., S. A., Hatcher, B. W. und Goetsch, G. D.; Lafayette, Ind., Purdue Univ., Agric. Exp. Stat. Bloat in cattle. Its relationship to a respiratory inhibitor in Ladino clover and to phosphorus fertility of the soil. **(Trommelsucht beim Rindvieh. Ihre Beziehung zu einem respiratorischen Inhibitor im Ladinoklee und zum Phosphorgehalt des Bodens.)** J. Animal Sci. **21** (1962) Nr. 2. S. 235–240. — 5 Tab., 17 Lit.
An 20 auf verschiedenen Ladinoklee (*Trifolium repens*) -Weiden stehenden Hereford-Rindern wurde versucht, weitere Klarheit über die Ursachen der Trommelsucht zu schaffen. Das Auftreten der Trommelsucht stand in keinem signifikanten Verhältnis zu dem in verschiedenen Fraktionen des Ladinoklees gefundenen respiratorischen Hemmeffekt, dem Gesamtsaponingehalt und dem Gehalt des Klees an N, P, K swie Ca. Der aus Ladinoklee isolierte Inhibitor hatte ähnliche lösliche Eigenschaften wie Saponine, unterschied sich aber von dem in Luzerne (*Medicago sativa*) nachgewiesenen Inhibitor durch seine relative Konzentration zu den Kohlenhydraten und seiner geringen Fähigkeit Cholesteride zu bilden. H. H. Budzier. 8330.

Young, Stuart. Nutritional muscular dystrophy in lambs. The effects of the disease and selenium treatment on preweaning weight gains. **(Eine nahrungs-**

bedingte Muskeldystrophie bei Lämmern. Der Einfluß der Erkrankung und der Selentherapie auf die Gewichtszunahmen vor dem Absetzen.) Amer. J. veterin. Res. **23** (1962) Nr. 92. S. 106–108. — 2 Tab., 10 Lit. Zus. in Esperanto.
Die Erkrankung wurde durch Fütterung der Muttertiere während der Trächtigkeit und Laktation mit bestimmtem Heu bei den Lämmern experimentell ausgelöst. Die Se-Behandlung der Muttertiere in der Trächtigkeit war anscheinend ohne Einfluß auf das Dreiwochengewicht der Lämmer. Bei den 3 Wochen alten gesunden Lämmern hatte sie auf die Entwicklung bis zum Absetzen ebenfalls keine Wirkung. Die Se-Behandlung erkrankter Lämmer führte zu diesem Zeitpunkte aber zu einer geringeren Depression der Zunahmen. H. Busse. 8330.

Bömer, H. **Die Indigestion als Folge einer subklinischen Tetanie. Ein Beitrag zur Differentialdiagnose der Vormagenstörungen der Wiederkäuer.** Tierärztl. Umschau **17** (1962) Nr. 8. S. 261–264..
Die hier beschriebene Art der Krankheit zeigt in der akuten Form unbestimmte Symptome. Die Tiere haben u. a. mäßigen Appetit und magern ab. In jedem Falle kann eine Brunst ohne Beteiligung der Ovarien ermittelt werden. Nach Ausschluß der bekannten Ursachen für Vormagenstörungen wird diese Art der Indigestion, bei der in der Regel eine Brunst festgestellt werden kann, als Folge einer subklinischen Tetanie und als Ausdruck einer Dysfunktion des Systems Epitelkörperchen-HVL-NNR angesehen. Die natürlichen (Brunst) bzw. die auf der Weide im Übermaß aufgenommenen Pflanzen-Oestrogene stellen einen Tetanie auslösenden Faktor dar und senken den Blut-Ca-Spiegel. Diese Verringerung des Ca im Blut wird für Motilitätsstörungen im Digestionsapparat verantwortlich gemacht. Deshalb gelingt die Heilung dieser akuten Indigestion häufig mit einer intravenösen Ca-Infusion, während in chronischen Fällen AT 10 und höhere Gaben von Vit. E empfohlen werden. A. Meyer. 8330.

Engfeldt, B. und Hjertquist, S.-O.; Uppsala, Sweden, Univ., Dep. of Pathol. II. Vitamin-D deficiency and bone and tooth structure. **(Knochen- und Zahnstruktur bei Vitamin-D-Mangel.)** Wld. Rev. Nutrit. Dietetics **2** (1960) S. 186–208. — 17 Abb., 137 Lit.
Die vorliegende Arbeit gibt einen umfassenden Überblick über 1. Vit.-D-Mangelzustände im wachsenden Organismus (Wirkung des Vit.-D-Mangels bei den verschiedenen Tierarten, Pathologie, histologische Veränderungen, Heilung, Mangelerscheinungen), 2. biophysikalische Untersuchungen (mikroradiographisch, autoradiographisch, Beugung der Röntgenstrahlen, Veränderung des Erscheinungsbildes der Rachitis während des Heilungsprozesses), 3. Gewebsveränderungen bei Rachitis mit anormaler Genese, 4. Osteomalacie, 5. Zahnveränderungen bei Vit.-D-Mangel (histologische und biophysikalische Untersuchungen). H. Ackermann. 8335.

Havre, Gustav N. N. und Dynna, Olav; Oslo, Veterin. Coll. of Norway, Dep. of Biochem. The occurrence of conditioned and simple copper deficiency in cattle and sheep in Setesdalen, a valley in the Southern part of Norway. II. **(Das Auftreten von bedingtem und einfachem Kupfermangel bei Rindern und Schafen im Setesdalen, einem Tal im südlichen Norwegen. 2. Mitt.)** Acta veterin. scand. **2** (1961) Nr. 4. S. 375–398. — 4 Abb., 7 Tab., 17 Lit. 1. Mitt. vgl. LZ. Abt. III **6** (1961) Nr. 5. S. 894.
Die jahreszeitlichen Schwankungen des Mo- und Cu-Gehaltes im Gras wurden untersucht. Mo zeigte größere Schwankungen als Cu. Ein deutlicher Abfall war um den 20. Juli zu bemerken. Die Niedrigstwerte lagen für beide Elemente Ende Juni/Anfang Juli; die Höchstwerte Anfang Aug. Eine gleichzeitig geführte Niederschlagsstatistik kennzeichnet den Sommer des Untersuchungs-

jahres (1959) als trocken. Darauf führen Vff. zurück, daß die Werte niedriger als in den Jahren vorher lagen. Einfacher Cu-Mangel kommt ausschließlich bei Stallfütterung im Winterhalbjahr vor, in Übereinstimmung damit war der Cu-Gehalt des Grases zur Erntezeit am niedrigsten. Bedingter Cu-Mangel wurde als Weidekrankheit auf Herbstweide charakterisiert. 18 weitere Elemente wurden analysiert und ihre Beziehung zum Auftreten der Krankheit diskutiert. Es ließ sich kein Anhalt finden, daß S unter den dortigen Verhältnissen als bedingender Faktor wirksam wird. H. D. Hennig. 8350.

Uesaka, S. und Kawashima, R. On the achromatrichia of the Japanese black cattle, observed in Japan. **(Beobachtungen in Japan über die Achromatrichia bei der schwarzen japanischen Rinderrasse.)** VIII. int. Tierzuchtkongr. Hamburg **1961** Diskuss.-Beitr. S. 92. — Zus. in Franz., Dtsch.
Zusammenfassung eines Diskussionsbeitrages der Vff. zum Hauptbericht IIb. Mode d'action des antibiotiques sur la croissance. Données récentes sur l'efficacité des lipides selon les modalitées de leur emploi dans la ration des vollailles. 8350.

Scholl, E. **Über Farnvergiftung beim Rind.** Schweiz. Arch. Tierheilkunde **104** (1962) Nr. 5. S. 323–328. — 2 Tab., 13 Lit.
Farnvergiftungen (*Pteridium aquilinum*) sind bereits seit Jahrzehnten bekannt. Im allgemeinen erkranken Rinder und Pferde, selten Schafe. Schweine sind sehr unempfindlich. Rinder erkranken meist zwischen 12 und 24 Mon., Kühe nur ausnahmsweise. Die meisten Vergiftungsfälle werden im Spätsommer und Herbst beobachtet, ab und zu auch im Winter nach Farnstreu. Die Vergiftungserscheinungen sind beim Rind charakterisiert durch hohes Fieber, zahlreiche Hämorrhagien und septikämische Komplikationen, seltener Schwellungen in der Larynxgegend und Atemnot. Ein noch unbekannter toxischer Faktor schädigt das Knochenmark (Granulo- und Thrombocytopenie, Anämie). E. Wiesner. 8360.

Reber, Elwood F., Malhotra, Om P., Beamer, Paul D., Norton, Horace W. und Kreier, Julius P. The effects of feeding irradiated beef to dogs. II. Reproduction and pathology. **(Fütterung von bestrahltem Rindfleisch an Hunde. 2. Mitt. Reproduktion und Pathologie.)** Amer. J. veterin. Res. **23** (1962) Nr. 92. S. 74–76. — 2 Tab., 2 Lit.
12 Hunde wurden 2 Jahre lang mit bestrahltem (2,79 und 5,58 Mrad) und vergleischsweise mit unbestrahltem Rindfleich gefüttert. Während des Versuchsverlaufes erhielten die Tiere die Viamine A, D und E. Wachstum, Fruchtbarkeit und Laktation waren normal. Es ergaben sich keine signifikanten Veränderungen der Hämoglobinwerte, der Leukocyten- und Erythrocytenzahl. M. Worseck. 8360.

G. BEWERTUNG DER FUTTERSTOFFE

Gütte, J. O.; Göttingen, Univ., Inst. für Tierphysiol. und Tierernähr. **Über den Stärkewert und seine Anwendbarkeit bei der Milchvieh-Fütterung.** Z. Tierphysiol., Tierernähr. Futtermittelkunde **17** (1962) Nr. 2. S. 107–125. — 35 Lit.
Vf. untersucht die Frage, ob und unter welchen Bedingungen der Stw. der Futtermittel auch für die Milchproduktion als ein Ausdruck ihrer Leistungsfähigkeit benutzt werden kann. Er kommt zu den Schlußfolgerungen, daß entweder (a) der StW sowohl bei Mast als auch Milchbildung oder (b) weder bei Mast noch Milchbildung für Rinder geeignet ist. Der letztere Fall liegt dann vor, wenn der StW von der Grundfutterzusammensetzung beeinflußt wird und wenn der Erhaltungsbedarf eine Funktion der umsetzbaren Energie ist. Vf. diskutiert weiterhin die Fragen, ob die Leistungsfähigkeit der Futter-

mittel besser durch StW -oder Nettoenergieangaben wiedergegeben werden und ob für die Milchviehfütterung StW oder Casein-Glucose-Ersatzahlen die geeignetere Basis bilden. L. Hoffmann. 8410.

Jakobsen, P. E.; Kopenhagen, Dänemark, Landwirtsch. Versuchslab. für Tierzucht, Abt. Tierphysiol. **Der Energiewert der Futtermittel im Verhältnis zu ihrer Verdaulichkeit und ihrer chemischen Zusammensetzung.** VIII. int. Tierzuchtkongr. Hamburg **1961** Schlußber. S. 247–249. — 2 Abb.
Unter dem Hinweis, daß die umsetzbare Energie der wichtigsten Nährstoffe zu etwa 70% für den Energieansatz verwertet wird, empfiehlt Vf. die umsetzbare Energie als ein brauchbares Maß für die Kennzeichnung des energetischen Nährwertes der Futtermittel. Für die Berechnung der umsetzbaren Energie der Futtermittel aus dem Gehalt an verd. org. Subst., C und N wird folgende Gleichung abgeleitet: kcal u. E. = 16,07 C — 5,45 N — 2,96 OT. Die mit Hilfe dieser Gleichung erzielbare Wiedergabegenauigkeit von direkten Meßergebnissen wurde in 35 Einzelversuchen mit Hühnern geprüft und durch einen Korrelationskoeffizienten von 1 gekennzeichnet. Die Berechnung der u. E. aus den einzelnen verdaulichen Nährstoffen führte zu gleich guten Ergebnissen. L. Hoffmann. 8440.

H. FÜTTERUNG DER LANDWIRTSCHAFTLICHEN NUTZTIERE

Dmitrotschenko, A. P. **Die wichtigsten neueren Untersuchungsergebnisse bei der Fütterung landwirtschaftlicher Nutztiere.** VIII. int. Tierzuchtkongr. Hamburg **1961** Diskuss.-Beitr. S. 192. — Zus. in Engl., Franz.
Zusammenfassung eines Diskussionsbeitrages des Vf. zum Hauptbericht Vb: Ernährung. 8451.

Shillam, K. W. G., Roy, J. H. B. und Ingram, P. L.; Shinfield, Reading, Nat. Inst. for Res. in Dairying. The effect of heat treatment on the nutritive value of milk for the young calf. 2. The factor in a milk substitute associated with a high incidence of scouring and mortality. **(Die Wirkung der Erhitzung auf den Nährwert der Milch für junge Kälber. 2. Mitt. Der Faktor in der Milchergänzung, der Durchfall und Mortalität hervorruft.)** Brit. J. Nutrit. **16** (1962) Nr. 2. S. 267–277. — 1 Abb., 5 Tab., 34 Lit. 1. Mitt. vgl. LZ. Abt.III **6** (1961) Nr. 7. S. 1294.
In Versuchen an 114 Kälbern zeigte sich, daß die Mortalität bei Verabreichung von Milchaustauschern (Sprühgetrocknete Magermilch + Glucose + Margarine) signifikant größer war als bei frischer Magermilch oder Vollmilch. Der Vit.-A-Gehalt (3500 IE je Tier tägl.) und Vit.-D-Gehalt (700 IE) war in allen Rationen gleich. Die hohe Mortalität wird auf die Trockenmagermilch zurückgeführt. 50% des Molkenproteins wurde durch die Trocknung denaturiert.
B. Piatkowski. 8454.

Shillam, K. W. G. und Roy, J. H. B. The effect of heat treatment on the nutritive value of milk and milk by-products for the young calf. **(Der Einfluß der Erhitzung von Milch und Milchprodukten auf ihren Nährwert für Kälber.)** VIII. int. Tierzuchtkongr. Hamburg **1961** Diskuss.-Beitr. S. 178–179. — Zus. in Franz., Dtsch.
Zusammenfassung eines Diskussionsbeitrages der Vff. zum Hauptbericht Vb: Ernährung. 8454.

Kesler, E. M.; Pennsylvania State Univ., Dep. of Dairy Sci. Growth of Holstein calves on pasture from six to twenty weeks of age. **(Das Wachstum von Holstein-Kälbern im Alter von 6–20 Wochen auf der Weide.)** J. Dairy Sci. **45** (1962) Nr. 2. S. 202–204. — 2 Tab., 8 Lit.
Der 3jährige Versuch an 48 Kälbern im Alter von 6–20 Wochen zeigte, daß die Tiere dieser Altersgruppe erfolgreich auf der Weide aufgezogen werden. Die Kontrollgruppe (Stall) erhielt ca. 290 lb. Kraftfutter und 400–657 lb. Heu,

die Versuchsgruppe 290 lb. Kraftfutter und Weidegang. Der Zuwachs der Weidegruppe betrug während der 14 Wochen 157, der der Kontrolle 149 lb. Der Kot der Weidetiere war weniger fest. Parasiten (Würmer) waren nicht festzustellen, solange die Weideflächen nicht von anderen Tieren beweidet wurden.
B. Piatkowski. 8454.

Czakó, J.; Budapest, Kísérletügyi Közlemények. Vitaminok és antibiotikum használata a fiatal borjak táplálásában. **(Anwendung von Vitaminen und Antibiotica bei der Fütterung von Jungkälbern.)** Kísérletügyi Közlemények, Állattenyésztés [Mitt. landwirtsch. Versuchsstellen Ungarns, Tierzucht] **53/B** (1960) Nr. 2. S. 81–94. – Aus: Ung. Agrar-Rdsch. **1962** Nr. 2.
Vf. stellte fest, daß sich das Auftreten von Durchfall durch Verabreichung von Vit. A und D sowie von Antibiotica verringert, der Zuwachs gleichmäßiger wird und die jungen Kälber sich an ihre neue Umgebung leichter gewöhnen. Er schlägt vor, in Betrieben, die aus verschiedenen Betriebseinheiten stammen den Kälber aufzuziehen, diesen bis zumAlter von 6–8 Wochen tägl. 5 g, nachher bis zum Absetzen 3 g des Präparates „Erra" sowie die erwähnte Vit.-Ergänzung zu verabreichen. 8454.

Edgerly, Charles G. M. und Jensen, C. Total digestible nutrients in dry calf starters. **(Der TDN-Gehalt in Trockenfuttergemischen für Kälber.)** North Dakota Farm Res., bimontly Bull. **21** (1960) Nr. 4. S. 10–12. – 3 Tab., 2 Lit.
In vergleichenden Untersuchungen an 4 Gruppen zu je 10 Kälbern wurde bis zum Alter von 12 Wochen eine Standardmischung bei 8 Wochen dauernder Vollmilchverabreichung 3 Starter-Varianten bei 6wöchiger Vollmilchversorgung gegenübergestellt. Der Anteil an verd. E. betrug 16,6–17,3%, der TDN-Gehalt der Standardmischung lag bei 71,8%, der der anderen Starter bei 75,0, 75,1 bzw. 77,1%. Signifikante Gewichtsunterschiede traten nicht auf. Vff. schlußfolgern, daß bei Zufütterung guten Luzerneheus eine 6wöchige Vollmilchverabreichung ausreicht, wenn das Beifutter 75–77% TDN enthält.
H. D. Hennig. 8454.

Schön, L. und Scheper, J.; Kulmbach, Bundesanst. für Fleischforsch, Abt. Fleischerzeug. **Untersuchungen an Schlachtkälbern und Kalbfleisch nach kombinierter Vollmilch/Magermilchmast mit einem antibioticahaltigen Beifuttermittel.** Mitt. Tierhalt. **1962** Nr. 76. S. 11–22. – 7 Abb., 3 Tab., 15 Lit.
59 Kälber der Rassen Fleckvieh, Schwarzbunt, Rotbunt wurden mit unterschiedlichen Vollmilch-, Magermilchgaben sowie Wirkstoffzuastz gemästet, geschlachtet und untersucht. Durch den Wirkstoffzusatz (Bergin-Spezial) werden Verdauungsstörungen vermieden und die Futterverwertung verbessert. Durch die besseren Zunahmen wird in der gleichen Mastzeit ein höheres Gewicht erreicht. Kälber mit einem hohen Mastendgewicht haben einen höheren Fleischanteil und geringeren Knochenanteil als leichtere Kälber. Die schwereren Kälber haben dunkleres Fleisch, gröbere Fasern, besseres Safthaltungsvermögen und geringeren Bratverlust. E. Otto. 8454.

Schanze, Rudolf; Berching. **Milchaustausch — Die Suche nach dem besten Weg.** Kraftfutter **45** (1962) Nr. 6. S. 260–261.
Vf. vergleicht Mastergebnisse mit Vollmilch (VM), Milchaustauschern und aufgewerteter Magermilch (MM). 1. 50 g pro l bestehend aus 40 g Fett, 40 g Molkenpulver, 13% Sojaprotein und Wirkstoffen, 2. 1 l VM, 8 MM, 700 g Aufwertung (60% MM-Pulver, 15% Fett, 12% Sojaprotein, 12% Weizennachmehl und Wirkstoffe) 3. Fett und Wirkstoffe (12 l MM + 300 g Fett). 4. Nur Wirkstoffe. Die besten Resultate wurden durch Aufwertung von Magermilch bei einem Eiw./StE-Verhältnis von 1:3,6 gezeitigt (Zuwachs 1150 g, Bedarf ca. 1300 StE und 370 g verd. Protein, 1350 g Tr.-S.).
B. Piatkowski. 8454.

Višnjakov, N. K. (Wischnjakow, N. K.); Altai-Forsch.-Inst. für Landwirtsch. Skarmlivanie kukuruznogo silosa teljatam s pervych dnej žizni. **(Die Verfütterung von Maissilage an Kälber von den ersten Lebenstagen an.)** Životnovodstvo, Moskva **24** (1962) Nr. 4. S. 65–66. – 1 Abb.
Bei einem Versuch erhielten Kälber vom 7.–10. Tag an nach Belieben Maissilage und Kraftfutter. Mit 20 Tagen fraßen sie bis zu 0,5 kg Maissilage und nahmen tägl. im Durchschnitt 936 g zu. Mit 12–15 Mon. fraßen sie bis zu 36 kg Silage und nahmen 800 g und mehr zu (bei Mast mit Maissilage und Bohnen). Bei dieser Aufzuchtmethode kann sehr viel Milch gespart werden; wichtig ist, daß die trächtigen Kühe bis zum Abkalben Silage erhalten (7–10 Tage vor dem Abkalben wird die übliche Ration von 30 kg auf die Hälfte reduziert).
F. Schenk. 8454.

Malossini, Franco; Rom, Ist. Sperimentale Zootecn. Ricerche sulle integrazioni da apportare ai mangimi di produzione locale per renderli piu efficienti nell' ingrassamento dei bovini. II. **(Untersuchungen zur Aufwertung der Rationen aus örtlich verfügbaren Futtermitteln hinsichtlich einer besseren Eignung für die Rindermast. 2. Mitt.)** Ann. Sperimentaz. agrar. [N. S.] **14** (1960) Nr. 3. S. 359–368. – 1 Abb., 9 Tab. Zus. in Engl. 1. Mitt. vgl. LZ. Abt. III **6** (1961) Nr. 6. S. 1004.
In einem 280-Tage-Versuch mit Mastkälbern der Marche-Rasse wurde eine den üblichen Fütterungsgepflogenheiten entspr. Ration mit einer energiemäßig gleichen, aber eiweißreicheren und mit Vit. A und D sowie Mineralstoffen aufgebesserten verglichen. Es ergaben sich jedoch in bezug auf Zunahmen, Futterverwertung sowie Schlachtertrag keinerlei signifikante Unterschiede zwischen den Gruppen. H. D. Hennig. 8458.

Semak, I. L., Maksakov, V. Ja. und Mosolov, N. I. (Semak, I. L., Maksakow, W. Ja. und Mossolow, N. I.); Charkow, Forsch.-Inst. für Tierzucht des Waldsteppen- und Polessje-Gebietes der Ukrain.SSR. Letnij otkorm molodnjaka krupnogo rogatogo skota na kukuruznom silose. **(Die Sommermast von Jungrindern mit Maissilage.)** Životnovodstvo, Moskva **24** (1962) Nr. 5. S. 29–32. – 4 Tab.
Während eines Versuchs von 163 Tagen erhielten 1,5jährige Färsen 56% Silage, 34% Kraftfutter und 9% Futterpflanzen (**I**); 34,5% Silage, 25% Kraftfutter und 30% Futterpflanzen (**II**); Gr. **III** erhielt enstspr. 40, 23 und 27,7%; Gr. **IV** 7,9, 23,6 und 60%. Die Tagesdurchschnittszunahmen betrugen 871 (**I**), 791 (**II**), 759 (**III**) und 769 g (**IV**); pro kg Zunahme wurden 8,15; 8,34; 8,56. und 9,62 FE verbraucht. Die beste Fleisch- und Fettausbeute wurde in Gr. **I–III** (54,12–55,29% gegenüber 53,10% bei **IV**) erzielt. Wesentliche Unterschiede in bezug auf die Fleischbeschaffenheit waren nicht zu verzeichnen. Auf Grund des Versuchs werden folgende Rationen empfohlen: 1. 55–65% Maissilage, 30–25% Kraftfutter, 12–15% Zuckerrüben; 2. 40–50% Maissilage, 12–15% Zuckerrüben, 15–25% Grünfutter und 20–25% Kraftfutter. 30% des Proteinbedarfs können durch Harnstoff gedeckt werden.
F. Schenk. 8458.

Maymone, B. und Bergonzini, E. Food energy conversion in weight gains by water buffaloes. **(Futterverwertung ausgedrückt durch die Gewichtszunahme bei Wasserbüffeln.)** VIII. int. Tierzuchtkongr. Hamburg **1961** Diskuss.-Beitr. S. 193–194. – Zus. in Franz., Dtsch.
Zusammenfassung eines Diskussionsbeitrages der Vff. zum Hauptbericht Vb: Ernährung. 8458.

FISCHEREI

A. ALLGEMEINES

Anonym. North-Western Working Group. Report of Meeting in Copenhagen, 27. February – 6. March, 1961. **(Nordwestliche Arbeitsgruppe. Bericht über die Tagung in Kopenhagen von 27. Februar–6. März 1961.)** Int. Council Explorat. Sea, Charlottenlund Slot, cooperative Res. Rep. **1962** Nr. 1. S. 1–31. — 17 Abb., 14 Tab., 12 Lit.

Die ersten Aufgaben der am 5. März 1960 gebildeten Arbeitsgruppe bestanden aus Berichten über die Fischerei von Island und Ostgrönland. Weiterhin hatte die Gruppe die Wirkung der Vergrößerung der Maschenweite auf die Fischerei im Faroe-Gebiet zu untersuchen. Der Bericht schließt mit Empfehlungen für die zukünftige Arbeit. Es wird ein auf internationaler Basis durchzuführendes Experiment vorgeschlagen, um Selektivitätsdaten für Kabeljau, Schellfisch, Rotbarsch und Köhler zu ermitteln. Die Selektivitätswerte für Kabeljau und Schellfisch bei den Faroe müssen vervollständigt werden. Die Technik der Altersbestimmung für Kabeljau und andere Arten muß koordiniert werden. Die Rotbarschstatistik muß verbessert werden. Es wird ein Anwachsen des Faroe-Schellfischbestandes erwartet, und deshalb wird empfohlen, diese Bestandsveränderungen gründlich zu untersuchen. J. Waldmann. 6020.

B. BIOLOGIE DER FISCHEREILICHEN NUTZTIERE

Biologie der Fische

Apanovič, S. I. (Apanowitsch, S. I.) Sajra. **(Saira [Cololabis saira].)** Rybnoe chozjajstvo, Moskva **38** (1962) Nr. 1. S. 9–13. — 4 Abb., 3 Lit.

Die zu den Makrelenhechten gehörenden Fischart *Cololabis saira* zählt zu den Bewohnern des Nordpazifiks und erlangt steigende Bedeutung in der fernöstlichen Fischerei der UdSSR. Der Fisch lebt im oberen Pelagial von 0 bis 25 m Tiefe und bevorzugt Wassertemperaturen von 11 bis 18°. Der Fang erfolgt nachts mit Hilfe von Licht, da *C. saira* eine positive Phototaxis besitzt. Als Lichtquellen werden neuerdings an Fallschirmen hängende Raketen benutzt. Der Fang erfolgt dabei mit Ringwaden. *C. saira* eignet sich vorzüglich zur Konservenverarbeitung. G. Predel. 6080.

Komarov, Ju. A. (Komarow, Ju. A.); Forsch.-Inst. für Hochseefischerei und Ozeanogr. der Ostsee. Južno-atlantičeskaja stavrida. **(Südatlantische Stöcker.)** Rybnoe chozjajstvo, Moskva **38** (1962) Nr. 2. S. 10–12.

Sowjet. Untersuchungen über die Fischvorkommen im Südatlantik führten dazu, daß bereits Anfang 1961 mit Fabriktrawlern der Fang in diesen Gewässern aufgenommen wurde. Wichtigstes Fangobjekt ist dabei der Stöcker (*Trachurus trachurus*). Beschrieben wird die Abhängigkeit der Verteilung dieser Fische von Strömung, Temperatur, Sauerstoffgehalt sowie von der Wassertiefe und dem Planktonangebot im Mischungsgebiet der Meeresströmungen vor der südafrikanischen Küste. G. Predel. 6080.

Ganguly, D. N. und Mitra, Biswanath; Calcutta, Univ., Coll. of Sci., Dep. of Zool. On the vertebral column of the teleostean fishes of different habits and habitats. I. Mugil corsula, Pama pama, Triacanthus brevirostris and Adamia heteroptera. **(Über die Wirbelsäule von Teleostei verschiedener Arten und Herkunft. 1. Mitt. Mugil corsula, Pama pama, Triacanthus brevirostris und Adamia heteroptera.)** Anatom. Anz. **110** (1962) Nr. 4. S. 289–311. — 46 Abb., 31 Lit.

Vff. beschreiben die Struktur und Entwicklungsphasen der Wirbel bzw. Wirbelsäule der Knochenfischarten *Mugil corsula, Pama pama, Triacanthus brevirostris* und *Adamia heteroptera*. Um den Einfluß der Umweltbedingungen dabei festzustellen, wurden solche Fischarten herangezogen, die unterschied-

liche Lebensgewohnheiten und Aufenthaltsorte besitzen. Das Untersuchungsmaterial bestand aus Fischen von einigen mm Länge bis zu adulten Stadien.
K. Anwand. 6085.

Mišik, Víťazoslav; Bratislava, Lab. Rybárstva Pobočky Českol. Akad. Pôdohospodárskych Vied. Príspevok k poznaniu sezónnej menlivosti plastických znakov pleskáča vysokého, Abramis brama (L.). **(Zur Kenntnis der jahreszeitlichen Variabilität der plastischen Merkmale des Bleis, Abramis brama.)** Zool. Listy **11(25)** (1962) Nr. 1. S. 65–70. — 1 Abb., 1 Tab., 4 Lit. Zus. in Dtsch.
Untersuchungen der Veränderlichkeit der somatischen Merkmale von Bleien aus dem Donauarm Apáti bei Medvedov mit einer Körperlänge von 26 bis 30 cm ergaben, daß diese zwischen Jan. und März größere, zwischen März und Apr. kleinere und zwischen Apr. und Juni wieder größere Werte annehmen. Die weitere Entwicklung verläuft uneinheitlich. Nach Okt. beginnt wiederum eine markante Verkleinerung sämtlicher somatischer Werte. Nur eine kleine Gruppe von Merkmalen variiert unabhängig von den übrigen Merkmalen. Zwischen bestimmten Gruppen somatischer Merkmale bestehen anscheinend direkte morphol. Korrelationen. Die bei fast allen Merkmalen auffallend ähnliche jahreszeitliche Variabilität kann auf 3 Faktoren zurückgeführt werden, und zwar auf die Entwicklung der Gonaden, auf die Intensität der Nahrungsaufnahme in der Vegetationsperiode und auf den Nahrungsmangel und die passive Lebensweise im Winter. F. Svoboda. 6085.

Lindsey, C. C.; Cambridge, Univ., Dep. of Zool. Experimental study of meristic variation in a population of threespine sticklebacks, Gasterosteus aculeatus. **(Experimentelle Untersuchung der meristischen Variation in einer Population dreistachliger Stichlinge, Gasterosteus aculeatus.)** Canad. J. Zool. **40** (1962) Nr. 2. S. 271–312. — 13 Abb., 4 Tab., 43 Lit.
Die Eier von 21 Paaren dreistachliger Stichlinge aus dem Hobson-Brook bei Cambridge wurden unter der Einwirkung unterschiedlicher Salzgehalts- und Temperaturstufen bzw. deren Kombinationen gehalten. 253 Jungfische verwendete Vf. zur Untersuchung verschiedener Merkmale, wie Zahl der Rumpf- und Schwanzwirbel, der einfachen und segmentierten Flossenstrahlen u.a. Die Seitenplatten wurden an 95 Tieren gezählt. Die Aufzucht in kleinen Becken oder unter erhöhter Temperatur bringt eine große Zahl weiblicher Tiere hervor. Die Wirbelzahlen zeigen Abhängigkeit von der Aufzuchttemperatur im Süßwasser, außerdem sind die Werte bei verschiedenen Genotypen recht unterschiedlich. Temperaturoptimum, die die Wirbelzahl beeinflussende Temperatur und Anzahl der Seitenplatten sind Faktoren, die miteinander in Beziehung stehen und weitgehend vom Muttertier vererbt werden. Phänotypische Wirbelvariationen treten meist in der vorderen Körperhälfte auf. Alle untersuchten meristischen Merkmale sind sowohl der phänotypischen als auch genotypischen Modifikation unterworfen. M. Hegemann. 6085.

Holliday, F. G. T. und Parry, Gwyneth; Aberdeen, Univ., Marischal Coll., Natural History Dep.; London, Min. of Agric., Fisheries and Food, Freshwater Fisheries Lab. **(Elektronenmikroskopische Untersuchungen der acidophilen Zellen in den Kiemen und Pseudobranchien von Fischen.)** Nature [London] **193** (1962) Nr. 4811. S. 192. — 8 Lit.
Bei der Flunder (*Pleuronectes flesus*) erwiesen sich die in den Kiemen und Pseudobranchien vorkommenden acidophilen Zellen (aZ) morphol. als miteinander identisch. Sie ähnelten außerdem stark den Beschreibungen dieser Zellen von anderen Autoren. Es wird angenommen, daß auch die aZ der Kiemen eine endokrine Funktion haben ähnlich wie die aZ in Pseudobranchien (Farbwechselvermögen, Sauerstoffbedarf), obwohl diese bisher nur für die aZ der Pseudobranchien experimentell bewiesen wurde. Eine osmoregulatorische Funktion der aZ in den Pseudobranchien wird abgelehnt. Es ist bezeichnend, daß

die acidophilen Zellen zuerst, und zwar in großer Anzahl, in den Kiemen vom Aal beschrieben wurden, der keine Pseudobranchien besitzt.

Th. Mattheis. 6085.

Healby, E. G.; London, Bedford Coll., Dep. of Zool. Experimental evidence for regeneration following spinal section in the minnow (Phoxinus phoxinus L). **(Experimenteller Beweis für die Regeneration nach Nervdurchschneidung bei der Elritze [Phoxinus phoxinus].)** Nature [London] **194** (1962) Nr. 4826. S. 395–396. — 9 Lit.

Unbehandelte Elritzen vermögen sich durch Farbwechsel innerhalb von 2 Std. dem Untergrund völlig anzupassen. Durchtrennung des Rückenmarks in Höhe des 8. Wirbels ruft, ungeachtet der Farbe des Untergrundes, Verdunklung hervor. Zehn Tage nach der Operation setzt hormonaler Farbwechsel ein, der stets den ganzen Fischkörper ergreift. Die Dauer der ausschließlich hormonalen Steuerung wird mit 4 Mon. angegeben. Dann ist allmähliches Auftreten schneller, nervös gesteuerter partieller Farbwechsel zu beobachten. Innerhalb von 7 Mon. nach dem Eingriff waren die Regenerationen abgeschlossen. Eine erneute Durchschneidung des Rückenmarks wurde 2–3 Wirbel vor der ersten Trennungsstelle vorgenommen. Der Erfolg waren wieder Farbänderung und außerdem Störung der Bewegungskoordinationen der Flossen. Auf Regeneration kann aus dem auch hier wieder einsetzenden partiellen Farbwechsel geschlossen werden. Aus der Bewegungsverbesserung können keine so eindeutigen Schlüsse gezogen werden. M. Hegemann. 6085.

Hochachka, P. W. und Hayes, F. R.; Halifax, Nova Scotia, Dalhousie Univ., Zool. Lab. The effect of temperature acclimation on pathways of glucose metabolism in the trout. **(Der Einfluß der Temperaturanpassung auf das Geschehen des Glukosestoffwechsels beim Bachsaibling.)** Canad. J. Zool. **40** (1962)] Nr. 2. S. 261–270. — 1 Abb., 5 Tab., 22 Lit.

Die Respiration von Muskelhomogenaten warmadaptierter (15 °C) *Salvelinus fontinalis* war gegenüber denen kaltadaptierter (4 °C) Fische fast vollständig durch Jodazetat zu hemmen. $^{14}CO_2$ wird beim warmadaptierten Saibling vorwiegend in die Stellungen 3 und 4 des Leberglykogens eingebaut, während beim kaltadaptierten Tier weniger markierter Kohlenstoff im Leberglykogen zu finden ist. Beim warmadaptierten ähnelte *in vivo* und *in vitro* der Glukose-1-^{14} C-Stoffwechsel dem der Glukose-6-^{14}C, wohingegen beim kaltadaptierten Fisch ein deutlicher Unterschied zwischen dem Stoffwechsel der C 1- und der C 6-markierten Glukose bestand. Außerdem war die Azetat-1-^{14}C-Oxydation merklich geringer. Der Einbau ins Fett war beim kaltadaptierten Saibling größer; die Ergebnisse deuten hier auf eine Verteilung nach Embdem-Meyerhof hin. Eine Aktivierung des Pentose-Phosphat-Zyklus in Verbindung mit gesteigerter Fettsynthese während der Kältekompensation ließe alle Ergebnisse erklären. M. Hegemann. 6085.

Sale, Peter F.; Toronto, Ontario, Univ., Dep. of Zool. A note on the lethal temperature of the aurora trout, Salvelinus timagamiensis. **(Eine Bemerkung über die Letaltemperatur des Aurorasaiblings, Salvelinus timagamiensis.)** Canad. J. Zool. **40** (1962) Nr. 2. S. 367–369. — 1 Tab., 7 Lit.

Der Aurorasaibling (*Salvelinus timagamiensis*) kommt, soweit bisher bekannt ist, nur in 3 Seen Kanadas vor. Vf. versuchte, durch Bestimmung der Letaltemperatur weitere Fakten für die Zuordnung des Fisches zu den verwandten Formen *S. fontinalis* und *S. alpinus* zu erfassen. Nach den von 150 Tieren gewonnenen Ergebnissen wird eine nähere Verwandtschaft zwischen *S. timagamiensis* und *S. fontinalis* als zwischen *S. t.* und *S. alpinus* angenommen.

M. Hegemann. 6085.

Meisner, Herman M. und Hickman jun., C. P.; Edmonton, Alberta, Univ., Dep. of Zool., Comparative Physiol. Lab. Effect of temperature and photoperiod on the serum proteins of the rainbow trout, Salmo gairdneri. **(Die Wirkung von Temperatur und Photoperiode auf die Serumproteine der Regenbogenforelle, Salmo gairdneri.)** Canad. J. Zool. **40** (1962) Nr. 2. S. 127–130. — 1 Tab., 14 Lit.

Von 1- und 2jährigen Regenbogenforellen, die 43 Tage an 4 Kombinationen von Temperaturstufen und Tageslängen (L = Stunden täglicher Photoperiode: 16 °C/8 L, 16 °C/16 L, 8 °C/8 L und 8 °C/16 L) angepaßt waren, wurde das Serum papierelektrophoretisch geprüft. Das Verhältnis Albumin/Globulin war bei den an 8 °C angepaßten Forellen signifikant größer. Die Photoperiode zeigte keinen signifikanten Einfluß auf die Serumproteinbanden.
M. Hegemann. 6085.

Carlson, I. H. und Holmes, W. N.; Vancouver, Canada, Univ. of Brit. Columbia, Dep. of Zool. Changes in the hormone content of the hypothalamo-hypophysial system of the rainbow trout (Salmo gairdneri). **(Veränderungen im Hormongehalt des hypothalamo-hypophysären Systems der Regenbogenforelle [Salmo gairdneri].)** J. Endocrinology **24** (1962) Nr. 1. S. 23–32. — 3 Abb., 2 Tab., 35 Lit.

Von Süß- in Seewasser (60%iges Standardwasser) überführte Regenbogenforellen zeigten innerhalb der ersten 3 Std. nach dem Umsetzen eine signifikante Verringerung des antidiuretischen Stoffes der Hypophyse, wahrscheinlich Vasotocin. In den nächsten 3 Std. stellte sich das Normalniveau wieder ein. Das Oxytocin dagegen nahm in den ersten Std. zu und ging dann allmählich auf die Werte der Kontrolltiere im Süßwasser zurück. Der Oxytocingehalt des Hypothalamus wurde durch die Überführung der Fische nicht signifikant beeinflußt.
M. Hegemann. 6085.

Stolk, A.; Amsterdam, Free Univ., Dep. of Histol. Arginine and neurosecretory material in the neurohypophysis of the cichlid Astronotus ocellatus (Spix). **(Arginin und neurosekretorisches Material in der Neurophypophyse des Cichliden Astronotus ocellatus.)** Proc., Kon. nederl. Akad. Wetensch., Ser. C **65** (1962) Nr. 2. S. 170–180. — 15 Abb., 36 Lit.

Mit Chromalaun-Hämatoxylin gefärbtes neurosekretorisches Material der Neurohypophyse des Cichliden *Astronotus ocellatus* zeigte negative Argininreaktion. Daraus wird geschlossen, daß Arginin entweder fehlt oder nur in sehr geringen Mengen vorhanden ist. Das in 5 Typen vorliegende Neurosekret ist teils granulär, teils hyalin verteilt. Vf. gibt weiterhin eine Beschreibung der Hypophyse des Cichliden. Sie besteht aus einem ventralen Lobus anterior, einem medio-caudalen L. intermedius, einem dorsalen L. posterior und einem cranicalen L. tuberalis.
M. Hegemann. 6085.

Forster, Roy P. und Hong, Suk Ki; Hanover, New Hamps., Dartmouth Coll., Dep. of Biol. Sci.; Seoul, Korea, Yonsei Univ., Dep. of Physiol. Tubular transport maxima of PAH and diodrast measured individually in the aglomerular kidney of Lophius, and simultaneously as competitors under conditions of equimolar loading. **(Tubulärtransportmaxima von PAH und Diodrast, einzeln gemessen an der aglomerulären Niere von Lophius und gleichzeitig unter den Bedingungen äquimolarer Ladung.)** J. gen. Physiol. **45** (1962) Nr. 4. S. 811 bis 830. — 3 Abb., 1 Tab., 29 Lit.

Werden PAH (p-Aminohippurat) und Diodrast (3,5-Dijodo-4-pyridone-N-Essigsäure) dem Teufelsfisch (*Lophius*) einzeln injiziert, so ergibt sich unter standardisierten Laboratoriumsbedingungen eine konstante maximale Tubulärtransportrate (Tm). Die molare Tm_{PAH} ist viermal so hoch wie die $Tm_{Diodrast}$. Waren PAH und Diodrast gleichzeitig in äquimolaren Konzentrationen vorhanden, so war die Tm_{PAH} wesentlich geringer als bei alleiniger Gabe von PAH.. Zwischen beiden Substanzen ist Konkurrenz gegenüber dem Transportmechanismus zu erkennen.
M. Hegemann. 6085.

McDonald, Margaret R.; Cold Spring Harbor, Long Island, Carnegie Inst. of Washington, Dep. of Genetics. Desoxyribonuclease from salmon testes. I. Purification and properties. **(Desoxyribonuklease aus Lachshoden. 1. Mitt. Reinigung und Eigenschaften.)** J. gen. Physiol., Suppl. **45** (1962) Nr. 4. S. 77 bis 92. — 5 Abb., 3 Tab., 45 Lit.
Eine Methode zur Reinigung von Desoxyribonuklease II aus Lachshoden (*Salmo salar*), bei der eine Abtrennung von Ribonuklease, Phosphatase, Phosphodiesterase und Protease möglich ist, wird eingehend beschrieben. 50% der Aktivität wurden in 20000-facher Anreicherung erhalten. Das Ferment greift sowohl unbehandelte wie auch hitzegefällte DNS an; letztere jedoch nur zu 10%. Auf ungereinigte DNS wirkt das Ferment nicht. Am stabilsten ist das Ferment zwischen pH 4 und 5; das pH-Optimum ist bei optimaler Ionenstärke bei 4,8. Die Optimaltemperatur ist 55 °C. Zweiwertige Ionen verstärken die Fermentaktivität mehr als einwertige. M. Hegemann. 6085.

Kinne, Otto und Kinne, Eva Maria; Toronto, Ontario, Univ., Dep. of Zool. Rates of development in embryos of a cyprinodont fish exposed to different temperature-salinity-oxygen combinations. **(Die Entwicklungsrate der Embryonen eines Cyprinodonten unter Einfluß verschiedener Kombinationen von Temperatur, Salzgehalt und Sauerstoff.)** Canad. J. Zool. **40** (1962) Nr. 2. S. 231–253. — 5 Abb., 11 Tab., 63 Lit.
Der Einfluß verschiedener Kombinationen von 48 konstanten Temperaturen zwischen 10 °C und 37 °C, 8 Salzgehaltsstufen zwischen destilliertem Wasser und 85‰ S und 3 Sauerstoffkonzentrationen mit ungefähr 70%, 100% und 300% Sättigung auf die Embryonalentwicklung von *Cyprinodon macularius* wurde untersucht. 4 Std. nach ihrer Ablage sind die Eier den Kombinationen der drei Faktoren unterworfen worden. Zunehmende Salzkonzentration bewirkte Hemmung der Eientwicklung, während gesteigerter Sauerstoffgehalt Förderung erkennen ließ. Gleichzeitiger Temperaturanstieg hob Förderung und Hemmung noch hervor. Entwicklungshemmung durch die Temperatur und Letaltemperatur sind andererseits eine Funktion des Salzgehaltes und der O_2-Spannung. Die physiol. Wirkung des Salzgehaltes des Mediums ist bei den unmittelbar nach der Ablage überführten Eiern noch ausgeprägter. Die angewandten Kombinationen und die faktorspezifischen Wirkungen werden anhand der betreffenden Literatur ausführlich diskutiert.
M. Hegemann. 6085.

Ryžkov, L. P. (Ryhskow, L. P.); Sewan, Hydrobiol. Stat. der Akad. der Wiss. der Armen.SSR. Sutočnyj ritm intensivnosti potreblenija kisloroda u ličinok i mal'kov sevanskich forelej. **(24-Stunden-Rhythmus der Intensität des Sauerstoffverbrauchs bei Larven und Brut der Sewan-Forellen.)** Izvestija Akademii nauk Armjanskoj SSR, Erevan **13** (1960) Nr. 12. S. 3–12. — 7 Abb., 13 Lit. Orig.: russ., Ausz.: armen.
An 2 Formen der Sewan-Forelle, die in Zementbecken gehältert wurden, untersuchte Vf. den tägl. Atemrhythmus bei Larven und Jungfischen. Festgestellt werden konnte das Vorhandensein einer tägl. Rhythmik in der Atemtätigkeit der Fische. Dabei traten bei den Larven 2 Tagesmaxima auf, und zwar morgens von 3^{00} bis 8^{00}h und in den Abendstunden von 16^{00} bis 22^{00}h. Bei Jungfischen beider Formen konnten im Alter von etwa 80 Tagen 3 Tagesmaxima in der Atmungsrhythmik und bei noch älteren Jungfischen sogar 4 Tagesmaxima beobachtet werden. Die Kurven der tägl. Atmungstätigkeit liefen parallel mit der Intensität der Ernährung. G. Predel. 6085.

Ivlev, V. S. (Iwlew, W. S.); Sewastopol, Biol. Stat. der Akad. der Wiss. der UdSSR. Smoltifikacija lososevych i ee biologičeskoe značenie. **(Die Smoltifikation der Lachse und ihre biologische Bedeutung.)** Žurnal obščej biologii, Moskva **23** (1962) Nr. 1. S. 72–73. — 12 Lit. Zus. in Engl.

Die Smoltifikation der Lachse ist eine spez. Form der postembryonalen Entwicklung. Während die meisten morphol. Prozesse in der Biologie nicht reversibel sind, kann die Umwandlung der jungen Salmoniden in Smolts durch ungünstige Umweltbedingungen (z. B. durch Hälterung in Teichen) zurückgehalten bzw. umgekehrt werden. Die desmoltifizierten Lachse können im Frühjahr des nächsten Jahres erneut mit der Umwandlung beginnen. In geeigneten Verhältnissen nehmen diese Umwandlungsprozesse einen zyklischen Charakter an. A. Kozianowski. 6085.

Čulickaja, E. V. (Tschulizkaja, Je. W.); Moskau, Sewerzow-Inst. für Tiermorphol. der Akad. der Wiss. der UdSSR. Izučenie inducirujuščego dejstvija mezodermy na material sluchovogo puzyŕka u osetrovych ryb i amfibij. **(Erforschung der Induktionswirkung des Mesoderms auf das Material des Gehörbläschens bei Aciperseriden und Amphibien.)** Doklady Akademii nauk SSSR, Moskva **144(30)** (1962) Nr. 1. S. 245–247. — 2 Tab., 16 Lit.

Zur Erforschung der Induktionswirkung des Mesoderms auf die Substanz des Gehörbläschens wurden in den Jahren 1960–61 Explantationen dieser Substanz mit einer mesodermalen Unterlage bei Embryonen von 4 Acipenseridenarten und von *Amblystoma mexicanum* durchgeführt. Die aus dem mittleren Neurulastadium verpflanzte Gehörbläschensubstanz konnte sich unter künstlichen Bedingungen 6 bis 10 Tage lang bei einer für jede Art optimalen Temperatur entwickeln. Beim Axolotl entstanden in 12 von 60 Fällen Gehörbläschen, wohingegen sich bei den Stören von insgesamt 260 Explantationen unter den gleichen Verhältnissen keine Gehörbläschen entwickelten.
A. Kozianowski. 6085.

Ušakov, B. P., Vinogradova, A. N. und Kusakina, A. A. (Uschakow, B. P., Winogradowa, A. N. und Kussakina, A. A.); Leningrad, Cytol. Inst. der Akad. der Wiss. der UdSSR. Citofiziologičeskij analiz vnutrividovoj differencirovki omulej i chariusov ozera Bajkal. **(Cytophysiologische Analyse der innerartlichen Differenzierung bei den Gattungen Coregonus und Thymallus des Baikalsees.)** Žurnal obščej biologii, Moskva **23** (1962) Nr. 1. S. 56–63. — 3 Abb., 2 Tab., 20 Lit.

Zur Erforschung der innerartlichen Divergenz bei den Fischen des Baikalsees wurde die Wärmeresistenz des Myokards und einiger Fermente (ATP, Cholinesterase) von *Thymallus* und *Coregonus* bestimmt. Es zeigte sich, daß in der Wärmeresistenz der Zellen verschiedener Arten der gleichen Gattung Differenzen bis zu 2° auftreten können. Zwischen der Wärmeempfindlichkeit der protoplasmatischen Eiweiße und der Wärmeresistenz der Zellen besteht eine enge Verbindung. Die bei der Artbildung verlaufenden Prozesse können demnach sowohl cytologisch wie auch molekular erforscht werden.
A. Kozianowski. 6085.

McFadden, James T., Cooper, Edwin L. und Andersen, John K.; University Park, Pa., Univ. Sex ratio in wild populations of brown trout. **(Geschlechtsverhältnis bei natürlichen Bachforellenpopulationen.)** Trans. Amer. Fisheries Soc. **91** (1962) Nr. 1. S. 94–95. — 1 Tab.

In der Zeit von Mai bis Sept. wurden 810 Bachforellen (*Salmo trutta*) aus 12 Bächen Pennsylvaniens gesammelt. Das Geschlecht jedes Fisches wurde i. allg. durch makroskopische Untersuchung der Gonaden festgestellt. Nur einige Forellen der AG 0 wurden mikroskopisch untersucht. Es ergab sich, daß in den Altersgruppen 0 bis VI sowohl in kalkreichen als auch in kalkarmen Gewässern etwa zu 50% Weibchen vorhanden waren. Unterschiede in der Sterblichkeit der Geschlechter konnten nicht ermittelt werden. Bei Zusammenfassung aller Altersgruppen beträgt der Weibchen-Anteil in kalkarmen Bächen 49%, in kalkreichen 56% und kombiniert für beide Gewässertypen 52%. M.-L. Albrecht. 6090.

Mel'nikova, M. N. (Melnikowa, M. N.); Staatl. Forsch.-Inst. für Binnenfischerei, Lab. für Ichthyol. O karlikovych samcach semgi. **(Über die Zwergmännchen beim Lachs.)** Naučno-techničeskij bjulleteń GosNIORCh (Gosudarstvennyj naučno-issledovatelskij institut ozernogo i rečnogo rybnogo chozjajstva), Leningrad **1960** Nr. 11. S. 68–70. — 3 Tab., 6 Lit.
Unter 115 im Emzefluß gefangenen Junglachsen (*Salmo salar*) befanden sich 89 Zwergmännchen, 20 noch nicht geschlechtsreife ♀♀ und 6 ♂♂. Die Zwergmännchen gehörten der Altersstufe 2+ an und zeichneten sich dadurch aus, daß das Gewicht der Gonaden im Vergleich zum Körpergewicht wesentlich höher war als bei den normal entwickelten Fischen. H.-W. Hattop. 6090.

Smirnov, A. I. (Smirnow, A. I.); Moskau, Lomonossow-Univ. Ėkologija razmnoženija simy — Oncorhynchus masu (Brevoort). **(Ökologie der Vermehrung von Oncorhynchus masu.)** Doklady Akademii nauk SSSR, Moskva **143(30)** (1962) Nr. 6. S. 1449–1452. — 1 Abb., 11 Lit.
O. masu beginnt seinen Aufstieg in die Flüsse von Sachalin früher als alle anderen Lachsarten. Schon Mitte Mai können Exemplare dieser Art an tiefen, verborgenen und stillen Stellen der Flüsse angetroffen werden. Ihre Gonaden befinden sich im II. bis III. Reifestadium und erreichen erst während der Wanderung flußaufwärts das IV. Stadium. Im Gegensatz zu *O. keta* und *O. gorbuscha* ist *O. masu* ein sehr vorsichtiger Fisch. Er bevorzugt Laichplätze, die weit oben im Oberlauf des Flusses gelegen sind, wo andere Lachsarten auch bei rel. hohem Wasserstand nicht hingelangen und die Entwicklung der Brut nicht gefährden können. Die Eiablage erfolgt an Stellen mit ziemlich starker Strömung (bis zu 50 cm/s) und einer optimalen Wassertemperatur von 13°. Der Sauerstoffbedarf der Eier ist während der Inkubationszeit nicht sehr groß. Schon ein Sättigungsgrad von 35–70% reicht für eine normale Entwicklung der Embryonen vollkommen aus. Die Junglachse nähren sich hauptsächlich von Insekten, die aus den das Flußbett umgebenden hohen Gräsern und Laubbäumen in das Wasser fallen. A. Kozianowski. 6090.

Kononov, V. A. (Kononow, W. A.); Forsch.-Inst. für Fischerei der Ukrain. SSR. Uslovija i ėffektivnost' razmnoženija ryb v Kachovskom vodochranilišče v pervyj god ego suščestvovanija. **(Die Verhältnisse der Fortpflanzung der Fische und ihre Ergebnisse in der Kachowkaer Talsperre im 1. Jahr ihres Bestehens.)** Trudy soveščanija po problemam biologii vnutrennych vod, Moskva-Leningrad **6** (1957, hrsg. 1959) S. 402–408. — 2 Abb., 4 Tab., 4 Lit.
Die Fortpflanzungsbedingungen für die Feinfischarten waren in der Kachowkaer Talsperre im 1. Jahr ihres Bestehens sehr günstig. Durch Besatz mit Wildkarpfen (*Cyprinus carpio*) und verstärkten Fang der Kleinfischarten konnte eine wirtschaftlich günstige Zusammensetzung der Fischbestände geschaffen werden. Zur Aufrechterhaltung dieser Verhältnisse wird jedoch die stärkere Förderung von Hecht (*Esox lucius*) und Zander (*Lucioperca lucioperca*) notwendig. H.-W. Hattop. 6090.

Djužikov, A. T. (Djushikow, A. T.); Saratow, Abt. des Staatl. Forsch.-Inst. für Binennfischerei. Dozrevanie i razmnoženie ryb v nižnem b'efe Volžskoj GĖS. **(Die Reifung und Fortpflanzung der Fische unterhalb des Wolga-Wasserkraftwerkes.)** Naučno-techničeskij bjulleteń GosNIORCh (Gosudarstvennyj naučno-issledovatel'skij institut ozernogo i rečnogo rybnogo chozjajstva), Leningrad **1960** Nr. 11. S. 8–10. — 1 Abb. 6 Lit.
Unterhalb des Wolgakraftwerkes blieben verhältnismäßig große Überschwemmungsflächen erhalten, die alljährlich überflutet werden. Die Fortpflanzungsbedingungen für die verschiedenen Fischarten sind daher als verhältnismäßig günstig zu bezeichnen. Auch die Möglichkeiten für die künstliche Erbrütung sind gut, hierzu kommen in erster Linie die bodenständigen und wandernden Formen der Acipenseriden in Frage. H.-W. Hattop. 6090.

Privol'nev, T. I. (Priwolnew, T. I.); Staatl. Forsch.-Inst. für Binnenfischerei, Lab. für Physiol. der Fische. Ob iskusstvennom razvedenii minogi. **(Über die künstliche Vermehrung des Neunauges.)** Naučno-techničeskij bjulleteń GosNIORCh (Gosudarstvennyj naučno-issledovatelskij institut ozernogo i rečnogo rybnogo chozjajstva), Leningrad **1960** Nr. 11. S. 57–60. — 7 Lit.
Die Neunaugen (*Petromyzon* sp.) hatten früher in der SU eine größere wirtschaftliche Bedeutung, allein in der Wolge wurden 20–30000 dt jährlich gefangen. Zur Zeit sind die Bestände jedoch infolge der starken Befischung so weit zurückgegangen, daß nur noch unbeträchtliche Mengen gefangen werden. Nennenswerte Bestände haben sich nur noch in der Wolga und der Narwa halten können. Vf. berichtet über die Möglichkeiten zur künstlichen Erbrütung von Neunaugen und weist darauf hin, daß die Bestände nur dann erhalten werden können, wenn eine künstliche Fortpflanzung der Neunaugen in größerem Umfang an der Wolga unterhalb der Stalingrader Talspeere und an der Narwa aufgenommen würde. H.-W. Hattop. 6090.

Galkina, L. A.; Kola, Zweigstelle des Meeresbiol. Inst. der Akad. der Wiss. der UdSSR. zu Murmansk Oplodotvorenie i razvitie ikry belomorskoj sel'di Clupea harengus pallasi n. maris-albi Berg (Var. A) v vode različnoj solenosti. **(Befruchtung und Entwicklung der Eier des Herings Clupea harengus pallasi in Wasser verschiedenen Salzgehaltes.)** Doklady Akademii nauk SSSR, Moskva **143(30)** (1962) Nr. 2. S. 479–482. — 2 Abb., 1 Tab., 5 Lit.
Experimentelle Untersuchungen über die Befruchtung und Entwicklung der Eier verschiedener lokaler Heringsformen des Weißen Meeres wurden bei unterschiedlichen Salzgehalten durchgeführt. Es zeigte sich dabei, daß bei den verschiedenen Heringsformen qualitativ unterschiedliche Geschlechtszellen vorhanden sind, die optimale Entwicklung bei verschiedenem Salzgehalt haben. Die Besonderheiten der Befruchtung und Entwicklung der Eier der einzelnen Heringsformen in Abhängigkeit vom Salzgehalt spiegeln auch die ökologischen Besonderheiten der spez. Laichgebiete und -zeiten der jeweiligen lokalen Heringsrasse wider. G. Predel. 6090.

Arnoult, Jacques. Ponte naturelle suivie d'éclosions chez Polypterus senegalus senegalus (Cuvier). **(Natürliche Eiablage und Schlüpfen bei Polypterus senegalus senegalus.)** C. R. hebd. Séances Acad. Sci. **254** (1962) Nr. 15. S. 2828–2829
Vf. beschreibt die Aquarienbedingungen, unter denen er Flösselhechte der Art *Polypterus senegalus senegalus* hielt und zum Laichen brachte. Die Tiere waren im Nov. 1959 als Larven gefangen worden, im März 1962 laichte ein Weibchen. An mehreren Tagen wurden in den Morgenstunden die sphärischen, von einer gelatinösen Hülle umgebenen 0,9 mm großen Eier abgelegt. Die Eientwicklung ging bei 28 °C sehr schnell vor sich. Nach 60 Std. schlüpfte die Larve. Am 8. Tag erreichte sie die Länge von 4 mm, die Mundöffnung war in Funktion, und die Augen waren sehr gut sichtbar. Vf. hofft, an den Larven die Metamorphose bis in Einzelheiten studieren zu können.
J. Waldmann. 6090.

Troickaja, V. I. (Troizkaja, W. I.); Ural. Abt. des Staatl. Forsch.-Inst. für Binnenfischerei. Vyraščivanie v ozere Kainkul' gibrida ripusa s sigom vtorogo i tret'ego pokolenij. **(Die Aufzucht von Hybriden zwischen der Kleinen und Großen Maräne der zweiten und dritten Generation im Kainkul-See.)** Naučno-techničeskij bjulleteń GosNIORCh (Gosudarstvennyj naučno-issledovatel'skij institut ozernogo i rečnogo rybnogo chozjajstva, Leningrad **1960** Nr. 11. S. 19 bis 22. — 4 Tab., 3 Lit.
Hybriden zwischen der Kleinen und Großen Maräne (*Coregonus albula* × *C.* sp.) wiesen im Kainkul-See ein wesentlich besseres Wachstum als die Kleinmaränen auf. Die Hybriden der verschiedenen Generationen waren fertil; geringfügige Abweichungen der Geschlechtsorgane von den Organen der Ausgangsformen traten auf. Eine Fortpflanzung im Kainkul-See fand wegen Man-

gels an günstigen Laichbedingungen nicht statt. Die Überlebensrate war sehr gut, mindestens 10–11% der eingesetzten Fische wurden wiedergefangen. H.-W. Hattop. 6090.

Duyvené de Wit, J. J.; Orange Free State, Republic of South Africa, Univ., Dep. of Zool. Hybridization experiments in Acheilognathine fishes (Cyprinidae, Teleostei). The hybrids between female Acheilognathus lanceolatus and Rhodeus amarus and male Acheilognathus himantegus. **(Hybridisationsexperimente mit Acheilognathinae [Cyprinidae, Teleostei]. Die Hybriden zwischen weiblichen Acheilognathus lanceolatus und Rhodeus amarus und männlichen A. himantegus.)** Canad. J. Zool. **40** (1962) Nr. 2. S. 255–259. – 5 Abb., 3 Tab., 13 Lit.
Acheilognathus lanceolatus (♀) aus Japan und *A. himantegus* (♂) von Taiwan sowie *Rhodeus amarus* (♀) aus Holland und *A. himantegus* (♂), alle aus der Unterfamilie der Acheilognathinae (= Syn. Rhodeinae), wurden mittels künstlicher Befruchtung gekreuzt. Die Hybriden zeigten ausschließlich männl. Phänotypus. Trotz der Ausbildung eines leuchtenden Hochzeitskleides waren die Hybriden mehr oder weniger steril. M. Hegemann. 6090.

Zotin, A. I. und Poglazov, B. F. (Sotin, A. I. und Poglassow, B. F.); Moskau, Sewerzow-Inst. für Tiermorphol. der Akad. der Wiss. der UdSSR; Inst. für Strahlen- und Physiko-Chem. Biol. der Akad. der Wiss. der UdSSR. Vozbudimost' poverchnostnogo sloja citoplazmy i droblenie jaic ryb i amfibij. **(Die Erregbarkeit der Oberflächenschicht des Cytoplasmas und die Teilung der Eier von Fischen und Amphibien.)** Doklady Akademii nauk SSSR, Moskva **143(30)** Nr. 5. S. 1233–1236. – 1 Abb., 4 Tab., 6 Lit.
Werden frisch befruchtete Eier mancher Fisch- und Amphibienarten mit einem harten Gegenstand berührt, so zieht sich die Oberflächenschicht des Cytoplasmas an der Berührungsstelle zusammen und bildet eine faltenreiche Fläche. Das gleiche geschieht, wenn das Ei durchstoßen und die gegenüberliegende Eihaut von innen berührt wird. Ähnliches Verhalten der Eihaut konnte auch bei Eiern, die kurz vor dem ersten Teilungsprozeß standen, beobachtet werden. Um evtl. Zusammenhänge festzustellen, wurden solche Eier in Lösungen gebracht, die bei künstlichen Reizungen ein Zusammenziehen der Oberfläche des Cytoplasmas verhindern (z. B. Urethan). Es zeigte sich, daß diese Lösungen ebenfalls die natürlichen Teilunsprozesse in den untersuchten Eiern (3 Acipenseridenarten und Axolotl) zurückhielten. Die Entstehung der Teilungsfurche ist demnach von lokalen Reizungen des Cytoplasmas im Gebiet der zukünftigen Furche abhängig. Als Reizkörper kommen vermutlich die Vakuolen in Frage, die in der Anaphase ins Cytoplasma eindringen, sich dort verbreiten und bis zur Oberflächenschicht empordringen. A. Kozianowski. 6090.

Tomnatik, E. N. (Tomnatik, Je. N.); Moldau. Zweigstelle der Akad. der Wiss. der UdSSR. K voprosu o formirovanii ichtiofauny Dubossarskogo vodochranilišča. **(Zur Frage der Bildung der Ichthyofauna der Talsperre von Dubossary.)** Trudy soveščanija po problemam biologii vnutrennych vod, Moskva-Leningrad **6** (1957, hsrg. 1959) S. 378–382. – 2 Tab., 5 Lit.
Der Anteil der minderwertigen Kleinfische an den Fangerträgen der Talsperre erreichte 1956 **44%**. Um der weiteren Ausbreitung der Kleinfische vorzubeugen, wird vorgeschlagen, eine Laich-Aufzuchtwirtschaft zu errichten, damit der Besatz mit Karpfen (*Cyprinus carpio*), Blei (*Abramis brama*), Zander (*Lucioperca lucioperca*), Sterlet (*Acipenser ruthenus*) und anderen verstärkt werden kann. H.-W. Hattop. 6095.

Ostroumov, A. A. (Ostroumow, A. A.); Borok, Inst. für Biol. der Stauseen der Akad. der Wiss. der UdSSR. O sostojanii zapasov ryb v Ugličskom i Ivańkovskom vodochraniliščach. **(Über die Fischbestände in der Uglitscher**

und Iwankowoer Talsperre.) Trudy soveščanija po problemam biologii vnutrennych vod, Moskva-Leningrad **6** (1957, hrsg. 1959) S. 292–297. — 1 Abb., 4 Tab., 11 Lit.
Die Fischbestände beider Talsperren weisen eine ungünstige Zusammensetzung auf, da die Kleinfische einen übermäßig großen Anteil haben. Die Tatsache, daß Blei (*Abramis brama*) und Zander (*Lucioperca lucioperca*) nur in ungenügenden Mengen vorkommen, wird darauf zurückgeführt, daß nach Fertigstellung der Talsperren zu früh mit dem Fang begonnen wurde.
H.-W. Hattop. 6095.

Jurovickij, Ju. G. (Jurowizki, Ju. G.); Moskau, Sewerzow-Inst. für Tiermorphol. der Akad. der Wiss. der UdSSR. Nekotorye osobennosti biologii sinca Rybinskogo vodochranilišča v svjazi s faktorami, opredeljajuščimi ego čislennost'. **(Einige Besonderheiten der Biologie der Zope der Rybinsker Talsperre im Zusammenhang mit den Faktoren, die die Bestandsdichte bestimmen.)** Trudy soveščanija po problemam biologii vnutrennych vod, Moskva-Leningrad **6** (1957, hrsg. 1959) S. 317–322. — 3 Tab., 26 Lit.
Aus der Bestandsdichte, der Wachstumsgeschwindigkeit, dem Ernährungszustand und der Fruchtbarkeit der Zope (*Abramis ballerus*) geht hervor, daß die Lebensbedingungen für diese Fischart in der Rybinsker Talsperre sehr günstig sind. Von Bedeutung ist vor allem die Tatsache, daß sich die Zope von Zooplankton ernährt, wobei sie während des ganzen Jahres ein gutes Nahrungsangebot vorfindet und wenig Konkurrenten hat. Auch in den Jahren mit niedrigem Wasserstand werden starke Jahrgänge hervorgebracht. Die Zope ist daher zu einem der wichtigsten Wirtschaftsfische der Talsperre geworden.
H.-W. Hattop. 6095.

Domanevskij, L. N. (Domanewski, L. N.); Wolgograd, Abt. des Unions-Forsch.-Inst. für Binnenfischerei. Nekotorye čerty biologii ščuki Cimljanskogo vodochranilišča. **(Einige Grundzüge der Biologie des Hechtes der Zimljansker Talsperre.)** Trudy soveščanija po problemam biologii vnutrennych vod, Moskva-Leningrad **6** (1957, hrsg. 1959) S. 415–418.
Die Hechtbestände (*Esox lucius*) der Zimljanskier Talsperre sind im Rückgang begriffen, da die Zahl der Laichplätze begrenzt ist und das Aufkommen der Brut durch die starken Wasserstandsschwankungen beeinträchtigt wird. Weiterhin wirkt sich der Fang während der Laichzeit ungünstig aus. Die Fangerträge liegen gegenwärtig noch bei 10–15000 dt jährlich.
H.-W. Hattop. 6095.

McFadden, James T. und Cooper, Edwin L.; University Park, Pa., Univ. An ecological comparison of six populations of brown trout (Salmo trutta). **(Ein ökologischer Vergleich von sechs Bachforellen-Populationen [Salmo trutta].)** Trans. Amer. Fisheries Soc. **91** (1962) Nr. 1. S. 53–62. — 1 Abb., 8 Tab., 28 Lit.
Die Untersuchungen sind in Pennsylvanien an 3 Bächen mit hohem Kalkgehalt, die durch Wiesen und Äcker fließen (nahrungsreich) und an 3 Bächen mit niedrigem Kalkgehalt, aus Sandstein- und Schieferformationen kommend, die vor allem durch Wald fließen (nahrungsarm), durchgeführt worden. Gearbeitet wurde mit Gleichstromaggregaten von 230 V und 2400 W oder Wechselstromgeräten mit 230 V und 500 W. Der Gesamtfischbestand schwankte in den 6 Bächen zwischen 52 und 400 kg/ha, der Bachforellenbestand zwischen 15 und 155 kg/ha. Die Verluste an Bachforellen betrugen im Durchschnitt: AG 0–I 60%, AG I–II 64%, AG II–III 61%, AG III–IV 72%, AG I–IV 97%. Die Nachwuchsstärke war von Jahr zu Jahr etwa gleich. Durch Hochwasser oder Trockenheit konnten allerdings gelegentlich Unterschiede eintreten. Die Größe des Fischbestandes steht offenbar in keinem direkten Zusammenhang mit dem Kalkgehalt bzw. dem Nahrungsreichtum des Wassers, da die Schwankungen innerhalb beider Gewässertypen gleich groß waren. Das

Forellenwachstum steht dagegen in direkter Beziehung zur Höhe des Kalkgehaltes. In den Bächen mit hartem Wasser wuchsen die Forellen deutlich besser als in den Bächen mit weichem Wasser. M.-L. Albrecht. 6095.

Bohl, Eva; Hamburg. **Vergleichende Untersuchungen an Otolithen von Jungheringen der Nordsee im Frühjahr 1960.** Ber. dtsch. wiss. Kommiss. Meeresforsch. [N. F.] **16** (1962) Nr. 3. S. 161–176. — 12 Abb., 5 Tab., 10 Lit.
Im Frühjahr 1960 wurde mit dem FFS „Anton Dohrn" umfangreiches Material zur Erforschung des Jungheringsbestandes (*Clupea harengus*) der Nordsee im Blödengrundgebiet und vor Süd-Norwegen gesammelt. Der Jungheringsbestand dieses Gebietes setzte sich aus frühjahrslaichenden Norweger-Heringen und herbstlaichenden Nordsee-Bankheringen zusammen, die anhand der Otolithen gut zu trennen waren. Bei den Bankheringen konnten nach der Methode von Parrish und Sharman 2 Gruppen unterschieden werden. Die Untersuchungen ergaben ein Bild von der räumlichen Verteilung, den meristischen Merkmalen, der Größenverteilung und Alterszusammensetzung der Heringe. K. Anwand. 6095.

Burd, A. C.; Lowestoft, Fisheries Lab. Growth and recruitment in the herring of the Southern North Sea. **(Wachstum und Rekrutierung des Herings der südlichen Nordsee.)** Fishery Invest., Ser. II **23** (1962) Nr. 5. S. 1–44. — 27 Abb., 16 Tab., 41 Lit.
Vf. gibt eine umfassende Darstellung der Bestandsuntersuchungen an Bank- und Downsheringen (*Clupea harengus*) der südlichen Nordsee. Anhand eines Untersuchungsmaterials, das z. T. bis in die 30er Jahre zurückreicht, werden l_1-Verteilung und Wachstumsraten des Bank- und Downbestandes, das Verhältnis zwischen Wachstum und *Calanus*-Angebot sowie die Rekrutierungsvorgänge behandelt. Die Unterschiede zwischen beiden Heringsgruppen werden nach diesen Merkmalen herausgestellt, und die Zusammensetzung des Fanges der ostenglischen Fischerei wird nach verschiedenen Gesichtspunkten erläutert. K. Anwand. 6095.

Cushing, D. H.; Lowestoft, Fisheries Lab. Recruitment to the North Sea herring stocks. **(Rekrutierung des Nordsee-Heringsbestandes.)** Fishery Invest., Ser. II **23** (1962) Nr. 5. S. 45–71. — 19 Abb., 28 Lit.
Es wird über die Rekrutierungsvorgänge im Heringsbestand (*Clupea harengus*) der Nordsee berichtet. Dabei werden der jahreszeitliche Verlauf der Rekrutierung, die Abweichungen vom normalen Vorgang sowie die Auswirkungen biol. und abiotischer Faktoren auf den Jungfischbestand erörtert. Grundsätzlich wird immer zwischen den Heringsgruppen Bank- und Downshering unterschieden. K. Anwand. 6095.

Lewis, William M., Summerfelt, Robert und Bender, Michael; Carbondale, Southern Illinois Univ., Dep. of Zool., Fisheries Res. Lab. Use of an electric shocker in conjunction with the mark-and-recovery technique in making estimates of largemouth bass populations. **(Anwendung eines Elektrofanggerätes in Verbindung mit der Markierungs- und Wiederfangtechnik zur Schätzung von Micropterus-salmoides-Populationen.)** U.S. Dep. Interior, Fish Wildlife Serv., progr. Fish-Culturist **24** (1962) Nr. 1. S. 41–45. — 2 Tab., 12 Lit.
Die Möglichkeit der praktischen Anwendung dieser Methode wurde mit Hilfe eines 220 V — 180 Hz-Wechselstromaggregates an den Beständen von *Micropterus salmoides* in 3 kleinen Seen untersucht. Die in Ufernähe gefangenen Fische wurden markiert und wieder ausgesetzt. Die Schätzung der Populationen erfolgte nach der Methode von Schnabel (1938) auf der Grundlage des nach Ricker (1958) berechneten Vertrauensbereiches. Danach wurde der Fischbestand von zwei Seen mit Natriumcyanid bzw. Rotenon vergiftet, um den wirklichen Bestand an *M. salmoides* mit der geschätzten Anzahl ver-

gleichen zu können. Die Untersuchungen zeigten, daß die angewandte Methode zur Schätzung des Bestandes an *M. salmoides* in Seen unter 40 ha Größe in der Praxis Verwendung finden kann. G. Seifert. 6095.

Babajan, K. E. (Babajan, K. Je.); Moskau, Unions-Forsch.-Inst. für Hochseefischerei und Ozeanogr. Novye presnovodnye ryby Cejlona. **(Neue Süßwasserfische in Ceylon.)** Naučno-techničeskij bjulleteń GosNIORCh (Gosudarstvennyj naučno-issledovatel'skij institut ozernovo i rečnogo rybnogo chozjajstva), Leningrad **1960** Nr. 11. S. 79–81. – 2 Abb.
In Ceylon gibt es gegen 10000 Talsperren mit 80000 ha Wasserfläche. An geeigneten einheimischen Fischen zum Besatz dieser und anderer Gewässer fehlte es jedoch. Aus diesem Grunde wurden mit Erfolg Forellen (*Salmo* sp.), Guramis (*Osphromenus* sp.) und eine *Tilapia*-Art (*Tilapia mossambica*) eingeführt. Versuche zur Einbürgerung des Karpfens (*Cyprinus carpio*) werden ebenfalls unternommen. Als günstig erwies sich bes. die große Nahrungsbreite von *T. mossambica*, die sich von Zoo- und Phytoplankton über Mückenlarven und Würmer bis zu Algen und sogar Blättern erstreckt.
H.-W. Hattop. 6100.

Smith, J. L. B.; Grahamstown, Rhodes Univ. Fishes from the Cape described by Lichtenstein in 1823. **(Von Lichtenstein im Jahre 1823 beschriebene Fische vom Kap der Guten Hoffnung.)** South African J. Sci. **58** (1962) Nr. 2. S. 39–40.
Vf. untersucht einige von Lichtenstein in seinem „Verzeichnis der Doubletten 1823" beschriebene Fischarten vom Kap der Guten Hoffnung kritisch und findet, daß ein Exemplar von *Lactoria diaphana* als *Ostracion tricuspidatus* bestimmt worden ist. *Scomber flexuosus nobis* wird als *Hypacanthus amia* identifiziert. Einige Arten erweisen sich als Erstbeschreibungen, einige andere bleiben zweifelhaft, da das Bestimmungsmaterial nicht mehr vorhanden ist.
J. Waldmann. 6100.

Roedel, Phil M. The names of certain marine fishes of California. **(Die Namen einiger Meeresfische Kaliforniens.)** Calif. Fish and Game **48** (1962) Nr. 1. S. 19–34. – 15 Lit.
In einer Aufstellung werden die landläufigen Namen der Meeresfische Kaliforniens mit ihren Abwandlungen angegeben. Die Liste umfaßt Fischnamen aus den Klassen Agnatha, Chondrichthyes und Osteichthyes der Ordnungen Myxiniformes, Squaliformes, Rajiformes, Chimaeriformes sowie Acipenseriformes, Clupeiformes, Myctophiformes, Anguilliformes, Beloniformes, Cyprinodontiformes, Gadiformes, Gasterosteiformes, Lampridiformes, Perciformes, Pleuronectiformes, Echeneiformes, Tetraodontiformes und Batrachoidiformes.
K. Anwand. 6100.

Magnuson, John J.; Vancouver, Brit. Columbia, Univ., Dep. of Zool., Inst. of Fisheries. An analysis of aggressive behavior, growth, and competition for food and space in medaka (Oryzias latipes [Pisces, Cyprinodontidae]). **(Eine Analyse des Angriffsverhaltens, Wachstums und des Nahrungs- und Revierwettbewerbs beim Japankärpfling [Oryzias latipes (Pisces, Cyprinodontidae)].)** Canad. J. Zool. **40** (1962) Nr. 2. S. 313–363. – 18 Abb., 11 Tab., 56 Lit.
Die Angriffsstimmung beim Japankärpfling wird durch einen inneren „Hunger"-Zustand in Gegenwart eines Nahrungsreizes oder kleinerer Tiere ausgelöst. Ist Nahrung im Überfluß vorhanden oder werden gleichgroße Fische zusammen gehalten, erfolgen nur schwache Angriffe. Wird nur eine begrenzte Nahrungsmenge geboten, schließen sich die großen Japankärpflinge zu Gesellschaften zusammen, die gemeinsam die kleineren und schwächeren Fische von der Nahrung vertreiben. Wird die Nahrung nur an bestimmten Futterplätzen geboten, erfolgt ein Zusammenschluß zu Territorialgesellschaften, n denen der stärkste Fisch das Futterareal verteidigt. Die Wachstumsrate

galt als Maß des Erfolges einzelner Fische unter den verschiedenen Bedingungen. Insgesamt **648** Fische sind in Einzelpopulationen von 1, 2, 4, 8 und 16 Tieren in 1-, 4- oder 8-Liter-Becken geprüft worden. Bei Verringerung des Lebensraums von 1 auf $^1/_{16}$ l pro Fisch verändert sich das Wachstum nicht, solange der Anhäufung von Abfallprodukten vorgebeugt wird und Nahrung im Überfluß vorhanden ist. M. Hegemann. 6105.

Dow, Robert L.; Augusta, Me., State House, Dep. of Sea and Shore Fisheries. Swimming speed of river herring Pomolobus pseudoharengus (Wilson). **(Die Schwimmgeschwindigkeit von Pomolobus pseudoharengus.)** Cons. permanent int. Explorat. Mer [Copenhague], J. Cons. **27** (1962) Nr. 1. S. 77–80. — 2 Tab., 1 Lit.
Die Geschwindigkeit stromaufwärts wandernder laichreifer *P. pseudoharengus* wurde in einem Fischpaß am Abfluß des Damariscotta-Sees bei unterschiedlichen Bedingungen bestimmt. Die Geschwindigkeit des Fisches ist hauptsächlich von der Strömungsgeschwindigkeit des Gewässers abhängig. *P. pseudoharengus* kann für einige Sek. Geschwindigkeiten von 15–16 Fischlängen je Sek. entwickeln. Er schwimmt folglich wesentlich schneller als in früheren Laborversuchen ermittelt wurde. G. Seifert. 6105.

Ivanova, M. N. (Iwanowa, M. N.); Kasan, Zweigstelle der Akad. der Wiss. der UdSSR. O pitanii ščuki Rybinskogo vodochranilišča. **(Über die Ernährung des Hechtes in der Rybinsker Talsperre.)** Trudy soveščanija po problemam biologii vnutrennych vod, Moskva-Leningrad **6** (1957, hrsg. 1959) S. 311–316. — 3 Abb., 2 Tab., 9 Lit.
Die über 1 Jahr alten Hechte (*Esox lucius*) ernähren sich in der Rybinsker Talsperre ausschließlich von Fischen. Über 70% der Nahrung bestehen jedoch aus wertlosen Fischen, der Hecht gilt daher als nützlicher Raubfisch, und Maßnahmen zur Vermehrung der Bestände werden empfohlen.
H.-W. Hattop. 6110.

Kuderskij, L. A. (Kuderski, L. A.); Karel. Abt. des Staatl. Forsch.-Inst. für Binnenfischerei. Obespečennost' kormom molodi sudaka v period perechoda ee na chiščnoe pitanie. **(Die Versorgung der Jungzander mit Nahrung in der Periode des Übergangs zur Raubfischnahrung.)** Naučno-techničeskij bjulleteń GosNIORCh (Gosudarstvennyj naučno-issledovatel'skij institut ozernogo i rečnogo rybnogo chozjajstva), Leningrad **1960** Nr. 11. S. 23–24. — 1 Abb.
In den Karelischen Seen, z. B. im Sjamosero, ist das Wachstum des Zanders (*Lucioperca lucioperca*) anfänglich so schlecht, daß die Jungfische während des gesamten 1. Lebensjahres nicht zur Ernährung von Fischen übergehen können. Der Übergang zur Raubfischernährung erfolgt erst im Sept. des 2. Lebensjahres. Von diesem Zeitpunkt an nimmt die Wachstumsgeschwindigkeit schnell zu. H.-W. Hattop. 6110.

Poliščuk, V. V. und Šerstjuk, V. V. (Polistschuk, W. W. und Scherstjuk, W. W.); Hydrobiol. Inst. der Akad. der Wiss. der Ukrain.SSR. Materialy po pitaniju okunja (Perca fluviatilis) srednogo Dnepra. **(Angaben über die Ernährung des Flußbarsches [Perca fluviatilis] im Mittellauf des Dnepr.)** Doklady Akademii nauk Ukrainskoj SSR, Kiev **1962** Nr. 1. S. 114–118. — 2 Tab., 12 Lit. Orig.: ukrain., Ausz.: russ., engl.
Der Barsch des mittleren Dnepr ist ein sehr anpassungsfähiger Fisch. Sein Nahrungsspektrum ändert sich mit der Körpergröße. Einjährige Barsche bis zu einer Länge von 5 cm nehmen vorwiegend Planktonorganismen auf (*Moina*, *Pleuroxus*, *Ceriodaphnia*, *Rhynchotalona*, *Alona*, *Eucyclops*, Tendipedidenlarven). Größere Exemplare nähren sich von phytophilen Tieren (*Asellus*, Odonata, Ephemeroptera, Coleoptera). In fortgeschrittenem Alter gehen die Barsche zu größerer Benthosnahrung und Fischen über, wobei haupt-

sächlich weniger wertvolle Fischarten (Plötze, Kaulbarsch, Ukelei, Güster u. a.) erbeutet werden. Unter den wirbellosen Nährtieren nehmen im Sommer die Sumpfdeckelschnecken (*Viviparus viviparus*) und im Winter die Wasserasseln (*Asellus aquaticus*) eine vorrangige Stellung ein. A. Kozianowski. 6110.

Sokolov, L. I. (Sokolow, L. I.) Pitanie kitajskogo okunja v Amure. **(Nahrung des Chinesischen Barsches im Amur.)** Rybnoe chozjajstvo, Moskva 38 (1962) Nr. 2. S. 23–25.

Der im mittleren und unteren Amur beheimatete Chinesische Barsch (*Sinperca chua-tsi*) hält sich im Sommer vorwiegend in den tieferen und durchströmten Teilen des Flusses und dessen Nebengewässern auf. Er ist wie der Amurhecht ein ausgesprochener Räuber, jedoch setzt sich seine Nahrung, wie 1957–58 anhand von 112 Darmanalysen festgestellt werden konnte, im Gegensatz zu der des Hechtes zu einem geringeren Teil aus Nutzfischen (Karausche 11,6%, Wels 4,5%, Hecht 4,5%) und einem größeren Teil aus wertlosen Fischen (Stachelwelse 45,5%, Hasel 12,5%) zusammen. Gelegentlich werden auch wirbellose Tiere (Garnelen 20%) aufgenommen. A. Kozianowski. 6110.

Čihař, Jiří; Praha, Státní Rybářství, Ved Nár. Podnik. Petrava a růst ryb v Černém rybnice u Průhonic. **(Bemerkungen über Nahrung und Wachstum einiger Fische im Teich Černý bei Průhonice.)** Zool. Listy **11(25)** (1962) Nr. 1. S. 53–64. — 12 Tab., 15 Lit. Zus. in Dtsch.

Untersuchungen der Nahrung von im Jahre 1956 im Teich Černý bei Průhonice gefangenen Karpfen (*Cyprinus carpio*), Schleien (*Tinca tinca*), Gründlingen (*Gobio fluviatilis*) und Moderlieschen (*Leucaspius delineatus*) ergaben, daß alle 4 Arten starke gegenseitige Nahrungskonkurrenten sind. Hauptnahrung aller dieser Fische mit Ausnahme der älteren Karpfen war das Zooplankton (Cyclopidae, *Daphnia*). Bei älteren Karpfen bildeten Wasserpflanzen, Zoobenthos (Chironomidae) und Reste der gröberen Wasserfauna (überwiegend Schlamm- und Posthornschnecken) den Hauptanteil der Nahrung. Das Wachstum der untersuchten Karpfen und Schleien aus dem genannten Teiche verlief in den vergangegen Jahren sehr langsam, das der Gründlinge und Moderlieschen dagegen sehr schnell. Aus den Ergebnissen der Nahrungs- und Wachstumsanalysen geht hervor, daß der Fischbesatz des Teiches Černý zu hoch ist. Die große Anzahl von Wildfischen (Gründlingen, Moderlieschen und auch Schleien) ist der Hauptgrund für das langsame Wachstum des Karpfens. Es wird daher der Aussatz kleinerer Hechte (*Esox lucius*) oder anderer Raubfische empfohlen. F. Svoboda. 6110.

Bell, Robert R.; California Dep. of Fish and Game, Marine Resources Operations. Age determination of the Pacific albacore of the California Coast. **(Altersbestimmung an Thunnus germo von der kalifornischen Küste.)** Calif. Fish and Game 48 (1962) Nr. 1. S. 39–48. — 6 Abb., 2 Tab., 11 Lit.

Von *Thunnus germo* aus den Fängen der kalifornischen Fischerei wurden vom Sept. bis Nov. 1959 Schuppenproben zur Altersbestimmung entnommen. Lesbare Schuppen konnten in der Nähe des 5. Dorsalflössels gefunden werden. Die Fänge setzten sich aus 1–5jährigen Tieren zusammen. Die durchschnittl. Länge der Fische betrug im 1. Jahr 57,3 cm, im 2. Jahr 65,7 cm, im 3. Jahr 77,4 cm, im 4. Jahr 83,7 cm und im 5. Jahr 87,8 cm. K. Anwand. 6110.

Permitin, I. E. (Permitin, I. Je.); Borok, Inst. für Biol. der Stauseen der Akad. der Wiss. der UdSSR. O vozraste i roste beloglazki iz r. Šeksny. **(Über das Alter und das Wachstum von Abramis sapa aus dem Scheksnafluß.)** Trudy soveščanija po problemam biologii vnutrennych vod, Moskva-Leningrad 6 (1957, hrsg. 1959) S. 323–327. — 7 Tab., 8 Lit.

A. sapa kommt in der Rybinsker Talsperre nur stellenweise vor, unter anderem auch im Mündungsgebiet des Scheksnaflusses sowie im Scheksnafluß selbst. Die Nahrung der älteren Exemplare dieser Art besteht ebenso wie bei *A. brama* aus Benthostieren, das Wachstum wird daher ebenso wie bei *A. brama* durch den allg. Nahrungsmangel in der Talsperre beeinträchtigt.

H.-W. Hattop. 6110.

Frank, Stanislav; Praha, Charles Univ., Dep. of Zool., Lab. of Ichthyol. A contribution to the growth of roach, rudd and white bream in some waters of Czechoslovakia and Poland. **(Beitrag zum Wachstum von Plötze, Rotauge und Güster in einigen tschechoslowakischen und polnischen Gewässern.)** Věstník českoslov. Společnosti zool. **26** (1962) Nr. 1. S. 65–76. — 3 Abb., 7 Tab., 8 Lit. Zus. in Tschech.

Von 1951–1958 wurden die Schuppen von insgesamt 271 Fischen aus der Weichselmündung in Polen, dem Flußgebiet der Elbe in Böhmen und aus einem südböhmischen Teich untersucht. Es wurde festgestellt, daß alle untersuchten Fischarten (*Rutilus rutilus, Leuciscus erythrophthalmus, Blicca björkna*) in der Weichselmündung gut wuchsen, was auf genügend Nahrung, einen normalen Fischbestand und seine natürliche Regulierung zurückzuführen ist. Das Wachstum der Plötze in der Weichselmündung gleicht dem in böhmischen Gewässern. Das Rotauge wächst in fließenden Gewässern im Vergleich zu Teichen verhältnismäßig langsam. Das Wachstum der Güster in der Weichselmündung ist dem in südböhmischen Teichen ähnlich.

F. Svoboda. 6110.

Dawson, C. E.; Oceans Springs, Miss., Gulf Coast Res. Lab. Length-weight and standard length-total length relationships of South Carolina hogchokers, Trinectes maculatus. **(Längen-Gewichts- und Standardlängen-Gesamtlängenverhältnis von Trinectes maculatus.)** Trans. Amer. Fisheries Soc. **91** (1962) Nr. 1. S. 89–90. — 2 Tab., 2 Lit.

Es wurden die Längen-Gewichts- und Standardlängen-Gesamtlängenverhältnisse sowie die Konditionskoeffizienten von *Trinectes maculatus* berechnet und in Tab. zusammengestellt. Das Verhältnis von Gewicht zu Standardlänge läßt sich ausdrücken durch: $\log W$ (in g) $= -3{,}71095 + 2{,}65844 \log L$. Der mittlere Konditionskoeffizient betrug 4,25. Ferner werden Umrechnungsfaktoren angegeben.

K. Anwand. 6110.

McDermott, John P.; Woods Hole, Mass., Bureau of Commercial Fisheries, Biol. Lab. Aluminum punch strip method for measuring fish. **(Die Aluminiumstreifen-Methode zur Fischmessung.)** U.S. Dep. Interior, Fish Wildlife Serv., progr. Fish-Culturist **24** (1962) Nr. 2. S. 87. — 2 Abb.

In 2 Nuten am Meßbrett ist ein Aluminiumstreifen (ca. $600 \times 80 \times 0{,}4$ mm) bis zum Anschlag einzuschieben und durch eine Flügelmutter festzuschrauben. Fischart, Datum u. a. können mittels einer Metall-Ahle auf den Streifen vermerkt werden. Zu messende Fische werden bis zum Anschlag auf das Brett gelegt, und die gewünschten Maße werden durch die Ahle auf dem Streifen markiert. Nach den Messungen wird der Aluminiumstreifen unter eine durchsichtige Plastik-Folie gelegt, um die Maße abzulesen. Eine Person kann alle 6 Sek. 1 Fisch messen. Bei geeigneter Längenverteilung kann 1 Streifen bis 300 Messungen aufnehmen.

G. Merla. 6110.

Peňáz, Milan; Brno, Lab. pro Výzkum Obratlovců ČSAV. Kritický příspěvek k metodice hodnocení vztahu tělo — šupina při studiu růstu ryb. **(Ein kritischer Beitrag zur Methode der Bewertung der Beziehung Körper-Schuppen beim Studium des Wachstums der Fische.)** Zool. Listy **11(25)** (1962) Nr. 1. S. 77–80. — 4 Abb., 13 Lit. Zus. in Engl.

Zur Beurteilung der Beziehung zwischen Körperlänge und Schuppengröße bei Fischen ist die Rückbestimmung des Wachstums der Fische bes. wichtig. Dazu wird entweder die graphische oder die rechnerische Methode benutzt. Die erstere ist zwar einfach, aber weniger genau. In wiss. Abhandlungen sollte daher grundsätzlich die letztere verwendet werden. Nach den Feststellungen

des Vf. muß aber bei der Benutzung der Segerstråleschen Berechnungsmethode, nach welcher man die Schuppengröße in % der betreffenden Körperlänge ausdrückt, eine Korrektur in jenen Fällen vorgenommen werden, in denen die Beziehung Körperlänge-Schuppengröße nicht linear ist. Die prozentuale Umrechnung der Schuppengröße auf % der Körperlänge ist aber sehr kompliziert und zeitraubend und deshalb weniger empfehlenswert.
F. Svoboda. 6110.

Paulik, G. J.; Seattle, Wash., Univ., Dep. of Mathematics. Use of the Chapman—Robson survival estimate for single- and multi-release tagging experiments. **(Die Anwendung der Chapman-Robson-Schätzung des Überlebens für Einzel- und Massenaussetzungen bei Markierungsexperimenten.)** Trans. Amer. Fisheries Soc. **91** (1962) Nr. 1. S. 95–98. — 1 Tab., 6 Lit.

Vf. umreißt die Anwendungsmöglichkeiten der mathematischen Methode von Chapman und Robson zur Schätzung der Sterblichkeit von Fischbeständen mit Hilfe von Markierungen. Anhand von Beispielen werden die Berechnungen erläutert. Man unterscheidet dabei zwischen Markierungsexperimenten bei denen alle Fische zur gleichen Zeit ausgesetzt werden, und solchen, bei denen die Fische in gewissen Zeitabständen freigelassen werden.
K. Anwand. 6115.

Družinin, A. D. (Drushinin, A. D.); Wladiwostok, Forsch.-Inst. für Hochseefischerei und Ozeanogr. des Pazifiks. Novye dannye o mečenii sel'di v vodach Sachalina. **(Neue Angaben über Heringsmarkierungen in den Gewässern Sachalins.)** Rybnoe chozjajstvo, Moskva **38** (1962) Nr. 2. S. 16–19. — 2 Abb., 1 Tab., 3 Lit.

Bei Heringsmarkierungen (*Clupea harengus*) in den Gewässern Sachalins in der Zeit von 1956–60 wurden folgende Ergebnisse erzielt: Zahl der markierten Fische: 22596; Wiederfang: 764 = 3,38%; 3,24% der Heringe wurden im jeweiligen Markierungsjahr wiedergefangen, 0,11% im folgenden Jahr und 0,03% später als ein Jahr nach der Markierung. Wichtige Erkenntnisse über die Heringsbestände des Gebietes, ihre Wanderungen und Überwinterungsgebiete konnten gesammelt werden. G. Predel. 6115.

Biologie der Meeressäuger

Krylov, V. I. (Krylow, W. I.); Magadan Abt. des Forsch.-Inst. für Hochseefischerei und Ozeanogr. des Pazifiks. Tempy razmnoženija tichookeanskogo morža. **(Vermehrungszeiten des Walrosses.)** Zoologičeskij žurnal, Moskva **41** (1962) Nr. 1. S. 116–120. — 2 Tab., 5 Lit. Zus. in Engl.

Von Juli–Okt. 1960 wurden im Gebiet der Wrangel-Insel und während der Frühjahrs-Sommer-Fangperiode an der Küste des Bering-Meeres an 600 Exemplaren von Walrossen (*Odobenus rosmarus divergens*) Beobachtungen über die Fortpflanzungsbiologie durchgeführt. Genau analysiert wurden rund 400 Exemplare, die ca. je zur Hälfte aus männl. bzw. weibl. Tieren bestanden. Es kann angenommen werden, daß die weibl. Tiere in 3 bis 4 Jahren einmal Junge zur Welt bringen. Dieses zeugt von einer sehr langsamen Reproduktion der Walroßbestände. G. Predel. 6120.

Biologie der sonstigen fischereilichen Nutztiere

Ivanov, B. G. (Iwanow, B. G.); Moskau, Unions-Forsch.-Inst. für Hochseefischerei und Ozeanogr. Skoplenija krevetok v zapadnoj časti Aljaskinskogo zaliva. **(Ansammlung von Garnelen im Westteil des Golfs von Alaska.)** Rybnoe chozjajstvo, Moskva **38** (1962) Nr. 1. S. 14–17. — 7 Lit.

Von sowjet. Seite wurden 1961 Untersuchungen über die Garnelenvorkommen im Schelfgebiet des Golfs von Alaska durchgeführt. Verschiedene *Pandalus*-

Arten konnten festgestellt werden, von denen *P. borealis* wirtschaftlich bedeutend sein könnte. Dargelegt wird die Abhängigkeit der Verbreitung von *Pandalus* im Gebiet von den Umweltbedingungen. G. Predel. 6125.

Karpevič, A. F. (Karpewitsch, A. F.) Bioėkologičeskaja charakteristika molljuska Monodacna colorata (Eichwald) Taganrogskogo zaliva (dannye k biologičeskomu obosnovaniju akklimatizacii ėtogo vida v Aral'skom i Kaspijskom morjach). **(Bioökologische Charakteristik von Monodacna colorata der Bucht von Taganrog [Angaben zur biologischen Begründung der Akklimatisation dieser Art im Aral- und Kaspisee].)** Trudy. Vsesojuznyj naučno-issledovatel'skij institut morskogo rybnogo chozjajstva i okeanografii (VNIRO), Moskva **43** (1960) Nr. 1. S. 244–256. — 6 Abb., 4 Tab., 15 Lit.
Die Untersuchung der Eigenschaften von *M. colorata* ergab, daß dieser Vertreter der Mollusken für die Ansiedlung im Kaspi- und Aralsee nicht geeignet ist. Möglichkeiten für die Akklimatisation ergeben sich jedoch für diese Art in schwach salzhaltigen Gewässern Mittelasiens. Zu diesem Schluß kommt Vf. u.a. auf Grund der Empfindlichkeit des Tieres gegen höheren Salzgehalt und der Verhältnisse bei der Osmoregulation und der Atmung. G. Predel. 6125.

C. LEBENSRAUM DER TIERE

(Hydrographie und Hydrobiologie)

Andreae, Horst und Heck, Herbert-Lothar; Berlin; Schwerin. **Zu einigen aktuellen Problemen der Hydrologie.** Wasserwirtsch.-Wassertechn. **12** (1962) Nr. 3. S. 94–95.
Aus der Bedeutung des Wassers als Rohstoff und mitbestimmender Faktor der gesamten Produktion ergibt sich die Notwendigkeit der wiss. Erforschung des Wassers in seinen Erscheinungsformen, Eigenschaften und seiner Verbreitung. Bes. erwähnt wird dabei die Wichtigkeit der Zusammenarbeit zwischen Hydrologie, Geologie und allen übrigen am Wasser Interessierten bei der „Lagerstättenkunde" des Wassers, da dieses im Gegensatz zu anderen Bodenschätzen ständigen Veränderungen unterliegt. Am Beispiel des von 5×10^9 m³ 1962 auf die 2- bis 3fache Menge 1985 steigenden Wasserbedarfes in der DDR wird die bes. Bedeutung der notwendigen Maßnahmen der Abwasserreinigung, der ober- und unterirdischen Wasserspeicherung und der landeskulturellen Maßnahmen der Aufforstung und Grundwasseranreicherung demonstriert. Hierzu sind genaue Kenntnis der Wasserhaushaltsgrößen und die wissenschaftliche Ergründung einer Vielzahl von Problemen nötig. Die Gründung des Hydrologischen Inst. an der Humboldt-Univ. zu Berlin stellt einen ersten Schritt in dieser Richtung dar. W. v. Tümpling. 6130.

Gerd, S. V. (Gerd, S. W.); Leningrad, Staatl. Pädagog. Herzen-Inst. Opyt biolimnologičeskogo rajonirovanija territorii Sojuza SSR. **(Ein Versuch zur biolimnologischen Aufteilung des Gebietes der UdSSR.)** Trudy soveščanija po problemam biologii vnutrennych vod, Moskva-Leningrad **6** (1957, hrsg. 1959) S. 131–138. — 1 Abb.
Vf. berichtet über die Maßnahmen zur biolimnolog. Kartierung der UdSSR. Es wurde bereits eine biolimnolog. Karte angefertigt, die als Grundlage für die in den nächsten Jahren verstärkt durchzuführenden Arbeiten dienen soll. Es ist vorgesehen, die UdSSR in 20 oder 22 biolimnolog. Gebiete aufzuteilen. H.-W. Hattop. 6130.

Lubjanov, I. P. (Lubjanow, I. P.); Dnepropetrowsk, Univ., Forsch.-Inst. für Hydrobiol. Raspredelenie donnoj fauny v vodoemach stepnoj zony Ukrainy v zavisimosti ot tipa krugovorota veščestv v nich. **(Die Verbreitung der Bodenfauna in den Gewässern der Steppenzone der Ukraine in Abhängigkeit von der Art ihres Stoffkreislaufes.)** Trudy soveščenija po problemam biologii vnutrennych vod, Moskva-Leningrad **6** (1957, hrsg. 1959) S. 201–208. — 1 Tab., 9 Lit.

Vf. führte Untersuchungen der Bodenfauna und der hydrographischen Verhältnisse in unterschiedlichen Flüssen, Seen, Talsperren und Teichen sowie auf Hochwasserflächen der Ukraine durch. Für die Untersuchungen wurden Gewässer aus dem Übergangsgebiet zwischen Waldsteppe und Steppe, aus der Steppenzone und aus der Trockensteppe ausgewählt, die schon fast wüstenartigen Charakter hat. An Hand der Ergebnisse wird der Versuch einer Typisierung der verschiedenen Gewässer der einzelnen Landschaftszonen unternommen. H.-W. Hattop. 6130.

Figura, Vincenzo; Rom. Osservazioni sulle correnti del Lago Sabatino o di Bracciano. **(Beobachtungen über die Strömungen im Sabatino- oder Bracciano-See.)** Boll. Pesca, Piscicolt. Idrobiol. [N. S.] **15(36)** (1960) Nr. 2. S. 237–245. — 3 Abb., 12 Lit.
Im Bracciano-See existiert in der Tiefe eine stets im Uhrzeigersinn gerichtete Rundströmung, wie Beobachtungen mit Coregonen-Schwebnetzen zeigen. Die Konstanz dieser Strömung ist wahrscheinlich auf einen unterseeischen Zufluß aus dem Vico-See zurückzuführen, der tangential in den Bracciano-See eintreten müßte. Vor einem Landvorsprung in dem fast kreisrunden See wurde in Ufernähe eine Strömung im Gegenzeigersinn festgestellt. D. Barthelmes. 6135.

Gak, D. Z. (Gak, D. S.); Zool. Inst. der Akad. der Wiss. der UdSSR. Soderžanie mobilizujuščich fosfaty bakterij v nekotorych vodoemach Latvisjkoj SSR. **(Der Gehalt an phosphat-mobilisierenden Bakterien in einigen Gewässern der Lettischen SSR.)** Trudy soveščanija po problemam biologii vnutrennych vod, Moskva-Leningrad **6** (1957, hrsg. 1959) S. 29–33. — 2 Tab., 12 Lit.
Vf. untersuchte in zahlreichen lettischen und litauischen Gewässern den Gehalt an Bakterien, die mineral. wasserunlösliche Phosphorverbindungen zersetzen, und an solchen Bakterien, die org. Phosphate zerlegen. Der Anteil der phosphat-lösenden Bakterien beträgt im Wasser 5–20% und im Boden bis zu 90% der Saprophytenbakterien. 20–70% der Saprophytenbakterien zersetzen org. Phosphate. Zwischen dem Gehalt an organischen Stoffen und der Menge der Phosphorbakterien im Wasser besteht ein Zusammenhang. Je größer der Kaliumpermanganatverbrauch ist, um so höher ist die Zahl der Phosphorbakterien im Wasser. Dies trifft bes. für die Bakterien zu, die org. Phosphor zersetzen. H.-W. Hattop. 6135.

Kliffmüller, Richard; Langenargen/Bodensee, Inst. für Seenforsch. und Seenbewirtsch. **Der Anstieg des Phosphat-Phosphors als Ausdruck fortschreitender Eutrophierung im Bodensee (Obersee).** Int. Rev. ges. Hydrobiol. **47** (1962) Nr. 1. S. 118–122. — 1 Abb., 1 Tab., 12 Lit.
Vf. untersuchte in den Jahren 1957 und 1958 den Gehalt des Wassers an anorg. Phosphat im Bodensee-Obersee. Um vergleichbare Werte zur Beurteilung des Trophiegrades zu erhalten, müssen 3 Bedingungen erfüllt sein: 1. Es muß Homothermie bestehen, 2. muß ein Konzentrationsausgleich stattgefunden haben und 3. müssen die org. Phosphorverbindungen weitgehend mineralisiert sein. Diese Bedingungen sind nach Abschluß der Vollzirkulation annähernd erfüllt. Es wurde festgestellt, daß der Bodensee-Obersee sich seit 1935 im Wandel vom oligotrophen zum mäßig eutrophen See befindet. Dies bestätigen die ansteigenden Phosphatkonzentrationen nach Abschluß der Vollzirkulation sowie Phosphatanalysen während 2 voller Jahreszyklen. D. Nehring. 6135.

Woynárowich, Elek; Tihany, Ungarn, Biol. Forsch.-Inst. der Akad. der Wiss. Voprosy chozjajstvenno cennoj produkcii zamknutych stojačich vodoemov s točki zrenija produkcionnoj biologii. **(Probleme der wirtschaftlich wichtigen Produktion der geschlossenen, stehenden Gewässer vom Standpunkt der Produktionsbiologie.)** Trudy soveščanija po problemam biologii vnutrennych vod, Moskva-Leningrad **6** (1957, hrsg. 1959) S. 105–113. — 5 Abb.

Vf. erörtert allg. Fragen der Produktionsbiologie. Insbesondere werden die Möglichkeiten des Stoffkreislaufes in unterschiedlichen Gewässern diskutiert, und es werden Wege zur Beeinflussung der produktionsbiologischen Verhältnisse, u. a. durch Einbürgerung neuer Arten, gewiesen.
H.-W. Hattop. 6135.

Lukonina, N. K. Zooplankton Aral'skogo morja. **(Das Zooplankton des Aralsees.)** Trudy. Vsesojusnyj naučno-issledovatel'skij institut morskogo rybnogo chozjajstva i okeanografii (VNIRO), Moskva **43** (1960) Nr. 1. S. 177–197. – 8 Abb., 6 Tab., 9 Lit.
Von 1954 bis 1957 durchgeführte Untersuchungen des Zooplanktons im Aralsee dienten der Klärung der Frage der Produktivität. Die Biomasse des Zooplanktons lag in den Untersuchungsjahren zwischen 150 und 194 mg/m^3 und war in den Jahren mit hohem Wasserzustrom am größten. Die Zooplanktonfauna des Gebietes ist artenarm. 70 bis 98% des Bestandes werden von *Diaptomus salinus* gestellt. Der Rest besteht aus Cladoceren, Cyclopiden und Molluskenlarven. Im Gegensatz zu anderen Gewässern dieser Breiten bleibt das Niveau des Zooplanktons während der gesamten Vegetationsperiode auf gleicher Höhe. Die Möglichkeiten für die weitere Intensivierung der Fischerei des Aralsees im Hinblick auf die stärkere Ausnutzung durch planktonfressende Fische sind gering. G. Predel. 6135.

Jablonskaja, E. A. (Jablonskaja, Je. A.) Sovremennoe sostojanie bentosa Aral'skogo morja. **(Der gegenwärtige Zustand des Benthos im Aralsee.)** Trudy. Vsesojuznyj naučno-issledovatel'skij institut morskogo rybnogo chozjajstva i okeanografii (VNIRO), Moskva **43** (1960) Nr. 1. S. 115–149. – 9 Abb., 11 Tab., 19 Lit.
Die Gesamtmasse des Zoobenthos im Aralsee beträgt ca. 1,5 Mill. t, das entspricht einem Durchschnitt von etwa 22 g/m^2. Die mittlere Biomasse des Phytobenthos ist ca. 6 mal größer. Im Vergleich zu Untersuchungen aus den Jahren 1930 bis 1932 konnte bei den Untersuchungen von 1954 bis 1957 keine nennenswerte Veränderung in der Gesamtmasse des Benthos festgestellt werden, jedoch erfolgte eine artenmäßige Veränderung. Der Bestand an Chironomidenlarven erhöhte sich um etwas mehr als das Doppelte, während *Dreissensia* und *Dikerogammarus* zurückgingen. Ursache hierfür ist wahrscheinlich die Konzentrierung des Laufes des Amu-Darja auf wenige Mündungsarme. Eine positive Korrelation zwischen der Größe des Zustroms aus den Flüssen und der Benthosbiomasse im Sommer konnte nachgewiesen werden. G. Predel. 6135.

Jablonskaja, E. A. (Jablonskaja, Je. A.) Kormovaja baza ryb Aral'skogo morja i ee ispol'zovanie. **(Die Nahrungsbasis der Fische im Aralsee und ihre Ausnutzung.)** Trudy. Vsesojuznyj naučno-issledovatel'skij institut morskogo rybnogo chozjajstva i okeanografii (VNIRO), Moskva **43** (1960) Nr. 1. S. 150 bis 176. – 13 Tab., 45 Lit.
Die relative Nährstoffarmut des in den Aralsee fließenden Flußwassers und die mangelnden Austauschvorgänge im Gewässer bedingen eine niedrige Intensität der biol. Prozesse. Als Nahrungsbasis für die Fische bieten sich vor allem die reichen Bestände der Urproduktion, insbesondere die Makrophyten, an. Das Zooplankton dagegen verfügt über sehr begrenzte Reserven. Das Zoobenthos bietet noch Möglichkeiten für die stärkere Ausnutzung durch Fische. Hier wird vor allem die Akklimatisation einsetzen müssen. G. Predel. 6135.

Karpevič, A. F. (Karpewitsch, A. F.) Obosnovanie akklimatizacii vodnych organizmov v Aral'skom more. **(Begründung für die Akklimatisation von Wasserorganismen im Aralsee.)** Trudy. Vsesojuznyj naučno-issledovatel'skij institut morskogo rybnogo chozjajstva i okeanografii (VNIRO), Moskva **43** (1960) Nr. 1. S. 76–114. – 1 Abb., 5 Tab., 73 Lit.

Vf. führt eine allseitige Analyse der Lebensbedingungen im Aralsee durch und macht Vorschläge, wie die Produktionsreserven dieses Gewässers besser und rationeller genutzt werden können. Dabei findet die gesamte Nahrungskette Berücksichtigung. Über die Düngung, die Erhöhung des Bestandes an Phyto- und Zooplankton und der übrigen Nahrungsbasis der Fische hinaus werden Vorschläge unterbreitet, wie durch Akklimatisation bestimmter Fische und wirbelloser Objekte eine Produktionssteigerung zu erreichen wäre. Grundsätzlich sollten dabei alle Produktionszonen des Gewässers beachtet und das Schwergewicht auf wirtschaftlich wichtige Fischarten gelegt werden. In einer Zusammenstellung sind alle für die Akklimatisation geeignet erscheinenden Objekte (Plankton, Benthos und Fische) angeführt.
G. Predel. 6135.

Cvetkov, Ljubomir. (Zwetkow, Ljubomir.); Zool. Inst. der Bulgar. Akad. der Wiss. O mikrobentose bolgarskich probrežnych ozer i značenii mikrobentosa dlja ryboproduktivnosti vodoemov. **(Über das Mikrobenthos der bulgarischen Strandseen und die Bedeutung des Mikrobenthos für die fischereiliche Produktivität der Gewässer.)** Trudy soveščanija po problemam biologii vnutrennych vod, Moskva-Leningrad **6** (1957, hrsg. 1959) S. 223–230. — 2 Tab., 28 Lit.
Vf. weist darauf hin, daß die hohen Fischerträge einiger Gewässer unter anderem auch auf die Entwicklung des Mikrobenthos zurückzuführen sind. Neben den ebenfalls in großen Mengen vorkommenden Nematoden spielen vor allem die Entomostraken eine große Rolle. Von geringer Bedeutung sind dagegen die Ostracoden, die sich nur bei geringer Fischbestandsdichte in manchen Gewässern stärker ausbreiten können. H.-W. Hattop. 6135.

Segerstråle, Sven G.; Helsinki, Univ., Zool. Museum; Inst. of Marine Res. The immigration and prehistory of the glacial relicts of Eurasia and North America. A survey and discussion of modern views. **(Die Einwanderung und Vorgeschichte der glacialen Relikte Eurasiens und Nordamerikas. Eine Übersicht und Diskussion moderner Gesichtspunkte.)** Int. Rev. ges. Hydrobiol. **47** (1962) Nr. 1. S. 1–25. — 13 Abb., 27 Lit.
Vf. schildert an Beispielen die Theorien über die Verbreitung glacialer Relikte im Zusammenhang mit den Vorgängen der wechselnden Vergletscherung Nordeuropas. Die eurasiatischen Formen wurden mit dem vom herannahenden Eis abgedämmten Wasser des Weißen Meeres angehoben und breiteten sich über den Onega-Eissee und andere Eisseen entlang des Randes der Eisscholle aus. Auf gleiche Weise konnten nordsibirische Küstenarten angehoben werden und in den zentralen sibirischen Eissee gelangen. Dieser hatte über den Tobo-Fluß Verbindung mit dem Kaspischen Meer und zum Baikalsee. Dadurch stand *Pallasea* aus dem Baikalsee ein Verbreitungsweg nach Norden und dort entlang des Eisrandes nach Westen und Osten offen. Für die nordamerikanischen Reliktarten ist der Verbreitungsgang ganz ähnlich (ebenfalls von der arktischen Küste durch gestaute Eisseen am Südrande der Vergletscherung). Der Ursprung und die Zusammenhänge zwischen den Reliktformen Eurasiens und Nordamerikas werden am Beispiel von *Mysis relicta* und *Pontoporeia affinis* diskutiert. Beide Arten haben für ihre eurasiatischen und nordamerikanischen Populationen wahrscheinlich einen gemeinsamen Ursprung in Nordsibirien und sind während der Riß-Eiszeit ostwärts nach Amerika eingewandert. W. v. Tümpling. 6135.

Jacobs, Jürgen; Davis, Univ. of California, Dep. of Zool. Light and turbulence as co-determinants of relative growth rate in cyclomorphic Daphnia. **(Licht und Turbulenz als Codeterminanten der relativen Wachstumsrate bei einer zyklomorphen Daphnia.)** Int. Rev. ges. Hydrobiol. **47** (1962) Nr. 1. S. 146–156. — 5 Abb., 2 Tab., 12 Lit.

Vf. untersuchte bei parthenogenetischen Weibchen von *Daphnia galeata f. mendotae* den Einfluß von Belichtung und Turbulenz auf die postnatale allometrische Wachstumsrate des Kopfhelmes rel. zum Carapax. Lichtintensitäten zwischen 150–700 footcandles ergeben gegenüber völliger Dunkelheit einen Anstieg des rel. Helmwachstums, während höhere und niedrigere Lichtintensitäten ohne Einfluß sind. Die wirksamen Intensitäten entsprechen der Beleuchtung am natürlichen Standort in 2 bis 2,5 m Tiefe. Turbulenz steigert das rel. Helmwachstum nur im Lichtversuch, im Dunkeln bleibt sie ohne Einfluß. W. v. Tümpling. 6135.

Farley, John; Winnipeg, Univ., Dep. of Zool. Schistosomatium douthitti (Cort, 1914) Price, 1931 in Manitoba. **(Schistosomatium douthitti in Manitoba.)** Canad. J. Zool. **40** (1962) Nr. 2. S. 131–133. — 15 Lit.

Der trockene Sommer 1961 führte zu niedrigen Wasserständen in den Seen der Prärie und zu gehäuftem Auftreten einer Dermatitis bei Badenden. 1% bis 26% der in den Gewässern vorhandenen Schnecken enthielten Cercarien dreier *Schistosomatium*-Arten, die als Ursache der Dermatitis gelten müssen. Bes. gefährlich ist dabei möglicherweise *S. douthitti*, dessen Endwirt Säuger sind, wobei ein Infektionsversuch am Rhesusaffen positiv ausging, so daß auch der Mensch als Endwirt dieses Lungenwurmes möglich ist.
W. v. Tümpling. 6135.

Sperling, L.; Leipzig, Univ., Inst. für Tierernähr. **Der Futterwert neuer Eiweißquellen aus Gewässern und Abwässern.** Wiss. Z. Karl-Marx-Univ. Leipzig, math.-naturwiss. R. **11** (1962) Nr. 1. S. 207–211. — 5 Abb., 8 Lit.

Vf. untersucht den Wert von *Lemna*-Arten, *Scenedesmus, Chlorella, Scirpus* und *Daphnia* als Futtereiweißquellen. Bes. die 3 erstgenannten Pflanzen liefern ein biol. hochwertiges Eiweiß. Fütterungsversuche an Schweinen ergaben positiven Masterfolg bei Zufütterung von Wasserlinsen. Ebenso positive Ergebnisse ergab die Zufütterung von Klärschlamm, der 40% Roheiweiß und Wirkstoffe des Vit. B_{12}-Komplexes enthält. Darüberhinaus werden Gewinnungsmöglichkeiten von Plasma-Eiweiß aus Pflanzen mit hohem Rohfasergehalt erörtert. So erscheinen eine Vielzahl von Wasserpflanzen zur Schließung der Eiweißlücke in der Futterwirtschaft geeignet, wenn auch die Gewinnungsverfahren noch der technischen Vervollkommnung bedürfen.
W. v. Tümpling. 6135.

Lange, K. O.; Inst. für Geogr. der Akad. der Wiss. der UdSSR. Osobennosti formirovanija beregov Cimljanskogo pesčanogo massiva (Cimljanskoe vodochranilišče). **(Die Besonderheiten der Bildung der Ufer des Zimljansker Sandmassivs [Zimljansker Talsperre].)** Trudy soveščanija po problemam biologii vnutrennych vod, Moskva-Leningrad **6** (1957, hrsg. 1959) S. 409–414. — 4 Abb., 2 Lit.

Die stark wechselnden Wasserstände der Talsperre (Differenzen bis zu 3 m) und der bes. im Frühjahr und im Sommer erhebliche Wellengang bewirkte im Gebiet des Zimljansker Sandmassivs in Ufernähe vor allem eine Einebnung des Grundes sowie die Abtragung kleiner Inseln und Veränderungen der Uferlinie. Gleichzeitig entstanden am Ufer Dünen und Uferwälle.
H.-W. Hattop. 6138.

Akimov, I. K. (Akimow, I. K.); Inst. für Geogr. der Akad. der Wiss. der UdSSR. Nekotorye dannye o faktičeskoj pererabotke beregov Rybinskogo vodochranilišča. **(Einige Unterlagen über die faktische Umgestaltung der Ufer der Rybinsker Talsperre.)** Trudy soveščanija po problemam biologii vnutrennych vod, Moskva-Leningrad **6** (1957, hrsg. 1959) S. 298–300.

Die Ufer der Rybinsker Talsperre haben seit dem Bestehen des Gewässers durch Welleneinwirkung wesentliche Veränderungen durchgemacht. Infolge des um mehrere Meter schwankenden Wasserstandes fallen die Ufer stufenförmig ab. Der Uferbereich, in dem die Veränderungen stattfanden, hat eine Breite von 60–120 m. H.-W. Hattop. 6138.

Rutkovskij, V. I. und Kireeva, A. S. (Rutkowski, W. I. und Kirejewa, A. S.); Borok, Inst. für Biol. der Stauseen der Akad. der Wiss. der UdSSR. Osnovnye čerty kislorodnogo režima Rybinskogo vodochranilišča. **(Die Sauerstoffverhältnisse in der Rybinsker Talsperre.)** Trudy soveščanija po problemam biologii vnutrennych vod, Moskva-Leningrad **6** (1957, hrsg. 1959) S. 301–310. — 8 Abb., 1 Tab., 3 Lit.
Vff. führten mehrere Jahre lang Beobachtungen des Sauerstoffgehaltes an verschiedenen Punkten der Rybinsker Talsperre durch. U. a. wird mitgeteilt, daß die Sauerstoffwerte in Bodennähe stellenweise höher sind als an der Oberfläche, weil Zuflüsse von sauerstoffreichem Grundwasser erfolgen. H.-W. Hattop. 6138.

Fotiev, A. V. (Fotijew, A. W.); Borok, Inst. für Biol. der Stauseen der Akad. der Wiss. der UdSSR. Rezul'taty gidrochimičeskich issledovanij Gor'kovskogo vodochranilišča v pervyj god ego stanovlenija. **(Die Ergebnisse der hydrochemischen Untersuchungen der Gorki-Talsperre im ersten Jahr ihres Bestehens.)** Trudy soveščanija po problemam biologii vnutrennych vod, Moskva-Leningrad **6** (1957, hrsg. 1959) S. 335–339. — 6 Lit.
Nach Errichtung der Gorki-Talsperre erwies sich der Sauerstoffgehalt des Wassers im Herbst als wesentlich höher. Außerdem stieg die Sichttiefe des Wassers erheblich an, und der Sauerstoffverbrauch sank auf die Hälfte. Infolge der starken Oxydation org. Stoffe erfolgte eine wesentliche Zunahme des Gehaltes an freier Kohlensäure. H.-W. Hattop. 6138.

Majstrenko, Ju. G. (Maistrenko, Ju. G.); Kiew, Inst. für Hydrobiol. der Akad. der Wiss. der Ukrain.SSR. Charakteristika organičeskogo veščestva Kachovskogo vodochranilišča v pervyj god ego stanovlenija. **(Eine Charakteristik der organischen Stoffe in der Kachowkaer Talsperre im 1. Jahr ihres Bestehens.)** Trudy soveščanija po problemam biologii vnutrennych vod, Moskva-Leningrad **6** (1957, hrsg. 1959) S. 383–390. — 1 Abb., 2 Tab.
Nach Errichtung der Kachowkaer Talsperre erfolgte durch die Zersetzung der Reste planktischer und benthischer Organismen eine Anreicherung des Wassers mit P und N. Da der Anteil der leicht wasserlöslichen Verbindungen groß ist, entstanden günstige Bedingungen für die Entwicklung der Wasserflora. H.-W. Hattop. 6138.

Paškov, G. D., Kruglova, V. M. und Malovickaja, L. M. (Paschkow, G. D., Kruglowa, W. M. und Malowizkaja, L. M.); Rostow/Don, Univ., Biol. Forsch.-Inst. Osobennosti formirovanija vodnoj rastitel'nosti v Veselovskom vodochranilišče. **(Die Besonderheiten der Bildung der Wasserpflanzenbestände in der Talsperre von Wessjoly.)** Trudy soveščanija po problemam biologii vnutrennych vod, Moskva-Leningrad **6** (1957, hrsg. 1959) S. 419–425. — 2 Abb., 2 Tab., 5 Lit.
Die Talsperre von Wessjoly erhielt aus dem Kuban Zufluß von Süßwasser, so daß mit dem Verschwinden des ursprünglich vorhandenen Salzwassers gleichzeitig grundsätzliche Veränderungen der Zusammensetzung der Wasserflora eintraten. Vff. geben ein Verzeichnis der ausgestorbenen und neu hinzugekommenen Arten, zu denen vor allem die jetzt am stärksten verbreitete Art *Phragmites communis* gehört. H.-W. Hattop. 6138.

Vertebnaja, P. I. (Wertebnaja, P. I.); Inst. für Allg. und Kommunale Hyg. der Akad. der Med. Wiss. der UdSSR. Fotosintez fitoplanktona Kljaźminskogo vodochranilišča. **(Die Photosynthese des Phytoplanktons der Kljasma-Talsperre.)** Trudy soveščanija po problemam biologii vnutrennych vod, Moskva-Leningrad **6** (1957, hrsg. 1959) S. 273–282. — 4 Abb., 9 Tab., 13 Lit.

In der Kljasma-Talsperre erfolgt die Photosynthese des Phytoplanktons hauptsächlich in Tiefen zwischen 0 und 3 m. Der Umfang der Photosynthese hängt nicht allein von der Zahl der Phytoplanktonorganismen ab, sondern wird auch durch verschiedene hydrographische Faktoren beeinflußt. Eine Beeinträchtigung wird z. B. durch pH-Werte über 7 herbeigeführt.
H.-W. Hattop. 6138.

Kruglova, V. M. (Kruglowa, W. M.); Rostow/Don, Univ., Biol. Forsch.-Inst. O formirovanii i rekonstrukcii flory i fauny Veselovskogo vodochranilišča. **(Über die Bildung und Rekonstruktion der Flora und Fauna der Talsperre von Wessjoly.)** Trudy soveščanija po problemam biologii vnutrennych vod, Moskva-Leningrad **6** (1957, hrsg. 1959) S. 426–430. — 9 Lit.

Die am salzhaltigen Manytschfluß gelegene Talsperre von Wessjoly wies vor der Zuleitung von Süßwasser aus dem Kuban Fischerträge von 113 kg/ha auf. Nach der Aussüßung änderte sich die Flora und Fauna grundsätzlich, die Nährtierbestände gingen stark zurück. Um das Nahrungsangebot für die wichtigsten Fischarten zu verbessern, werden neue Nährtierarten eingebürgert.
H.-W. Hattop. 6138.

Francev, A. V. (Franzew, A. W.); Moskau, Wasserwerke, Utscha-Lab. Očistnoj ėffekt Učinskogo vodochranilišča i nekotorye puti ego povyšenija. **(Die Reinigungswirkung der Utscha-Talsperre und einige Wege zu ihrer Verbesserung.)** Trudy soveščanija po problemam biologii vnutrennych vod, Moskva-Leningrad **6** (1957, hrsg. 1959) S. 247–259. — 14 Abb.

Beim Eindringen des Frühjahrshochwassers in die Utscha-Talsperre koagulieren nicht nur die vom Hochwasser mitgeführten, sondern auch die in der Talsperre noch vorhandenen Schwebestoffe. Die Reinigungswirkung der Talsperre ist daher als gut zu bezeichnen. Verbesserungen könnten noch erreicht werden, wenn die Wasserpflanzenbestände reduziert würden und die Ufer befestigt würden.
H.-W. Hattop. 6138.

Roll, Ja. V., Ceeb, Ja. Ja., Zerov, K. K., Vladimirova, K. S., Denisova, A. I. und Olivari, G. A. (Roll, Ja. W., Zejeb, Ja. Ja., Serow, K. K., Wladimirowa, K. S., Denissowa, A. I. und Oliwari, G. A.); Kiew, Inst. für Hydrobiol. der Akad. der Wiss. der Ukrain.SSR. Kachovskoe vodochranilišče v pervyj god ego stanovlenija. **(Die Kachowkaer Talsperre im 1. Jahr ihres Bestehens.)** Trudy soveščanija po problemam biologii vnutrennych vod, Moskva-Leningrad **6** (1957, hrsg. 1959) S. 391–401.

Die Kachowkaer Talpserre erwies sich bereits im 1. Jahr nach der Fertigstellung als ein Gewässer mit sehr vielseitigen ökologischen Verhältnissen. Es entwickelte sich eine reichhaltige Bodenfauna, der auch die kaspischen Reliktformen — Gammariden, Corophiiden, Mysiden und Cumaceen — angehören. Die Planktonproduktion war höher als erwartet, und die Bildung der Fischbestände wurde durch das gute Nahrungsangebot und gute Laichbedingungen begünstigt.
H.-W. Hattop. 6138.

Lochanina, L. A.; Jaroslawl, Pädagog. Inst. Predvaritel'nye dannye o formirovanii zooplanktona Gor'kovskogo vodochranilišča. **(Vorläufige Unterlagen über die Bildung des Zooplanktons der Gorki-Talsperre.)** Trudy soveščanija po problemam biologii vnutrennych vod, Moskva-Leningrad **6** (1957, hrsg. 1959) S. 340–346. — 5 Abb., 9 Tab., 5 Lit.

Nach Errichtung der Gorki-Talsperre nahm das Plankton verhältnismäßig schnell den Charakter des Seenplanktons an. Es erschienen neue Arten, darunter *Bythotrephes longimanus*, *Eurycercus lamellatus* und *Polyphemus pediculus*. Es wird angenommen, daß der Prozeß der Umbildung, der sich jetzt vor allem in den nahe der Sperrmauer gelegenen Bezirken bemerkbar macht, in den nächsten Jahren weiterhin schnell fortschreitet. H.-W. Hattop. 6138.

V'juškova, V. P. (Wjuschkowa, W. P.); Saratow, Abt. des Staatl. Forsch.-Inst. für Binnenfischerei. Zooplankton Stalingradskogo vodochranilišča v pervyj god ego suščestvovanija. **(Das Zooplankton der Wolgograder Talsperre im ersten Jahr ihres Bestehens.)** Naučno-techničeskij bjulleteń GosNIORCh (Gosudarstvennyj naučno-issledovatel'skij institut ozernogo i rečnogo rybnogo chozjajstva), Leningrad **1960** Nr. 11. S. 15–16.
In der Stalingrader Talsperre entwickelte sich bereits im 1. Jahr ihres Bestehens ein reichhaltiges Crustaceenplankton, an dem die Cladoceren und Copepoden einen großen Anteil haben. Man darf daher annehmen, daß die für das Gewässer aufgestellten Prognosen zutreffen und daß die Lebensbedingungen für größere Bestände von planktonfressenden Fischen günstig sind. H.-W. Hattop. 6138.

Beljavskaja, L. I. (Beljawskaja, L. I.); Saratow, Abt. des Staatl. Forsch.-Inst. für Binnenfischerei. Donnaja fauna Stalingradskogo vodochranilišča v pervyj god ego suščestvovanija. **(Die Bodenfauna der Wolgograder Talsperre im ersten Jahr ihres Bestehens.)** Naučno-techničeskij bjulleteń GosNIORCh (Gosudarstvennyj naučno-issledovatel'skij institut ozernogo i rečnogo rybnogo chozjajstva), Leningrad **1960** Nr. 11. S. 17–18. — 3 Lit.
In der Stalingrader Talsperre trat ebenso wie in den anderen großen Talsperren bereits im 1. Jahr nach der Errichtung eine grundsätzliche Veränderung der Bodenfauna in qualitativer und quantitativer Hinsicht ein. Den größten Anteil an der Bodenfuna hatten die Chironomiden, deren Bedeutung noch weiterhin ansteigt. Die Biomasse vergrößerte sich um das 9,5fache, im unteren Abschnitt des Gewässers sogar um das 12fache. H.-W. Hattop. 6138.

Sokolova, N. Ju. (Sokolowa, N. Ju.); Moskau, Univ., Lehrstuhl für Zool. der Wirbellosen. O faune tendipedid Učinskogo vodochranilišča i ee sezonnoj dinamike. **(Über die Tendipedidenfauna der Utscha-Talsperre und ihre jahreszeitlichen Veränderungen.)** Trudy soveščanija po problemam biologii vnutrennych vod, Moskva-Leningrad **6** (1957, hrsg. 1959) S. 287–291. — 1 Tab.
Den größten, nahezu gleichbleibenden Anteil an der Bodenfauna der Utscha-Talsperre (mit Ausnahme von *Dreissena*) haben die Tendipedidenlarven seit der Fertigstellung des Gewässers. Veränderungen haben lediglich in der artenmäßigen Zusammensetzung des Tendipedidenbestandes stattgefunden. Diese Veränderungen sind bei Berechnungen des möglicherweise in der Talsperre zu erzielenden Fischertrages zu berücksichtigen. H.-W. Hattop. 6138.

Ledjaeva, A. I. (Ledjajewa, A. I.); Inst. für Zool. und Parasitol. der Akad. der Wiss. der Usbek.SSR. Ličinki tendipedid vodochranilišč Uzbekistana. **(Die Tendipedidenlarven in den Talsperren Usbekistans.)** Trudy soveščanija po problemam biologii vnutrennych vod, Moskva-Leningrad **6** (1957, hrsg. 1959) S. 510–514. — 6 Lit.
Vf. fand in den untersuchten Talsperren ca. 50 verschiedene Tendipedidenlarven-Arten, über deren Verbreitung nähere Angaben gemacht werden. Die Tendipedidenlarven haben einen Anteil von 50–70% an der Gesamtzahl der Benthosorganismen. H.-W. Hattop. 6138.

Moroni, Antonio; Parma, Univ., Ist. di Zool. e Anatomia Comparata. Il lagoserbatoio dei Paduli (Passo del Lagastrello, Val d'Enza). Ricerche geomorfologiche e biologiche. **(Der Paduli-Stausee [Lagastrello-Paß, Enzatal]. Geomorphologische und biologische Untersuchungen.)** Boll. Pesca, Piscicolt. Idrobiol. [N. S.] **15(36)** (1960) Nr. 2. S. 194–224. — 7 Abb., 7 Tab., 34 Lit.
Der Paduli-Stausee liegt 1160 m hoch in den nördlichen Appenninen und hat eine Kapazität von 3,5 Mill. m^3. Abgesehen von Andeutungen einer direkten Schichtung im Sommer herrscht das ganze Jahr über Homothermie. Ständiger Wind und Wasserentnahme im Jan. und Aug./Sept. werden dafür verantwortlich gemacht. Das Zooplankton setzt sich aus bodenständigen Arten

zusammen. *Eudiaptomus vulgaris* ist das Hauptelement. Daneben treten auf: *Cyclops strenuus, Macrocyclops albidus, Daphnia longispina* (var. *litoralis* ?), *Bosmina longirostris, Chydorus sphaericus, Asplanchna priodonta, Keratella quadrata, Tetramastix* und *Gastropus*. Das regelmäßige Ablassen und Neufüllen des Stausees erhält die Instabilität und den jugendlichen Charakter der Planktonbiozönose. Eine typische Litoral- und Sublitoralfauna fehlt.
D. Barthelmes. 6138.

Čečuro, E. G. (Tschetschuro, Je. G.); Omsk, Med. Inst. Sostav i dinamika zooplanktona nekotorych prudov Omskoj oblasti. **(Die Zusammensetzung und die Entwicklung des Zooplanktons einiger Teiche im Gebiet Omsk.)** Trudy soveščanija po problemam biologii vnutrennych vod, Moskva-Leningrad **6** (1957, hrsg. 1959) S. 100–104. – 2 Tab., 7 Lit.
Vf. untersuchte die Zusammensetzung und die jahreszeitlich bedingten Veränderungen des Zooplanktons in 7 verschiedenartigen Teichen des Waldsteppen- und Steppengebietes. Die Teiche, die verschiedenen Zwecken dienen, werden zur Zeit noch nicht fischereilich genutzt. H.-W. Hattop. 6140.

Konstantinov, A. S. (Konstantinow, A. S.); Saratow, Abt. des Unions-Forsch.-Inst. für Binnenfischerei. Pitanie ličinok chironomid i nekotorye puti povyšenija kormnosti vodoemov. **(Die Ernährung der Chironomidenlarven und einige Wege zur Steigerung des Nahrungsangebotes der Gewässer.)** Trudy soveščanija po problemam biologii vnutrennych vod, Moskva-Leningrad **6** (1957, hrsg. 1959) S. 260–269. – 2 Abb., 6 Tab., 21 Lit.
Das Nahrungsangebot der Chironomidenlarven läßt sich durch Zuführung org. Stoffe auf den Teichboden verbessern. Das Vorhandensein mineral. Schwebestoffe im Wasser erschwert die Nahrungsaufnahme der Chironomiden. Übermäßige Wassertrübungen sind daher zu vermeiden. Die Zahl der Chironomiden und damit das Nahrungsangebot für die Fische könnte wesentlich gesteigert werden, wenn ein Mittel zur Bekämpfung der räuberisch lebenden Chironomidenlarven gefunden würde. H.-W. Hattop. 6140.

Butorin, N. V. (Butorin, N. W.); Borok, Inst. für Biol. der Stauseen der Akad. der Wiss. der UdSSR. Kratkaja gidrologičeskaja charakteristika Volgi na učastke Gorkovskogo vodochranilišča. **(Eine kurze hydrologische Charakteristik der Wolga im Gebiet der Gorki-Talsperre.)** Trudy soveščanija po proplemam biologii vnutrennych vod, Moskva-Leningrad **6** (1957, hrsg. 1959) S. 328–334. – 2 Abb.
Vf. gibt eine Übersicht über die hydrographischen Verhältnisse in der Wolga im Gebiet der Gorki-Talsperre vor der Errichtung des Staubeckens. Der Fluß ist in diesem Abschnitt 4–10 m tief und 320–2000 m breit, er erhält 680 Zuflüsse und hat ein Wassereinzugsgebiet von 83 299 km².
H.-W. Hattop. 6145.

Anonym; **Bericht über die Ergebnisse der Saaleexkursion.** Wiss. Z. Karl-Marx-Univ. Leipzig, math.-naturwiss. R. **11** (1962) Nr. 1. S. 147–148. – 1 Abb., 2 Tab., 1 Lit.
Es wird über die Ergebnisse einer anläßlich eines hydrobiol. Fortbildungskurses am Zool. Inst. durchgeführten Saaleexkursion von Rudolstadt bis Halle berichtet. Die chem. und biol. Untersuchungsergebnisse über die Gewässerbeschaffenheit der Saale werden dargestellt und kurz besprochen.
W. v. Tümpling. 6145.

Bringmann, G. und Kühn, Renate; Berlin, Inst. für Wasser-, Boden- und Lufthyg. **Bioma sentiter und Saprobien — eine hydrobiologische Vergleichsanalyse an Nieder-Rhein, Fulda und Havel.** Int. Rev. ges. Hydrobiol. **47** (1962) Nr. 1. S. 123–145. – 8 Abb., 6 Tab., 5 Lit.
Vff. untersuchten den Zustand der Flüsse auf ökol. Wege über das Saprobiensystem und auf physiol. Wege durch die Biomassentiter für *Escherichia coli*

und *Scenedesmus quadricauda*. Die Ergebnisse werden in Abhängigkeit von Wasserführung, Temperatur und chem. Werten dargestellt und verglichen. Die — allerdings nur auf das Plankton bezogenen — ökol. Ergebnisse geben die Abwasserbelastung und den Trophiegrad des Flusses in seinen Schwankungen nicht so gut wieder wie die Biomassentiter. Der *Escherichia*-Test zeigt gute Parallelität mit dem NH_4-Gehalt, der *Scenedesmus*-Test mit dem Gehalt an anorg. N im Wasser. Die Werte beider Titer sind umgekehrt proportional der Wasserführung und der Temperatur. W. v. Tümpling. 6145.

Kabanov, N. M., Roždestvenskaja, L. P. und Sokolova, A. P. (Kabanow, N. M., Roshdestwenskaja, L. P. und Sokolowa, A. P.) Krugovorot veščestv v pojmennych vodoemach i ego značenie. Soderžanie i processy prevpaščenij form azota. **(Der Stoffkreislauf in den Überschwemmungsgewässern und seine Bedeutung. Der Stickstoffgehalt und die Umwandlungsprozesse seiner verschiedenen Formen.)** Trudy soveščanija po problemam biologii vnutrennych vod, Moskva-Leningrad **6** (1957, hrsg. 1959) S. 192–200. — 13 Tab., 3 Lit.

Bei der Untersuchung der bakteriellen Nitrifikation und Denitrifikation wurde festgestellt, daß die Intensität der Bakterientätigkeit weitgehend von der Konzentration der Schwebestoffe im Wasser und der Dichte der Planktonorganismen abhängt. Bei starker Planktonentwicklung stieg auch die Menge der Stickstoffbakterien. Solange die Hochwassergebiete mit dem Fluß in Verbindung stehen, unterscheiden sich die Verhältnisse nur wenig von den im Fluß bestehenden. Wird die Verbindung zum Fluß unterbrochen, so klärt sich das Wasser bald und es kommt zu einer bakteriellen „Selbstreinigung". H.-W. Hattop. 6145.

Kaiser, Peter; Hamburg, Zool. Staatsinst. und Museum. **„Mißt" die Köcherfliegenlarve Hydropsyche angustipennis Curt. beim Bau des Netzes die Maschenweite?** Naturwissenschaften **49** (1962) Nr. 5. S. 116. — 1 Abb., 1 Lit.

Die jüngeren Larven von *Hydropsyche* besitzen zwei „Maßlehren" für die Maschengröße des zu erbauenden Netzes. Der Abstand zweier Längsfäden wird bestimmt durch 2 starke Borsten auf dem Labium, an die die beiden durch einen Querfaden zu verbindenden Längsfäden durch 2 Borstenbüschel angedrückt werden. Die Schmalseite der Maschen ist weniger genau bestimmt durch den Abstand des Spinnfingers vom Submentum, das mit langen Borsten auf dem vorhergehenden Querfaden liegt. Die Larve kann Unregelmäßigkeiten der Maschengröße durch Verschieben der Querfäden ausgleichen. In das Netz eingeschnittene Löcher vermag sie allerdings nicht durch Wiederaufnahme der Fäden zu „rekonstruieren". W. v. Tümpling. 6145.

Ševčenko, N. N. (Schewtschenko, N. N.); Charkow, Gorki-Univ. O ličinkach gel'mintov u vodnych nasekomych reki i pojmennych vodoemov severskogo Donca. **(Über Helminthenlarven der Wasserinsekten der Flüsse und Überschwemmungsgewässer des nördlichen Donez.)** Doklady Akademii nauk SSSR, Moskva **142(30)** (1962) Nr. 4. S. 972–975.

In den Sommermon. der Jahre 1959–60 wurden insgesamt 12168 Larven und Imagines verschiedener Wasserinsekten aus dem nördlichen Teil des Donez und dessen Nebengewässern untersucht. Am zahlreichsten wurden Metacercarien von *Prosotocus confusus* und *Pleurogenoides medians* angetroffen, und zwar in Larven verschiedener Libellenarten bzw. in Coleopteren. Bei den übrigen Insektengruppen wurden nur vereinzelte Helminthenlarven, meist aber überhaupt keine Larvenstadien vorgefunden. A. Kozianowski. 6145.

Troickij, S. K. und Charin, N. N. (Troizki, S. K. und Charin, N. N.); Nowotscherkassk, Zootechn. und Veterinärmed. Inst., Wiss. Stat. für Fischereiwirtsch. des Don-Kuban-Gebietes. O biologičeskoj klassifikacii priazovskich kubanskich limanov i napravlenii ich rybochozjajstvennogo ispol'zovanija.

(Über die biologische Klassifizierung der am Asowschen Meer gelegenen Kubanhaffe und die Möglichkeiten ihrer fischereilichen Nutzung.) Trudy soveščanija po problemam biologii vnutrennych vod, Moskva-Leningrad **6** (1957, hrsg. 1959) S. 209–217. – 9 Lit.
Die Entwicklung der hydrographischen und biol. Verhältnisse in den Kubanhaffen hängt weitgehend davon ab, ob das Wasser auf breiter Front oder durch enge Kanäle in die Haffe gelangt. In fischereilicher Hinsicht günstigere Bedingungen bestehen dann, wenn die Verbindung zu den Haffen nur durch Kanäle hergestellt wird, weil in diesem Fall die Verlandung der Gewässer nicht übermäßig gefördert wird. H.-W. Hattop. 6148.

Kiselev, I. A. (Kisseljow, I. A.); Leningrad, Zool. Inst. der Akad. der Wiss. der UdSSR. K flore vodoroslej priazovskich limanov. **(Zur Algenflora der am Asowschen Meer gelegenen Haffe.)** Trudy soveščanija po problemam biologii vnutrennych vod, Moskva-Leningrad **6** (1957, hrsg. 1959) S. 218–222. – 1 Tab., 4 Lit.
Vf. gibt eine Übersicht über die in den Haffen des Asowschen Meeres gefundenen 76 Algenarten. Diese durchweg sehr flachen Gewässer zeichnen sich durch einen hohen Anteil der fakultativ planktischen Arten und Aufwuchsformen aus (68 Arten gegenüber nur 8 typischen Planktonformen). An 1. Stelle stehen die Diatomeen mit insgesamt 71 Arten. H.-W. Hattop. 6148.

Čekunova, V. I. (Tschekunowa, W. I.); Vlijanie različnych koncentracij kalija i kalcija na Pontogammarus robustoides v svjazi s ego akklimatizaciej. **(Der Einfluß verschiedener Konzentrationen von Kalium und Kalzium auf Pontogammarus robustoides im Zusammenhang mit seiner Akklimatisation im Aralsee.)** Trudy. Vsesojuznyj naučno-issledovatel'skij institut morskogo rybnogo chozjajstva i okeanografii (VNIRO), Moskva **43** (1960) Nr. 1. S. 235–243. – 4 Abb., 2 Tab., 16 Lit.
Bei der Hälterung von *P. robustoides* in kaspischem Wasser mit einem Salzgehalt von 3‰ und einer Überschreitung der Kaliumkonzentration von 120 mg/l wurden alle physiol. Funktionen der Tiere gestört und sie starben. Eine Vergrößerung des Kalziumgehaltes von 120 auf 1120 mg/l beeinflußte die Lebens- und Fortpflanzungsfähigkeit der Krebse nicht, sondern senkte lediglich ihren Sauerstoffverbrauch. Eine Akklimatisation von Salzwasserkrebsen im östlichen Teil des Balchaschsees ist infolge des hohen Gehaltes an Kaliumionen im Gewässer nicht möglich. Die ungünstige Wirkung der Kaliumionen wird neutralisiert durch Kalziumionen bei einen Verhältnis K/Ca = 0,2–0,15. G. Predel. 6148.

Suščenja, L. M. (Sustschenja, L. M.); Sewastopol, Biol. Kowalewski-Stat. der Akad. der Wiss. der UdSSR. Količestvennye dannye o pitanii i balanc energii Artemia salina (L.). **(Quantitative Angaben über Nahrung und Energiebilanz von Artemia salina.)** Doklady Akademii nauk SSSR, Moskva **143(30)** (1962) Nr. 5. S. 1205–1207. – 2 Abb., 2 Tab., 3 Lit.
Artemia salina spielt als Fischnahrung in zahlreichen Haffen und salzhaltigen Seen eine nicht geringe Rolle und kann in Zukunft als Zuchtobjekt noch mehr an Bedeutung gewinnen. Unter Laboratoriumsverhältnissen erreichten sowohl jüngere wie auch erwachsene Tiere ihr Nahrungsmaximum bei einer Konzentration von 1,2 Mill. Hefezellen pro 1 ml Wasser. Die tägl. Nahrungsration eines Exemplars mit einem Trockengewicht von 0,59 mg beträgt von 0,069 bis 0,832 mg Hefe (Trockensubstanz). Bei zunehmender Nahrungskonzentration und größeren Tagesrationen wächst auch die aufgenommene Energiemenge. Der Bedarf an Erhaltungs- und Zuwachsenergie steigt jedoch nur sehr zögernd an, so daß ein großer Teil der aufgenommenen Energie ungenutzt verloren geht (bei 1 Mill. Zellen pro ml – 67,13%). A. Kozianowski. 6148.

Fullbrook, J. A.; London. **Internationale Meeresforschung.** Naturwiss. Rdsch. **15** (1962) Nr. 5. S. 192–194. — 3 Abb.
Es werden Aufgaben, Ziele und Probleme der internationalen Meeresforschung kurz skizziert. Das nächste, wichtigste größere internationale Projekt befaßt sich mit der gründlichen Untersuchung des Indischen Ozeans, an der sich Forschungsschiffe aus ca. 15 Ländern beteiligen werden. England gedenkt für 1962/63 ein neues modernes Forschungsschiff (2800 t) in Dienst zu stellen und will sich mit ihm daran beteiligen. Die Aufgaben dieser Untersuchungen werden angeführt und der Nutzen für die Menschheit (Schiffahrt, Fischerei, Meteorologie) aufgezählt. F.-K. Löwe. 6150.

Wooster, Warren S. und Gilmartin, Malvern; La Jolla, Calif., Scripps Instn. of Oceanography; Inter-Amer. Trop. Tuna Commiss. The Peru-Chile undercurrent. **(Die Peru-Chile-Tiefenströmung.)** J. Marine Res. **19** (1961) Nr. 3. S. 97–122. — 18 Abb., 1 Tab., 13 Lit.
In südl. Richtung bewegt sich ein Tiefenstrom entlang der Westküste von Südamerika unterhalb des Perustromes in einer Tiefe von mehreren 100 m. Dies wurde durch Messungen mit Fallschirmankern, durch die Berechnung der geostrophischen Bewegung und durch die Verteilung von Salzgehalt und gelöstem Sauerstoff bewiesen. Der Tiefenstrom dehnt sich nördlich von Peru bis mindestens 41° S aus. Die Geschwindigkeit beträgt 4–10 cm/s. Der geostrophische Transport zeigt einen abnehmenden Unterstrom, von 21×10^6 bei 5° S bis 3×10^6 m³/s bei 15° S. Er fließt am Rande der Küste parallel zur Kante des Kontinentalschelfes. Südlich von 15° S wird das Wasser des Tiefenstromes durch rel. hohen Salzgehalt, hohe Temperatur und geringen Sauerstoffgehalt charakterisiert. W. Bauer. 6150.

Tatsumoto, Mitsunobu, Williams, W. T., Prescott, J. M. und Hood, Donald W.; Agric. and Mechanical Coll. of Texas, Dep. of Oceanography and Meteorol.; Dep. of Biochem. and Nutrit. Amino acids in samples of surface sea water. **(Aminosäuren in Oberflächenproben von Seewasser.)** J. Marine Res. **19** (1962) Nr. 2. S. 89–95. — 1 Abb., 3 Tab., 17 Lit.
Oberflächenproben wurden im Golf von Mexiko, der Yucatan-Straße, in Britisch-Honduras und im Karibischen Meer entnommen. Mit Hilfe von Papierchromatographie und Ionenaustauschern wurde die Identifizierung und die quantitative Bestimmung einiger Aminosäuren durchgeführt. Am häufigsten von den 18 identifizierten Aminosäuren kamen folgende vor: Asparaginsäure, Threonin, Serin, Glutaminsäure, Alanin, Valin, Isoleucin und Leucin. Außer Lysin kamen die basischen Aminosäuren in geringer Konzentration vor. Die Aminosäurenzusammensetzung des hydrolysierten Eiweißmaterials im Seewasser schwankte in den Proben. Diese Differenzen können in der Ökologie der marinen Organismen Bedeutung haben. Die Aufbereitung der Proben und die Trennung der Aminosäuren wird beschrieben. W. Bauer. 6150.

Osnickaja, L. K. und Lambina, V. A. (Osnizkaja, L. K. und Lambina, W. A.); Inst. für Mikrobiol. der Akad. der Wiss. der UdSSR. Bakterial'noe naselenie Severnogo Kaspija i ego zavisimost' ot rečnych stokov. **(Die Bakterienbesiedlung des nördlichen Kaspischen Meeres und ihre Abhängigkeit vom Zustrom der Flüsse.)** Trudy soveščanija po problemam biologii vnutrennych vod, Moskva-Leningrad **6** (1957, hrsg. 1959) S. 231–240. — 6 Abb., 13 Lit.
Die Besiedlungsdichte der Bakterien im nördlichen Kaspischen Meer erreicht 0,5–1,0 Mill./ml. Die Biomasse beträgt dabei 0,7 g/m³. Im Bodenschlamm sind 50 Mill.–8 Md. Bakterien in 1 g enthalten. Der Einfluß des Zustromes aus der Wolga und in geringerem Maße aus dem Ural auf die Bakterienentwicklung ist vor allem im Wasser deutlich zu bemerken. Im Boden wirkt sich die Erhöhung der Bakterienzahlen bei verstärktem Flußwasserzustrom weniger aus. H.-W. Hattop. 6150.

Crisp, D. J.; Menai Bridge, Anglesey, Marine Biol. Stat. Swarming of planktonic organisms. **(Schwarmbildung bei Planktonorganismen.)** Nature [London] **193** (1962) Nr. 4815. S. 597–598. — 1 Abb., 7 Lit.
Vf. erörtert das Problem des Schwarmverhaltens von Planktonorganismen und berichtet über Aquarienbeobachtungen. Abgesehen von passiver Bewegung durch Turbulenzerscheinungen oder hydrodynamische Einwirkungen spielt die Phototaxis eine bes. Rolle bei der Schwarmbildung und dem Verhalten des einzelnen Individuums im Schwarm. K. Anwand. 6150.

Timm, R. W.; Dacca, East Pakistan, Notre Dame Coll. Marine nematodes of the family Linhomoeidae from the Arabian Sea at Karachi. **(Marine Nematoden der Familie Linhomoeidae aus der Arabischen See bei Karachi.)** Canad. J. Zool. **40** (1962) Nr. 2. S. 165–178. — 37 Abb., 13 Lit.
Eine Kollektion mariner Nematoden aus der Arabischen See bei Karachi, West-Pakistan, enthielt 13 Arten der Familie Linhomoeidae, von denen sechs Arten Neubeschreibungen sind: *Cinctonema papillata*, *Megadesmolaismus contortus*, *Metalinhomoeus karachiensis*, *Spirina striatacaudatus*, *Terschellingia lissa* und *T. longissimicaudata*. Statt des Namens *Terschellingia communis* wurde die ältere Bezeichnung *T. magna* für diese Art wieder eingeführt. J. Waldmann. 6150.

Bodman, R. H., Slabaugh, L. V. und Bowen, V. T.; Woods Hole, Oceanographic Instn. A multipurpose large volume sea-water sampler. **(Ein Vielzweck-Seewasserschöpfer für umfangreiche Proben.)** J. Marine Res. **19** (1962) Nr. 3. S. 141–148. — 2 Abb., 1 Tab., 2 Lit.
Die bisher vorhandenen Wasserschöpfer für umfangreiche Wasserproben haben zwei Nachteile: entweder sind sie auf Grund ihrer Konstruktion zu unhandlich oder nur für spez. Zwecke geeignet. Vff. beschreiben einen Wasserschöpfer aus Aluminium, rostfreiem Stahl und Kunststoff mit einem Fassungsvermögen von 140 l, mit dem Proben für alle Zwecke aus jeder gewünschten Tiefe genommen werden können. Das Gerät ist ein modifizierter Kammerer-Schöpfer. Er wird mit einem Nansen-Schöpfer kombiniert, um aus Kippthermometerwerten sowohl die Temperatur als auch die genaue Tiefe der Probe bestimmen zu können. W. Bauer. 6200.

Novožilova, M. I. (Nowoshilowa, M. I.); Borok, Inst. für Biol. der Stauseen der Akad. der Wiss. der UdSSR. Opredelenie verojatnoj ošibki pri učete bakterij v vodoemach metodom prjamogo sčeta. **(Die Festlegung der Fehlergrenze bei der Bestimmung der Bakterienmenge in Gewässern durch direkte Auszählung.)** Tudy soveščanija po problemam biologii vnutrennych vod, Moskva-Leningrad **6** (1957, hrsg. 1959) S. 569–573. — 5 Tab., 9 Lit.
Bei der direkten Auszählung von Bakterien unter Verwendung einer Wassermenge von 1 ml beträgt die Fehlergrenze je nach der Menge der ausgezählten Felder 2,8–10% der tatsächlichen Zahl. Verwendet man Proben aus 2 verschiedenen Schöpfern, so erreicht der Unterschied der errechneten Bakterienzahl bis zu 20%. Zur hinreichend genauen Bestimmung genügt es, auf Membran-Ultrafiltern 10–20 Felder auszuzählen. Zählt man 10 Felder aus, so ist der dabei entstehende Fehler nur halb so groß wie der durch die ungleichmäßige Bakterienverteilung innerhalb einer Wasserprobe bedingte Fehler. H.-W. Hattop. 6200.

Beer, Wolf-Dietrich; Leipzig, Univ., Zool. Inst. **Zur Methodik und Problematik des biologischen Flußgütelängsschnittes.** Wiss. Z. Karl-Marx-Univ. Leipzig, math.-naturwiss. R. **11** (1962) Nr. 1. S. 143–146. — 3 Abb., 14 Lit.
Vf. untersucht an sehr umfangreichem Material die Sicherheit und Aussagegenauigkeit der biol. Gewässeranalyse nach einer Einheitsmethodik zur Fließgewässeruntersuchung. Es werden der Einfluß der Entnahmestation, der Probenahme, der Probenaufbewahrung und -auswertung auf das Ergebnis

untersucht. Die Einheitsmethodik hält einer Prüfung mit einem mittleren Fehler von $\pm 3,5\%$ gut stand, ist also für die biol. Güteuntersuchung der Gewässer gut brauchbar. Die Reproduzierbarkeit der erhaltenen Ergebnisse wird in ihren verschiedenen Beziehungen an graphischen Darstellungen ausführlich erläutert. W. v. Tümpling. 6200.

Meyer, H. J.; Berlin, Inst. für Wasserwirtsch. **Probleme der Klassifizierung von Oberflächengewässern nach Beschaffenheit und Güte.** Wiss. Z. Karl-Marx-Univ. Leipzig, math.-naturwiss. R. **11** (1962) Nr. 1. S. 149–151. — 3 Tab.
Vf. beschreibt die Grundsätze und Richtwerte der in der DDR gültigen Klassifizierungsmethoden der Gewässer nach chem.-phys. und biol. Gesichtspunkten. Es werden die Richtwerte und Grenzwerte für die Klassifizierung der Wasserbeschaffenheit, der Gewässerbelastung sowie der Wassergüte für verschiedene Nutzungsarten dargestellt. W. v. Tümpling. 6200.

Ruttner, Franz. **Grundriß der Limnologie.** 3. neubearb. u. erw. Aufl. Berlin: Walter de Gruyter & Co. 1962. (332 S. m. 70 Abb., Lit. und Sachverz.) 14,5 × 22,5 cm. DM 32,—. Der „Grundriß der Limnologie" von Prof. Dr. Franz Ruttner, dem langjährigen Leiter der Biol. Station Lunz der Österreichischen Akad. der Wiss., liegt jetzt in seiner 3. Aufl. vor und konnte noch kurz vor dem plötzlichen Tode des Autors beendet werden. Seit dem Erscheinen der 2. Auflage sind 10 Jahre vergangen. Die neuen Forschungsergebnisse sind in dieser um 100 Seiten erweiterten Ausgabe, soweit sie für eine elementare Darstellung genügend geklärt und von Bedeutung erschienen, nach Möglichkeit berücksichtigt worden. I. allg. ist die Aufgliederung des Textes in der alten Form bestehen geblieben. 2 große Teile umfaßt das Werk. In dem Kapitel „Das Wasser als Lebensraum" werden die phys. Umweltbedingungen sowie die gelösten Stoffe und ihr Umsatz besprochen. Ein Abschnitt über elementaren Stickstoff und Methan wurde neu hinzugefügt. Im Kapitel „Die Lebensgemeinschaften" wird vor allem dem Plankton ein breiter Raum gewidmet. Sehr stark erweitert wurden die Abschnitte über die zeitliche Verteilung des Planktons und über das Produktionsproblem. Die Bakterien des Planktons fanden in einem bes. Abschnitt Berücksichtigung. In der Übersicht über die anderen Lebensgemeinschaften der Seen werden die Lebensgemeinschaften des Schlammes ausführlicher als in den früheren Auflagen behandelt. Um mehr als die doppelte Seitenzahl wurde der Abschnitt über die Lebensgemeinschaften des fließenden Wassers erweitert. Alle neuen Erkenntnisse der letzten Jahre auf diesem Gebiet werden in knapper Form dargestellt. Das Literaturverzeichnis umfaßt mehr als 250 Arbeiten. Bes. Erwähnung mag noch der Abschnitt über die Erklärung der Fachausdrücke finden, der weitgehend ergänzt worden ist. M.-L. Albrecht.

D. FISCHEREIWIRTSCHAFT

Binnenfischerei

Čermák, Jaroslav. Meliorace pstruhových potoků — výstavba jízků. **(Melioration der Forellengewässer — Bau von kleinen Wehren.)** Českoslov. Rybářství **1962** Nr. 1. S. 6–7. — 4 Abb.
Zur Erzielung des geplanten durchschnittl. Ertrages von 20 kg Forellen/ha in den Forellengewässern genügt eine Steigerung des Besatzes nicht allein, sondern durch Meliorationen müssen optimale Lebensbedingungen für die Forellen geschaffen werden. Insbesondere durch die Errichtung kleiner Holzwehre lassen sich zahlreiche Staue in jedem, der Forellenaufzucht dienendem Bach bilden, wodurch sich die Produktion von Besatzfischen wesentlich steigern läßt. Bei einem Gefälle von 8‰ können je 1 km Bachlänge ungefähr 10 Wehre, bei einem Gefälle von 3% 80 Wehre errichtet werden. Durch den Bau solcher vom Vf. genauer beschriebenen Wehre kann die Produktionsbasis für die Aufzucht von ein- und zweijährigen Besatzforellen für die Hauptgewässer des Reviers bedeutend erweitert werden. F. Svoboda. 6240.

Krasovskij, G. N. und Spasskij, S. S. (Krassowski, G. N. und Spasski, S. S.); Moskau, I. Med. Inst., Lehrstuhl für Kommunalhyg. O maksimal'nych koncentracijach polichlorpinena, dopustimych pri obrabotke vodoemov. **(Über die Maximalkonzentrationen, die bei der Behandlung der Gewässer mit Polychlorpinen zulässig sind.)** Naučno-techničeskij bjulleteń GosNIORCh (Gosudarstvennyj naučno-issledovatel'skij institut ozernogo i rečnogo rybnogo chozjajstva), Leningrad **1960** Nr. 11. S. 25–28. — 7 Lit.

Geruchsveränderungen des Wassers nach Anwendung von Polychlorpinen sind erst dann festzustellen, wenn Konzentrationen über 0,5 mg/l verwendet wurden. Störungen der Selbstreinigungskraft der Gewässer sind erst bei Konzentrationen über 1 mg/l zu erwarten. Die Stabilität des Polychlorpinens im Wasser ist verhältnismäßig gut, die Bewirtschaftung der behandelten Gewässer kann daher frühestens nach 2-3 Mon. aufgenommen werden. Bei der Anwendung ist darauf zu achten, daß nirgends höhere Konzentrationen als 0,5 mg/l auftreten. H.-W. Hattop. 6240.

Mantel'man, I. I. (Mantelman, I. I.); Staatl. Forsch.-Inst. für Binnenfischerei, Lab. für Akklimatisat. Vlijanie polichlorpinena na vodnych bespozvonočnych. **(Der Einfluß des Polychlorpinens auf wirbellose Wassertiere.)** Naučno-techničeskij bjulleteń GosNIORCh (Gosudarstvennyj naučno-issledovatel'skij institut ozernogo i rečnogo rybnogo chozjajstva), Leningrad **1960** Nr. 11. S. 29-34. — 1 Abb., 2 Tab., 5 Lit. Vgl. LZ. Abt. III 8 (1963) Nr. 3. S. 662.
Die Giftwirkung des Polychlorpinens auf die verschiedenen Formen des Zooplanktons und der Bodenfauna erwies sich als unterschiedlich. Am widerstandsfähigsten waren die Chironomidenlarven und Mollusken. Bei Konzentrationen von 0,25 bzw. 0,5 mg/l wurden jedoch das gesamte Zooplankton und der größte Teil des Benthos vernichtet. Die Giftwirkung verschwand bei der geringeren Konzentration nach 3-4 Mon. aus dem Gewässer. Bei der hohen Konzentration war die Entgiftung nach 4 Mon. noch nicht abgeschlossen. Trotzdem wird auf Grund der gemachten Beobachtungen angenommen, daß sowohl das Zooplankton als auch die Bodenfauna innerhalb eines Jahres ihren ursprünglichen Stand wieder erreichen werden. H.-W. Hattop. 6240.

Beal, Fred E.; Cheyenne, Wyo., Game and Fish Commiss. A fish-planting barge. **(Ein leichtes Fahrzeug für Fischbesatz.)** U.S. Dep. Interior, Fish Wildlife Serv., progr. Fish-Culturist **24** (1962) Nr. 1. S. 21. — 2 Abb.
Das aus Aluminium in Pontonbauweise ausgeführte Fahrzeug hat eine Größe von 9,15 × 2,30 m und 1,07 m hohe Bordwände. Das Vorderteil ist abgerundet. Das Fahrzeug enthält einen stählernen Tank von 4,90 m Länge, 0,76 m Breite und 0,76 m Tiefe, der durch eine Pumpe mit Seewasser gefüllt und entleert werden kann. Diese Pumpe dient außerdem zum Umwälzen des Wassers zwecks Belüftung. Zusätzlich kann Sauerstoff über einen Kohleverteiler eingeleitet werden. Das Gewicht des Fahrzeuges beträgt 2300 Pfund; es ist auch bei ungünstigem Wetter leicht zu beherrschen. Es wird durch einen 35 PS-Außenbordmotor angetrieben, sein Tiefgang beträgt im beladenen Zustand 0,23 m. G. Seifert. 6240.

Kuznecova, I. I. und Paškin, L. M. (Kusnezowa, I. I. und Paschkin, L. M.); Wolgograd, Abt. des Staatl. Forsch.-Inst. für Binnenfischerei. Opyt massovoj perevozki proizvoditelej osetra v Stalingradskoe vodochranilišče. **(Erfahrungen der Massenumsetzung von Laich-Stören in die Wolgograder Talsperre.)** Naučno-techničeskij bjulleteń GosNIORCh (Gosudarstvennyj naučno-issledovatel'skij institut ozernogo i rečnogo rybnogo chozjajstva), Leningrad **1960** Nr. 11. S. 3-7.
Im Jahre 1959 wurden in die Stalingrader Talsperre 10000 Laichstöre eingesetzt, die unterhalb der Staumauer gefangen worden waren. Auf Grund der dabei gemachten Erfahrungen kann empfohlen werden, in Zukunft nur noch Exemplare mit einer Mindestlänge von 1 m umzusetzen. Die Fische dürfen nicht verletzt sein, und das Verhältnis zwischen Männchen und Weibchen soll bei den umzusetzenden Fischen bei 2:1 liegen. Es werden Hinweise für die Besatzdichte in den Transportfahrzeugen bei verschiedenen Wassertemperaturen gegeben. H.-W. Hattop. 6240.

Ivanov, S. N. (Iwanow, S. N.); Balchaschabt. des Inst. für Ichthyol. und Fischerei der Akad. der Wiss. der Kasach.SSR. Pervye uspechi introdukcii sudaka v ozero Balchaš. **(Die ersten Erfolge des Zandereinsatzes in den Bal-**

chaschsee.) Naučno-techničeskij bjulleteń GosNIORCh (Gosudarstvennyj naučno-issledovatel'skij institut ozernogo i rečnogo rybnogo chozjajstva), Leningrad **1960** Nr. 11. S. 77.

Zur Bekämpfung der Bestände an kleinen Barschen (*Perca fluviatilis*) wurde in den Balchaschsee der Zander (*Lucioperca lucioperca*) eingeführt. Von den 1957 eingesetzten Laichfischen wurden bereits 1958 die ersten Nachkommen festgestellt, die sich gut entwickelt hatten. H.-W. Hattop. 6240.

Karpevič, A. F. (Karpewitsch, A. F.) Teoretičeskie predposylki k akklimatizacii vodnych organizmov. **(Theoretische Voraussetzungen für die Akklimatisation von Wasserorganismen.)** Trudy. Vsesojuznyj naučno-issledovatel'skij institut morskogo rybnogo chozjajstva i okeanografii (VNIRO), Moskva **43** (1960) Nr. 1. S. 9–30. — 42 Lit.

Vf. unternimmt den Versuch, die Meinungen verschiedener Wissenschaftler über die theoretischen Fragen der Akklimatisierung von Wasserorganismen zusammenzufassen und eine einheitliche Terminologie aufzustellen. Dabei wird vorgeschlagen, folgende Begriffe für die Akklimatisation zu verwenden: 1. Einführung einer Art in solche Gewässer, in denen sie vorher nicht vorkam. 2. Ansiedlung. Hierbei wird die Art in Gewässer gebracht, in denen sich die Lebensbedingungen von denen in den heimischen Gewässern nicht unterscheiden. 3. Akklimatisation. Die Art wird in einen neuen Biotop gebracht, in dem sie sich an neue Umweltfaktoren anpassen muß. 4. Naturalisation. Hierbei hat sich die Art an die neuen Umweltbedingungen angepaßt, und die planmäßige wirtschaftliche Ausnutzung kann erfolgen. 5. Etappenweise Akklimatisation. Es werden bestimmte Entwicklungsetappen unter neuen Umweltbedingungen durchgeführt mit nachfolgender wirtschaftlicher Ausnutzung. G. Predel. 6240.

Il'in, B. S. (Iljin, B. S.). Ichtiofauna Severnoj Ameriki kak istočnik rekrutov dlja akklimatizacii. **(Die Ichthyofauna Nordamerikas als Quelle für die Akklimatisation.)** Trudy. Vsesojuznyj naučno-issledovatel'skij institut morskogo rybnogo chozjajstva i okeanografii (VNIRO), Moskva **43** (1960) Nr. 1. S. 31–65. — 2 Tab., 19 Lit.

Auf Grund einer eingehenden Studie der nordamerikanischen Ichthyofauna macht Vf. Vorschläge, welche Fischarten aus diesem Gebiet für die Akklimatisation in den Gewässern der UdSSR geeignet wären. Es werden 27 Fischarten aufgeführt mit näheren Angaben, für welche Gewässer die jeweilige Art geeignet sein könnte. Als Objekte erscheinen Vertreter folgender Familien einer näheren Betrachtung wert: Polyodontidae, Acipenseridae, Salmonidae, Amiuridae, Centrarchidae, Serranidae und Sciaenidae. Die endgültige Klärung aller hiermit im Zusammenhang stehenden Fragen bedarf jedoch noch einer detaillierteren Betrachtung und Untersuchung. G. Predel. 6240.

Kovalik, T. L. (Kowalik T. L.) O celesoobraznosti akklimatizacii kitajskogo okunja u verchogljada v vodoemach evropejskoj časti SSSR. **(Über die Zweckmäßigkeit der Akklimatisation des Chinesischen Barsches und des Werchogljads in den Gewässern des europäischen Teils der UdSSR.)** Rybnoe chozjajstvo, Moskva **38** (1962) Nr. 2. S. 19–23.

Eine reale Vermehrungsmöglichkeit der Edelfischbestände in den Binnengewässern, bes. aber in den Staubecken des europäischen Teils der UdSSR, ist die Einbürgerung schnellwüchsiger Raubfische aus anderen geographischen Gebieten. Die oft recht bedeutenden Wasserstandsschwankungen in den Stauseen erfordern die Einbürgerung von pelagischen Fischarten, die gleichzeitig aber nicht die Bestände anderer Nutzfische gefährden. Alle diese Bedingungen werden vom Chinesischen Barsch (*Siniperca chua-tsi*) und vom Werchogljad (*Erythroculter erythropterus*) erfüllt. Beide Fischarten laichen bei einer Temperatur von 20–22° C im Pelagial. Ihre Brut nährt sich von Wasserinsekten, planktischen Krebsen und Larven anderer Fischarten. Die erwachsenen Exemplare sind ausgesprochene Räuber, fressen aber fast nur wirtschaftl. wertlose Fische. Als das geeignetste Besatzmaterial werden die noch anpassungsfähigen Larven bzw. einjährige Brut empfohlen, die sich in Kunststoffbehältern sehr gut transportieren lassen. A. Kozianowski. 6240.

Mišarev, Ju. Ja. (Mischarew, Ju. Ja.) Akklimatizacija ryb i bespozvonočnych životnych s 1948 po 1958 g. **(Die Akklimatisation von Fischen und Wirbellosen in der Zeit von 1948 bis 1958.)** Trudy. Vsesojuznyj naučno-issledovatel'skij institut morskogo rybnogo chozjajstva i okeanografii (VNIRO), Moskva **43** (1960) Nr. 1. S. 66–75. — 1 Tab., 1 Lit.

In der Zeit von 1948 bis 1958 wurden in der UdSSR Versuche zur Akklimatisation mit 26 Fischarten und 4 Arten Wirbelloser durchgeführt. Die Ergebnisse waren in 13 Fällen (davon bei 3 Arten Wirbelloser) erfolgreich. Der Erfolg wird noch als rel. gering bezeichnet, jedoch gleichzeitig hervorgehoben, daß die intensiven Arbeiten auf diesem Gebiet erst in den Jahren 1953/54 einsetzten und daher die Erfolge noch nicht immer sichtbar sein können. Es wird eine Zusammenstellung aller Versuche mit den jeweiligen Objekten und dem bisher erzielten Erfolg gegeben. In vielen Fällen wurde bereits eine Fortpflanzung unter den Bedingungen der neuen Lebensräume beobachtet. G. Predel. 6240.

Ioffe, C. I. und Zil'berkvit, A. A. (Ioffe, Z. I. und Silberkwit, A. A.); Staatl. Forsch.-Inst. für Binnenfischerei, Lab. für Hydrobiol.; Staatl. Hauptverwalt. für Fischaufzuchtanst., Zentr. Akklimatisier.-Stat. Perevozka mizid v Kujbyševskoe vodochranilišče. **(Die Umsetzung von Mysiden [Mesomysis kowalevskyi und Mesomysis intermedia] in die Kuibyschewer Talsperre.)** Naučno-techničeskij bjulleteń GosNIORCh (Gosudarstvennyj naučno-issledovatel'skij institut ozernogo i rečnogo rybnogo chozjajstva), Leningrad **1960** Nr. 11. S. 11–14. — 1 Tab.

Zur Bereicherung der Nährtierfauna wurden mit Schleppnetzen im Don gefangene Mysiden in Kanistern mit 30–60 l Inhalt zur Kuibyschewer Talsperre gebracht. Die Dauer der Transporte betrug dabei bis zu 48 Std., und die Besatzdichte konnte 1000–1200 Exemplare/l erreichen, ohne daß nennenswerte Verluste eintraten. Die Wassertemperaturen durften dabei nur 7–10° C betragen. Bei 14–15° C traten dagegen schon Verluste auf, wenn nur 300–500 Exemplare/l eingesetzt wurden. H.-W. Hattop. 6240.

Karpevič, A. F. (Karpewitsch, A. F.) Biologičeskoe obosnovanie akklimatizacii mizid v Aral'skom more i nekotorych drugich solonovatych vodoemach. **(Biologische Begründung der Akklimatisation der Mysiden im Aralsee und einigen anderen salzhaltigen Gewässern.)** Trudy. Vsesojuznyj naučno-issledovatel'skij institut morskogo rybnogo chozjajstva i okeanografii (VNIRO), Moskva **43** (1960) Nr. 1. S. 198–218. — 3 Abb., 9 Tab., 18 Lit.

Entsprechende Untersuchungen ergaben, daß sich verschiedene Mysidenarten (*Mesomysis kowalevskyi, Paramysis baeri* u. a.) für die Akklimatisation im Aralsee eignen. Sie überleben und vermehren sich in diesem Gewässer bei einem Salzgehalt von 10 bis 12‰. Die systematische Ansiedlung von Mysiden im Aralsee begann 1958 und muß in den nächsten 2 bis 3 Jahren fortgesetzt werden. Die Methodik der Akklimatisation wird angeführt. Die Mysiden sind als bes. wertvolle Fischnahrung zu betrachten und können den fischereilichen Wert des Aralsees erhöhen. G. Predel. 6240.

Nečaeva, N. L. (Netschajewa, N. L.) K voprosu o parazitofaune mizid iz avandel'ty r. Volgi i del'ty r. Dona. **(Zur Frage der Parasitenfauna der Mysiden im Wolga- und Dondelta.)** Trudy. Vsesojuznyj naučno-issledovatel'skij institut morskogo rybnogo chozjajstva i okeanografii (VNIRO), Moskva **43** (1960) Nr. 1. S. 219–224. — 2 Tab., 10 Lit.

Die Parasitenfauna von *Paramysis baeri* aus dem Wolgadelta besteht aus 2 Arten (Microsporidia und Digenea). Der Befall ist im Frühjahr gering (weniger als 1%) und steigt im Herbst an. Zur Akklimatisation in den Aralsee sollten daher die Mysiden im Frühjahr entnommen werden. Bei *Mesomysis kowalevskyi* ist im Wolgadelta der Parasitenbefall rel. hoch, im Dondelta dagegen kommt nur eine Art vor mit einer Befallsrate von etwa 1,2% im Frühjahr. Objekte für die Akklimatisation sollten daher aus dem letzteren Gewässer entnommen werden. In den Transportkannen wurden nach eintägiger Aufbewahrung keine Parasiten gefunden. Die Gefahr der Übertragung ist deshalb sehr gering. G. Predel. 6240.

Bokova, A. N. (Bokowa, A. N.) Materialy k biologičeskomu obosnovaniju akklimatizacii nekotorych donnych bespozvonočnych v Aral'skom more. **(Daten zur biologischen Begründung der Akklimatisation einiger wirbelloser Bodentiere im Aralsee.)** Trudy. Vsesojuznyj naučno-issledovatel'skij institut morskogo rybnogo chozjajstva i okeanografii (VNIRO), Moskva **43** (1960) Nr. 1. S. 225–234. — 5 Tab., 40 Lit.
Entsprechende Untersuchungen ergaben, daß die Brut einiger Bodenfische im Aralsee an Nahrungsmangel leidet. Im Gewässer selbst fehlen einige Gruppen wirbelloser Benthostiere völlig. Dazu gehören: Corophiiden, Cumaceen, Polychaeten und auch einige Mollusken. Unbeschadet der Tatsache, daß es noch eingehender Untersuchungen dieser Probleme bedarf, werden folgende Arten als für die Akklimatisation im Aralsee geeignet bezeichnet: Polychaeten — *Nephthys hombergii*; Höhere Krebse — *Pterocuma pectinata, Schizorhynchus bilamellatus, Corophium nobile, Corophium curvispinum*. Die ökologisch-physiol. Eigenschaften dieser Arten werden angeführt. G. Predel. 6240.

Gončarenko, K. S. (Gontscharenko, K. S.) Vozmožnosti osvoenija otkrytych učastkov Kujbyševskogo vodochranilišča. **(Möglichkeiten der Erschliessung des offenen Teiles des Staubeckens Kuibyschew.)** Rybnoe chozjajstvo, Moskva **38** (1962) Nr. 2. S. 59–63.
In der Sorge um die Erfüllung des Fangplanes wurden im Staubecken von Kuibyschew Versuche unternommen, den Fischfang auch auf die offenen, vor Wind und Wellengang ungeschützten Gebiete auszudehnen. Nach anfänglichen Mißerfolgen konnten bei einem Aufgebot von mehreren Brigaden in der Zeit vom 15.–24. Juni und vom 4.–10. Aug. 1960 gute Erfolge erzielt werden. Gefischt wurde mit 37 m langen Stellnetzen mit Maschenweiten von 30 bis 60 mm in einer Tiefe von 8 bis 12 m. Die Fänge setzten sich vorwiegend aus Bleien, Welsen, Zopen, Hechten und Zandern zusammen. Eine rationelle Nutzung dieser offenen Gewässerteile setzt jedoch das Vorhandensein von geeigneten Fahrzeugen voraus, die bei jedem Wetter einsatzfähig sind.
A. Kozianowski. 6245.

Hoffmeister, H.; Kiel. **Die schleswig-holsteinische Binnenfischerei 1961. Aus dem Jahresbericht des Fischereiamtes.** Fischwirt **12** (1962) Nr. 3. S. 71–74. — 3 Tab.
Vf. vergleicht die Anlieferungen am Kieler Seefischmarkt 1961 als Ausdruck der binnenfischereilichen Produktion Schleswig-Holsteins mit denen des Jahres 1960. Durch das ungewöhnlich warme Frühjahr ergaben sich frühzeitig gute Fangmöglichkeiten, aber nach dem dann folgenden starken Kälterückschlag kam insbesondere die Aalfischerei wieder völlig zum Erliegen. Mit Ausnahme einiger weniger bedeutender Flußfische ist bei allen Arten gegenüber 1960 ein Minderfang zu verzeichnen. Der Satzaalfang in Stör und Eider ging von 8500 kg 1960 auf 5500 kg zurück. Die Gesamtanfuhren haben sich mengenmäßig um 28% und wertmäßig um 17% vermindert. Infolge niedriger Temperaturen in den Abwachsmon. erzielte auch die Teichwirtschaft nur mäßige Ernten. Die Anteile der einzelnen Fischarten an der Gesamtanfuhr und die Entwicklung der Preise werden tabellenmäßig dargestellt.
G. Seifert. 6255.

Kalinovskij, N. P. (Kalinowski, N. P.); Nowosibirsk, Abt. des Staatl. Forsch.-Inst. für Binnenfischerei. Sostojanie kolchoznogo rybolovstva Tomskoj oblasti. **(Der Stand des kollektivwirtschaftlichen Fischfanges im Gebiet Tomsk.)** Naučno-techničeskij bjulleteń GosNIORCh (Gosudarstvennyj naučno-issledovatel'skij institut ozernogo i rečnogo rybnogo chozjajstva), Leningrad **1960** Nr. 11. S. 71–73. — 1 Lit.
Die Kolchosfischerei im Gebiet Tomsk hat in den letzten Jahren einen günstigen Verlauf genommen. Durch die weitere Mechanisierung und Motorisierung des Fanges wurde die Fangmenge von 18800 dt im Jahre 1945 auf 36100 dt im Jahre 1959 gesteigert. Die Zahl der Fischer sank im gleichen Zeitraum von 1297 auf 523. Die Kolchosfischer haben z. T. sehr hohe Einnahmen, die über denen der Fischer der staatlichen Fischereibetriebe liegen.
H.-W. Hattop. 6255.

Morosova, P. N. (Morossowa, P. N.); Staatl. Forsch.-Inst. für Binnenfischerei, Lab. für Ichthyol. Ob ulovjach snetka v oz. Belom (Vologodskaja oblast'). **(Über die Stintfänge im Beloje-See [Gebiet Wologda].)** Naučno-techničeskij bjulleteń GosNIORCh (Gosudarstvennyj naučno-issledovatel'skij institut ozernogo i rečnogo rybnogo chozjajstva), Leningrad **1960** Nr. 11. S. 78.
Die Fänge an Stinten (*Osmerus eperlanus*) gingen im Beloje-See wegen der starken Befischung weit zurück. Sie sanken von 2552 dt im Jahre 1950 auf 60 dt im Jahre 1958. Nachdem der Fang stark eingeschränkt worden war, konnten bereits 1960 wieder 5000 dt erbeutet werden. H.-W. Hattop. 6255.

Kirpičnikov, V. S. (Kirpitschnikow, W. S.); Staatl. Forsch.-Inst. für Binnenfischerei, Lab. für Teichwirtsch. Organizacija plemennogo dela v karpovodstve. **(Die Organisation der Zuchtarbeit in der Karpfenteichwirtschaft.)** Naučno-techničeskij bjulleteń GosNIORCh (Gosudarstvennyj naučno-issledovatel'skij institut ozernogo i rečnogo rybnogo chozjajstva), Leningrad **1960** Nr. 11. S. 38–40.
Zur Verbesserung der züchterischen Arbeit auf dem Gebiet der Karpfenteichwirtschaft schlägt Vf. vor, die Zuchtarbeit nicht mehr wie bisher den einzelnen Fischereibetrieben zu überlassen. Es sollen in Zukunft ausgesprochene Selektionsstationen errichtet werden, die an größere Zuchtbetriebe ausgewählte Laichfische abgeben. Von diesen Großbetrieben aus werden dann wiederum 3–4 nahe gelegene andere Teichwirtschaften mit hochwertigem Besatzmaterial versorgt. Außerdem sollen daneben noch reine Speisefischzuchten bestehen, die das gesamte Besatzmaterial aus anderen Betrieben erhalten. Es wird für möglich gehalten, daß durch die verbesserten Züchtungsarbeiten noch erhebliche Steigerungen der Teicherträge zu erreichen sind.
H.-W. Hattop. 6310.

Merla, G.; Königswartha, Zweigst. für Karpfenteichwirtsch. des Inst. für Fischerei der Dtsch. Akad. der Landwirtsch.-Wiss. zu Berlin. **Untersuchungen über den Einfluß einer Chloronitrin-Injektion auf das Karpfenwachstum (K_2–K_3).** Dtsch. Fischerei-Ztg. **9** (1962) Nr. 2. S. 52–53. — 4 Lit.
Versuche zeigen, daß die in der üblichen Weise vorgenommene Injektion mit dem Antibiotikum Chloronitrin über die bekannte günstige Wirkung auf die Zunahme des Stückgewichtes bei erkrankten Karpfen hinaus bei gesunden Karpfen keinen sichtbaren Erfolg beim Speisefischabwachs erhoffen läßt.
G. Merla. 6315.

Merla, Günter; Königswartha, Zweigst. für Karpfenteichwirtsch. des Inst. für Fischerei der Dtsch. Akad. der Landwirtsch.-Wiss. zu Berlin. **Ein Beitrag zur Frage der Nährtierausnutzung bei verstärkter Zufütterung der Karpfen.** Dtsch. Fischerei-Ztg. **9** (1962) Nr. 9. S. 283–284. — 2 Tab.
Bei gleichem Besatz von 6000 K_1/ha wurden 4 Fischbestände mit 976 und 4 weitere mit 1650 kg Getreide/ha gefüttert. In den 0,25 ha großen Versuchs-

teichen war jeweils 1 Futterstelle eingerichtet. Bei der verstärkten Zufütterung wurde unter vorliegenden Bedingungen keine verminderte Nutzung der Naturnahrung erkennbar. Die erzielten Mittelwerte über die vorhandene Naturnahrung in beiden Versuchsgruppen sind als gleichwertig anzusehen.
G. Merla. 6320.

Žadin, V. I. (Shadin, W. I.); Leningrad, Zool. Inst. der Akad. der Wiss. der UdSSR. Voprosy biologičeskoj produktivnosti vodoemov pri udobrenii rybovodnych prudov. **(Probleme der biologischen Produktivität der Gewässer bei der Düngung von Fischteichen.)** Trudy soveščanija po problemam biologii vnutrennych vod, Moskva-Leningrad **6** (1957, hrsg. 1959) S. 5–16. — 1 Abb., 2 Tab., 35 Lit.
Vf. geht auf die verschiedenen Möglichkeiten zur Düngung von Teichen ein und empfiehlt die Methode der Komplexdüngung, welche aus der Anwendung von org. und mineral. Düngern besteht. Es wird ein neues Schema des Stoffkreislaufes im Gewässer gegeben, in dem die Düngung bes. Berücksichtigung findet. H.-W. Hattop. 6325.

Rodina, A. G.; Leningrad, Zool. Inst. der Akad. der Wiss. der UdSSR. Mikrobiologija udobrjaemych prudov. **(Die Mikrobiologie gedüngter Teiche.)** Trudy soveščanija po problemam biologii vnutrennych vod, Moskva-Leningrad **6** (1957, hrsg. 1959) S. 17–28. — 9 Abb., 4 Lit.
Vf. berichtet über die Entwicklung der Bakterienflora in verschiedenartig gedüngten Teichen. Unter anderem wird festgestellt, daß die Phosphordüngung die Nitrifikation anregt und daß die Verwendung von Stickstoffdüngern nach neueren Erkenntnissen nicht als nutzlos zu bezeichnen ist. Die früher befürchtete Denitrifikation unterbleibt gewöhnlich, weil die Stickstoffdüngung die Entwicklung des Phytoplanktons begünstigt, wodurch der Sauerstoffgehalt des Wassers steigt. Hierbei entstehen ungünstige Lebensbedingungen für die denitrifizierenden Bakterien. H.-W. Hattop. 6325.

Nehring, Dietwart; Berlin-Friedrichshagen, Abt. für Chem. des Inst. für Fischerei der Dtsch. Akad. der Landwirtsch.-Wiss. zu Berlin. **Die Anwendungsmöglichkeit von Carbidschlamm als Kalkdüngemittel in der Teichwirtschaft.** Dtsch. Fischerei-Ztg. **9** (1962) Nr. 9. S. 280–282. — 1 Tab., 6 Lit.
Carbidschlamm fällt bei der Acetylengewinnung nach dem „Einwurfsystem" an. Er besteht hauptsächlich aus wasserhaltigem Löschkalk (40–45% CaO). Aus den Verunreinigungen des Carbidschlamms können sich schädliche Gase wie Phosphorwasserstoff und Schwefelwasserstoff entwickeln. Fischversuche ergaben jedoch, daß die Konzentration dieser Gase auch bei 2000 mg Carbidschlamm/l nicht ausreicht, um zu Schädigungen der Versuchsfische zu führen. Für die Teichdüngung wird empfohlen, bei 1 m Wassertiefe 200–400 dt/ha nicht zu überschreiten. Ferner müssen die gleichen Vorsichtsmaßregeln eingehalten werden wie bei Verwendung von Branntkalk, um Verätzungen durch zu hohe pH-Werte auszuschließen. D. Nehring. 6325.

Schuberth, A.; Wismar, Arbeitsgruppe „Mechanisier. der Fischerei" des Inst. für Fischerei der Dtsch. Akad. der Landwirtsch.-Wiss. zu Berlin. **Bericht über die durchgeführte Leistungsvergleichsprüfung mit Schilfschneidemaschinen im Jahre 1961.** Dtsch. Fischerei-Ztg. **9** (1962) Nr. 8. S. 239–251.; Nr. 9. S. 270–279. — 12 Abb., 1 Tab.
Von 1956 bis 1961 wurde an der Standardisierung der Schilfschneidemaschinen gearbeitet, deren Ergebnis die Typen Erpel, Libelle und Biber sind. Die Ermittlung der optimalen Leistungen dieser drei Schilfschneidemaschinen erfolgte durch eine Leistungsvergleichsprüfung, welche in der Zeit von Mai bis Sept. 1961 durchgeführt wurde. Die durch exakte Messungen ermittelten Werte sind in einer Tab. enthalten und stellen Unterlagen dar, welche bei

ökonomischen Untersuchungen verwendet werden können. Bei dieser Gelegenheit wurde erstmalig der Begriff Schnittvergleichswert (SVW) definiert.
A. Schuberth. 6335.

Schlüter, M.; Berlin, Humboldt-Univ., Inst. für Fischereiwes. **Anwendung des Geräteträgers RS 09 zur Ausbringung von Herbiziden in der Teichwirtschaft.** Dtsch. Fischerei-Ztg. **9** (1962) Nr. 4. S. 119–126. – 11 Abb., 3 Lit.
Im VEB Binnenfischerei Peitz wurden vom Vf. Versuche zur chem. Gelegebekämpfung durchgeführt. Verwendung fanden die Gräserbekämpfungsmittel Omnidel Spezial und 3 Ef. Während für die etwa 16 m² großen Versuchsparzellen eine 10 l fassende Rückenspritze genügte, bewährte sich für die Behandlung größerer Flächen der Geräteträger RS 09. An diesem wurde das in der Landwirtschaft übliche Anbau-Sprüh- und Stäubegerät durch 2 lange Schläuche als Spritzgerät ersetzt. Die Durchführung des Spritzvorganges wird eingehend beschrieben. Über die Wirkung der Herbizide kann erst später berichtet werden. Für die Durchführung größerer Herbizidspritzungen wird eine Zusammenarbeit mit der nächstgelegenen MTS und dem Pflanzenschutzdienst vorgeschlagen.
E. Kienast. 6335.

Ėggert, V. B. (Eggert, W. B.); Zentr. Versuchsstat. „Ropscha" des Staatl. Forsch.-Inst. für Binnenfischerei. Povyšenie ryboproduktivnosti prudov. **(Die Steigerung der Produktivität der Teiche.)** Naučno-techničeskij bjulleteń GosNIORCh (Gosudarstvennyj naučno-issledovatel'skij institut ozernogo i rečnogo rybnogo chozjajstva), Leningrad **1960** Nr. 11. S. 41–46. – 3 Tab.
Die bereits 1905 in der Nähe von Leningrad errichtete Teichwirtschaft „Ropscha" ist die nördlichste Karpfenteichwirtschaft der UdSSR. Die ha-Erträge lagen dort wegen der geringen Wassertemperaturen früher sehr niedrig (von 1935-1940 durchschnittl. 96–106 kg/ha, die K_2 erreichten Stückgewichte von 800 g). Durch intensive Verbesserung der Lebensbedingungen mit Hilfe von Fütterung und Düngung konnten die Erträge um 640–723% gesteigert werden. Die in Ropscha" erzielten Ergebnisse lassen erkennen, daß die Karpfenzucht auch in nördlichen Bezirken noch gute Ergebnisse bringen kann, wenn alle Möglichkeiten zur Produktivitätssteigerung ausgenutzt werden.
H.-W. Hattop. 6340.

Gottbehüt. **Der Speisekarpfenmarkt im Jahre 1961 aus bayerischer Sicht.** Fischbauer **12** (1962) Nr. 156. S. 629–630.
1961 war ein gutes Speisekarpfen-Abwachsjahr. Durch den kühlen Aug. ließ sich der Frühkarpfen-Absatz günstig an, der warme Sept. brachte noch einen ansehnlichen Fischzuwachs. Im Sommer wurden 440 DM/dt Speisekarpfen ab Teich gezahlt, bis Mitte Okt. ca 330 DM. Hauptsächlich bedingt durch Importe sank der Preis dann teils auf 270 DM. Die erzielten Preise lagen jedoch über denen der Vorjahre. Die Ernte wurde verkauft bzw. durch vertragliche Abschlüsse deren Abnahme garantiert. Der einheimische Handel litt demgegenüber in diesem Jahre bei den erhöhten Erzeugerpreisen bes. stark unter der Konkurrenz der jugoslawischen Karpfen, weil er bei der Zuweisung dieser Karpfen nur unzureichend bedacht wird. Eine Möglichkeit, einheimische Erzeuger und Handel zu schützen, ist u. a. die Einführung von Mindestpreisen.
G. Merla. 6350.

Bogatova, I. B. (Bogatowa, I. B.); Pskow, Abt. des Staatl. Forsch.-Inst. für Binnenfischerei. Prudovoe chozjajstvo v Pskovskoj oblasti. **(Die Teichwirtschaft im Gebiet von Pskow.)** Naučno-techničeskij bjulleteń GosNIORCh (Gosudarstvennyj naučno-issledovatel'skij institut ozernovo i rečnogo rybnogo chozjajstva), Leningrad **1960** Nr. 11. S. 47–48.
Der Siebenjahrplan sieht im Gebiet von Pskow eine Steigerung der Erträge der Teichwirtschaft auf 6000 dt im Jahre 1965 vor. Das bedeutet, daß die

Speisefischproduktion mehr als verdoppelt werden muß. Die größte Schwierigkeit bei der Steigerung der Erträge der Karpfenzucht besteht darin, daß bis jetzt noch durchschnittlich 43,3–96% der einsömmerigen Fische bei der Überwinterung zugrunde gehen, die Verluste betragen manchmal bis zu 100%. Die in den letzten Jahren durchgeführten Versuche lassen jedoch erkennen, daß diese Verluste nicht unvermeidlich sind. Die beste Voraussetzung für die Senkung der Verluste wird in der Verwendung kälteresistenter Karpfenbestände gesehen. H.-W. Hattop. 6350.

Steffens, W.; Berlin-Friedrichshagen, Abt. für Teichwirtsch. und Fischkrankh. des Inst. für Fischerei der Dtsch. Akad. der Landwirtsch.-Wiss. zu Berlin. **Die Empfindlichkeit von Salmonideneiern gegenüber Erschütterungen.** Dtsch. Fischerei-Ztg. **9** (1962) Nr. 8. S. 253–257. — 7 Tab., 7 Lit.

Nach Untersuchungen verschiedener Autoren sowie den Erfahrungen des Vf. und der fischereilichen Praxis sind Salmonideneier kurz nach der Befruchtung sowie in dem Zeitraum, der wenige Tage nach der Befruchtung beginnt und bis zum Blastoporusverschluß bzw. etwa bis zum Auftreten der Augenpunkte dauert, sehr empfindlich gegenüber mechanischen Einflüssen. Einmalige Erschütterungen in dieser Periode können hohe Verluste zur Folge haben. Die Eier müssen in den Brutapparaten daher sehr sorgfältig behandelt werden. Um das manuelle Auslesen abgestorbener Eier vermeiden zu können, ist aus diesen Gründen eine geeignete chem. Behandlung zur Verhütung der Verpilzung empfehlenswert. Nach dem Auftreten der Augenpunkte sind die Eier wesentlich weniger empfindlich und lassen sich ohne weiteres auslesen, waschen und transportieren.
W. Steffens. 6415.

Šterman, L. Ja. (Schterman, L. Ja.); Leningrad, Staatl. Pädagog. Herzen-Inst. Dopustimye količestva povarennoj soli v kormovych racionach radužnoj foreli. **(Die zulässige Kochsalzmenge in den Futterrationen der Regenbogenforelle.)** Naučno-techničeskij bjulleteń GosNIORCh (Gosudarstvennyj naučno-issledovatel'skij institut ozernovo i rečnogo rybnogo chozjajstva), Leningrad **1960** Nr. 11. S. 53–56. — 2 Abb., 5 Lit.

Entgegen der früher verbreiteten Ansicht, daß das Futter von Regenbogenforellen (*Salmo gairdneri*) nicht mehr als 2–4% Kochsalz enthalten dürfe, stellte Vf. in Fütterungsversuchen fest, daß bei einem Anteil von 10% NaCl am Gewicht des Futters keine Gesundheitsschädigungen auftraten. Ausgesprochene Schädigungen traten erst bei Kochsalzmengen von 11,5–15% auf. Kochsalzzugaben bis 10% hatten keine hemmende Wirkung auf das Wachstum, eine Begünstigung des Wachstums durch die Salzzugabe ließ sich allerdings auch nicht mit Sicherheit feststellen. H.-W. Hattop. 6420.

Ulanovskij, P. A. (Ulanowski, P. A.) Bassejn dlja vyraščivanija molodi osetrovych i lososevych. **(Becken für die Aufzucht von Stör- und Lachsbrut.)** Rybnoe chozjajstvo, Moskva **38** (1962) Nr. 1. S. 18–21.

Die Konstruktion des vom Vf. vorgeschlagenen Aufzuchtbeckens für Stör- und Lachsbrut vereint sinnvoll alle guten Eigenschaften beider bisher in der UdSSR häufigsten Beckentypen. Es ist ein einwandiges Rundbecken aus Beton mit einem zentralen und vier seitlichen Abflüssen, die in der Beckenwand eingelassen sind. Der zentrale Abfluß wird nur bei Säuberung des Beckens in Betrieb genommen. Das zufließende Wasser wird von oben durch ein 1 m langes Rohr mit 20 nebeneinanderliegenden Bohrungen in das Becken gepreßt und gerät dabei in eine rotierende Bewegung. Bei Aufzuchtversuchen waren die Verluste in diesem Rundbecken stets geringer als in den anderen Becken. A. Kozianowski. 6450.

Green, O. L.; Marion, Ala., Bureau of Sport Fisheries and Wildlife. Mat spawning of the largemouth bass. **(Das Ablaichen von Micropterus salmoides auf Nestern.)** U. S. Dep. Interior, Fish Wildlife Serv., progr. Fish-Culturist **24** (1962) Nr. 2. S. 80.

Bei Fischarten, die ihre Eier auf Nestern ablegen, können die Eier unter kontrollierbaren Bedingungen erbrütet werden. In einem ca. 200 m² großen Teich wurden 15 ca. 450 g schwere Fische eingesetzt und 6 Nester von je 2 m² Größe eingebracht. Die Nester wurden an Pfählen in einer Wassertiefe von 35 cm befestigt. Eine Beobachtung nach 11 Tagen zeigte, daß alle Nester benutzt waren, jedoch nur noch auf einem sich Eier befanden. Hiervon schlüpften in einem Brutapparat 90% und lieferten 4–5000 Stück Brut. G. Merla. 6450.

Tiemeier, Otto W.; Manhattan, Kansas State Univ., Dep. of Zool. Supplemental feeding of fingerling channel catfish. **(Zusätzliche Fütterung bei Setzlingen von Ictalurus punctatus.)** U. S. Dep. Interior, Fish Wildlife Serv., progr. Fish Culturist. **24** (1962) Nr. 2. S. 88–90. — 4 Tab.

Kleine Setzlinge kommen in natürlichen Gewässern wegen der Raubfische nur schlecht auf. Um größere Setzlinge zu erhalten, wurden sie in Teichen mit Erfolg vorgestreckt. Ca. 27000 Stück/ha (Mittleres Besatzgewicht 3,6 g) erhielten ca. 8000 kg/ha eines industriell hergestellten, gekörnten Futters mit 29% Eiweißanteil. Abgefischt wurden ca. 1755 kg/ha (mittleres Gewicht 73 g). Die Fische wuchsen im Juli bzw. im Aug. bei den höchsten Temperaturen am besten. Die Fütterung erfolgte täglich von Mai bis Okt. in Gaben von 5–8% der Fischmenge, die durch Probefänge ermittelt wurde. Pro kg Abfischgewicht wurden 4,6 kg Futter verbraucht. Bis zum 1. Sept. betrug dieser Wert jedoch nur 2,8. Die Fütterung war rentabel. G. Merla. 6450.

Dobie, John.; St. Paul, Minnesota Dep. of Conserv. Role of the tiger salamander in natural ponds used in Minnesota for rearing suckers. **(Die Rolle von Ambystoma tigrinum in natürlichen Teichen, die in Minnesota zur Zucht von Catostomus c. commersoni genutzt werden.)** U.S. Dep. Interior, Fish Wildlife Serv., progr. Fish-Culturist **24** (1962) Nr. 2. S. 85–87. — 1 Abb., 1 Tab., 1 Lit.

Nach den meisten der vorliegenden Untersuchungen ist *A. tigrinum* anscheinend nur ein unbedeutender Fischräuber, obwohl er häufig größer ist als die Fischbrut. Das ändert sich, falls beide Tiergruppen gefangengehalten werden. In den untersuchten Teichen beschränkte sich die Nahrungskonkurrenz zwischen *A. tigrinum* und den Fischen meist auf Daphnien und Chironomiden. Sind diese Nährtiere nur spärlich vorhanden, kann eine starke *A. tigrinum*-Population den Fischbestand negativ beeinflussen. Andererseits ist im Verzehr fischfeindlicher Insektenlarven durch A. *tigrinum* ein Vorteil für die Fischbrut zu sehen. G. Merla. 6450.

Meyer, Fred P. und Stevenson, James H.; Stuttgart, Ark., Bureau of Sport Fisheries and Wildlife, Fish Farming Exp. Stat. Studies on the artificial propagation of the paddlefish. **(Untersuchungen zur künstlichen Vermehrung von Polyodon spathula.)** U. S. Dep. Interior, Fish Wildlife Serv., progr. Fish-Culturist **24** (1962) Nr. 2. S. 65–67. — 7 Abb., 3 Lit.

Dieser Fisch wird vom Verbraucher wegen seines wohlschmeckenden Fleisches gern gekauft. Der Rogen kann zur Kaviar-Herstellung verwendet werden. Nach seiner Ernährungsweise wäre der Fisch zur Nutzung der Naturnahrung in Fischzuchtgewässern geeignet, er laicht jedoch dort auf natürliche Weise nicht ab. Es wurde daher versucht, durch i. p. Injektionen von gonadotropen Hormonen die Laichwilligkeit zu fördern. Nach vorliegenden Ergebnissen ist bei adulten Exemplaren ein Erfolg der Injektion zu erwarten. Daher sind nur größere Tiere (ca. 15 kg) zur Hormon-Injektion vorzusehen. G. Merla. 6450.

Küsten- und Hochseefischerei

Anwand, K.; Saßnitz, Zweigst. für Ostseefischerei des Inst. für Fischerei der Dtsch. Akad. der Landwirtsch.-Wiss. zu Berlin. **Die Küstenfischerei Rügens auf Frühjahrs- und Herbstheringe in den Jahren 1960 und 1961.** Dtsch. Fischerei-Ztg. **9** (1962) Nr. 7. S. 219–228. Nr. 8. S. 258–264. — 18 Abb., 2 Tab., 10 Lit.

Der Arbeit liegen fangstatistische Angaben der Fischereiaufsichtsbereiche Lauterbach und Breege aus den Jahren 1950 bis 1961 sowie Längen- und Altersangaben von Frühjahrs- und Herbstheringen (*Clupea harengus*) aus den Jahren 1960 und 1961 zugrunde. Es wird versucht, einen Überblick über die Ertragsschwankungen der Heringsküstenfischerei in den letzten Jahren, den unterschiedlichen Verlauf der Fangzeiten im Frühjahr und Herbst und die verschiedene Zusammensetzung des Heringsbestandes bzw. -fanges hinsichtlich der Länge und des Alters der Heringe zu geben. Für 1962 wird eine Einschätzung der Frühjahrs- und Herbst-Heringsfänge der Küstenfischerei Rügens gegeben. K. Anwand. 6480.

Shaver, John A.; California Dep. of Fish and Game, Marine Resources Operations. Purse seining for pacific albacore. **(Ringwadenfischerei auf pazifische Thune.)** Calif. Fish and Game **48** (1962) Nr. 1. S. 81–82. — 1 Abb.

In den Jahren 1959 bis 1961 betrieben die kalifornischen Ringwadenfischer keinen ausgesprochenen Fang auf *Thunnus germo.* Insgesamt wurden in diesen Jahren von 19 Seinern nur 60 t gefangen. Durch Veränderungen der Fang- und Hilfsgeräte sowie Ausdehnung der Fanggebiete konnten 1960 von 16 Seinern bereits 100 t dieser Thunart angelandet werden. In der kanadischen Fischerei zeichnet sich eine ähnliche Umstellung vom Fang von Lachsen und Heringen im Küstengebiet auf eine pelagische Thunfischerei mit steigenden Erträgen von *Thunnus albacore* ab. K. Anwand. 6510.

Berner, M. und Anwand, K.; Saßnitz, Zweigst. für Ostseefischerei des Inst. für Fischerei der Dtsch. Akad. der Landwirtsch.-Wiss. zu Berlin; Berlin-Friedrichshagen, Humboldt-Univ., Inst. für Fischereiwes. **Die Fanggründe der Saßnitzer Kutterflotte in der Ostsee und deren fischereiliche Bedeutung (1956–1960).** Dtsch. Fischerei-Ztg. **9** (1962) Nr. 5. S. 156–163. — 2 Abb., 6 Tab., 3 Lit.

Die Arbeit bringt eine Charakteristik der Saßnitzer Fischerei der letzten 5 Jahre und ihrer Entwicklungstendenzen, bezogen auf die Wahl der Fangplätze und die mittlere Höhe der Anlandungen und Einheitserträge. Durch Tab. werden einerseits die wechselnde Bedeutung der Fischarten und Fangplätze im Jahreszyklus, andererseits die Beziehungen zwischen Fischarten und Fangplätzen dargestellt. K. Anwand. 6515.

Holzlöhner, S.; Rostock-Marienehe, Inst. für Hochseefischerei und Fischverarb. **Die Sandaalbestände der Nordsee als Reserve für die Fischmehlindustrie.** Fischerei-Forschung **5** (1962) Nr. 1. S. 9–11. — 1 Abb., 3 Tab., 13 Lit.

Vf. untersucht anhand einer Literaturzusammenstellung die wichtigsten fischereibiol. Grundlagen der Sandaalfischerei (*Ammodytes spec.*) in der Nordsee. 1959 wurden 106,9 t Sandaale für die Fischmehl- und Ölerzeugung angelandet. Am Fang sind Dänemark, Westdeutschland, Holland und Norwegen beteiligt. Überwiegend gelangen kleine Kutter mit 100–250 PS zum Einsatz. Der Ertrag je Reise beträgt im Mittel 30 t. Eine Fangreise umfaßt 3–5, teilweise 1–2 Tage. Als Fanggerät dient ausschließlich das Grundschleppnetz mit einer Maschenweite von 6 mm im Steert. Die Fanggründe liegen vor der holländischen, deutschen und dänischen Küste sowie südwestlich der Doggerbank. Die Fischerei beginnt März/April und wird im Juli von der Ölheringsfischerei abgelöst. H. Jähnichen. 6515.

Allen, Donald M. und Costello, T. J.; Galveston, Tex., Bureau of Commercial Fisheries, Biol. Lab. Grading large numbers of live shrimp for marking experiments. **(Sortierung großer Mengen von lebenden Garnelen für Markierungsversuche.)** U. S. Dep. Interior, Fish Wildlife Serv., progr. Fish-Culturist **24** (1962) Nr. 1. S. 46–48. — 3 Abb., 2 Lit.
Ein Gerät zur schnellen Sortierung von lebenden Garnelen nach verschiedenen Größengruppen wird beschrieben. Es handelt sich um einen Sortierkasten, dessen Seitenflächen und Boden aus Plastikstäben bestehen, deren Abstand zueinander beliebig verändert werden kann. Das Gerät ist nicht nur bei biol. Untersuchungen anwendbar, sondern auch für die Futtergarnelenindustrie geeignet. K. Anwand. 6620.

E. BEEINFLUSSUNG DER FISCHEREI DURCH DIE UMWELT

Jenkins, S. H.; Birmingham-Anglie, Birmingham Tame and Rea District Drainage Board. Pokroky v biologickém čištění organických odpadních vod. **(Fortschritte auf dem Gebiet der biologischen Reinigung organischer Abwässer.)** Vodni Hospodářství **1962** Nr. 1. S. 18–28. — 12 Abb., 3 Tab., 28 Lit. Zus. in Russ., Engl., Dtsch.
Vf. beschreibt die verschiedenen Methoden der Abwasserreinigung. Bes. wird auf die Verfahren der Belüftung bei der biol. Reinigung hingewiesen. J. Špinka. 6655.

Skadovskij, S. N. (Skadowski, S. N.); Moskau, Univ., Lehrstuhl für Hydrobiol. Novye puti bor'by s zagrjazneniem vodoemov metodami gidrobiologii. **(Neue Wege zur Bekämpfung der Gewässerverunreinigung mit hydrobiologischen Methoden.)** Trudy soveščanija po problemam biologii vnutrennych vod, Moskva -Leningrad **6** (1957, hrsg. 1959) S. 243–246.
Vf. beschreibt eine neuartige biol. wirkende Filteranlage zur Beseitigung von Verunreinigungen und Geruchsstoffen im Wasser. Die beschriebene Anlage zeichnet sich dadurch aus, daß bei geringen Abmessungen ein guter Reinigungsgrad erreicht wird und daß die Durchlaufgeschwindigkeit wesentlich größer ist als bei den üblichen Sandfiltern. H.-W. Hattop. 6655.

Schuster, Gisela; Magdeburg, Wasserwirtschaftsdirektion. **Biochemische Abbaumöglichkeiten von schwer angreifbaren Inhaltsstoffen industrieller Abwässer.** Wiss. Z. Karl-Marx-Univ. Leipzig, math.-naturwiss. R. **11** (1962) Nr. 1. S. 179–185. — 2 Abb., 2 Tab., 12 Lit.
Vf. untersucht die Möglichkeit des Abbaues der Abwasserinhaltsstoffe einer Sprengstoffabrik. Das Abwasser enthält häuptsächlich die Mono-, Di- und Trinitroverbindungen des Toluols und seiner Homologen. Diese Stoffe sind toxisch und biol. schwer abbaubar. Die Toxizität wurde durch einen Test mit *Paramaecium caudatum* ermittelt und dementsprechend die Verdünnung festgelegt. Bei Verdünnung im Verhältnis 1:100 mit Nährlösung zeigt das Abwasser im Warburgversuch einen BSB bis 4600 mg/l. Im Laborversuch mit einem Belebungsbecken war das Abwasser in einer Verdünnung von 1:25 ebenfalls abbaubar, der Abbaueffekt betrug jedoch nach 72stündigem Aufenthalt im Becken nur 35%. Dieser Effekt ist durch steigende Verdünnung jedoch noch zu erhöhen, sofern ausreichend Nährstoffe zur Verfügung stehen. W. v. Tümpling. 6655.

Uhlmann, Dietrich; Leipzig, Univ., Zool. Inst. **Oxydationsgräben und Oxydationsteiche.** Wiss. Z. Karl-Marx-Univ. Leipzig, math.-naturwiss. R. **11** (1962) Nr. 1. S. 187–199. — 7 Abb., 2 Tab., 35 Lit.
Vf. beschreibt an Beispielen ausführlich die Grundlagen und Ergebnisse der Abwasserreinigung im Oxydationsgraben und -teich. Ersterer arbeitet nach dem Belebtschlammverfahren ohne Vorklärung mit sehr geringer Raumbelastung (180 g BSB_5/m^3), wodurch eine vollbiol. Reinigung bewirkt wird

und ein sehr weit mineralisierter Schlamm anfällt, der sich ohne Nachbehandlung trocknen läßt. Baukosten und Wartung sind sehr gering. Beim Oxydationsteich geschieht die notwendige Sauerstoffzufuhr vor allem durch die Assimilation des Phytoplanktons. Der Abbau erfolgt durch Bakterien, Phytoplankton und Zooplankton. Bemessungsgrundlage sind durchschnittl. 7 bis 8 g BSB_5/m^2 Oberfläche (2500 Einwohner/ha) bei einer Wassertiefe von ca. 1 m und Aufenthaltszeiten von 6 Wochen bis zu 1 Woche. Das zugeführte Abwasser ist vorher mechanisch zu klären. Für kleine Gemeinden stellt dieses System eine billige und fast wartungsfreie Möglichkeit der vollbiol. Abwasserreinigung dar. Voraussetzung ist allerdings das Vorhandensein geeigneter Flächen für die Anlage von möglichst zwei Teichen. Für Oxydationsgräben und Oxydationsteiche werden die Abbauerfolge anhand einiger Beispiele demonstriert. W. v. Tümpling. 6655.

Müller, Horst; Berlin-Friedrichshagen, Inst. für Fischerei. **Die Wirkung der Abwassereinleitungen auf den Fischbestand der fließenden und stehenden Gewässer in der DDR.** Wiss. Z. Karl-Marx-Univ. Leipzig, math.-naturwiss. R. **11** (1962) Nr. 1. S. 153–157. — 6 Abb., 5 Lit.
Die Binnenfischerei in der DDR erbrachte 1960 von 150000 ha Fläche einen Ertrag von 7580 t Fisch im Wert von 1,8 Mill. DM. Bis 1965 soll der Ertrag um 42% gesteigert werden. Im Gegensatz zu früheren Zeiten ist die Binnenfischerei heute vorwiegend auf stehende Gewässer beschränkt. Der Rückgang des Fischbestandes in den Fließgewässern wird am Beispiel der Elbe geschildert. Ursache hierfür sind der Ausbau der Elbe zur Wasserstraße und die zunehmende Verunreinigung durch Abwässer. Bei den Seen sind die Veränderungen bisher nicht so tiefgreifend, doch führen Senkung des Wasserstandes und zunehmende Trophierung auch hier zur Gefährdung der fischereilichen Nutzung, was an einigen Beispielen geschildert wird.
W. v. Tümpling. 6665.

Aleksandrova, L. P., Kanygina, A. V. und Pobegajlo, P. I. (Alexandrowa, L. P., Kanygina, A. W. und Pobegailo, P. I.); Moskau, Unions-Forsch.-Inst. für Wasserversorg., Kanalisat., Hydrotechn. Einricht. und Ing.-Hydrol. Rezul'taty biologičeskogo i chimičeskogo issledovanij Magnitogorskogo vodochranilišča. **(Die Ergebnisse der biologischen und chemischen Untersuchung der Magnitogorsker Talsperre.)** Trudy soveščanija po problemam biologii vnutrennych vod, Moskva-Leningrad **6** (1957, hrsg. 1959) S. 485–489. — 1 Tab., 3 Lit.
Die 1930 am Ural errichtete Talsperre umfaßte anfangs 13, später 34 km². Noch 1934 wurde in diesem Gewässer ein Ertrag von 100 kg/ha Wildkarpfen (*Cyprinus carpio*) erreicht. Gegenwärtig ist die Abwasserbelastung jedoch so stark, daß die fischereiliche Nutzung der Talsperre völlig unmöglich wurde.
H.-W. Hattop. 6665.

Kralik, Ute; Berlin, Univ., Physiol. Inst. **Untersuchungen über die Auswirkungen von Abwässern der Rübenzuckerindustrie auf den Gütezustand der Gewässer.** Wiss. Z. Karl-Marx-Univ. Leipzig, math.-naturwiss. R. **11** (1962) Nr. 1. S. 159–165. — 4 Abb., 13 Lit.
Vf. beschreibt nach Untersuchungen an der Weißen Elster, Unstrut und Salza sowie einigen kleinen Vorflutern den Einfluß der Zuckerkampagne 1958/59 auf den chem. und biol. Zustand der Vorfluter. Die Einleitung der stark verunreinigten und z. T. warmen Abwässer führt regelmäßig zu starker Verpilzung des Flußbettes und zu Pilztreiben sowie zu stark verminderten Sauerstoffgehalten. Das biol. Bild verändert sich zum α-meso- bis polysaproben Zustand. Auf die Notwendigkeit weitgehender Kreislaufnutzung des Wassers in den Zuckerfabriken und auf die Möglichkeit der schadlosen Abwasserbeseitigung durch Stapelung und Verrieselung wird nachdrücklich hingewiesen. W. v. Tümpling. 6665.

Gusev, A. G. (Gussew, A. G.); Vlijanie stočnych vod zavodov sintetičeskich žirnych kislot na rečnye vodoemy. **(Der Einfluß von Abwässern der Fabrikation synthetischer Fettsäuren auf die Flüsse.)** Naučno-techničeskij bjulleteń GosNIORCh (Gosudarstennyj naučno-issledovatel'skij institut ozernogo i rečnogo rybnogo chozjajstva), Leningrad **1960** Nr. 11. S. 61–63.
Die Abwässer von Fabriken, in denen synthetische Fettsäuren hergestellt werden, sind sauer und außerordentlich sauerstoffzehrend. Außerdem entsteht in den Vorflutern an der Wasseroberfläche eine Stearinschicht. Derartige Abwässer bieten erst in außerordentlich starker Verdünnung wieder Lebensmöglichkeiten für Wasserorganismen. Die Abwässer können durch Neutralisierung, Filtration und Belüftung unschädlich gemacht werden.
H.-W. Hattop. 6665.

Nehring, Dietwart; Berlin-Friedrichshagen. **Wäschereiabwässer und Fische.** Dtsch. Fischerei-Ztg. **9** (1962) Nr. 2. S. 46–51. — 3 Tab., 8 Lit.
Nach einem allg. Überblick über die Schadwirkung von Wäschereiabwässern bezüglich ihrer org. Belastung und ihres Gehalts an Detergentien auf Abwasserreinigungsanlagen, Fische, Fischnährtiere und Mikroorganismen, berichtet Vf. über eigene Versuche mit anionaktiven und kationaktiven Detergentien. Ermittelt wurden folgende Schwellenwerte (Eintritt einer Schädigung):

Schwellenwerte in mg/l

Detergentien	Plötzen (*Rutilus rutilus*)	Barsche (*Perca fluviatilis*)	Wasserflöhe (*Daphnia* sp.)	Bachflohkrebse (*Gammarus* sp.
C_{12}-Alkylphenylsulfonat (85%ig)	10	6–8	30	40
$C_{10}-C_{18}$-Alkylsulfonat (Gesamtfettgehalt 33%, Sulfonierungsgrad 80%)	50–60	12–15	10–20	150
Mersolsulfonat (C_{15}, 95%ig)	10	6	30	30
$C_{10}-C_{18}$-Fettalkoholsulfat (65%ig)	2	1	4	20
Decylaminhydrochlorid	3	2–3	—	2–3
Dodecylaminhydrochlorid	4	3–4	—	~4
$C_{14}-C_{16}$-Alkylaminhydrochlorid (23% Base)	5	4–5	—	4
C_9-Alkylpyridiniumbromid (36%ig)	200	160	<2	5
C_{12}-C_{16}-Alkylpyridiniumbromid (68%ig)	4	5	0,2	1
C_{18}-Alkylpyridiniumbromid (74%ig)	0,75	0,75	<0,1	0,1

D. Nehring. 6665.

Meissner, Bernhard; Halle, Wasserwirtschaftsdirektion. **Auswirkungen der kohleveredelnden Industrie im mitteldeutschen Raum auf die Vorfluterbeschaffenheit.** Wiss. Z. Karl-Marx-Univ. Leipzig, math.-naturwiss. R. **11** (1962) Nr. 1. S. 167–172. — 3 Abb.
Im Wassermangelgebiet des mitteldeutschen Raumes liegt ein Zentrum der Chemieindustrie, wobei in Trockenjahren durch den notwendigen 1,5 bis 2,5fachen Wasserumschlag ernsthafte Schwierigkeiten entstehen. Die Abwässer der kohleveredelnden Industrie stellen infolge ihrer vielfältigen Inhaltsstoffe ein bes. Problem dar, das nur durch Wertstoffrückgewinnung

und mehrstufige Reinigungsverfahren zu lösen ist. Der Einfluß auf den Vorfluter liegt zum einen in der Sauerstoffzehrung, zum anderen in den toxischen Inhaltsstoffen. Die bes. Dringlichkeit ausreichender Abwasserbehandlung wird am Beispiel der Pleiße und der Weißen Elster, die durch die Abwässer einiger Chemiebetriebe völlig überlastet sind, ausführlich dargestellt. W. v. Tümpling. 6665.

Polikarpov, G. G. und Ivanov, V. N. (Polikarpow, G. G. und Iwanow, W. N.); Sewastopol, Biol. Kowalewski-Stat. der Akad. der Wiss. der UdSSR. Povreždajuščee dejstvie stroncija-90 - ittrija-90 na rannij period razvitija barabuli, zelenuški, stavridy i chamsy. **(Schädliche Wirkung von Strontium-90 und Yttrium-90 auf die Entwicklung in der Frühperiode bei Meerbarben, Selenuschki, Makrelen und Sardellen.)** Doklady Akademii nauk SSSR, Moskva **144(30)** (1962) Nr. 1. S. 219–222. — 2 Abb., 1 Tab., 23 Lit.
Die zunehmende Verseuchung der Meere mit radioaktiven Stoffen veranlaßte Vff., die Reaktion der Wasserorganismen auf Strahlungseinwirkung zu untersuchen. Als Versuchsobjekte dienten Eier von Fischen (*Mullus barbatus ponticus*, *Crenilabrus tinca* × *C. quinquemaculatus*, *Trachurus trachurus*, *Engraulus encrasicholus*) und Amphibien, die im Gegensatz zu den Pflanzen und Wirbellosen gegen γ-Strahlen sehr empfindlich sind. Bei der künstlichen Erbrütung der Eier im radioaktiv verseuchten Meerwasser (^{90}Sr und ^{90}Y) schlüpfte ein hoher Prozentsatz mißgebildeter Larven, der mit zunehmender Strahlungsintensität sehr schnell anstieg. Schon bei einer Konzentration von 10^{-6} c/l hatten etwa 70–75% aller geschlüpften Larven anomale Körperformen, meist mißgebildete Wirbelsäulen.
A. Kozianowski. 6665.

Schiffmann, Traugott; Wels. **Regulierungsfolgen — Folgeregulierungen.** Österr. Wasserwirtsch. **14** (1962) Nr. 3. S. 51–55. — 4 Abb.
Der Aufsatz weist auf die Auswirkung mißlicher Eingriffe in ein Flußsystem hin, zeigt die Ursachen auf und gibt Hinweise für künftige Regulierungsarbeiten. An zahlreichen Beispielen wird auf die entstandenen Veränderungen hingewiesen, die bei umgeleiteten Bachstrecken, bei Errichtung von das Tal querenden Dämmen und unrichtig angelegten Flußeinbauten zum Zwecke bes. Wassernutzung sowie zu gering bemessenen Flußbreiten entstanden. Oftmals liegen derartige Regulierungen und Bauten Jahrhunderte zurück. Viele Einrichtungen verfallen, da sie nicht mehr genutzt werden und machen weitere Regulierungen bzw. Instandsetzungsarbeiten notwendig.
M.-L. Albrecht. 6685.

F. FISCHKRANKHEITEN

Bogdanova, E. A. (Bogdanowa, Je. A.); Staatl. Forsch.-Inst. für Binnenfischerei, Lab. für Fischkrankh. Parazitarnye zabolevanija molodi tichookeanskich lososej na rybovodnych zavodach Dal'nego Vostoka. **(Die Parasitenkrankheiten der Brut der pazifischen Lachse in den Fischzuchtanstalten des Fernen Ostens.)** Naučno-techničeskij bjulleteń GosNIORCh (Gosudarstvennyj naučno-issledovatel'skij institut ozernogo i rečnogo rybnogo chozjajstva), Leningrad **1960** Nr. 11. S. 49–52. — 1 Tab., 2 Lit.
Im Fernen Osten gibt es bis jetzt 30 Fischzuchtanstalten, von denen sich 20 auf Sachalin befinden, während die übrigen im Amurbecken, auf den Kurilen und in Kamtschatka gelegen sind. Die Produktion in Sachalin beträgt zur Zeit etwa 300 Mill. Junglachse (*Oncorhynchus* spec.); zum Ende des Siebenjahrplanes soll eine Steigerung auf 650 Mill. erfolgen. Die wichtigsten Parasiten der Lachsbrut sind *Ichthyophthirius multifiliis* und *Gyrodactylus lenoki* sowie einige *Trichodina*-Arten. Zur Bekämpfung des *Trichodina*-Befalles werden Bäder mit Formalin (1:4000, 8–10 Min.) oder mit Malachitgrün (1:15000, 7–8 Min.) angewandt. Neuerdings tritt im Fernen

Osten auch der früher unbekannte Erreger der Drehkrankheit *Myxosoma cerebralis* auf. H.-W. Hattop. 6730.

Scott, William W. und O' Bier, Aaron, H.; Blacksburg, Va., Virginia Polytechn. Inst., Dep. of Biol. Aquatic fungi associated with diseased fish and fish eggs. **(Wasserpilze von kranken Fischen und Fischeiern.)** U. S. Dep. Interior, Fish Wildlife Serv., progr. Fish-Culturist **24** (1962) Nr. 1. S. 3–15. — 7 Tab., 25 Lit.

64 Stämme von Wasserpilzen wurden von Fischen und Fischeiern in 14 Bundesstaaten der USA gesammelt und identifiziert. Sie verteilten sich auf die Gattungen *Saprolegnia* mit 5, *Achlya* mit 2, *Aphanomyces* mit 2, *Pythium* mit 2 Arten, *Allomyces* und *Leptomitus* mit je 1 Art. In Laborversuchen konnte gezeigt werden, daß alle 5 isolierten *Saprolegnia*-Arten (41 Stämme) und *Achlya bisexualis* (6 Stämme) auf künstlich verletzten *Platypoecilus maculatus* zu wachsen vermochten. Die übrigen 7 isolierten Arten wuchsen dagegen unter Versuchsbedingungen auf Fischen nicht. Th. Mattheis. 6780.

Steffens, W.; Berlin-Friedrichshagen, Abt. für Teichwirtsch. und Fischkrankh. des Inst. für Fischerei der Dtsch. Akad. der Landwirtsch.-Wiss. zu Berlin. **Verhütung des Saprolegnia-Befalls von Forelleneiern durch Formalin.** Dtsch. Fischerei-Ztg. **9** (1962) Nr. 9. S. 287–289. — 1 Abb., 6 Lit.

Die Verpilzung von Forelleneiern läßt sich durch Behandlung mit Formalin verhindern, wodurch das manuelle Auslesen abgestorbener Eier überflüssig wird. Das Formalin (30%) soll täglich 15 Min. lang in einer Konzentration von 1:500 bis 1:1000 auf die Eier einwirken, d. h. je Liter Zuflußwasser sind in der angegebenen Zeit 1–2 ml käufliches Formalin dem Erbrütungswasser zuzusetzen. Die Durchströmung der Brutapparate wird dabei nicht unterbrochen. Die Methode ist wirtschaftlich tragbar. Bei geeigneter Konstruktion der Brutapparate lassen sich nicht nur Arbeitskräfte einsparen, sondern es kann auch billiger gearbeitet werden. W. Steffens. 6780.

Bank, Otto; Höchstadt/Aisch, Staatl. Lehr- und Versuchs-Anst. für Fischerei Starnberg, Außenstelle für Karpfenteichwirtsch. **Spritzung BWS-kranker Satzkarpfen mit Leukomycin, Ergebnisse in den Jahren 1960 und 1961.** Allg. Fischerei-Ztg. **87** (1962) Nr. 9. S. 268–270. — 1 Abb., 6 Tab., 3 Lit.

Die Injektionen wurden im wesentlichen zentral von der Außenstelle für Karpfenteichwirtschaft im Frühjahr durchgeführt. Im Spätherbst erfolgte die Auswertung der Ergebnisse aus den von den Teichwirten ausgefüllt zurückgeschickten Fragebogen. Infolge der kleinteichwirtschaftlichen Struktur in Bayern müssen alljährlich viele, aber rel. individuenarme Bestände von K_1 und K_2 gespritzt werden. Die Verluste 1960 und 1961 sind als niedrig zu bezeichnen. Sie beliefen sich 1960 auf 26,5% bei K_1, 20% bei K_2; 1961 K_1 15%, K_2 13%. Wichtig für die Höhe der Verluste ist nach den Ergebnissen der „physiologische Zustand", in dem sich die Karpfen zum Zeitpunkt der Spritzung befinden. Er wurde bei der Voruntersuchung geprüft und umfaßte eine Bewertung des Augendrehreflexes und des Ernährungszustandes der Fische. Hier ließ sich ein weitgehender Zusammenhang zwischen den Verlusten bei gutem bzw. schlechtem physiol. Zustand feststellen. Dagegen konnte ein unmittelbarer Zusammenhang zwischen Krankheitsform und Spritzerfolg nicht beobachtet werden. Es wurden sowohl akut als auch chronisch erkrankte Bestände mit wechselndem Erfolg behandelt. Th. Mattheis. 6790.

Post, George und Keiss, Robert E.; Laramie, Wyoming Game and Fish Commission, Game and Fish Res. Lab. Further laboratory studies on the use of furazolidone for the control of furunculosis of trout. **(Weitere Laboruntersuchungen über die Brauchbarkeit von Furazolidon zur Bekämpfung der Furunkulose bei Salmoniden.)** U. S. Dep. Interior, Fish Wildlife Serv., progr. Fish-Culturist **24** (1962) Nr. 1. S. 16–21. — 3 Tab., 1 Lit.

Für *Salmo trutta* und *S. gairdneri* waren Furazolidon-Mengen von 500 mg/kg Körpergewicht/Tag nach 14 aufeinanderfolgenden Tagen rel. ungiftig. Ähnliches gilt auch für *Salvelinus fontinalis*. Die therapeutische Dosis scheint unter 10 mg/kg Körpergewicht/Tag zu liegen. Zur Verhinderung von Rückfällen ist eine Dosierung von 75 mg/kg Körpergewicht/Tag über längere Zeit angezeigt. In der praktischen Fischzucht bestehen offensichtlich noch unterschiedliche Meinungen über die Dosierung und Giftigkeit von Furazolidon. Th. Mattheis. 6790.

Katitch, R.; Belgrade, Fac. Vétérin. Possibilité d'infection de la carpe par Salmonella typhi murium. **(Möglichkeiten der Infektion des Karpfens mit Salmonella typhi murium.)** Recueil Méd. vétérin. **138** (1962) Nr. 2. S. 95–99. — 2 Tab., 6 Lit. Zus. in Engl., Ital.
Karpfen(*Cyprinus carpio*) wurden in großen Aquarien gehalten und durch eine i. p. Injektion mit einer 24 Std.-Bouillon-Kultur von *Salmonella typhi murium* infiziert. 6 Gruppen erhielten 1–6 ml der Bouillon-Kultur. Vom ersten Tage an zeigten sich Krankheitserscheinungen, und Todesfälle traten 5 Tage nach der Injektion auf. Herzblut, Darminhalt und Galle wurden bakteriologisch untersucht. Im 2. Versuch wurden Donaukarpfen auf die gleiche Weise infiziert. Die Sterblichkeit begann bereits am 2. Tag. Bei Verfütterung des Fleisches der verendeten Karpfen an Mäuse starben diese innerhalb von 3 Tagen. E. Tempel. 6790.

Wunder, Wilhelm; Erlangen, Univ. Erlangen-Nürnberg, Zool. Inst., Teichwirtschaftl. Untersuchungsstelle. **Eigenartige Gestaltsveränderung in der Gegend des Kiemendeckels und der Brustflosse beim Karpfen.** Fischwirt **12** (1962) Nr. 5. S. 138–141. — 4 Abb., 5 Lit.
Vf. berichtet aus einer Teichwirtschaft über ein einmaliges Auftreten von Kopf-, Kiemendeckel- und Brustflossenverkrüppelungen bei K_1 (*Cyprinus carpio*), die mehrfach umgesetzt und sortiert worden waren. Der Kiemendeckel überdeckte häufig nicht mehr die Kieme. Die Brustflosse war nicht selten klein und schmal, auch zipfelartig gedreht, teilweise war sie bis auf einen Stumpf zerstört. Diese Erscheinungen werden als Folge einer Beschädigung durch ungeeignete Netze gedeutet. G. Merla. 6805.

G. FISCHVERARBEITUNG

Šarina, E. G. (Scharina, Je. G.); Moskau, I. Med. Inst., Lehrstuhl für Ernährungshyg. Gigieničeskaja charakteristika ryby, zatravlennoj polichlorpinenom. **(Eine hygienische Charakteristik der mit Polychlorpinen vergifteten Fische.)** Naučno-techničeskij bjulleteń GosNIORCh (Gosudarstvennyj naučno-issledovatel'skij institut ozernogo i rečnogo rybnogo chozjajstva), Leningrad **1960** Nr. 11. S. 35–37. — 2 Lit. Vgl. LZ. Abt. III 8 (1963) Nr. 3. S. 647.
Fische, die in Wasser mit einer Polychlorpinenkonzentration von 2,5 mg/l vergiftet wurden, ändern sich hinsichtlich ihres Geschmackes und Geruchs nur wenig, in bes. Versuchen wurden Katzen und Ratten 30 Tage lang täglich mit solchen Fischen gefüttert, wobei keine schädlichen Auswirkungen festzustellen waren. Es ist daher anzunehmen, daß die auf diese Weise vergifteten Fische auch für die menschliche Ernährung geeignet sind, wenn sie nicht öfter als 6–7 mal nacheinander verabreicht werden. Die Fische sollten dabei in Konzentrationen nicht über 1 mg/l vergiftet werden.
H.-W. Hattop. 6825.

Kan, A. V. (Kan, A. W.) Tematičeskaja vystavka „Primenenie choloda v rybnoj promyšlennosti". **(Thematische Ausstellung „Kälteanwendung in der Fischindustrie".)** Rybnoe chozjajstvo, Moskva **38** (1962) Nr. 1. S. 47–65. — 16 Abb.

Die Bedeutung der Kälte in der Fischindustrie der UdSSR nimmt ständig zu. 1950 wurden insgesamt 233000 t Fisch und Fischfilet in gefrorenem und gefrostetem Zustand auf den Markt gebracht, und 1960 waren es bereits 667000 t. 1965 sollen 80% aller für die menschliche Ernährung ausgelieferten Fischprodukte unter Verwendung von Kälte erzeugt werden. Die vorliegende Arbeit berichtet über eine Ausstellung, die in der UdSSR stattfand und die Verwendungsmöglichkeiten der Kälte in der Fischindustrie aufzeigte. Eine Anzahl der ausgestellten Kälteaggregate wird mit ihren technischen Kennziffern beschrieben. G. Predel. 6830.

Tkačenko, E. S. (Tkatschenko, Je. S.); Rostow/Don, Med. Inst., Lehrstuhl für Nahrungsmittelhyg. Soderžanie vitamina B_1 v mjase sudaka, vysušenom metodom sublimacii. **(Gehalt an Vitamin B_1 im Zanderfleisch, das mittels Sublimiermethode getrocknet wurde.)** Rybnoe chozjajstvo, Moskva **38** (1962) Nr. 2. S. 72–73. — 1 Tab.
Mit Hilfe der Sublimation getrocknetes Zanderfleisch (*Lucioperca lucioperca*) hatte den gleichen Vit. B_1-Behalt (0,04 mg%) wie frisches Zanderfleisch. Dagegen sank der Vit. B_1-Gehalt bei mit Wärme getrocknetem Zanderfleisch auf 0,03 mg% ab. Die Untersuchungen deuten darauf hin, daß die Sublimiermethode im Hinblick auf die Konservierung von Fischfleisch wertvoll sein kann. G. Predel. 6850.

Borkunov, V. M. (Borkunow, W. M.); Ėlektrosušil'naja peč' Astrachanskogo rybokonservno-cholodil'nogo kombinata. **(Elektrotrockenofen des Astrachaner Fischkonserven-Kühl-Kombinats.)** Rybnoe chozjajstvo, Moskva **38** (1962) Nr. 2. S. 64–69. — 3 Abb., 1 Tab.
1960 wurde in Astrachan ein neuer elektrischer Räucherofen für die Vorbehandlung von Sardinen- und Sprottenkonserven ausprobiert. Als Wärmequelle dienten Infrarotstrahlen, die von Spiralen ausgesandt wurden. Die Leistung der Anlage betrug 560 tub pro Schicht. Die Fische haben in 21 Min. die Anlage durchlaufen. Obwohl noch manche Mängel zu verzeichen sind, verspricht die Maschine bereits jetzt gute Erfolge in der Produktion.
G. Predel. 6850.

Sukrutov, N. I. (Sukrutow, N. I.); Forsch.-Inst. für Hochseefischerei und Ozeanogr. der Ostsee. Posol, chranenie i pererabotka morskogo okunja pri polučenii polufabrikatov dlja kopčenych balykov. **(Einsalzung, Aufbewahrung und Verarbeitung des Rotbarsches zum Grundmaterial für Räucherrücken.)** Rybnoe chozjajstvo, Moskva **38** (1962) Nr. 1. S. 78–81. — 3 Abb., 1 Tab.
Es wurden Versuche gemacht, Rotbarsch (*Sebastes marinus*) in Fässern und Kisten zu salzen, um so Halbfabrikate für die Räucherung zu bekommen. Es bewährte sich die Faßsalzung mit Lake. Die daraus hergestellten Räucherprodukte waren in Färbung und Geschmack ausgezeichnet. Gesalzen werden sollte mit 30% Salz. Rotbarsche über 40 cm (1,5 bis 2 kg) müssen gesondert gesalzen und bei 2 °C gelagert werden. Der Verlust vom Frischfisch bis zum Fertigprodukt beträgt etwa 73%. G. Predel. 6850.

Veršinin, A. A. (Werschinin, A. A.); Astrachan, Forsch.-Inst. für Hochseefischerei und Ozeanogr. des Kaspischen Meeres. Konservy s ovoščami iz krupnych i melkich častikovych ryb. **(Gemüsekonserven aus großen und kleinen Fischstücken.)** Rybnoe chozjajstvo, Moskva **38** (1962) Nr. 2. S. 69–70. — 1 Tab.
Aus Blei, Wels, Hecht und Kleinfischen wurden Konserven mit Gemüsezusatz hergestellt. Frische oder gefrostete Fische und das Gemüse ebenfalls wurden in Pflanzenöl gebraten. Die Fischstücke wurden an die Dosenwand gepackt, und die Gemüsebeilage kam in die Mitte. Als Gemüsebeilage dienten Mohrrüben, Zwiebel und Kohl. Die Fertigprodukte zeigten gute geschmack-

liche Qualität. Bei den so verarbeiteten Konserven aus Hecht und Wels fehlte der sonst zu beobachtende unerwünschte Beigeschmack. Die Rezepturen werden angeführt. Neben dem durch Braten vorbehandelten Material gelangen Fische und Gemüse auch naturell zur Verarbeitung.

G. Predel. 6850.

Kleva, N. und Zacharova, L. (Klewa, N. und Sacharowa, L.); Klaipeda, Konservenfabrik; Volkswirtsch.-Rat. der Litau.SSR. Novye vidy konservov iz pečeni treski. **(Neue Konservenarten aus Dorschleber.)** Rybnoe chozjajstvo, Moskva **38** (1962) Nr. 2. S. 71–72.

In der Konservenfabrik Klaipeda wurden 2 neue Konservenarten aus Dorschleber (*Gadus morhua*) hergestellt. Es handelt sich um „Dorschleber in Gemüsesauce" und um „Pastete aus Dorschleber und -rogen". Bei dem letztgenannten Produkt werden Leber und Rogen im Verhältnis 1:1 verwendet. Der Zusatz von Gemüsesauce bzw. Rogen vermindert den Fettgehalt der Produkte und verleiht ihnen einen guten Geschmack. Rezepturen und Herstellungstechnologie werden kurz beschrieben. G. Predel. 6850.

H. FANGGERÄTE

Gulin, V. V. (Gulin, W. W.); Staatl. Forsch.-Inst. für Binnenfischerei, Lab. für Techn. und Ökonom. Untersuchung. Sravnitel'naja ėffektivnost' lova ravnokrylymi nevodami s odnogo i dvŭch sudov. **(Ein Vergleich der Wirksamkeit des Fischfangs mittels Waden, welche gleichlange Flügel haben, von einem oder von zwei Fahrzeugen aus.)** Naučno-techničeskij bjulleteń GosNIORCh (Gosudarstvennyj naučno-issledovatel'skij institut ozernogo i rečnogo rybnogo chozjajstva), Leningrad **1960** Nr. 11. S. 74–76.

Werden Waden mit gleichlangen Flügeln nicht am Ufer ausgezogen, so ist es nach den Berechnungen des Vf. rentabler, wenn nur von einem Boot aus gearbeitet wird. Erfolgt der Auszug des Netzes am Ufer, so kann es unter bestimmten Voraussetzungen auch wirtschaftlich sein, mit zwei Fahrzeugen zu arbeiten. Die entsprechenden Formeln zur Ermittlung der zweckmäßigsten Arbeitsweise werden angeführt. H.-W. Hattop. 6866.

Redaktionsschluß: 5. 12. 1962

Herausgeber: Deutsche Demokratische Republik · Deutsche Akademie der Landwirtschaftswissenschaften zu Berlin, Institut für Information und Dokumentation, Berlin W 8, Krausenstraße 38/39; Fernsprecher: 225161. Chefredakteur: Dr. Ursula Wittbrodt, stellvertretender Chefredakteur: Dr. Werner Kleeberg, Berlin W 8, Krausenstraße 38/39; Fernsprecher: 225161. Redaktion der Abteilung III — Tierzucht · Tierernährung · Fischerei: Dr. Hans Dieter Hennig, Dr. habil. Bernhard Piatkowski und Dr. Werner Steffens, Berlin W 8, Krausenstraße 38/39; Fernsprecher: 225161. Verlag: Akademie-Verlag GmbH, Berlin W 8, Leipziger Straße 3—4; Fernsprecher: 220441, Telex-Nr. 011773, Postscheckkonto: Berlin 35021. Bestellnummer dieses Heftes: 1030 III – VIII/2. Das Landwirtschaftliche Zentralblatt, Abt. Tierzucht · Tierernährung · Fischerei, erscheint monatlich. Einzelheft DM 20,–; einseitig bedruckte Ausgabe DM 24,–. Jahresbezugspreis DM 240,–; einseitig bedruckte Ausgabe DM 288,– einschl. Register, zuzüglich Porto- und Versandkosten. Gesamtherstellung: VEB Druckerei „Thomas Müntzer" Bad Langensalza. Veröffentlicht unter der Lizenznummer 1290 des Presseamtes beim Vorsitzenden des Ministerrates.

Bei Fragen zur Produktsicherheit wenden Sie sich bitte an:
If you have any questions regarding product safety,
please contact:

Walter de Gruyter GmbH
Genthiner Straße 13
10785 Berlin
productsafety@degruyterbrill.com